"十二五"普通高等教育
本科国家级规划教材

"十三五"江苏省高等学校
重点教材

2016-1-144

模拟电子技术基础

Fundamentals of Analog Electronics

第 三 版

主　编　耿苏燕　周正　胡宴如
副主编　赵静

高等教育出版社·北京

内容提要

本书为"十二五"普通高等教育本科国家级规划教材和"十三五"江苏省高等学校重点教材,是在第2版的基础上,根据教育部高等学校电子电气基础课程教学指导分委员会最新修订的"模拟电子技术基础课程教学基本要求"修订而成。全书由半导体二极管及其基本应用、半导体三极管及其基本应用、放大电路基础、负反馈放大电路、放大电路的频率响应、集成放大器的应用、信号发生电路、直流稳压电源等8章和附录组成。

本书力求深入浅出、思路清晰、概念准确、重点突出、难点分散、注重应用。每章开篇有引言,章末有知识结构图、小课题和习题;每节开篇有基本要求和学习指导,节后有仿真实验、典型电路设计实例、知识拓展、小结和随堂测验;针对重点,配有讨论题,宛若有辅导老师与读者同行。

本书可作为高等学校电气类、电子信息类、自动化类和计算机类各专业模拟电子技术基础类课程的教材,也可作为有关工程技术人员的参考书。

图书在版编目(CIP)数据

模拟电子技术基础／耿苏燕,周正,胡宴如主编
. --3 版. --北京:高等教育出版社,2019.9(2023.12重印)
ISBN 978 - 7 - 04 - 051342 - 4

Ⅰ.①模… Ⅱ.①耿… ②周… ③胡… Ⅲ.①模拟电路-电子技术-高等学校-教材 Ⅳ.①TN710

中国版本图书馆 CIP 数据核字(2019)第 024702 号

| 策划编辑 | 欧阳舟 | 责任编辑 | 欧阳舟 | 封面设计 | 张申申 | 版式设计 | 徐艳妮 |
| 插图绘制 | 于 博 | 责任校对 | 马鑫蕊 | 责任印制 | 赵义民 | | |

出版发行	高等教育出版社	网 址	http://www.hep.edu.cn
社 址	北京市西城区德外大街 4 号		http://www.hep.com.cn
邮政编码	100120	网上订购	http://www.hepmall.com.cn
印 刷	北京盛通印刷股份有限公司		http://www.hepmall.com
开 本	787mm×1092mm 1/16		http://www.hepmall.cn
印 张	29	版 次	2004 年 7 月第 1 版
			2019 年 9 月第 3 版
字 数	620 千字		
购书热线	010-58581118	印 次	2023 年 12 月第 10 次印刷
咨询电话	400-810-0598	定 价	58.00 元

前　言

一、修订原因

本书是在第 2 版的基础上修订而成的。第 2 版得到了较好的认可,为不少高校采用,并被评为"十二五"普通高等教育本科国家级规划教材和"十三五"江苏省高等学校重点教材,不少读者表示很喜欢此教材的特别的体系、思路和讲法,也提出了宝贵的改进意见,使我们深受鼓舞,想要努力改进和完善教材。自第 2 版出版以来,我们一直关注国内外的同类教材的新动态,并进行教改研究,所主持的"电子技术基础"课程,于 2016 年获国家级精品资源共享课称号,并于 2017 年在中国大学 MOOC 上线,本版拟融入新的教改成果和在线教学的经验,力求写成一本符合学习心理学和认知科学的、教学内容先进实用的、教学方法先进科学的新形态教材。

二、修订方案

第 2 版教材中贯彻了依据认知规律对学习者进行学习过程和思维的引导,对典型单元电路介绍设计实例,将静动态和工作点等问题提前至二极管电路中就交代清楚,提出了集成运放的单电源应用和集成运放高频参数及其应用等方案,考虑了仿真实验与教学同步等举措,得到同行和专家的认同和好评,这些方案都将在第 3 版保留。由于第 2 版的编写思路也符合当前倡导的教学理念,因此知识体系未做大变动,修订之处主要考虑以下两个方面。

1. 教材结构的新形态——导学助学式架构、微视频同步辅导和仿真实验同步训练

每章开篇有引言,章末有知识结构图、小课题和习题;每节开篇有基本要求和学习指导,节后有仿真实验、典型电路设计实例、知识拓展、小结和随堂测验;在重点处配有讨论题;用手机扫描二维码即可观看微视频,宛若有辅导老师与读者同行;全书采用双色套印,用彩色来突出重点内容,提高可读性。

2. 教学内容的与时俱进与精炼完善

(1) 鉴于 MOSFET 的应用日趋广泛,在 2.3 节适度增加对 FET 器件的讨论深度;增加了"3.4.5 MOS 管甲乙类互补对称功率放大电路";增加了"3.5.4 MOS 型集成运算放大器",并将集成电路中常用的单级 MOS 放大电路也放在其中讨论;增加了"5.2.2 场效应管放大电路的频率响应"。

(2) 鉴于 EDA 技术的广泛应用,将仿真分析法提到与非线性电路分析法中其他方法并列的地位加以介绍,增加了 1.3.3 节专门介绍仿真分析法,并针对重点电路,配以同步的仿真

实例与分析。

（3）鉴于从系统的高度来学习各单元电路，会使读者易于理解和应用，因此在每章开篇的引言中，要求讲清本章的知识脉络，单元电路在模拟电子系统中的位置、作用、要求和应用等；在每章末，总结画出该章的知识结构树，并依据生活中的热点电子系统精选出体现本章电路应用的小课题，用微视频展示并指导读者动手练习。

本书建议的教学学时数为 56~64，书中打"＊"号的内容可视专业不同选学。

本书由耿苏燕、周正、胡宴如共同主编，耿苏燕、胡宴如负责全书的统稿，周正负责数字资源的统稿，赵静任副主编，协助周正负责数字资源创作。胡宴如编写第 8 章，耿苏燕编写第 1、2、4、6 章（除 6.1 和 6.3）以及附录 B，赵静编写第 3 章和 6.1、6.3，周正编写第 5、7 章和本书中所有有关 Multisim 仿真的章节。微视频资源的创作由周正、赵静和耿苏燕共同完成。

本书承蒙国家级教学名师南京航空航天大学的王成华教授仔细严谨地审阅，并提出了很多宝贵的修改意见；在编写过程中得到王琪教授等教学团队老师的指正，在小课题设计过程中得到刘静波高级实验师的帮助，谨在此一并致以衷心感谢！

书中若存在错漏和不妥之处，敬请读者批评指正。

编者

2018 年 9 月

第 2 版前言

本书是根据教育部电子信息科学与电气信息类基础课程教学指导分委员会制订的《电子技术基础课程教学基本要求》编写的普通高等教育"十一五"国家级规划教材,是在第 1 版基础上,总结近年来教学改革的经验教训并吸取各方面的建议和意见修订而成的,适合作为高等院校电气信息、电子信息类各专业模拟电子技术基础课程的教材,也可作为工程技术人员的参考书。本次修订仍遵循第 1 版的编写思想,进一步精选内容,突出重点,注重实用电路的分析、设计与仿真,适度引入新器件和新技术。

与第 1 版相比,本版主要作了如下变动:

(1) 全书由原 9 章调整为 8 章,取消了原第 7 章集成模拟乘法器及其应用,将其中模拟乘法器的工作原理及其在运算电路中的应用等内容并入第 6 章,删去模拟乘法器调制与解调电路等内容。新增了附录用于介绍 Multisim10 的使用,并提供常用元器件参数供参考。

(2) 全书采用双色套印,将重要名词、概念、公式、基本电路、结论等用绿色标志,将图中需要注意或区别之处也用绿色标志,既突出重点,提高可读性,又增加了教材的新鲜感。

各节前新增了学习要求和学习指导,以便于读者自学。

各章后新增自测题,以帮助读者自我检查是否已掌握了该章最基本的知识。

在章节后新增了知识拓展内容,提供与该节内容相关的新技术信息、应用电路设计方法与设计实例或加深拓宽的知识,供读者阅读参考。有利于培养读者具备较强的模拟电路工程应用能力。

在章节后新增了适量的 Multisim 仿真实例,以帮助读者生动形象地理解教材的重点和难点,提高调整、测试、分析电路的技能,培养自主学习的兴趣与能力。

(3) 对场效应管,从应用角度出发,删去了对结构与工作原理过细的分析,加强了基本应用电路的讨论,增加了 CMOS 集成运放的介绍。对原第 6 章,从提高集成放大器应用能力的角度出发,改革了内容与叙述方式,以利于读者理解运用运放来构成实用电路、满足工程需求的方法,提高设计与创新能力。另外,适度介绍了电流模集成运放、丁类音频集成功放、集成函数发生器、直接数字合成(DDS)波形发生器等新技术。

(4) 本书力求将理论讲授、自学、讨论、习题、仿真、实验和自测等教学环节有机结合,形成优化的教学体系,便于实施启发引导、教学互动,提高教学效果。

本书共 8 章,第 1 至 4 章分别为半导体二极管及其基本应用、半导体三极管及其基本应用、放大电路基础和负反馈放大电路,这些是本课程的基本内容。通过这一部分的教学使读者建立模拟电子技术的基本概念,掌握基本电路和基本分析方法。第 5 章为放大电路的频率响应,重点对放大电路的高频响应、负反馈放大电路的自激与频率补偿进行讨论,并较详细地介绍了集成运放的频率特性及高频参数。第 6 章为集成放大器的应用,除了重点介绍集成运放的基本应用电路及其分析方法外,还介绍了集成功放和其他多种常用集成放大器的应用。该章内容视不同专业可适当取舍。第 7 章为信号发生电路,主要介绍正弦波和非正弦波发生电路的工作原理,并对频率合成技术作适当介绍。第 8 章为直流稳压电源,主要介绍直流稳压电路的组成、桥式整流电容滤波电路及其工作原理、线性与开关集成稳压器的应用,本章内容可结合实践课来完成。书中"知识拓展"和打"＊"号的内容可供选学。

本书由胡宴如和耿苏燕共同主编,耿苏燕负责全书的统稿,并编写第 1、2、4、6 章中除了 Multisim 仿真以外的全部内容以及附录 B;胡宴如编写第 3、5、8 章中除了 Multisim 仿真以外的全部内容;周正编写第 7 章、附录 A 以及本书中所有有关 Multisim 仿真的章节,胡旭峰、马丽祥、李晓明等同志协助完成讨论题、习题以及图稿等的编写工作。

本书承蒙南京航空航天大学王成华教授认真细致地审阅,并提出了很多宝贵的修改意见,在此谨致以衷心感谢。书中可能存在错漏和不妥之处,敬请读者批评指正。

编者

2009 年 8 月

第1版前言

本书是教育科学"十五"国家级规划课题研究成果。随着我国高等教育的迅速发展,为了满足高等学校应用型人才培养需要,在全国高等学校教学研究中心以及高等教育出版社的支持下,根据长期教学改革和实践的经验,我们编写了此书。它适用于本科电气信息和电子信息类专业,作为"模拟电子技术基础""线性电子线路"等课程的教材或教学参考书,也可供从事电子技术工作的工程技术人员参考。

模拟电子技术是本科电气信息和电子信息类专业重要的技术基础课,它内容丰富,应用广泛,新技术、新器件发展迅速。考虑到应用型本科人才培养的特点,本书在编写中特别注意以下几点:

(1) 保证基础,突出重点,难点分散,加强基本概念、基本理论和基本分析方法的讨论。

(2) 注重应用,加强理论与工程应用的结合,加强电路的构成与应用方法的介绍,加强集成电路应用技术的介绍。

(3) 注意内容的适度更新,适当引入新器件和新技术。

(4) 力图深入浅出,简单明了,概念清楚,层次分明,利于教学。

本书的第1至4章分别为半导体二极管及其电路分析、半导体三极管及其电路分析、放大电路基础和负反馈放大电路,这些是本课程的基本内容。通过这一部分的教学使学生建立模拟电子技术的基本概念,掌握其基本理论、基本分析方法。在第1章和第2章中加强了二极管和三极管应用电路及其基本分析方法的讨论,使器件与电路的结合更为紧密,并使学生比较容易适应电子电路的基本分析方法,以利读者"入门"。将三种组态放大电路、差分放大电路、互补对称放大电路、多级放大电路及集成运算放大器等合并为第3章,着重于放大电路的基本工作原理、基本特性的分析,尽量精简分立元器件电路的内容,压缩集成器件内部电路的分析,并使集成运算放大器的介绍提前,便于后续各章更多地涉及集成运算放大器的应用。第4章中以集成运算放大器构成的反馈放大电路为主进行反馈的分析,突出深度负反馈放大电路的特点,使反馈概念清楚、简明,易于理解。

第5章为放大电路的频率响应。该章从最简单的 RC 电路频率响应入手,介绍放大电路的频率响应,重点对放大电路的高频响应进行分析。为了分散难点,加强应用,将负反馈放大电路的自激与频率补偿也列入该章讨论。通过该章的教学,使学生了解频率响应的分析方法、半导体器件极间电容对放大电路特性的影响,认识集成运放内部或外部频率补偿电路的作用,理解集成运放高频参数的含义。第 6 章为模拟集成放大器的线性应用,除了重点介绍通用集成运放的应用外,还介绍了其他多种常用集成放大器和一些新型集成器件的应用。该章附录中还对集成运放应用中的一些实际问题进行了说明。该章内容视专业不同可适当取舍。第 7 章为集成模拟乘法器及其应用,可作为选学内容,对于开设"非线性电子线路"或"高频电子线路"的专业,本章可以不学。第 8 章为信号发生电路,主要介绍正弦波和非正弦波振荡电路的工作原理,同时对电压比较器、锁相频率合成技术作适当介绍。第 9 章为直流稳压电源,主要介绍线性和开关集成稳压器的应用,本章内容可结合实践课来完成。

关于本书的符号在这里做一点说明。研究电子电路时,在一定的频率范围内可以忽略管子结电容及电路中电抗元件的影响,而把它作为电阻性电路进行分析。由于在线性电阻性电路中,其输出信号具有与输入信号相同的波形,仅幅度和极性有所变化,因此,为了使电路关系表示更为简洁,不论是直流信号还是交流信号,是正弦信号还是非正弦信号,凡是信号本书均用瞬时值表示。在实际应用中,某些场合必须考虑各种电抗元件对电子电路性能的影响,例如,放大电路中晶体管极间电容和分布电容对其上限频率的影响,耦合电容和旁路电容对其下限频率的影响,在这些场合,输出信号与输入信号之间不仅有幅度的变化,而且还有附加相移的变化,因此,这些电路中的电流、电压均采用相量表示。

本书每节后均编有讨论题,可作为课堂讨论用;部分章后编有应用知识附录,可供课堂讲授,也可布置学生自学。本书课堂教学约 60 学时,书中打"*"号的内容可视专业不同选学。

本书由胡宴如和耿苏燕共同主编,第 3、5、7、8、9 章由胡宴如负责,第 1、2、4、6 章由耿苏燕负责,胡旭峰、马丽祥、李晓明等同志协助主编完成附录、讨论题、习题以及图稿等的编写工作。

本书承蒙教育部电气与电子信息类基础课教学指导委员会委员、南京航空航天大学王成华教授百忙之中认真细致地审阅了全部书稿,并提出了许多宝贵意见和建议,在此,谨致以衷心的感谢。

书中错漏和不妥之处在所难免,恳请读者批评指正。

编者
2004 年 2 月

本书常用符号说明

（一）符号表示的一般规定

1. 基本参数的通用符号

参数名称	电流	电压	功率	电位	放大倍数	电阻	电导	电抗	阻抗	电感	电容
通用符号	I、i	U、u	P、p	V、v	A	R、r	G、g	X	Z	L	C
参数名称	时间	周期	频率	角频率	带宽	相位	反馈系数	时间常数	热力学温度		效率
通用符号	t	T	f	ω	BW	φ	F	τ	T		η

2. 下标含义

下标符号		含　　义
i；i	输入；电流	例如：R_i 为输入电阻，u_i 为输入电压，i_i 为输入电流；A_i 为电流放大倍数
O、o	输出	例如：R_o 为输出电阻，u_o 为输出电压，i_o 为输出电流
u	电压	例如：A_u 为电压放大倍数
L	负载	例如：R_L 为负载电阻
F、f	反馈	例如：A_f 为加有反馈时的放大倍数，u_f 为反馈电压，R_F 为反馈电阻
m	振幅；最大值；中频	例如：U_{om} 为输出电压振幅；P_{om} 为最大不失真输出功率；A_{um} 为中频电压放大倍数
M	最大值	例如：I_{CM} 为集电极最大允许电流，P_{CM} 为集电极最大允许耗散功率
REF	基准	例如：I_{REF} 为基准电流，U_{REF} 为基准电压
B、b	基极	例如：i_b 为基极电流，R_B 为基极电阻
E、e	发射极	例如：i_e 为发射极电流，R_E 为发射极电阻
C、c	集电极；共模	例如：i_c 为集电极电流，u_{ce} 为集电极和发射极之间的电压；u_{ic} 为共模输入电压
D、d	漏极；差模；二极管	例如：i_D 为漏极电流或二极管电流；u_{id} 为差模输入电压，A_{ud} 为差模电压放大倍数

续表

下标符号		含　义	
G、g	栅极;电导	例如:V_G 为栅极电位;A_g 为互导放大倍数	
S、s	源极;信号源;饱和	例如:I_{CS} 为集电极饱和电流,I_{BS} 为基极临界饱和电流,U_{CES} 为晶体管饱和压降; u_s 为源极电压或信号源电压;A_{us} 为源电压放大倍数	
H	上限	例如:f_H 为上限频率;ω_H 为上限角频率;U_{TH} 为上门限电压;U_{OH} 为输出高电平电压	
L	下限	例如:f_L 为下限频率;ω_L 为下限角频率;U_{TL} 为下门限电压;U_{OL} 为输出低电平电压	
Z	稳压二极管	例如:U_Z、I_Z 为稳压二极管的稳定电压和稳定电流;P_{ZM}、I_{ZM} 为稳压二极管最大耗散功率和最大工作电流。	
AV	平均值	例如:$U_{O(AV)}$ 为输出电压平均值,$I_{D(AV)}$ 为二极管电流平均值	
on	导通电压	例如:$U_{D(on)}$ 为二极管导通电压,$U_{BE(on)}$ 为晶体管导通电压	

3. 电压、电流的表示规律

表示规律	含义	示例
参数和下标都大写	直流量	U_{BE}:基极和发射极之间的直流电压
参数和下标都大写,且下标有 Q	静态量	U_{BEQ}:基极和发射极之间的静态电压
参数和下标都小写	动态量(信号量)的瞬时值	u_{be}:基极和发射极之间电压变化量的瞬时值
参数小写,下标大写	总量的瞬时值	u_{BE}:基极和发射极之间总电压的瞬时值
参数大写,下标小写	交流量的有效值	U_{be}:基极和发射极之间交流电压的有效值
参数大写且上面加点,下标小写	正弦相量	$\dot{U}_{be}$:基极和发射极之间的正弦电压相量
参数大写,下标小写且加 m	交流量的幅值	U_{bem}:基极和发射极之间交流电压的幅值
大写 V,下标双字重复且为大写	直流供电电压	V_{CC}:集电极直流供电电压 V_{DD}:漏极直流供电电压,或二极管直流供电电压

（二）其他常用符号

符号	含 义	符号	含 义
U_T	温度电压当量,常温下约为 26 mV	I_{CBO}	集电极–基极反向饱和电流
U_{th}	二极管死区电压	I_{CEO}	晶体管穿透电流
$U_{(BR)}$	二极管反向击穿电压	β	共发射极交流电流放大系数
U_{RM}	二极管最高反向工作电压	$U_{(BR)CEO}$	基极开路时,集电极–发射极间的击穿电压
I_F	二极管最大整流电流	r_{be}	共发射极输入电阻
R_D	二极管的直流电阻,或漏极电阻	r_{ce}	共发射极输出电阻
r_d, r_D	二极管的交流电阻(也称动态电阻),二极管导通电阻	$r_{bb'}$	晶体管基区体电阻,对低频小功率管近似为 200 Ω
$U_{GS(th)}$	场效应管开启电压	$C_{b'e}$	发射结电容
$U_{GS(off)}$	场效应管夹断电压	$C_{b'c}$	集电结电容
I_{DSS}	漏极饱和电流	f_T	晶体管特征频率
g_m	低频跨导	f_β	共发射极截止频率
r_{ds}	漏源动态电阻	u_{ot}	空载输出电压
BW_G	集成运放的单位增益带宽	f_0	振荡频率或谐振频率
K_{CMR}	共模抑制比	U_{omm}	最大不失真输出电压振幅
S_R	集成运放的转换速率,也称摆率	$\dot{A}_u$	考虑电抗元件影响时的电压放大倍数

目　录

第1章 半导体二极管及其基本应用

引言 构成电子电路的核心是半导体器件,而各种半导体器件的基础是 PN 结。由一个 PN 结构成的器件称为半导体二极管,其主要特性是单向导电性和恒压特性,常用于构成整流、限幅、逻辑门、稳压、检波、钳位等电路。

本章首先简介半导体基础知识;然后讨论普通二极管(简称二极管)的结构和主要特性,结合实例介绍二极管的基本应用电路及分析;最后简介常用的特殊二极管及其应用。

二极管是最简单的半导体器件,应用却非常广泛,因此学习二极管及其应用,不仅是重要的事,也是非常有趣的事,本章将会引导读者体会:如何由器件外特性,得出应用思路,然后实现各种功能电路。

二极管是非线性器件,对非线性器件的分析方法是电子学的基础,对多数读者来说是一种全新的方法,读者要多体会和练习。

1.1 半导体基础知识

基本要求 （1）了解本征半导体和杂质半导体的导电机理,理解半导体器件性能受温度影响的原因;（2）理解 PN 结的工作原理,掌握 PN 结的单向导电性。

学习指导 重点:自由电子与空穴、载流子、N 型和 P 型半导体、多子与少子、扩散运动与漂移运动、扩散电流与漂移电流、PN 结、PN 结的偏置、PN 结的单向导电性等概念。提示:学习本节内容,是为后续学习半导体器件的工作原理和伏安特性打基础,因此应着重掌握基本概念,而对半导体内部工作机理,不必过于深究。

导电能力介于导体和绝缘体之间的物质称为半导体。在自然界中属于半导体的物质很多,用来制造半导体器件的材料主要有硅(Si)、锗(Ge)和砷化镓(GaAs)等,其中硅应用最多。半导体有本征半导体和杂质半导体之分。

1.1.1 本征半导体

一、何为本征半导体

纯净的单晶半导体称为本征半导体(或I型半导体)。所谓单晶,是指晶格排列完全一致的晶体,而晶体指由原子、离子或分子按照一定的空间次序排列而形成的具有规则外形的固体,晶格指晶体中的原子在空间形成的排列整齐的点阵。

二、本征半导体的导电机理

硅和锗都是四价元素,其原子的最外层轨道上有四个电子(称为价电子),原子结构模型如图 1.1.1(a)所示,外圈上的 4 个实心圆点表示 4 个价电子,内部的"⊕4"代表四价元素原子核和内层电子,称为惯性核,它带 4 个正电荷。硅和锗本征半导体的结构如图 1.1.1(b)所示,原子在空间形成有序排列的点阵,每个原子都和相邻的 4 个原子结合组成 4 个电子对,这种电子对中的价电子同时受自身原子核和相邻原子核的束缚,因此称为共用电子对。价电子为相邻原子所共有,这种结构称为共价键。

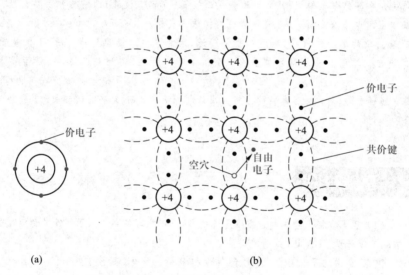

图 1.1.1 硅(或锗)本征半导体的结构示意图

(a) 硅(或锗)的原子结构模型 (b) 本征半导体的晶格结构示意图

在绝对零度且无光照时,价电子不能摆脱共价键的束缚,这时的本征半导体不导电。

在室温或光照下,少数价电子能够获得足够的能量摆脱共价键的束缚成为自由电子,同时在共价键中留下一个空位,如图 1.1.1(b)所示,这种现象称为本征激发,这个空位称为空穴。可见本征激发会成对产生自由电子和空穴。原子失去价电子后将带正电,可等效地看成是因为有了带正电的空穴。空穴很容易吸引邻近共价键中的价电子去填补,使空位发生转移,这种价电子填补空位的运动可以看成空穴在运动,但其运动方向与价电子运动方向相反。

　　自由电子和空穴在运动中相遇时会重新结合而成对消失,这种现象称为复合。温度一定时,自由电子和空穴的产生与复合将达到动态平衡,这时自由电子-空穴对的浓度一定。

　　能运动的带电粒子称为载流子,载流子做定向运动能形成电流。半导体中有自由电子(带负电)和空穴(带正电)两种载流子参与导电,这与导体导电不一样,导体中只有自由电子一种载流子参与导电,这个是半导体导电的特殊之处。

　　在常温下,本征半导体的载流子浓度很低,因此导电能力很弱。

讨论题 1.1.1　为什么说空穴是带正电的载流子?

1.1.2　杂质半导体

一、何为杂质半导体、N 型半导体和 P 型半导体

　　采用一定的工艺在本征半导体中掺入微量杂质元素后,可大大改善半导体的导电性能。掺杂后的半导体称为杂质半导体,它是制造半导体器件的主要材料。

　　杂质半导体有 N 型和 P 型之分,掺入五价元素(如磷、砷、锑)后形成的杂质半导体称为N 型半导体(或电子型半导体),掺入三价元素(如硼、铝、铟)后形成的杂质半导体称为 P 型半导体(或空穴型半导体)。

二、杂质半导体的导电机理

　　在 N 型半导体中,掺入的五价杂质原子将替代晶格中某些四价元素原子的位置,如图 1.1.2(a)所示。杂质原子与周围的四价元素原子相结合组成共价键时多余一个价电子,这个价电子在室温下很容易挣脱原子核的束缚成为自由电子,与此同时杂质原子变成正离子,称为施主离子。掺入多少杂质原子就能产生多少个自由电子,因此自由电子的浓度大大增加,这样由本征激发所产生的空穴被复合的机会增多,使空穴浓度反而减少,因此 N 型半导体中自由电子占多数,为多数载流子(简称多子),空穴为少数载流子(简称少子)。

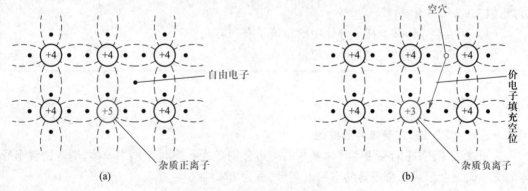

图 1.1.2　杂质半导体结构示意图

(a) N 型半导体　(b) P 型半导体

在 P 型半导体中,掺入的三价杂质原子参与形成共价键时因缺少一个价电子而产生一个空位,室温下这个空位极容易被邻近共价键中的价电子所填补,使杂质原子变成负离子(称为受主离子),与此同时产生一个新的空穴,如图 1.1.2(b)所示。这种掺杂使空穴浓度大大增加,而自由电子浓度反而减小,因此 P 型半导体中空穴为多子,自由电子为少子。

在杂质半导体中,存在自由电子、空穴和杂质离子三种带电粒子,如图 1.1.3 所示。其中自由电子和空穴是载流子,杂质离子不能移动,因而不是载流子。虽然有一种载流子占多数,但整个半导体呈电中性。

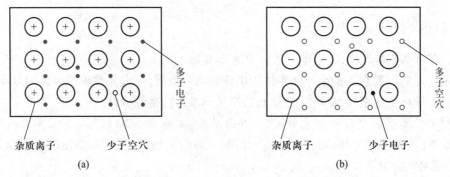

图 1.1.3　杂质半导体的带电粒子结构示意图
(a) N 型半导体　(b) P 型半导体

杂质半导体的导电性能主要取决于多子浓度,而多子浓度主要取决于掺杂浓度,其值较大且稳定,故导电性能得到显著改善。少子对杂质半导体的导电性能也有影响,由于少子由本征激发产生,对温度和光照敏感,因此半导体器件对温度和光照敏感,会导致器件性能不稳定,在应用中需加以注意。这种敏感性也可加以利用,制作热敏和光敏传感器。

> **讨论题 1.1.2**
> (1) 杂质半导体和本征半导体中的载流子有何异同?
> (2) 杂质半导体的导电性能有何特点?

1.1.3　PN 结

一、何为 PN 结,它是如何形成的

采用掺杂工艺,在同一块半导体基片的两边分别形成 P 型和 N 型半导体,则这两种半导体的交界面处会形成一个很薄的空间电荷区,称为 **PN 结**。

在 P 型和 N 型半导体交界面两侧,自由电子和空穴的浓度存在极大差异:P 区的空穴浓度远大于 N 区的空穴浓度,N 区的电子浓度远大于 P 区的电子浓度。浓度差会引起载流子从高浓度区向低浓度区运动,这种运动称为扩散运动,如图 1.1.4(a)所示,扩散运动所形成的电流叫作扩散电流。P 区中的多子空穴扩散到 N 区,与 N 区的电子复合而消失;N 区中的多子电子向 P 区扩散并与 P 区的空穴复合而消失,使交界面处载流子浓度骤减,形成了由不能移动的杂质离子构成的空间电荷区,同时建立了内建电场(简称内电场),内电场方向由 N 区指向 P 区,如图 1.1.4(b)所示。

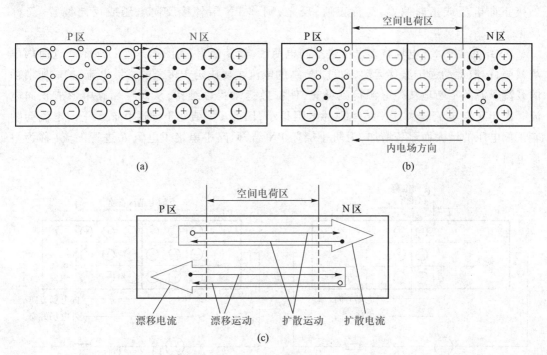

图 1.1.4 PN 结的形成

(a) 载流子的扩散运动 (b) 动态平衡时的 PN 结及其内电场 (c) 动态平衡时 PN 结中的载流子运动及电流

内电场将产生两个作用:一方面阻碍多子扩散;另一方面促使交界面处的少子产生定向运动(其中 P 区少子电子逆着内电场方向向 N 区运动,N 区少子空穴顺着内电场方向向 P 区运动)。在电场作用下,载流子的运动称为漂移运动,所形成的电流称为漂移电流。起始时内电场较小,扩散运动较强,漂移运动较弱,随着扩散的进行,空间电荷区增宽,内电场增大,扩散运动逐渐困难,漂移运动逐渐加强。当外部条件一定时,扩散运动和漂移运动最终达到动态平衡,即扩散过去多少载流子必然漂移过来同样多的同类载流子,扩散电流等于漂移电流,如图 1.1.4(c)所示。这时,空间电荷区的宽度一定,内电场一定,形成了所谓的 PN 结。

PN 结两侧的电位差称为内建电位差,又叫接触电位差,用 U_B 表示,其大小与半导体材料、掺杂浓度和温度有关。室温时,硅材料 PN 结的内建电位差为 0.5~0.7 V,锗材料 PN 结的内建电位差为 0.2~0.3 V。当温度升高时,U_B 将减小。内建电位差是影响 PN 结导通与否的一个重要参数。

由于空间电荷区中的载流子几乎被消耗殆尽,所以空间电荷区又称为耗尽区。另外,从 PN 结内电场阻止多子扩散这个角度而言,空间电荷区也称为阻挡层或势垒区。

二、PN 结的单向导电性

加在 PN 结上的电压称为偏置电压,若 P 区端的电位高于 N 区端电位,则称 PN 结外接正向电压或正向偏置,简称正偏;反之,则称 PN 结外接反向电压或反向偏置,简称反偏。

PN 结正偏时,外电场将多子推进空间电荷区,使其变窄,如图 1.1.5(a)所示。这时内电场减弱,扩散运动强于漂移运动,通过 PN 结的电流主要决定于多子的扩散电流,扩散所消耗的载流子源源不断地从外电源得到补充,使扩散运动得以维持,从而在回路中形成正向电流。由于正向电流较大,PN 结呈现的电阻很小,因此 PN 结处于导通状态。正向电流会随着正偏电压的增大而显著增加,为防止烧坏 PN 结,回路中串接了电阻 R 进行限流(称为限流电阻)。

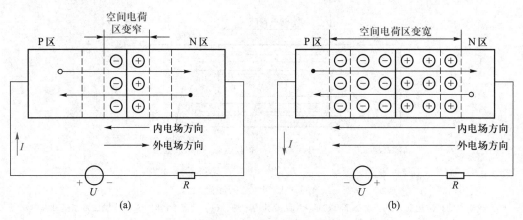

图 1.1.5 PN 结的单向导电特性
(a)正偏时导通 (b)反偏时截止

当 PN 结反偏时,外电场驱使多子移离空间电荷区,使空间电荷区变宽,如图 1.1.5(b)所示。这时内电场增强,漂移运动强于扩散运动,通过 PN 结的电流主要取决于少子的漂移电流,漂移所消耗的载流子从外电源得到补充,在回路中形成反向电流。由于反向电流很小(一般为微安级,通常忽略不计),PN 结呈现的电阻很大,因此 PN 结处于截止状态。在反向电压并不很高时,几乎所有的少子就已参与了导电,当反向电压增加时,反向电流几乎不增加,因此反向电流又称反向饱和电流。

综上所述,PN 结正偏时导通,呈现很小的电阻,形成较大的正向电流;反偏时截止,呈现很大的电阻,反向电流近似为零,因此具有单向导电性。

三、PN 结的电流方程

PN 结单向导电性的数学表达式(称为 PN 结电流方程)为

$$i = I_S(e^{\frac{u}{U_T}} - 1) \tag{1.1.1}$$

式中,u 为加在 PN 结上的电压,其规定参考方向是 P 区端为正,N 区端为负;i 为 PN 结在外电压 u 作用下流过的电流,其规定参考方向是从 P 区流向 N 区;I_S 为 PN 结反向饱和电流;$U_T = kT/q$,其中 $k = 1.380 \times 10^{-23}$ J/K,为玻尔兹曼常数;T 为热力学温度,单位为 K;$q = 1.6 \times 10^{-19}$ C,为电子电荷量;U_T 称为温度电压当量,常温($T = 300$ K)下,$U_T \approx 26$ mV。

四、PN 结的反向击穿特性

当加于 PN 结两端的反向电压增大到一定值时,PN 结的反向电流将随反向电压的增加而急剧增大,这种现象称为反向击穿。反向击穿后,只要反向电流和反向电压的乘积不超过 PN 结容许的耗散功率,PN 结一般不会损坏,当反向电压下降到击穿电压以下后,其性能恢复到原有情况,即这种击穿是可逆的,称为电击穿。若反向击穿电流过大,则会导致 PN 结因结温过高而烧坏,这种击穿是不可逆的,称为热击穿。串接限流电阻可防止 PN 结因热击穿而烧坏。

讨论题 1.1.3

(1) 何为 PN 结的单向导电性?

(2) PN 结的正偏电压和反偏电压分别怎么加?

(3) PN 结的电击穿和热击穿有何不同?

知 识 拓 展

一、新型半导体材料

以硅、锗为代表的半导体材料称为第一代半导体材料,预计在未来相当长时间内,它们依然是半导体材料的主流;以砷化镓(GaAs)、磷化铟(InP)为代表的半导体材料称为第二代半导体材料,用以制造高频、高速、高温器件;以碳化硅(SiC)、氮化镓(GaN)为代表的半导体材料称为第三代半导体材料,用以制作特高温、抗强辐射、高频、大功率、高集成度器件;目前已开始应用纳米半导体材料,如碳纳米管,以及有机半导体和玻璃半导体等。

二、PN 结的电容特性

PN 结还具有电容效应,称为 PN 结结电容,由势垒电容和扩散电容两部分构成。PN 结内的电荷量随外加电压大小的变化而变化,这种电容效应称为势垒电容,用 C_B 表示。另一个电容效应由多子在扩散过程中的积累所引起。当 PN 结正偏时,N 区的多子电子扩散到 P 区,P 区的多子空穴扩散到 N 区,这些扩散到 PN 结另一侧的载流子称为非平衡少子,非平衡少子在 PN 结的边缘处浓度大,离结远的地方浓度小(因为扩散过程中会不断地被复合掉),说明在 P 区有电子的积累,在 N 区有空穴的积累。当正向电压增大时,非平衡少子增多,载流子的积累也增多,相当于 P 区和 N 区被充电;反之,当正向电压减小时,非平衡少子减小,载流子的积累也减小,相当于从 P 区和 N 区放电,因此呈现出电容效应,这种电容称为扩散电容,用 C_D

表示。

PN 结电容用 C_J 表示，$C_J = C_D + C_B$，正偏时以扩散电容 C_D 为主，反偏时以势垒电容 C_B 为主，一般 C_D 约为几十皮法至几百皮法，C_B 仅为几皮法至几十皮法，因此结电容很小，对低频电路的影响通常可以忽略，但当高频工作时，则必须考虑其影响。

小　　结

微视频 1.1：
1.1 小结

随 堂 测 验

1.1.1　填空题

1. 半导体中有 _____ 和 _____ 两种载流子参与导电。

2. 本征半导体中，若掺入微量的五价元素，则形成 _____ 型半导体，其多数载流子是 _____ ；若掺入微量的三价元素，则形成 _____ 型半导体，其多数载流子是 _____ 。

3. PN 结在 _____ 时导通，_____ 时截止，这种特性称为 _____ 性。

第 1.1 节
随堂测验答案

1.1.2　单选题

1. 杂质半导体中，多数载流子的浓度主要取决于 _____ 。

A. 温度 　　　　　　　　　　　　　　　B. 掺杂工艺

C. 掺杂浓度 　　　　　　　　　　　　　D. 晶格缺陷

2. PN 结形成后，空间电荷区由 _____ 构成。

A. 价电子 　　　　　　　　　　　　　　B. 自由电子

C. 空穴 　　　　　　　　　　　　　　　D. 杂质离子

3. 当未加外部电压时，PN 结中的电流 _____ 。

A. 从 P 区流向 N 区 　　　　　　　　　B. 从 N 区流向 P 区

C. 是扩散电流 　　　　　　　　　　　　D. 为零

1.1.3　是非题(对打√;错打×)

1. P 型半导体中空穴为多子，自由电子为少子，故 P 型半导体带正电。(　　　)

2. 在 P 型半导体中掺入足够多的五价元素，可将其改型为 N 型半导体。(　　　)

3. 半导体器件对温度和光照敏感。(　　　)

1.2 二极管及其特性

基本要求 （1）了解二极管的结构、类型,掌握二极管的符号、伏安特性和主要参数;（2）了解温度对二极管特性的影响。

学习指导 重点:二极管的伏安特性;死区电压、导通电压、反向击穿电压、最大整流电流 I_F、最高反向工作电压 U_{RM} 等概念。提示:学习半导体器件时,应着重于理解和掌握器件的外特性,学会根据伏安特性曲线看出器件的作用及所需的工作条件,应用中应注意的问题等。

1.2.1 二极管的结构与类型

在 PN 结的两端各引出一根电极引线,然后用外壳封装起来就构成了二极管,其结构示意图和图形符号分别如图 1.2.1（a）、（b）所示。由 P 区引出的电极称正极（或阳极）,由 N 区引出的电极称负极（或阴极）,图形符号中的箭头方向表示了正向电流的流向。

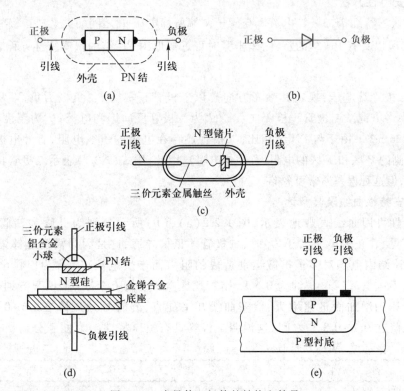

图 1.2.1 半导体二极管的结构和符号

（a）结构示意图 （b）图形符号 （c）点接触型 （d）面接触型 （e）集成电路中的平面型

　　二极管按所用半导体材料不同分为硅管和锗管；按 PN 结面积大小的不同分为点接触型和面接触型。点接触型二极管是由一根很细的三价元素金属触丝（如铝）和一块 N 型半导体（如锗）的表面接触，然后在参考方向通过很大的正向瞬时电流，使触丝和半导体牢固地熔接在一起，三价金属与 N 型锗半导体相结合就构成了 PN 结，如图 1.2.1（c）所示。点接触型二极管由于金属丝很细，形成的 PN 结面积很小，所以不能承受大的电流和高的反向电压，但极间电容很小，适合用于高频、小电流的场合，例如作为高频检波元件、数字电路中的开关元件等。面接触型二极管的 PN 结是用合金法或扩散法做成的，结构如图 1.2.1（d）所示。这种二极管的 PN 结面积大，所以可承受较大电流，但极间电容较大，适用于低频、大电流电路，主要用于整流电路。

　　在集成电路中，二极管通常采用硅工艺平面型结构，如图 1.2.1（e）所示。当用于高频电路或开关电路时，要求 PN 结结面积小；用于大电流电路时，要求 PN 结结面积大。

1.2.2　二极管的伏安特性

一、伏安特性方程

　　二极管伏安特性指二极管电流 i_D 与管子两端所加电压 u_D 之间的关系。二极管本质上是一个 PN 结，所以具有 PN 结的特性，未击穿时可近似地用 PN 结的伏安特性方程表示，即

$$i_D = I_S(e^{\frac{u_D}{U_T}} - 1) \tag{1.2.1}$$

式中，u_D 为二极管端电压，规定其参考方向是以二极管正极为正，负极为负；i_D 为二极管电流，规定其参考方向从二极管正极流向负极；I_S 为二极管反向饱和电流；U_T 为温度电压当量，常温下 $U_T \approx 26$ mV。由于与 PN 结相比，二极管还存在电极的引线电阻、管外电极间的漏电阻、PN 结两侧的 P 区和 N 区的电阻（称为体电阻），因此，用式（1.2.1）表示二极管特性时存在一定的误差，但这种误差通常可忽略。

二、伏安特性曲线及其解读

　　伏安特性可用曲线直观地表示，图 1.2.2（a）、（b）所示分别为硅管和锗管的伏安特性。由图可见，在正偏电压大于 U_{th} 时，二极管才正偏导通，这是因为需要足够强的外电场才能克服 PN 结内电场对多子扩散运动造成的阻力而产生电流，U_{th} 称为门槛电压或死区电压。室温下硅管死区电压约为 0.5 V，锗管死区电压约为 0.1 V。当明显导通时，正向电流随正偏电压的增加而迅速增大，伏安曲线几乎陡直，硅管导通压降在 0.6～0.8 V 之间，锗管导通压降在 0.1～0.3 V 之间，这说明二极管具有恒压特性。为便于分析，工程上定义了导通电压，用 $U_{D(on)}$ 表示，近似认为当正偏电压大于等于 $U_{D(on)}$ 时，二极管导通，管压降约等于 $U_{D(on)}$，否则二极管截止，电流约等于零。硅管，$U_{D(on)} \approx 0.7$ V；锗管，$U_{D(on)} \approx 0.2$ V。当反偏电压未增大到 $U_{(BR)}$ 时，反向电流为很小的饱和电流，二极管截止；反偏电压增大到 $U_{(BR)}$ 时，二极管发生反向击穿，$U_{(BR)}$ 称为反向击穿电压，普通二极管应避免工作于反向击穿区。

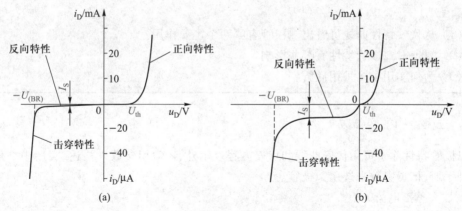

图 1.2.2 二极管的伏安特性曲线示例

（a）硅二极管 （b）锗二极管

由上分析可见,二极管正常工作时,正偏导通、反偏截止,因而具有单向导电性。

比较图 1.2.2(a)、(b)可知:锗管比硅管易导通,但硅管的反向电流比锗管的反向电流小得多(室温下小功率硅管的反向电流小于 0.1 μA,锗管的为几十微安),所以硅管的单向导电性和温度稳定性较好。另外,硅管比较耐击穿、耐热,因此硅管的综合性能较好,在实用中用得较多。

利用二极管的单向导电性,可组成整流、检波、逻辑门等电路,利用恒压特性,可组成限幅、稳压、钳位等电路,在 1.3 节将会具体加以介绍。

三、二极管的温度特性

二极管特性受温度影响比较明显,如图 1.2.3 所示。当温度升高时,正向特性曲线左移,反向特性曲线下移。具体变化规律为:在室温附近,温度每升高 1℃,正向压降减小 2~2.5 mV;温度每升高 10℃,反向电流约增大一倍。正向压降减小的主要原因是:当温度升高时,PN 结的内建电位差 U_B 减小,因而克服 PN 结的内电场对多子扩散运动阻碍作用所需的死区电压减小,正向压降也相应减小。反向电流增大的主要原因是:当温度升高时,由本征激发所产生的少子浓度增大,因而由少子漂移所形成的反向电流增大。

若温度过高,将导致本征激发所产生的少子浓度过大,使少子浓度与多子浓度相当,杂质半导体变得与本征半导体相似,PN 结消失,二极管失效。其他半导体器件也存在这种高温失效现象,为避免半导体器件在高温下失效,一般规定硅管的最高允许结温为 150~200℃,锗管的最高允许结温为 75~100℃。

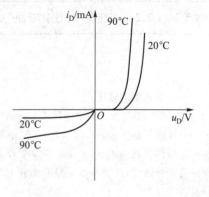

图 1.2.3 温度对二极管特性曲线的影响

讨论题 1.2.1

（1）从伏安特性曲线可看出二极管有哪两个主要作用？

（2）温度对二极管特性有哪些影响？

（3）为何实用中多采用硅管？

1.2.3　二极管的主要参数

二极管特性除了可用伏安曲线和伏安方程表示外，还常用参数来描述，实用中一般通过查器件手册，依据参数来选用二极管。

1. 最大整流电流 I_F

指二极管长期运行允许通过的最大正向平均电流。使用中若超过此值，可能烧坏二极管。

2. 最高反向工作电压 U_{RM}

指允许加在二极管两端的最大反向电压，通常规定为反向击穿电压的一半。

普通二极管应避免工作于反向击穿区，并且要串接限流电阻，以防止发生热击穿。

3. 反向电流 I_R

指二极管未击穿时的反向电流值，其值越小，则单向导电性和温度稳定性越好。反向电流会随温度升高而明显增加，在实际应用中需加注意。

4. 最高工作频率 f_M

指二极管能单向导电的最高工作频率。工作频率超过此值，则单向导电性变差，甚至失去单向导电性。这是因为 PN 结电容对通过 PN 结的交流电流起分流作用，当工作频率超过 f_M 时，其影响不能忽略，若工作频率过高，则交流电流主要通过结电容流通，几乎不受 PN 结导通与否的影响，使二极管失去单向导电性。所以 f_M 取决于 PN 结电容的大小，结电容越小，f_M 就越大。

讨论题 1.2.2　二极管使用中应注意哪些问题？

知 识 拓 展

一、二极管的选择

应根据二极管在电路中的作用和技术要求，选用功能和参数满足要求，经济、通用、市场容易买到的管子。要注意元器件参数具有离散性，同型号管子的实际参数可能有较大差别；而且器件手册中的参数是在一定条件下测得的，当工作条件发生较大变化时，参数值可能会有较大改变，例如由于反向电流值随温度升高而显著增加，会导致常温下正常工作的电路在高温时性能恶化，所以选用参数时要考虑留一定的裕量。

具体选用时注意：

（1）根据使用场合确定二极管类型。若用于整流电路,由于工作电流大、反向电压高,而工作频率不高,故选用整流二极管;若用于高频检波,由于要求导通电压小,工作频率高,而电流不大,故选用点接触型锗管。若用于高速开关电路,则选用开关二极管。

（2）尽量选用反向电流小、正向压降小的管子。

（3）I_F、U_{RM}是保证二极管安全工作的参数,选用时要有足够裕量。

二、二极管的识别与检测

常见的二极管外形如图 1.2.4 所示。

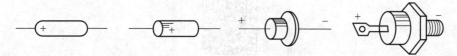

图 1.2.4 常见的二极管外形图

使用二极管时最常见的问题是识别正、负极。有的二极管外壳上印有型号和标记,标记有箭头、色点和色环三种方式,箭头方向或靠近色环的一端为负极,有色点的一端为正极。若不能由标记来判断,则可利用万用表来检测正、负极性,并粗略地鉴别二极管的性能。

1. 二极管的模拟万用表检测法

将万用表置于 $R×1$ k 挡,调零后将两表笔跨接于二极管的两端引脚,读取电阻值,然后将表笔位置互换再读一次电阻值,正常情况下应分别读得大、小两个电阻值。由于模拟万用表置欧姆挡时,黑表笔连接表内电池正极,红表笔连接表内电池负极,因此测得小电阻(正向阻值)时,与黑表笔相连的就是二极管正极,如图 1.2.5(a)所示;测得大电阻(反向阻值)时,与黑表笔相连的就是二极管负极,如图 1.2.5(b)所示。若正、反向电阻值相差不大,则为劣质管;若正、反向电阻值都非常大(或都非常小),则二极管内部已断路(或已短路)。若正向电阻为几千欧,则为硅管;若正向阻值为几百欧,则为锗管。

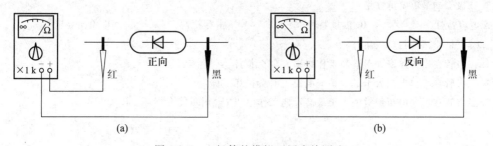

图 1.2.5 二极管的模拟万用表检测法

（a）测量正向电阻 （b）测量反向电阻

2. 二极管的数字万用表检测法

将数字万用表置二极管挡,将两表笔跨接于二极管的两端引脚,读显示值,然后将表笔位置互换再读一次,应分别显示 0.2~0.7 V 范围内的某数值或超量程。显示的 0.2~0.7 V 是二极管的正向压降,由于数字万用表红表笔接表内电池正极,黑表笔接表内电池负极,所以此时与红表笔相连的就是二极管正极。示值 0.2 V左右的为锗管,示值 0.5~0.7 V 的为硅管。若两次测量都显示超量程,说明二极管已断路;若都显示 0,则二极管已短路。

小 结

微视频 1.2:
1.2 小结

随 堂 测 验

1.2.1 填空题

1. 硅二极管的死区电压约为 _____ V,导通时的正向管压降约为 _____ V。

第 1.2 节
随堂测验答案

2. 温度升高时,二极管的导通电压将 _____,反向饱和电流将 _____。

3. 硅管的导通电压比锗管的 _____,反向饱和电流比锗管的 _____。

1.2.2 单选题

1. 锗管正偏导通时,其管压降约为 _____ V。

A. 0.1 B. 0.2 C. 0.5 D. 0.7

2. 二极管电击穿时,若继续增大反向电压,就有可能发生 _____ 而损坏。

A. 反向击穿 B. 热击穿 C. 雪崩击穿 D. 齐纳击穿

3. 二极管的最重要特性是 _____。

A.电容特性 B. 温度特性 C. 击穿特性 D. 单向导电性

1.2.3 是非题(对打√;错打×)

1. 二极管在工作频率大于最高工作频率 f_M 时会损坏。(　　)

2. 二极管在工作电流大于最大整流电流 I_F 时会损坏。(　　)

3. 二极管在反向电压绝对值大于最高反向工作电压 U_{RM} 时可能会损坏。(　　)

1.3 二极管基本应用电路及其分析方法

基本要求 (1) 掌握理想模型分析法和恒压降模型分析法,了解图解分析法、小信号模型分析法和仿真分析法;(2) 了解二极管的基本应用。

学习指导 重点:采用理想模型或恒压降模型分析二极管应用电路。难点:二极管电路的分析;导通电阻、直流电阻和交流电阻的概念。提示:二极管应用电路种类很多,需根据二极管在电路中的工作特点,选用合理的模型加以分析,初学者往往觉得难,应多加练习,做到融会贯通、熟能生巧。

利用二极管的单向导电和恒压特性能构成众多应用电路,本节将介绍其中的整流、逻辑门、限幅和低电压稳压等电路,并结合电路实例介绍二极管电路的分析方法。

二极管和后面要讲的三极管都属于非线性器件,分析时要采用非线性器件的分析方法,这个方法很重要,它是随后整个电子学的基础,主要包括近似分析法(主要是模型分析法,也常称等效电路分析法)、图解分析法和仿真分析法。

工程上通常采用的是模型分析法,其思路是在一定条件下,将非线性器件近似地用合理的线性或分段线性的电路模型等效,使电路和分析简化。使用模型分析法的关键是:首先要建立模型,然后辨别电路的工作特点以选取合理的模型,再将器件用模型替代,就可以很便捷地分析各种电路了。二极管模型主要有理想模型、恒压降模型和小信号模型,这是本节要重点介绍的方法。

图解分析法能直观地反映管子的工作情况,可以帮助理解小信号模型,但是使用不方便,因此二极管的图解分析在实用中用得不多,以了解为度,不过由此引出的静态工作点、静态分析、动态分析和小信号等概念很重要,是众多模拟电路分析的基础。仿真分析法是一种新的分析方法,具有直观、便捷的特点,呈现出越来越被广泛使用的态势,所以与多数同类教材相比,本书中比较强调它的重要性,在 1.3.3 节加以简介,并应用它对各章的重要电路进行仿真分析。

1.3.1 理想模型分析法和恒压降模型分析法

一、理想模型和恒压降模型的建立

实际使用中,若可忽略二极管的导通电压、反向饱和电流,并且管子不会反向击穿,则可将实际二极管的伏安特性[如图 1.3.1(a)中虚线所示]用图 1.3.1(a)实线所示的伏安特性近似,具有这种理想伏安特性的二极管称为理想二极管,也称为二极管的理想模型,图形符号如图 1.3.1(b)所示。它在正偏时导通,电压降为零;反偏时截止,电流为零,反向击穿电压为无穷大。显然,理想二极管相当于一个理想的压控开关,正偏时开关合上,反偏时开关断开。

在多数应用场合,需要考虑二极管的导通电压,但不考虑反向饱和电流和反向击穿电压,这时可将伏安特性用图 1.3.2(a)实线所示的伏安特性近似,具有这种伏安特性的二极管称为二极管的恒压降模型,等效电路如图 1.3.2(b)所示,它在 $u_D \geqslant U_{D(on)}$ 时导通,导通后电压降为 $U_{D(on)}$,在 $u_D < U_{D(on)}$ 时截止,i_D 为 0。

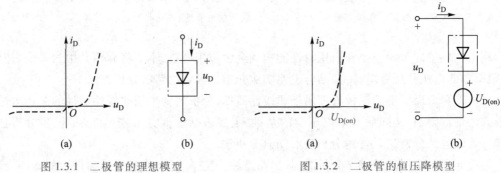

图 1.3.1　二极管的理想模型　　　　　图 1.3.2　二极管的恒压降模型

（a）伏安曲线　（b）图形符号　　　　　（a）伏安曲线　（b）等效电路

二、二极管模型的选用

【例 1.3.1】　图 1.3.3（a）所示电路中采用硅二极管，$R = 2$ kΩ，试采用理想模型分析法和恒压降模型分析法求 $V_{DD} = 2$ V 和 $V_{DD} = 10$ V 时的回路电流 I_O 和输出电压 U_O 的值。

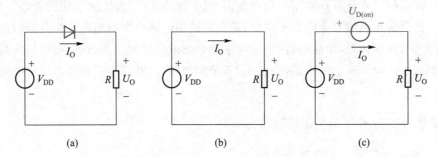

图 1.3.3　简单二极管电路的分析

（a）电路　（b）将二极管用理想模型替代的等效电路　（c）将二极管用恒压降模型替代的等效电路

解：观察图 1.3.3（a）电路可知，二极管正偏导通。将导通二极管分别用理想模型和恒压降模型替代，等效电路如图 1.3.3（b）、（c）所示。

当 $V_{DD} = 2$ V 时

由图（b）得

$$U_O = V_{DD} = 2 \text{ V}, \quad I_O = V_{DD}/R = 2 \text{ V}/2 \text{ kΩ} = 1 \text{ mA}$$

由图（c）得

$$U_O = V_{DD} - U_{D(on)} = (2-0.7) \text{ V} = 1.3 \text{ V}, \quad I_O = U_O/R = 1.3 \text{ V}/2 \text{ kΩ} = 0.65 \text{ mA}$$

当 $V_{DD} = 10$ V 时

由图（b）得

$$U_O = V_{DD} = 10 \text{ V}, I_O = V_{DD}/R = 10 \text{ V}/2 \text{ k}\Omega = 5 \text{ mA}$$

由图(c)得

$$U_O = V_{DD} - U_{D(on)} = (10-0.7) \text{ V} = 9.3 \text{ V}, \quad I_O = U_O/R = 9.3 \text{ V}/2 \text{ k}\Omega = 4.65 \text{ mA}$$

那么上例中的近似分析结果是否都合理呢？由于该电路中的二极管正偏导通,且有较大的工作电流,因此用恒压降模型法所得的结果是接近实际情况的。可以将恒压降模型法所得数据作参照标准,来分析一下理想模型法所得结果的相对误差,以 U_O 为例:当 $V_{DD} = 10$ V时, $\dfrac{\Delta U_O}{U_O} = \dfrac{10 \text{ V}-9.3 \text{ V}}{9.3 \text{ V}} \approx 7.5\%$,当 $V_{DD} = 2$ V 时, $\dfrac{\Delta U_O}{U_O} = \dfrac{2 \text{ V}-1.3 \text{ V}}{1.3 \text{ V}} \approx 53.8\%$,显然 $V_{DD} = 10$ V 时的误差在工程允许范围之内(工程上通常允许 10% 以内误差),而 $V_{DD} = 2$ V 时的误差太大,明显不合理,这样的分析结果是无用的。

此例表明,用模型法分析二极管电路时,必须根据电路的具体情况选择合理的模型。当二极管回路的电源电压远大于[①] $U_{D(on)}$ 时,理想模型和恒压降模型均可采用,其中理想模型更简便;当电源电压较低时,采用恒压降模型较为合理。

若要进一步提高分析精度,可将伏安特性用图 1.3.4(a)中实线所示的两段直线逼近(称为二极管的折线模型),即把二极管特性近似为:在 $u_D < U_{D(on)}$ 时截止, $i_D \approx 0$;在 $u_D \geq U_{D(on)}$ 后导通, i_D 与 u_D 呈线性关系,伏安直线的斜率为 $1/r_D$。根据斜率的求法可知 $r_D = \dfrac{\Delta u_D}{\Delta i_D}$,因此 r_D 表示电阻,它是二极管导通后对大信号所呈现的电阻,称为二极管的导通电阻。折线模型对应的等效电路如图 1.3.4(b)所示。由于 r_D 很小,忽略 r_D 后所引入的误差很小,因此,实用中一般忽略之而采用恒压降模型。

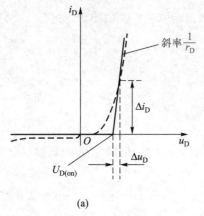

(a)

(b)

图 1.3.4 二极管的折线模型

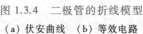

(a) 伏安曲线 (b) 等效电路

---

① 工程上将(5~10)倍以上称为远大于,(1/5~1/10)倍以下称为远小于。

三、二极管应用电路及其分析

下面结合实例介绍二极管的基本应用电路,并由浅入深地介绍分析方法。

【例 1.3.2】 图 1.3.5(a)所示为硅二极管直流电路,试求电流 I_1、I_2、I_O 和输出电压 U_O 的值。

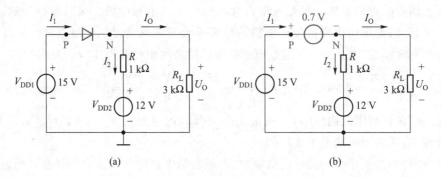

图 1.3.5 二极管直流电路

(a) 电路 (b) 将二极管用恒压降模型等效的电路

解题分析:在直流电路中二极管起单向导电作用,应先判断二极管导通与否,然后选择合理的模型进行估算。判断二极管导通与否的方法是:断开二极管,观察或计算加在二极管正、负极间的电压,若正偏电压大于或等于导通电压,则二极管导通;若反偏或正偏电压小于导通电压,则二极管截止。

解:假设二极管断开,由图得二极管正、负极电位分别为

$$U_P = 15 \text{ V} \qquad U_N = \frac{3}{4} \times 12 \text{ V} = 9 \text{ V}$$

故 $U_{PN} = 6$ V,二极管导通。导通后的硅二极管表示为 0.7 V 的恒压源,如图 1.3.5(b)所示。

由图 1.3.5(b)得

$$U_O = V_{DD1} - U_{D(on)} = (15 - 0.7) \text{ V} = 14.3 \text{ V}$$

$$I_O = U_O/R_L = 14.3 \text{ V}/3 \text{ k}\Omega = 4.8 \text{ mA}$$

$$I_2 = (U_O - V_{DD2})/R = (14.3 - 12) \text{ V}/1 \text{ k}\Omega = 2.3 \text{ mA}$$

$$I_1 = I_O + I_2 = (4.8 + 2.3) \text{ mA} = 7.1 \text{ mA}$$

【例 1.3.3】 图 1.3.6(a)所示电路中,输入电压 u_i 为幅值 15 V 的正弦波,试画出输出电压 u_O 波形。

解题分析:u_i 为交变的大信号,因此二极管交替工作于导通和截止状态。u_i 幅值远大于 0.7 V,因此可忽略导通电压而采用理想模型分析法。

解:当 u_i 为正半周时,二极管正偏导通,等效电路如图 1.3.6(b)所示,得 $u_O = u_i$;当 u_i 为负半周时,二极管反偏截止,等效电路如图 1.3.6(c)所示,得 $u_O = 0$。因此画出 u_O 波形如图 1.3.6(d)所示。

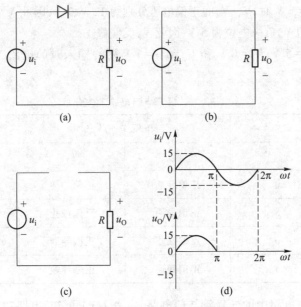

图 1.3.6 二极管半波整流电路

(a) 电路　(b) u_i 为正半周时的等效电路　(c) u_i 为负半周时的等效电路　(d) 输入、输出电压波形

　　本例电路称为半波整流电路。整流电路是直流稳压电源的重要组成之一,其作用是把正弦电压变换为单方向脉动电压。

【例 1.3.4】　图 1.3.7(a) 中,设 V_A、V_B 均为理想二极管,当输入电压 U_A、U_B 为 0 V 和 5 V 的不同组合时,求输出电压 U_O 的值。

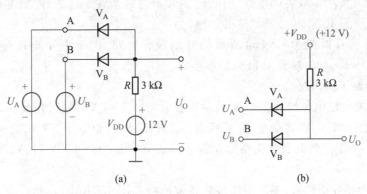

图 1.3.7 二极管与门电路

(a) 电路　(b) 习惯画法

解: 断开两个二极管,得它们的正极电位均为 12 V,负极电位分别为 U_A 和 U_B。

当 $U_A = U_B = 0$ V 时,V_A 和 V_B 均加上 12 V 的正偏电压,两管都导通,管压降为零,$U_O = 0$。

当 $U_A = 0$ V、$U_B = 5$ V 时，V_A、V_B 的正偏电压分别为 12 V、7 V，因此 V_A 优先导通，使 $U_0 = 0$。这时 V_B 正极电位为 0 V，负极电位为 5 V，因此 V_B 反偏截止。

同理可分析 $U_A = 5$ V、$U_B = 0$ V 和 $U_A = U_B = 5$ V 两种输入时的电路工作情况，如表 1.3.1 所示。

表 1.3.1　二极管与门电路工作分析

输入电压		二极管工作状态		输出电压
U_A/V	U_B/V	V_A	V_B	U_0/V
0	0	正偏导通	正偏导通	0
0	5	正偏导通	反偏截止	0
5	0	反偏截止	正偏导通	0
5	5	正偏导通	正偏导通	5

本例电路即数字电路中的二极管**与门**电路，由表 1.3.1 可知，电路功能为：当输入电压中有低电压（0 V）时，输出为低电压（0 V）；只有当输入电压均为高电压（5 V）时，输出才为高电压（5 V）。

在电子电路中，为使电路简洁，习惯上将图 1.3.7(a) 所示电路画成图 1.3.7(b) 所示。图 1.3.7(b) 中的 U_A 表示 A 端电位，它等于 A 端相对于参考电位点（即"地"）之间的电压，因此这种画法所表达的内容与图 1.3.7(a) 中是等效的，同理可理解图 1.3.7(b) 中 U_B、U_0 和电源 V_{DD} 的含义。这种用电位来表示电压和电源的画法以后会经常使用，读者要能看懂。

需指出，对有多个二极管的电路，分析时要弄清楚哪个管子优先导通，并注意优先导通的管子对其他管子的工作状态所产生的影响。

【例 1.3.5】　分析图 1.3.8(a) 所示的硅二极管电路：(1) 画出电压传输特性曲线；(2) 已知 $u_i = 10 \sin \omega t$ V，画出 u_i 和 u_0 的波形。

解：分析电路工作情况

由于 V_1 管的负极电位恒为 2 V，V_2 管的正极电位恒为 -4 V，因此，当 $u_i \geqslant 2.7$ V 时，V_1 管导通，管压降恒为 0.7 V，V_2 管截止，使其所在支路开路，故 u_0 恒等于 2.7 V；当 -4.7 V< u_i <2.7 V 时，V_1 管和 V_2 管均截止，使其所在支路均开路，故 $u_0 = u_i$；当 $u_i \leqslant -4.7$ V 时，V_1 管截止，V_2 管导通，故 u_0 恒等于 -4.7 V。

(1) 根据上述分析结果，画出电压传输特性曲线如图 1.3.8(b) 所示。电压传输特性曲线以 u_i 作横坐标，u_0 作纵坐标；当 $u_i \geqslant 2.7$ V 时，$u_0 = 2.7$ V，得水平线段 AB；当 -4.7 V< u_i <2.7 V 时，$u_0 = u_i$，得经过原点且斜率为 1 的线段 BC；当 $u_i \leqslant -4.7$ V 时，$u_0 = -4.7$ V，得水平线段 CD。

(2) 根据 (1) 中分析结果，画出 u_i 和 u_0 的波形如图 1.3.8(c) 所示。

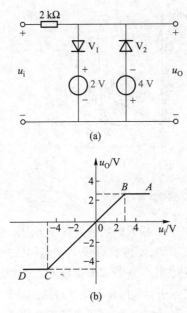

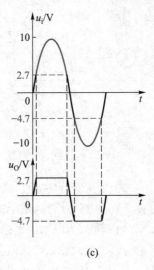

图 1.3.8 二极管限幅电路

（a）限幅电路 （b）传输特性 （c）输入、输出波形

由波形图可见,当输入正电压超过 2.7 V 时,输出被限幅在 2.7 V;当输入负电压超过 4.7 V 时,输出被限幅在-4.7 V;当输入值未超过规定限幅值时,输入信号能正常地传送到输出。这样的电路称为双向限幅电路,也称削波电路。

限幅电路可以限制信号的电压范围,常用作保护电路,防止电子系统中的敏感器件或电路因电压过大而损坏。

> **讨论题 1.3.1** 简述何为二极管理想模型,何为恒压降模型? 在分析时如何合理选用?

1.3.2 图解分析法和小信号模型分析法

下面首先简介图解分析法,然后根据图解分析所得的结论,提出工作点、静态、动态、静动态分析和小信号等概念,并建立二极管的小信号模型。

一、二极管电路的直流图解分析法

图 1.3.9(a)所示为二极管直流电路,其分析可采用上述模型分析法,也可采用图解分析法,下面介绍后者。

对该电路可分别列出下面两个方程:

$$i_D = f(u_D) \tag{1.3.1}$$

$$u_D = V_{DD} - i_D R \tag{1.3.2}$$

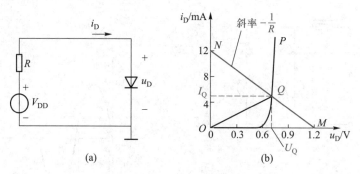

图 1.3.9　二极管电路的直流图解分析

（a）电路　（b）直流图解

其中,式(1.3.1)为二极管伏安特性方程,式(1.3.2)称为二极管的负载方程,此时因二极管处于直流工作状态,称为直流负载方程。对这两个方程联立求解,便可求得管压降 u_D 和二极管电流 i_D,图解过程为:在以 u_D 为横轴、i_D 为纵轴的坐标系中分别作出二极管伏安曲线和二极管直流负载方程所对应的直线(称为直流负载线),读这两根线的交点所对应的坐标值就得到二极管电压和电流。

【例 1.3.6】　图 1.3.9(a)电路中,$R = 100\ \Omega$,$V_{DD} = 1.2\ V$,二极管伏安曲线如图 1.3.9(b)所示,试用图解法求二极管的电压和电流值,并求二极管所呈现的电阻值。

解:(1) 作二极管的直流负载线

根据图 1.3.9(a)写出二极管直流负载方程为 $u_D = V_{DD} - i_D R$,令 $i_D = 0$,得 $u_D = V_{DD} = 1.2\ V$,可得横轴截点 $M(1.2\ V,0)$;令 $u_D = 0$,得 $i_D = V_{DD}/R = 1.2\ V/100\ \Omega = 12\ mA$,可得纵轴截点 $N(0,12\ mA)$。连接点 M、N,便得直流负载线,与伏安曲线交于 Q 点,如图 1.3.9(b)所示。

(2) 读 Q 点坐标值得 $U_Q \approx 0.7\ V$,$I_Q \approx 5.0\ mA$,即为二极管的电压和电流值。

(3) 求二极管电阻。该电路中二极管工作于直流状态,因此所呈现的电阻称为直流电阻,常用 R_D 表示,由图 1.3.9(b)可得

$$R_D = \frac{U_Q}{I_Q} = \frac{0.7}{5 \times 10^{-3}}\ \Omega = 140\ \Omega$$

显然,R_D 即为直线 OQ 斜率的倒数,R_D 值与 Q 点有关,Q 点越高,R_D 越小。

我们看到,管子的电压和电流确定后,就在特性曲线上对应地确定了一个点,这说明特性曲线上的点反映了管子的工作情况,称为工作点。上述的 Q 点反映了管子的直流工作情况,称为直流工作点,它所对应的电压、电流值称为直流工作点参数。

二、二极管电路的交流图解分析

模拟电路中经常遇到同时含直流电源和小信号源的电路,如图 1.3.10(a)所示。由图 1.3.10(a)可得二极管的负载方程为 $u_D = V_{DD} + u_s - i_D R$,当 u_s 变化时,负载线的横轴截点($V_{DD} + u_s$,0)将随之变化,而负载线斜率保持($-1/R$)不变。设 $u_s = U_{sm}\sin\omega t$,则当 $u_s = 0$ 时,画出负载线 MN 如图 1.3.10(b)所示,得工作点 Q;当 $u_s = U_{sm}$ 时,横轴截点为 $M_2(V_{DD} + U_{sm}$,0),可画

出负载线 M_2N_2，得工作点 Q_2；当 $u_s = -U_{sm}$ 时，横轴截点为 $M_1(V_{DD}-U_{sm},0)$，可画出负载线 M_1N_1，得工作点 Q_1；在 u_s 变化时，负载线在 M_2N_2 和 M_1N_1 之间平移，工作点在 Q_2 和 Q_1 之间移动，u_D 和 i_D 也发生相应变化。当 U_{sm} 很小时，线段 Q_2Q_1 很短，近似为直线，所以当 u_s 为正弦波时，u_D 和 i_D 也按正弦规律变化。当 $u_s = 0$ 时，$u_D = U_Q$；当 u_s 达到峰值 U_{sm} 时，u_D 也达到峰值；当 u_s 达到谷值 $-U_{sm}$ 时，u_D 也达到谷值，因此可画出 u_D 的波形如图 1.3.10(b) 中①所示，u_D 可表示为

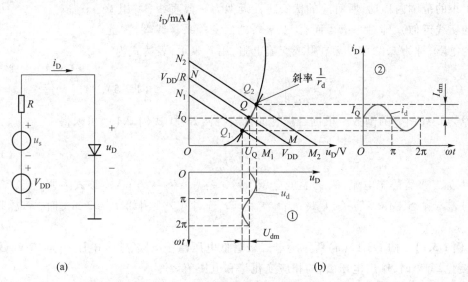

图 1.3.10　二极管电路的交流图解分析

(a) 电路　(b) 交流图解

$$u_D = U_Q + u_d = U_Q + U_{dm}\sin \omega t \tag{1.3.3}$$

式中，U_Q 为未加信号时的二极管电压，u_d 为信号源 u_s 作用所产生的二极管交流电压，U_{dm} 为其振幅。同理可画出 i_D 对应的波形如图 1.3.10(b) 中②所示，并表示为

$$i_D = I_Q + i_d = I_Q + I_{dm}\sin \omega t \tag{1.3.4}$$

式中，I_Q 为未加信号时的二极管电流，i_d 为信号源 u_s 作用所产生的二极管交流电流，I_{dm} 为其振幅。

　　当有信号输入时，电路中的电压和电流处于变动状态，故称电路处于动态，相应的电压和电流的变化量称为动态量，上述分析所得到的交流量 u_d 和 i_d 即为动态量。当输入信号为零时，称电路处于静态，相应的电压、电流称为静态量，上述的 U_Q 和 I_Q 即为静态量。静态量为直流量，所以静态工作点是直流工作点，习惯上也简称为 Q 点。

　　上述交流图解结果说明，在同时含有直流电源和小信号源的电路中，电流或电压的总量由静态量与动态量叠加而成，所以这类电路通常这样分析：首先静态分析求出静态量；然后动态分析求出动态量；再将静态量和动态量叠加得出总量，这也是分析模拟电路时经常采用的方法。

三、二极管电路的小信号模型分析法

图解法直观,但不方便,所以工程中多采用恒压降模型进行静态分析,然后采用小信号模型进行动态分析。二极管的小信号模型如图 1.3.11 所示,即等效为电阻 r_d,下面加以说明。

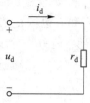

由图 1.3.10(b)可见,在小信号作用下,二极管的工作点在 Q 点附近很小的范围内移动,所对应的伏安特性近似为一段直线(可用 Q 点处的切线近似),即对小信号而言,二极管的伏安关系呈线性,因此等效为电阻,称为二极管动态电阻或交流电阻,用 r_d 表示,表达式为

图 1.3.11　二极管的
小信号模型

$$r_d = \frac{\mathrm{d}u_D}{\mathrm{d}i_D}\bigg|_Q \tag{1.3.5}$$

即为 Q 点切线斜率的倒数。根据二极管的伏安特性方程[式(1.2.1)]可求得

$$r_d \approx \frac{U_T}{I_Q} \tag{1.3.6}$$

式中,I_Q 为二极管静态电流,U_T 为温度电压当量,室温下 $U_T \approx 26\ \mathrm{mV}$。该式表明,二极管的动态电阻 r_d 与静态工作点有关,I_Q 越大,r_d 越小。r_d 通常很小,例如 $I_Q = 2\ \mathrm{mA}$ 时,室温下 $r_d = 13\ \Omega$。

【例 1.3.7】　图 1.3.12(a)所示为硅二极管低电压稳压电路,输入电压 U_I 为 10 V,试分析当 U_I 变化±1 V 时,输出电压 U_O 的相应变化量和电压值。

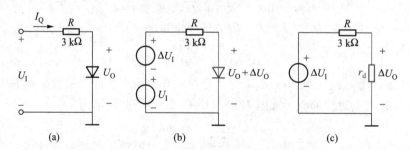

图 1.3.12　低电压稳压电路

(a) 电路　(b) U_I 产生波动时的等效电路　(c) 小信号等效电路

解:(1)静态分析:求 U_I 为 10 V 时的输出电压 U_O 和二极管静态电流 I_Q。

由图 1.3.12(a)可知硅二极管正偏导通,所以

$$U_O = U_Q \approx 0.7\ \mathrm{V}$$

$$I_Q = \frac{10-0.7}{3}\ \mathrm{mA} = 3.1\ \mathrm{mA}$$

(2)动态分析:求 U_I 变化±1 V 时,输出电压 U_O 的相应变化量 ΔU_O。

当 U_I 变化±1 V 时,相当于给 10 V 的直流电源串接一个变化范围为±1 V 的信号源,如

图1.3.12(b)所示,该图的小信号等效电路如图 1.3.12(c) 所示(直流电源 U_1 两端的电压为恒值,即两端间的信号电压为零,故在小信号等效电路等效为短路)。由于

$$r_\mathrm{d} = \frac{U_T}{I_Q} = \frac{26}{3.1}\ \Omega \approx 8.39\ \Omega$$

因此　　　　　　　　　$\Delta U_\mathrm{O} = \frac{r_\mathrm{d}}{r_\mathrm{d}+R} \cdot \Delta U_1 = \frac{8.39}{8.39+3\ 000} \times (\pm 1\ \mathrm{V}) = \pm 2.79\ \mathrm{mV}$

可见当 U_1 变化时,所引起的 U_O 变化非常小,所以能稳压输出。

(3) 综合分析:求 U_1 变化 ±1 V 时的输出电压值 U_O'

$$U_\mathrm{O}' = U_\mathrm{O} + \Delta U_\mathrm{O} = 700\ \mathrm{mV} \pm 2.79\ \mathrm{mV}$$

本例是利用二极管的正向恒压特性进行稳压的电路。若将多只二极管相串联,则可得到较高的稳定电压输出。这种稳压电路可用于 3~4 V 以下稳压输出的场合,当稳压输出值较大时,一般宜采用 1.4 节介绍的稳压管稳压电路以获得较好的性能,视需要也可选择性能更好的电路。

综上所述,实用中通常采用模型法分析二极管应用电路,分析时应根据具体电路选择合理模型。对于直流电路和大信号工作电路,通常选用理想模型或恒压降模型进行分析;对于既有直流电源又有小信号源的电路,首先利用恒压降模型估算 Q 点,然后采用小信号模型法进行动态分析。

讨论题 1.3.2

(1) 二极管有哪些典型应用? 在这些应用中,二极管起何作用?

(2) 简述二极管应用电路的分析方法。

(3) 说明二极管直流电阻 R_D、导通电阻 r_D 和交流电阻 r_d 的区别及应用。

(4) 用模拟指针式万用表的电阻挡测量二极管正向电阻时,不同量程挡所测得的正向电阻值是不同的,试说明其原因。万用表测得的是二极管的何种电阻?

1.3.3　仿真分析法

一、仿真分析法概述

仿真分析指利用 EDA(即 electronic design automation,电子设计自动化)技术进行电路分析。EDA 技术自 20 世纪 70 年代开始发展,1988 年被定为美国国家工业标准。商用的 EDA 仿真软件有很多,但其核心都是加利福尼亚大学 Berkeley 分校研制的 SPICE(simulation program with integrated circuit emphasis),目前常用的有 PSpice[1] 和 Electronics Workbench EDA

---

① 　Micro Sim 公司开发,后 Micro Sim 公司被 OrCAD 公司兼并,再后 OrCAD 公司又被 Cadence 公司并购。

（简称 EWB，后改称 Multisim）[1]。教学中常用的是 Multisim，它不仅是一个优秀的、有效实用的、界面与接口非常友好的（可便捷地搭电路、可生成印制电路板即 PCB 布线所需文件、也可生成其他 SPICE 仿真器所需文件）、功能强大的分析工具（Multisim14.0 版本可以对模拟、数字和微控制器即 MCU 及其混合电路进行仿真，并提供了 19 种不同仿真工具），尤其受欢迎的是其非常出色的虚拟实验室，拥有智能混合电路常用的元器件、外部设备和仪器仪表，有著名制造商出品的元器件和仪器（仪器面板与实物相同），这使得仿真分析十分直观方便，边学理论边做实验得以实现。关于 Multisim 使用方法，将在附录 A 给予简介并提供微视频演示，请读者自学。在本书的各章，将会针对重点电路，给出 Multisim 仿真分析实例。

二、二极管应用电路仿真

下面用仿真法对前面已讲的部分应用电路进行分析，请读者比较不同分析方法所得的结果。

1. 例题 1.3.3 半波整流电路的仿真

在 Multisim 的主窗口创建仿真电路如图 1.3.13（a）所示，函数发生器 XFG1 设置为产生幅值 15 V、频率 500 Hz 的正弦信号，二极管 V 采用虚拟二极管，双通道示波器 XSC1 用以观察比较输入波形和输出波形。运行仿真，设置好示波器参数后，得示波器波形如图 1.3.13（b）所示：输入信号为正弦波，输出信号为单向脉动电压。移动示波器面板中的垂直光标，可读出通道 A 和通道 B 所对应的电压 u_i 和 u_0 的幅值，其差值即为相应时刻二极管的导通电压。图中读得正弦波幅值为 14.998 V，单向脉动电压幅值为 14.333 V，此时的二极管导通电压为（14.998−14.333）V ＝ 0.665 V。

微视频 1.3：
半波整流电路仿真

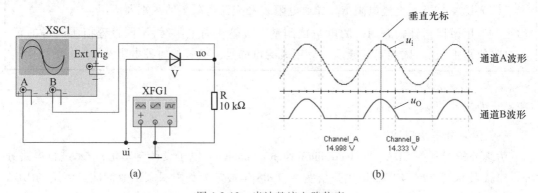

(a)　　　　　　　　　　　　　(b)

图 1.3.13　半波整流电路仿真

（a）仿真电路　（b）输入、输出波形

---

① 加拿大 Interactive Image Technologies Ltd. 公司开发，该公司后被美国国家仪器（NI）有限公司收购。

2. 例题 1.3.5 双向限幅电路仿真

在 Multisim 中创建仿真电路如图 1.3.14 所示。

在菜单中单击 Simulate→Analyses→DC Sweep,设置仿真参数,分析节点 3 的输出电压与输入电压之间的关系(即电压传输特性),如图 1.3.14(b)所示,横坐标对应输入信号,纵坐标对应输出信号。由图可知,当输入信号小于-4.7 V 时,输出约为-4.7 V;当输入信号大于 2.7 V 时,输出约为 2.7 V;当输入信号介于-4.7 V 和 2.7 V 之间时,输出电压等于输入电压。

微视频 1.4:
双向限幅电路仿真

运行仿真,观看示波器的波形,如图 1.3.14(c)所示。移动光标读取通道 A 和通道 B 波形的幅值,和上述直流扫描分析结果是一致的。

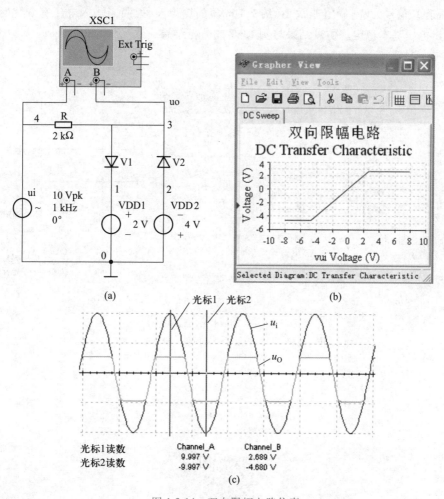

(a)

(b)

(c)

图 1.3.14 双向限幅电路仿真

(a)仿真电路 (b)电压传输特性 (c)输入、输出波形

3. 例题 1.3.7 低电压稳压电路仿真

在 Multisim 中构建电路如图 1.3.15(a)所示,通过按键"A"改变开关 J1 的连接,决定是否加入动态小信号。示波器的两个通道均与输出端节点 2 相连,通道 A 以"DC"耦合方式观测输出信号的实际大小;通道 B 以"AC"耦合方式观测输出信号的交流成分。

微视频 1.5:
低电压稳压电路仿真

将开关向下拨,不接入动态小信号,运行仿真,观测示波器波形:通道 A 信号为一直线,示数约为 684 mV,通道 B 信号为 0,说明输出直流电压。

按图 1.3.15(b)设置函数发生器,将开关向上拨,接入幅值为 1 V 的动态信号(锯齿波)。运行仿真,示波器波形及数值如图 1.3.15(c)所示,通道 A 的信号近似一直线,通道 B 信号为峰-峰值非常小(约 5.4 mV)的锯齿波,说明当输入电压有变化时,稳压电路的输出电压基本稳定。仿真结果与例 1.3.7 的分析结果一致。

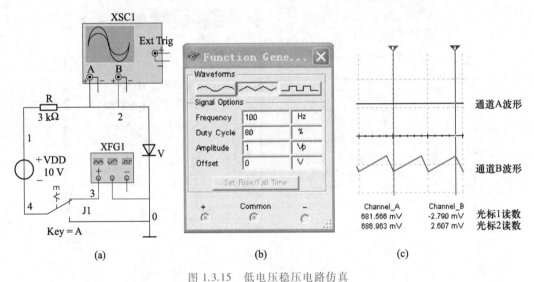

图 1.3.15　低电压稳压电路仿真
(a) 仿真电路　(b) 函数发生器面板　(c) 输出波形

小　　结

微视频 1.6:
1.3 小结

随 堂 测 验

1.3.1　填空题

1. 通常采用_____法分析二极管应用电路,分析时应根据具体电路选择合理_____。对于_____电路和大信号工作电路,通常选用理想模型或恒压降模型进行分析;对于既有直流电源又有小信号源的电路,首先利用恒压降模型估算 Q 点,然后采用_____模型法进行动态分析。

2. 整流电路利用二极管的_____特性,将交流电变为单向脉动信号。

3. 测得某二极管的正向电流为 1 mA,正向压降为 0.65 V,则二极管直流电阻等于_____,交流电阻等于_____。

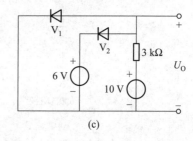

1.3.2　单选题

图 1.3.16 所示电路中,二极管导通电压为 0.7 V,下述错误的是_____。

A. 二极管是硅管,图(a) U_0 = 5.3 V　　　　　　B. 图(b) U_0 = 10 V

C. 图(c)中二极管 V_1 优先导通,二极管 V_2 截止　　D. 图(c) U_0 = 10 V

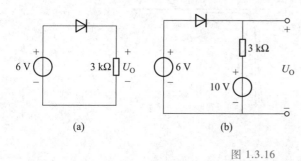

(a)　　　　　　　　　(b)　　　　　　　　　(c)

图 1.3.16

1.3.3　是非题(对打√;错打×)

1. 二极管在其静态工作电流增大时,直流电阻和交流电阻均减小。(　　)

2. 二极管导通电阻 $r_D \approx \dfrac{U_T}{I_Q}$。(　　)

1.4　特殊二极管

基本要求　(1)掌握稳压二极管的符号、特性与主要参数,理解稳压二极管稳压电路的组成、工作原理与分析方法;(2)了解其他特殊二极管及其应用。

学习指导　重点:稳压二极管的主要参数;稳压二极管稳压电路的组成与分析。

　　二极管种类很多,除前面讨论的普通二极管外,常用的还有稳压二极管、发光二极管、光电二极管、变容二极管、肖特基二极管等。

1.4.1　稳压二极管

一、稳压二极管的符号、特性与主要参数

稳压二极管又称齐纳二极管,简称稳压管,它是一种特殊的面接触型硅二极管,符号和伏安特性曲线如图 1.4.1 所示,其正向特性曲线与普通二极管相似,而反向击穿特性曲线很陡。正常情况下稳压管工作在反向击穿区,由于曲线很陡,反向电流在很大范围内变化时,端电压变化很小,因而具有稳压作用。稳压管在使用时应串接限流电阻,以保证反向电流不超过最大允许电流,避免热击穿。

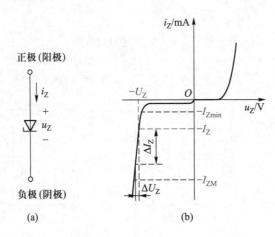

图 1.4.1　稳压二极管的符号和伏安曲线

（a）符号　（b）伏安曲线

稳压管的主要参数有:

（1）稳定电压 U_Z。指流过规定电流时稳压管两端的反向电压值,通常就是稳压管稳压工作时的压降,其值决定于反向击穿电压值。

（2）稳定电流 I_Z。指稳压管稳压工作的参考电流,通常为工作电压等于 U_Z 时所对应的电流值。当工作电流低于 I_Z 时,稳压效果变差,若低于 I_{Zmin}（称最小稳压电流）,则失去稳压作用。

（3）最大耗散功率 P_{ZM} 和最大工作电流 I_{ZM}。P_{ZM} 和 I_{ZM} 是为了保证管子不被热击穿而规定的极限参数,由管子允许的最高结温决定。P_{ZM} 和 I_{ZM} 的关系为

$$P_{ZM} = I_{ZM} U_Z \tag{1.4.1}$$

（4）动态电阻（也称交流电阻）r_z。指稳压管稳压工作时的电压变化量与相应电流变化量之比,即

$$r_z = \frac{\Delta U_z}{\Delta I_z} \tag{1.4.2}$$

r_z 值很小,约几欧到几十欧。r_z 越小,稳压性能越好。

(5) 电压温度系数 C_{TV}。指温度每增加 1℃ 时稳定电压的相对变化量,即

$$C_{TV} = \frac{\Delta U_z / U_z}{\Delta T} \times 100\% \tag{1.4.3}$$

二、稳压管稳压电路的工作原理

图 1.4.2 所示稳压管稳压电路中,R 为限流电阻(又称降压电阻),R_L 为负载电阻。当稳压管稳压工作时,有下列关系

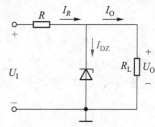

$$U_O = U_I - I_R R = U_z \tag{1.4.4}$$

$$I_R = I_{DZ} + I_O \tag{1.4.5}$$

当 R_L 不变而 U_I 增大时,U_O 随之上升,加于稳压管两端的反向电压增加,使电流 I_{DZ} 大大增加,由式(1.4.5)可知,I_R 随之显著增加,从而使降压电阻 R 上的压降 $I_R R$ 增大,结果使 U_I 的增加量绝大部分降落在降压电阻上,而输出电压 U_O 维持基本恒定。反之,当 R_L 不变而 U_I 下降时,电路将产生与上述相反的稳压过程。

图 1.4.2　稳压管组成的稳压电路

当 U_I 不变而 R_L 增大(即负载电流 I_O 减小)时,U_O 随之增大,则 I_{DZ} 大大增加,迫使 U_O 下降以维持基本恒定。反之,产生与上述相反的稳压过程。

综上所述,稳压管电路的稳压原理是:当 U_I 或 R_L 变化时,电路能自动调整 I_{DZ} 的大小,以改变降压电阻 R 上的压降 $I_R R$,从而维持 U_O 基本恒定。

为使电路安全可靠地稳压工作,应加足够大的反偏电压,使稳压管工作于反向击穿区;且给稳压管串接适当大小的限流电阻 R,使稳压管电流 I_{DZ} 满足

$$I_{Zmin} \le I_{DZ} \le I_{ZM} \tag{1.4.6}$$

三、稳压管稳压电路分析举例

【例 1.4.1】　图 1.4.2 中,稳压管参数为 $U_z = 12$ V,$I_z = 5$ mA,$I_{ZM} = 50$ mA,试:(1) 若 $U_I = 3$ V,$R_L = R$,求 U_O;(2) 若 $U_I = 20$ V,其允许变化量为 ±2 V,I_O 的变化范围为 0~15 mA,试确定限流电阻 R 的阻值与功率。

解:(1) 当 $U_I = 3$ V 时,稳压管反偏截止,U_O 由电阻分压确定。由于 $R_L = R$,故

$$U_O = \frac{R_L}{R_L + R} \cdot U_I = \frac{3 \text{ V}}{2} = 1.5 \text{ V}$$

（2）当 $U_1 = 20$ V 时，由图 1.4.2 可知，只要电路参数合适，就可使稳压管加上足够高的反偏电压，从而稳压工作。R 的取值应合理，使满足 $I_{Zmin} \leqslant I_{DZ} \leqslant I_{ZM}$。题中未知 I_{Zmin}，只给出了 I_Z 值，这种情况下一般可按 $I_Z \leqslant I_{DZ} \leqslant I_{ZM}$ 确定 R 的取值。

当输入电压 U_1 最大且输出电流 I_O 最小时，流过稳压管的电流最大，R 值应满足 $I_{DZ} \leqslant I_{ZM}$，因此 R 的最小值为

$$R_{min} = \frac{U_{Imax} - U_Z}{I_{ZM} + I_{Omin}} = \frac{20 + 2 - 12}{50 \times 10^{-3}} \ \Omega = 200 \ \Omega$$

当输入电压 U_1 最小且输出电流 I_O 最大时，流过稳压管的电流最小，R 的取值应满足 $I_{DZ} \geqslant I_Z$，因此 R 的最大值为

$$R_{max} = \frac{U_{Imin} - U_Z}{I_Z + I_{Omax}} = \frac{20 - 2 - 12}{(5 + 15) \times 10^{-3}} \ \Omega = 300 \ \Omega$$

故应根据 $200 \ \Omega \leqslant R \leqslant 300 \ \Omega$ 选取 R 值。（R 值较小时，稳压性能较好，但电阻上的损耗较大；R 值较大时，则反之。）若选取电阻标称值为 $270 \ \Omega$，则 R 上的最大功耗为

$$P_{Rmax} = \frac{(U_{Imax} - U_Z)^2}{R} = \frac{(22 - 12)^2}{270} \ \text{W} \approx 0.37 \ \text{W}$$

考虑安全裕量，R 可选用 $270 \ \Omega$、1 W 的电阻。

1.4.2　发光二极管和光电二极管

一、发光二极管的结构、符号、工作特点与应用

发光二极管简称 LED（即 light emitting diode 的缩写），图形符号如图 1.4.3（a）所示。它利用自由电子和空穴复合时能产生光的半导体制成，采用不同的材料，分别得到红、黄、绿、橙、蓝色光和红外光。LED 伏安特性与普通二极管相似，但正向导通电压大；当正偏导通时发光，光亮度随电流增大而增强，工作电流为几毫安到几十毫安，典型值 10 mA；反向击穿电压一般大于 5 V，为安全起见，一般工作在 5 V 以下。

LED 基本应用电路如图 1.4.3（b）所示，串接限流电阻 R 将 LED 的工作电流限定在额定范围内，电源电压 U 可以是直流、交流或脉冲信号。

LED 主要用作显示器件，可单个使用，用作电源指示灯、测控电路中的工作状态指示灯等，也常做成条状发光器件，制成七段或八段数码管，用以显示数字或字符；还可以 LED 为像素，组成矩阵式显示器件，用以显示图像、文字等，在电子公告、影视传媒、交通管理等方面得到广泛应用。

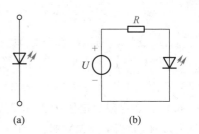

图 1.4.3　发光二极管的符号
与基本应用电路

（a）符号　（b）基本应用电路

【例 1.4.2】 图 1.4.4 所示为测控电路中常见的信号状态监测电路,采用 LED 监测某数字电路输出电平的高低。当输出低电平(0 V)时,LED 亮;输出高电平(5 V)时,LED 灭。已知所选 LED 的正向压降为 2 V,参考工作电流为 10 mA,试确定限流电阻 R 的阻值。

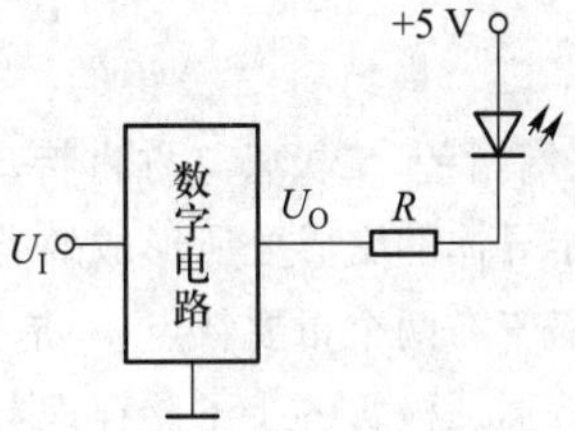

解:$R = \dfrac{5-2}{10 \times 10^{-3}} \ \Omega = 300 \ \Omega$

图 1.4.4　例 1.4.2 电路

二、光电二极管的结构、符号、工作特点与应用

光电二极管是将光信号转换为电信号的半导体器件,图形符号如图 1.4.5 所示。其结构与普通二极管类似,但管壳上有一个用于接收光照的玻璃窗口。使用时光电二极管的 PN 结应反偏,在光信号的照射下,反向电流随光照强度的增加而上升(这时的反向电流叫光电流)。光电流也与入射光的波长有关。光电二极管常用作光电传感器,也可用作光电池。

显然,将发光二极管和光电器件组合可以实现光电耦合,如图 1.4.6 所示。发光二极管 V_1 发出的光强度按照输入信号的规律变化,光电二极管 V_2 接收到光信号后,还原为按照输入信号规律变化的电信号输出,从而实现信号的光电耦合。光电耦合的应用很多,可实现信号的光传输,也常用作测控电路中的抗干扰接口电路。

图 1.4.5　光电二极管的图形符号　　　　图 1.4.6　光电耦合器

讨论题 1.4.2

(1) 稳压管、发光二极管和光电二极管,与普通二极管相比有何异同?

(2) 为使稳压管、发光二极管和光电二极管安全可靠地工作,各应注意哪些问题?

1.4.3　变容二极管和肖特基二极管

一、变容二极管的符号、工作特点与应用

PN 结具有电容效应,反偏时因结电阻近似于开路,可看成较理想的电容。它是一个非线性电容,电容量随反向电压增加而减小,利用这种效应制成的二极管称为变容二极管,符号和电容电压特性如图 1.4.7 所示。变容二极管常在高频电路中用作压控电容,实现电调谐、调频等。

二、肖特基二极管的符号、工作特点与应用

肖特基二极管又称肖特基表面势垒二极管,内部是一个金属半导体结(是在金属和低掺杂 N 型半导体的交界处所形成的类似于 PN 结的空间电荷区①),伏安特性与 PN 结相似,但比之普通二极管有两个重要特点:一是导通电压较低,约为 0.4 V;二是只利用一种载流子(电子)导电,不存在普通二极管的少子储存现象,因此工作速度快,适用于高频高速电路。肖特基二极管符号如图 1.4.8 所示。

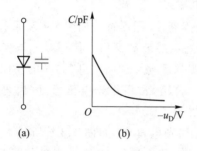

图 1.4.7 变容二极管的符号与电容电压特性
(a) 符号 (b) 电容电压特性

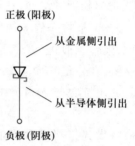

图 1.4.8 肖特基二极管的图形符号

知 识 拓 展

一、激光二极管

激光二极管是在发光二极管的结间安置一层具有光活性的半导体,并形成光谐振腔②而构成,当外加正偏电压并获得足够大的电流时,就能发射出激光。激光二极管的符号与 LED 的一样,如图 1.4.3(a)所示。激光二极管在光电设备和光通信中得到广泛应用,常见的有 DVD 播放机、计算机的光驱、激光打印机、条形码扫描仪、激光笔、医学定位装置(如 CT 和 MRI 扫描仪)等。

二、太阳能电池

太阳能电池由能把太阳能转换为电能的特殊 PN 结构成。当光照射到 PN 结的空间电荷区时,将激发出电子和空穴,当外接负载时它们会在 PN 结内电场作用下形成电流(称为光电流),并在负载两端产生电压,表明太阳能电池在向负载供电。太阳能电池很早就用于人造卫星等航天器中,也用于太阳能计算器;还常用作可见光和红外检测器中的感光元件。

---

① 谢嘉奎.电子线路(线性部分)[M].4 版.北京:高等教育出版社,1999:35.
② 康华光.电子技术基础 模拟部分[M].6 版.北京:高等教育出版社,2014:80.

小 结

微视频 1.7:
1.4 小结

随 堂 测 验

1.4.1 填空题

1. 稳压二极管利用 ＿＿＿＿＿＿＿＿＿＿ 特性实现稳压。

2. 发光二极管是一种通以 ＿＿＿＿＿＿ 向电流会发光的二极管。

3. 光电二极管能将 ＿＿＿＿＿＿ 信号转变为 ＿＿＿＿＿＿ 信号,它工作时需加 ＿＿＿＿＿＿ 偏置电压。

4. 稳压二极管电路如图 1.4.9 所示,已知 $U_z = 5$ V,$I_z = 5$ mA,电压表中流过的电流忽略不计,则当开关 S 断开时,电压表Ⓥ和电流表Ⓐ₁、Ⓐ₂的读数分别为 ＿＿＿＿＿＿、＿＿＿＿＿＿、＿＿＿＿＿＿ ;当开关 S 闭合时,Ⓥ、Ⓐ₁ 和Ⓐ₂ 的读数分别为 ＿＿＿＿＿＿、＿＿＿＿＿＿、＿＿＿＿＿＿ 。

第 1.4 节
随堂测验答案

图 1.4.9

R_1 2 kΩ
Ⓐ₁
Ⓐ₂
S
$U_I = 18$ V
V
Ⓥ
R_2 0.5 kΩ

1.4.2 单选题

1. 在下列二极管中,需要正偏工作的是 ＿＿＿＿＿＿ 。

A. 变容二极管　　　　B. 稳压二极管　　　　C. 光电二极管　　　　D. 发光二极管

2. 对于稳压二极管,下述错误的是 ＿＿＿＿＿＿ 。

A. 一般工作于电击穿区　　　　　　　　B. 工作电流不能大于其稳定电流 I_z

C. 需串接降压电阻　　　　　　　　　　D. 需串接限流电阻

1.4.3 是非题(对打√;错打×)

1. 只要稳压二极管两端加上反向电压就能起稳压作用。(　　　)

2. 光电二极管的光电流随光照强度的增大而上升。(　　　)

3. 肖特基二极管与普通二极管一样,有两种载流子参与导电。(　　　)

本章知识结构图

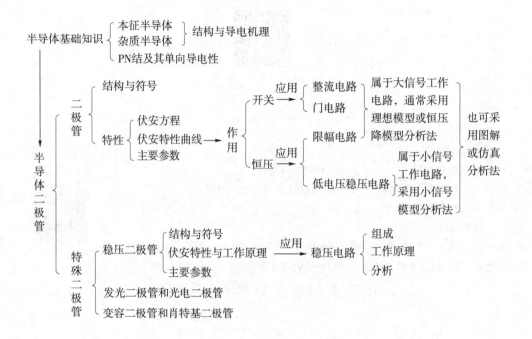

小 课 题

微视频 1.8:
第 1 章小课题

习 题

1.1 某二极管在室温(300 K)下的反向饱和电流为0.1 pA,试分析外加电压在 0.5~0.7 V 之间变化时,二极管电流的变化范围。

1.2 二极管电路如图 P1.2 所示,导通电压 $U_{D(on)} = 0.7\ V$,试分别求出 R 为 1 kΩ、4 kΩ 时电路中的电流 I_1、I_2、I_0 和输出电压 U_0。

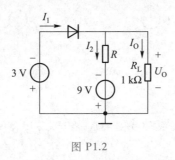

第 1 章
部分习题答案

图 P1.2

1.3 图 P1.3 所示各电路中,设二极管具有理想特性,试判断各二极管是导通还是截止,并求出 AO 两端电压 U_{AO}。

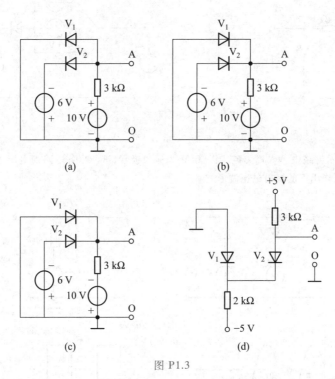

图 P1.3

1.4 二极管电路如图 P1.4 所示,导通电压 $U_{D(on)} = 0.7\ V$,$U_I = 6\ V$,试求电路中电流 I_1、I_2、I_0 和输出电压 U_0。

1.5 图 P1.4 所示电路中,当 $U_1 = 6 \pm 1\ V$,试分析 U_0 的变化范围。

1.6 二极管电路如图 P1.6 所示,设二极管具有理想特性,$u_i = 5\ \sin \omega t\ V$,试画出 u_0 波形。

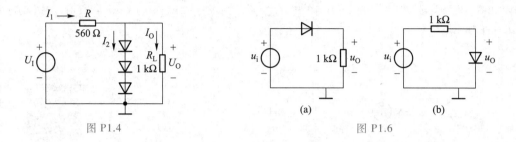

图 P1.4

图 P1.6

1.7 图 P1.7 所示电路中，$u_i = 10 \sin \omega t$ V，二极管具有理想特性，当开关 S 闭合和断开时，试对应画出 u_i、u_0 波形。

1.8 图 P1.8 所示电路中，$u_i = 1.5 \sin \omega t$ V，二极管具有理想特性，试分别画出开关 S 处于 A、B、C 时，输出电压 u_0 的波形。

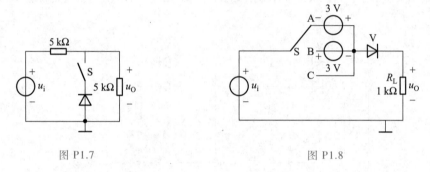

图 P1.7

图 P1.8

1.9 图 P1.9 所示电路中，V_1、V_2 为硅二极管，V_3 为锗二极管，试画出各电路的电压传输特性，并画出各电路在相应输入电压作用下的输出电压波形。

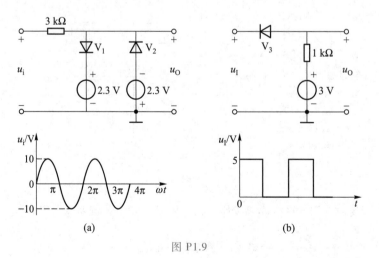

图 P1.9

1.10 二极管电路及二极管伏安特性曲线如图 P1.10 所示,R 分别为 2 kΩ、500 Ω,用图解法求 I_D、U_D。

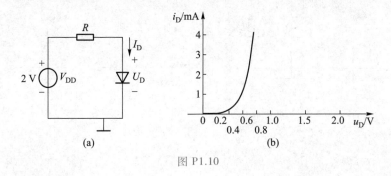

图 P1.10

1.11 图 P1.11 所示电路中,$U_{D(on)} = 0.7$ V,$u_i = 5 \sin \omega t$ mV,C 对交流信号的容抗近似为零,试求二极管电压 u_D 和二极管电流 i_D。

1.12 图 P1.12 所示电路中,稳压管 V_1、V_2 的稳定电压分别为 $U_{Z1} = 8.5$ V、$U_{Z2} = 6$ V,试求 A、B 两端的电压 U_{AB}。

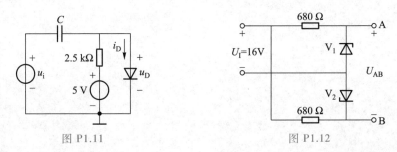

图 P1.11   图 P1.12

1.13 稳压电路如图 P1.13 所示,$U_I = 10$ V,稳压管参数为 $U_Z = 6$ V,$I_Z = 10$ mA,$I_{ZM} = 30$ mA,试求:(1) 流过稳压管的电流及稳压管耗散功率;(2) 限流电阻 R 所消耗的功率。

1.14 试求图 P1.13 所示电路安全稳压工作所允许的输入电压 U_I 的变化范围(设稳压管参数与习题1.13中相同)。

1.15 稳压管稳压电路如图 P1.15 所示,稳压管参数为 $U_Z = 6$ V,$I_Z = 5$ mA,$P_{ZM} = 250$ mW,输入电压 $U_I = 20$ V,试:(1) 求 U_O、I_{DZ};(2) 分析当 R_L 开路、U_I 增加 10% 时,稳压管是否能安全工作?(3) 分析当 U_I 减小 10%、$R_L = 1$ kΩ 时,稳压管是否工作在稳压状态?

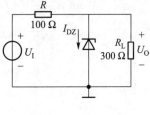

图 P1.13

1.16 图 P1.16 所示电路中,$u_i = 10 \sin \omega t$ V,稳压管参数为 $U_{Z1} = U_{Z2} = 5$ V,$U_{D(on)} = 0.7$ V,试画出 u_o 波形,并用 Multisim 进行仿真,验证分析结果的正确性。

1.17 设计一稳压管稳压电路,要求输出电压 5 V,负载电流允许范围 0~20 mA,已知输入直流电压为 9 V,变化范围不超过 ±10%,试画出电路,确定稳压管型号、限流电阻的阻值及功率。

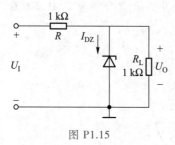

图 P1.15

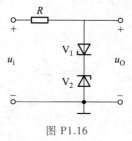

图 P1.16

第2章 半导体三极管及其基本应用

引言 半导体三极管具有放大和开关作用,应用非常广泛。它有双极型和单极型两类,双极型半导体三极管通常简称为三极管、晶体管或 BJT(即 bipolar junction transistor),它有空穴和自由电子两种载流子参与导电,故称为双极型三极管;单极型半导体三极管通常称为场效应管,简称 FET(即 field effect transistor),是一种利用电场效应控制输出电流的半导体器件,它依靠一种载流子(多子)参与导电,故称为单极型三极管。

1947 年由贝尔实验室发明的晶体管的出现,是推动现代电子学大发展的里程碑式事件,在这之后电子学的许多重大成就,如集成电路、微处理器、微型计算机等,都从晶体管发展而来。晶体管如此重要的主要原因是其所构成电路的输出功率可以比输入功率大得多,因而被称为有源器件。当然有源器件本身并不会产生或放大功率,其作用是在输入信号的控制下,将外部能源(如电源)的功率按照一定的规律转化为输出功率。

本章首先介绍晶体管的工作原理、特性曲线和主要参数,然后讨论晶体管的基本应用电路及其分析;最后讨论场效应管的工作原理、特性曲线、主要参数、基本应用电路及分析。

2.1 晶体管及其特性

基本要求 (1)了解晶体管结构,理解晶体管的工作原理、电流放大作用,掌握晶体管的图形符号、伏安特性、工作特点与主要参数;(2)理解晶体管电路三种组态的概念。

学习指导 重点:晶体管三种工作状态的偏置条件与工作特点;工作状态的判别;晶体管的选用。

2.1.1 晶体管的结构

一、晶体管的结构、类型和符号

晶体管是由两个相关联的 PN 结所构成的器件,因而性能比单 PN 结的二极管强很多。按照制造材料不同,分为硅管和锗管;按照结构不同,分为 NPN 型管和 PNP 型管。

图 2.1.1(a)所示是 NPN 型晶体管的结构示意图,它由三个掺杂区制成,中间是一块很

薄的 P 型半导体,称为基区,两边各有一块 N 型半导体,其中高掺杂的(标 N⁺)称为发射区,另一块称为集电区;从各区引出的电极相应地称为基极、发射极和集电极,分别用 B、E、C 表示。当两块不同类型的半导体结合在一起时,交界处会形成 PN 结,因此晶体管有两个 PN 结:发射区与基区之间的 PN 结称为发射结,集电区与基区之间的 PN 结称为集电结。

图 2.1.1(b)所示为硅平面管管芯结构剖面图,它将作为集电区的 N 型硅片在高温下氧化,在其表面形成一层二氧化硅保护膜,再在氧化膜上光刻一个窗口,进行硼杂质扩散,获得 P 型基区,经氧化膜掩护后再在 P 型半导体上光刻一个窗口,进行高浓度的磷扩散,获得 N 型发射区,然后从各区引出电极引线,最后在表面生长一层二氧化硅,以保护芯片免受外界污染。一般的 NPN 型硅管多为这种结构。

NPN 型晶体管的图形符号如图 2.1.1(c)所示,箭头指示了发射极位置及发射结正偏时的发射极电流方向。

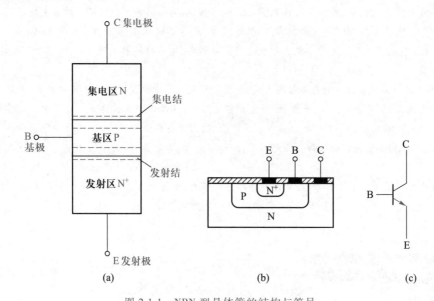

图 2.1.1　NPN 型晶体管的结构与符号

(a) 结构示意图　(b) 硅平面管管芯结构剖面图　(c) 图形符号

PNP 型晶体管的结构和图形符号如图 2.1.2 所示,其结构与 NPN 型管对应,因此它们的工作原理和特性也对应,但各电极的电压极性和电流流向正好相反,在图形符号中,NPN 型晶体管的发射极电流是流出的,而 PNP 型晶体管的发射极电流则是流入的。

二、晶体管的工艺结构特点

综上可知,晶体管的发射区掺杂浓度很高,基区很薄且掺杂浓度很低,集电区掺杂浓度较低但集电结面积很大,这些制造工艺和结构的特点是晶体管起放大作用所必须具备的内部条件,通过下面的讨论读者就会理解这一点。

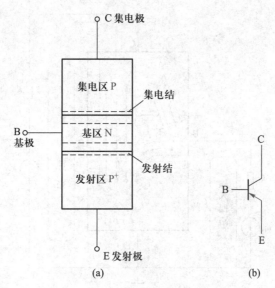

图 2.1.2　PNP 型晶体管的结构与符号

（a）结构示意图　（b）图形符号

2.1.2　晶体管的工作原理

一、四种工作状态及其偏置条件

晶体管有两个 PN 结,根据 PN 结的偏置条件不同对应有四种工作状态。当发射结正偏导通、集电结反偏时,晶体管工作于放大状态;当发射结正偏导通、集电结正偏时,晶体管工作于饱和状态;当发射结和集电结均未正偏导通时,晶体管工作于截止状态;当发射结反偏、集电结正偏导通时,晶体管工作于倒置放大状态。实际电路中通常只用放大、饱和和截止三种工作状态,下面以 NPN 型管为例讨论这三种状态的工作原理。

二、放大状态的工作原理

1. 电路接法

图 2.1.3 电路中,基极电源 V_{BB} 通过基极电阻 R_B 和发射结形成输入回路,使基极 B 和发射极 E 之间的电压 $U_{BE}>0$,给 NPN 管的发射结加上正偏电压;集电极电源 V_{CC} 通过集电极电阻 R_C、集电结和发射结形成输出回路,由于发射结正偏导通后的压降很小,因此 V_{CC} 主要降落在 R_C 和集电结两端,可使集电极 C 和基极 B 之间的电压 $U_{CB}>0$,即给 NPN 管的集电结加上反偏电压,因此该电路能使发射结正偏导通、集电结反偏,晶体管工作于放大状态。图中发射极 E 为输入、输出回路的公共端,这种接法称为共发射极接法。

2. 晶体管内部载流子的运动规律和电流分配关系

由于发射结正偏导通,发射区的多子(电子)不断向基区扩散,扩散掉的电子将从电源得到补充,从而形成电流 I_{EN},基区多子(空穴)也向发射区扩散,但因数量很小可忽略,因此发

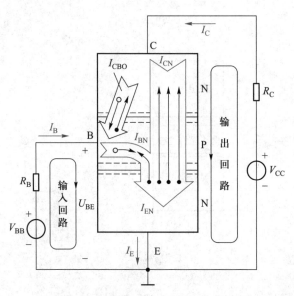

图 2.1.3 放大状态时的 NPN 管内部载流子运动规律和各极电流

射极电流 $I_E \approx I_{EN}$。发射到基区的电子继续向集电结方向扩散,由于基区很薄且掺杂浓度低,故扩散过程中只有少数电子与基区空穴复合,复合掉的空穴将从电源 V_{BB} 得到补充(实质是 V_{BB} 的正极不断从基极拉走电子,这就相当于向基区补充空穴),从而形成电流 I_{BN};绝大部分电子到达集电结,由于集电结反偏,这些电子能顺利漂移过集电结,被集电区收集并被电源 V_{CC} 拉走而形成电流 I_{CN}。此外,集电结因反偏还产生反向饱和电流 I_{CBO},它由集电区的少子(空穴)和基区少子(电子)在电压作用下作漂移运动所形成。因此可得基极和集电极电流分别为

$$I_B = I_{BN} - I_{CBO} \tag{2.1.1}$$
$$I_C = I_{CN} + I_{CBO} \tag{2.1.2}$$

I_{BN}、I_{CN} 由 I_{EN} 分配得到,当管子制成后,这个分配比例就定了,通常用参数 $\bar{\beta}$ 来表示,称为晶体管共发射极直流电流放大系数,定义为

$$\bar{\beta} = \frac{I_{CN}}{I_{BN}} = \frac{I_C - I_{CBO}}{I_B + I_{CBO}} \tag{2.1.3}$$

显然 $\bar{\beta} \gg 1$。

综上可推得各电极电流之间的关系为

$$I_E = I_B + I_C \tag{2.1.4}$$
$$I_C = \bar{\beta} I_B + (1 + \bar{\beta}) I_{CBO} = \bar{\beta} I_B + I_{CEO} \tag{2.1.5}$$

式中,I_{CEO} 称为穿透电流

$$I_{CEO} = (1 + \bar{\beta}) I_{CBO} \tag{2.1.6}$$

通常 I_{CEO} 较小可忽略不计,因此可得下面这组在工程分析中十分有用的近似公式

$$I_{\text{C}} \approx \bar{\beta} I_{\text{B}} \tag{2.1.7a}$$

$$I_{\text{E}} \approx (1+\bar{\beta}) I_{\text{B}} \approx I_{\text{C}} \tag{2.1.7b}$$

3. 晶体管的电流放大作用

由于各极电流之间有确定的分配关系: $I_{\text{C}} \approx \bar{\beta} I_{\text{B}}$ 且 $\bar{\beta} \gg 1$,所以当输入电流 I_{B} 有微小变化时能得到输出电流 I_{C} 的很大变化,说明晶体管具有电流放大作用。

晶体管的电流放大作用是依靠 I_{E} 通过基区传输,其中极少部分在基区复合形成 I_{B},绝大部分到达集电区形成 I_{C} 而实现的。为保证这个传输过程,晶体管必须同时满足内部工艺条件和发射结正偏导通、集电结反偏的偏置条件,只有这样才能使晶体管具有很强的电流放大能力。

三、饱和状态与截止状态

图 2.1.3 电路中,当减小 R_{B} 时,I_{B} 增大,I_{C} 随之增大,U_{CE} 减小,U_{CB} 减小。当 R_{B} 足够小时可使 $U_{\text{CB}} < 0$,即集电结正偏,这样就使发射结正偏导通、集电结正偏,晶体管进入饱和状态。

集电结正偏不利于集电区收集基区电子,扩散到基区的电子将有较多的在基区复合形成 I_{B},I_{C} 不能再像放大状态时那样按比例得到,因此在饱和状态时,晶体管失去 I_{B} 对 I_{C} 的控制能力,也即失去电流放大能力,这时的 I_{C} 主要受 U_{CE} 控制。当 U_{CE} 减小使集电结从零偏(即临界饱和)向正偏导通(即饱和)变化过程中,集电区收集基区电子的能力迅速减弱,导致 I_{C} 随着 U_{CE} 的减小而迅速减小。

晶体管电路中,若发射结和集电结均未正偏导通,则晶体管处于截止状态,各极电流 I_{E}、I_{B} 和 I_{C} 近似为零。为使晶体管可靠截止,通常要求发射结零偏或反偏、集电结反偏。

综上可见:晶体管工作于哪种状态由发射结和集电结的偏置条件决定。放大与饱和都属于导通状态,可根据 U_{CE} 大小加以判别:当 $U_{\text{CE}} = U_{\text{BE}}$(即 $U_{\text{CB}} = 0$)时,管子工作于临界饱和状态;当 $U_{\text{CE}} > U_{\text{BE}}$(即 $U_{\text{CB}} > 0$)时,NPN 型管工作于放大状态;当 $U_{\text{CE}} < U_{\text{BE}}$(即 $U_{\text{CB}} < 0$)时,NPN 型管工作于饱和状态。放大和临界饱和时管子有电流放大作用,饱和与截止时管子无电流放大作用。

四、晶体管的三种组态

晶体管有三个电极,构成放大电路时,其中一个电极作输入端,另一个电极作输出端,剩下的那个电极作输入、输出回路的公共端。根据公共端不同,有共发射极、共基极和共集电极(简写为 CE、CB 和 CC)三种接法(或称三种组态),分别如图 2.1.4 所示,相应的电路分别称为共发射极电路、共基极电路和共集电极电路。

须指出,三种组态中,只有基极和发射极可加输入信号,而输出信号只能从发射极或集电极取出。无论哪种组态,要晶体管有放大作用,都必须保证发射结正偏导通、集电结反偏;放大工作时其内部载流子的运动规律是相同的,电极间电流控制关系也是相同的。

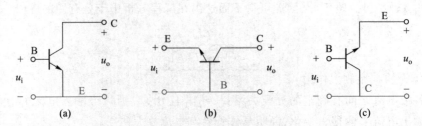

图 2.1.4 晶体管电路的三种组态

（a）共发射极 （b）共基极 （c）共集电极

2.1.3 晶体管的伏安特性

晶体管的伏安特性指晶体管的极电流与极间电压之间的函数关系。下面以共发射极组态的输入和输出特性为例加以讨论。为便于讨论,将图 2.1.3 所示的共发射极电路改画成图 2.1.5(a)。

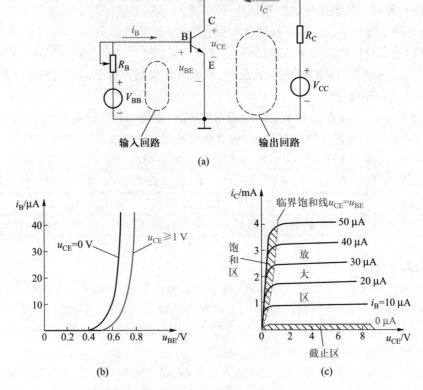

图 2.1.5 NPN 型硅管的共发射极特性曲线示例

（a）共发射极电路 （b）输入特性 （c）输出特性

一、输入特性

1. 输入特性的描述

输入特性指二端口网络输入端口所呈现的伏安特性。由于共发射极组态的输入电流 i_B 不仅与输入电压 u_{BE} 有关,也与输出电压 u_{CE} 有关,因此将输入特性描述为当 u_{CE} 等于某一常数时,输入电流 i_B 与输入电压 u_{BE} 之间的函数关系,即

$$i_B = f(u_{BE})\big|_{u_{CE}=常数} \tag{2.1.8}$$

每对应一个确定的 u_{CE} 值,可通过测量数据画出式(2.1.8)所对应的一根曲线,改变 u_{CE} 值,可画出其他曲线,因此输入特性由一簇曲线构成,如图 2.1.5(b)所示。

2. 输入特性曲线解读

由图 2.1.5(b)可见:

(1)晶体管输入特性与二极管特性相似,在发射结电压 u_{BE} 大于死区电压时才导通,导通后 u_{BE} 近似为常数。

(2)当 u_{CE} 从零增大为 1 V 时,曲线明显右移,而当 $u_{CE} \geqslant 1$ V 后,曲线重合为同一根线。这是因为:当 u_{CE} 从零增大为 1 V 时,集电结从正偏变化为反偏,集电区收集基区电子的能力从很弱变为很强,在基区复合形成 i_B 的电子从很多变为很少,因此,相同的 u_{BE} 作用下,i_B 迅速减小,曲线明显右移。当 $u_{CE} \geqslant 1$ V 后,集电区收集电子的能力已足够强,已能把基区的绝大多数电子拉到集电区,以至 u_{CE} 再增大时,对 i_B 没有明显影响,曲线基本重合。在实际使用中,多数情况下满足 $u_{CE} \geqslant 1$ V,因此通常用的是最右边这根曲线。由该曲线可见,硅管的死区电压约为 0.5 V,导通时电压为 0.6~0.8 V,近似分析时通常取 0.7 V,所以工程上称其导通电压(用 $U_{BE(on)}$ 表示)为 0.7 V。

对于锗管,则死区电压约为 0.1 V,导通压降为 0.2~0.3 V,近似分析时导通电压通常取 0.2 V。

二、输出特性

1. 输出特性的描述

输出特性指二端口网络的输出端所呈现的伏安特性。由于共发射极组态的输出电流 i_C 不仅与输出电压 u_{CE} 有关,也受输入电流 i_B 控制,因此将输出特性描述为当 i_B 等于某一常数时,输出电流 i_C 与输出电压 u_{CE} 之间的函数关系,即

$$i_C = f(u_{CE})\big|_{i_B=常数} \tag{2.1.9}$$

对应一个 i_B 值可画出一根曲线,因此输出特性曲线也由一簇曲线构成,如图 2.1.5(c)所示,通常划分为放大、饱和和截止三个工作区域。

2. 输出特性曲线解读

(1)放大区:即图中 $i_B > 0$ 且 $u_{CE} > u_{BE}$ 的区域,为一簇几乎和横轴平行的间隔均匀的直线,这正是放大工作状态所对应的伏安特性。特性曲线为一簇几乎和横轴平行的直线,说明 i_C 几乎与 u_{CE} 无关,仅取决于 i_B,$i_C = \bar{\beta} i_B$,因此具有恒流输出特性。当 i_B 等量增大时,曲线间隔均匀地上移,说明 $\Delta i_C \propto \Delta i_B$,因此具有电流线性放大作用。曲线略有向上倾斜,是因为当 u_{CE}

增大时，u_{CB} 随之增大（因 $u_{CB} = u_{CE} - u_{BE}$），集电结变宽，基区宽度减小，基区载流子复合的机会减小，若要维持相同的 i_B，就要求发射区发射更多的多子到基区，因此 i_C 略增大，这种现象称为基区宽度调制效应。

（2）饱和区：即图中 $i_B > 0$ 且 $u_{CE} < u_{BE}$ 的区域，为一簇紧靠纵轴的很陡的曲线，这是饱和工作状态所对应的伏安特性。这时管子不具有放大作用，$i_C \neq \bar{\beta} i_B$，i_C 基本不受 i_B 控制而随着 u_{CE} 的减小而迅速减小。饱和时 C 与 E 之间的压降称为饱和压降，记作 U_{CES}。饱和压降很小，小功率 NPN 硅管的 $U_{CES} \approx 0.3$ V。当 $i_B > 0$ 且 $u_{CE} = u_{BE}$ 时，管子工作于临界饱和状态，此时管子仍具有放大作用。

（3）截止区：即图中 $i_B \leq 0$ 的区域，这是截止工作状态所对应的伏安特性，$i_B \approx 0$，$i_C \approx 0$。

综上可见：晶体管工作于放大区时具有放大和恒流特性；工作于饱和、截止区时，具有开关特性，即饱和时 C 与 E 之间电压近似为零，等效为开关合上，截止时 C 与 E 之间电流近似为零，等效为开关断开。

三、PNP 型晶体管的伏安特性

图 2.1.6 所示为某 PNP 型锗管的共发射极电路及特性曲线，PNP 型管工作电压极性的接法和电流流向均与图 2.1.5 中 NPN 型管电路的相反；PNP 型锗管的伏安特性曲线与图 2.1.5 中 NPN 型硅管的相似，但电压极性相反且导通电压大小不同。

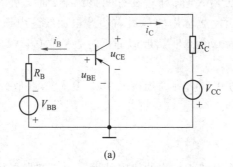

(a)

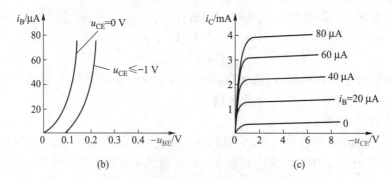

(b)　　　　　　　　(c)

图 2.1.6　PNP 型锗管的共发射极电路特性曲线示例
（a）共发射极电路　（b）输入特性　（c）输出特性

【例 2.1.1】 某电路中晶体管已工作于放大状态,用万用表的直流电压挡测得三个管脚对地电位分别为 3.5 V、2.8 V、5 V,试判别此管的三个电极,说明是 NPN 型管还是 PNP 型管,是硅管还是锗管?

解: 当晶体管处于放大状态时,必定满足发射结正偏导通、集电结反偏,因此三个电极的电位大小对 NPN 型管为 $U_C > U_B > U_E$,对 PNP 管为 $U_C < U_B < U_E$,中间电位者必为基极 B,故 3.5 V 对应基极 B。由 3.5 V−2.8 V = 0.7 V 可知,2.8 V 对应发射极 E,则 5 V 对应集电极 C,为 NPN 型硅管。

四、温度对晶体管特性的影响

温度主要影响导通电压、$\bar{\beta}$ 和 I_{CBO}。当温度升高时,导通电压减小,$\bar{\beta}$ 和 I_{CBO} 增大,其变化规律为:温度每升高 1℃,导通电压值减小 2~2.5 mV,$\bar{\beta}$ 增大(0.5~1)%;温度每升高 10℃,I_{CBO} 约增加一倍。

讨论题 2.1.1

(1)试列表比较晶体管放大、饱和、截止工作时的偏置方式和工作特点。

(2)与 NPN 管相比,PNP 管在结构、符号、电路接法和特性等方面有何异同?

(3)图 2.1.7 中的晶体管为硅管,试判断其工作状态。

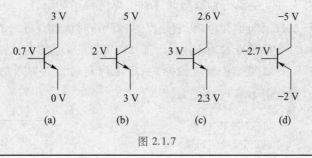

图 2.1.7

2.1.4 晶体管的主要参数

晶体管主要参数有电流放大系数、极间反向电流、极限参数等,前两者反映管子性能的优劣,后者表示了管子安全工作范围,它们是选用晶体管的依据。

一、电流放大系数

电流放大系数反映了晶体管的电流放大能力,常用的是共发射极电流放大系数,它有直流和交流之分,共发射极直流电流放大系数 $\bar{\beta}$ 定义为

$$\bar{\beta} \approx \frac{I_C}{I_B} \tag{2.1.10}$$

共发射极交流电流放大系数用 β 表示,定义为

$$\beta = \frac{\Delta i_C}{\Delta i_B}\bigg|_Q \tag{2.1.11}$$

$\bar{\beta}$ 和 β 的含义不同,前者反映静态电流之比,后者反映静态工作点 Q 上的动态电流之比。由于目前多数管子在放大状态时,$\bar{\beta}$ 和 β 基本相等且为常数,因此工程上通常不加区分,都用 β 表示,在手册中有时用 h_{fe} 表示,其值通常在 20~200 之间。

有时也用共基极电流放大系数表示晶体管的电流放大能力。共基极直流电流放大系数和交流电流放大系数分别记作 $\bar{\alpha}$ 和 α,定义为

$$\bar{\alpha} \approx \frac{I_C}{I_E} \tag{2.1.12}$$

$$\alpha = \frac{\Delta i_C}{\Delta i_E}\bigg|_Q \tag{2.1.13}$$

工程上也不加区分,都用 α 表示,α 值小于 1 而接近于 1,一般在 0.98 以上。

可证明 α 与 β 有如下关系

$$\alpha = \frac{\beta}{\beta+1} \tag{2.1.14}$$

二、极间反向电流

极间反向电流有 I_{CBO} 和 I_{CEO},它们反映晶体管的温度稳定性。

I_{CBO} 称为集电极-基极反向饱和电流,它是发射极开路时流过集电结的反向饱和电流,如图 2.1.8 所示。室温下,小功率硅管的 I_{CBO} 小于 1 μA,锗管的 I_{CBO} 约为几微安到几十微安。

I_{CEO} 是基极开路,C、E 之间加正偏电压时,从集电极直通到发射极的电流,称为穿透电流,如图 2.1.9 所示。可证明 $I_{CEO} = (1+\bar{\beta})I_{CBO}$

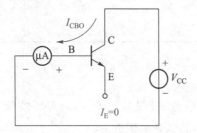

图 2.1.8 I_{CBO} 的测量电路

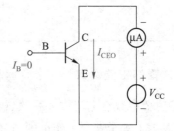

图 2.1.9 I_{CEO} 的测量电路

I_{CBO}、I_{CEO} 均随温度上升而增大,其值越小,受温度影响就越小,晶体管温度稳定性越好。硅管的 I_{CBO}、I_{CEO} 远小于锗管的,因此实用中多用硅管。当 β 大时,I_{CEO} 会较大,因此实用中 β 不宜选过高,一般选用 β = 40~120 的管子。

三、极限参数

极限参数主要指允许的最高极间电压、最大工作电流和最大管耗,它们确定了管子安全

工作范围。

1. 集电极最大允许电流 I_{CM}

集电极电流若超过此值,β 值将明显下降,但不一定损坏管子,若电流过大,则会烧坏管子。

2. 集电极最大允许功率损耗 P_{CM}

晶体管的损耗功率主要为集电结功耗,通常用集电极功耗 p_C 表示,$p_C = i_C u_{CE}$。集电极功耗 p_C 超若过 P_{CM},管子性能将变坏,甚至过热烧坏。

3. 反向击穿电压 $U_{(BR)CEO}$、$U_{(BR)CBO}$、$U_{(BR)EBO}$

$U_{(BR)CEO}$ 指基极开路时集电极-发射极间的击穿电压;$U_{(BR)CBO}$ 指发射极开路时集电极-基极间的反向击穿电压;$U_{(BR)EBO}$ 指集电极开路时发射极-基极间的反向击穿电压。$U_{(BR)EBO} < U_{(BR)CEO} < U_{(BR)CBO}$。

当晶体管工作点位于 $i_C < I_{CM}$、$u_{CE} < U_{(BR)CEO}$、$p_C < P_{CM}$ 的区域内时,管子能安全工作,因此称该区域为安全工作区,如图 2.1.10 所示。

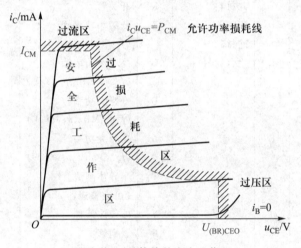

图 2.1.10 晶体管的安全工作区

知 识 拓 展

一、国产半导体器件型号命名方法(摘自国家标准 GB249—74)

国产半导体器件型号的命名方法如表 2.1.1 所示。例如高频小功率 NPN 型硅晶体管 3DG6 表示为

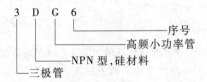

表 2.1.1 国产半导体器件型号的命名方法

型号组成	第一部分 用阿拉伯数字表示器件的电极数		第二部分 用字母表示器件的材料和极性		第三部分 用汉语拼音字母表示器件的类型		第四部分 用数字表示器件序号	第五部分 用汉语拼音字母表示规格号
符号及其意义	符号	意义	符号	意义	符号	意义		
	2	二极管	A	N 型,锗材料	P	普通管		
			B	P 型,锗材料	V	微波管		
			C	N 型,硅材料	W	稳压管		
			D	P 型,硅材料	C	参量管		
	3	三极管	A	PNP 型,锗材料	Z	整流管		
					L	整流堆		
			B	NPN 型,锗材料	S	隧道管		
					N	阻尼管		
			C	PNP 型,硅材料	U	光电器件		
					K	开关管		
			D	NPN 型,硅材料	X	低频小功率管 ($f_\alpha < 3$ MHz,$p_C < 1$ W)		
			E	化合物材料	G	高频小功率管 ($f_\alpha \geqslant 3$ MHz,$p_C < 1$ W)		
					D	低频大功率管 ($f_\alpha < 3$ MHz,$p_C \geqslant 1$ W)		
					A	高频大功率管 ($f_\alpha \geqslant 3$ MHz,$p_C \geqslant 1$ W)		
					T	半导体闸流管 (可控整流器)		
					Y	体效应器件		
					B	雪崩管		
					J	阶跃恢复管		
					CS	*场效应器件		
					BT	*半导体特殊器件		
					FH	*复合管		
					PIN	*PIN 型管		
					JG	*激光器件		

注:"*"器件的型号命名只有第三、四、五部分。

二、晶体管的外形与引脚排列

晶体管有金属封装、塑料封装等,常见的封装外形如图 2.1.11 所示。其中 TO3、TO18、TO52、TO93 为金属封装;TO92 为小功率塑料封装,TO220 为中功率塑料封装,TO247 为大功率塑料封装;SOT23/SOT323 为小功率贴片晶体管,采用塑料封装。

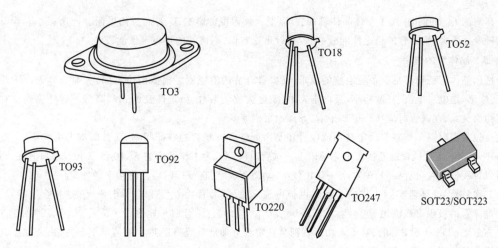

图 2.1.11 常见的晶体管外形图

三、晶体管的识别与检测

利用万用表可识别晶体管的管脚、管型及性能的好坏;利用晶体管特性测试仪或测试电路可测量晶体管的伏安特性。下面介绍如何利用模拟万用表进行识别与检测。

1. 基极的判别

将万用表置于 $R×1$ k 挡,用两表笔去搭接晶体管的任意两管脚,如果阻值很大(几百千欧以上),将表笔对调再测一次,如果阻值也很大,则说明所测的这两个管脚为集电极 C 和发射极 E(因为 C、E 之间有两个背靠背相接的 PN 结,故无论 C、E 间的电压是正还是负,总有一个 PN 结截止,使 C、E 间的阻值很大),剩下的那只管脚为基极 B。

2. 类型的判别

基极确定后,用万用表黑表笔(即表内电池正极)接基极,红表笔(即表内电池负极)接另两个管脚中的任意一个,如果测得的电阻值很大(几百千欧以上),则为 PNP 型管;若电阻值较小(几千欧以下),则为 NPN 型管。硅管和锗管的判别方法同二极管,即硅管 PN 结正向电阻约为几千欧,锗管 PN 结正向电阻约为几百欧。

3. 集电极的判别及 β 值测量

基极和管子类型确定后,将另两个电极分别假设为集电极和发射极,插入万用表的晶体管管脚插座中,将万用表置于测量 β 挡(或 h_{FE} 挡),并进行校正。若万用表的 β 值读数较大,则假设正确,读出的就是该管 β 值。若读数很小,则重新假设集电极和发射极,重测 β,若 β 读数较大,则这次的假设正确,若读数仍很小,则说明该管放大能力很弱,为劣质管。

4. 穿透电流 I_{CEO} 及热稳定性检测

穿透电流可以用在晶体管集电极与电源之间串接直流电流表的办法来测量;也可以用万用表测晶体管 CE 间电阻的方法来定性检测,测量时(见图 2.1.12),万用表置于 $R×1$ k 挡,红表笔与 NPN 型晶体管的发射极相连,黑表笔与集电极相连,基极悬空。所测 C、E 之间的电阻值越大,则漏电流就越小,管子的性能也就越好。

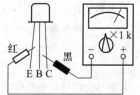

图 2.1.12 测 C、E 间漏阻及晶体管的热稳定性

在测试 I_{CEO} 的同时,用手捏住晶体管的管帽,受人体温度的影响,C、E 间反向电阻会有所减小。若万用表指针变化不大,则该管的稳定性能较好;若指针迅速右偏,则该管的热稳定性能较差。

四、晶体管的选用

选用晶体管既要满足设备及电路的要求,又要符合节约的原则。根据用途不同,一般应考虑以下几个因素:频率、集电极电流、耗散功率、反向击穿电压、电流放大系数、稳定性及饱和压降等。这些因素具有相互制约的关系,在选管时应抓住主要矛盾,兼顾次要因素。

首先根据电路工作频率确定选用低频管还是高频管。低频管的特征频率 f_T(参阅本书第 5 章)一般在 2.5 MHz 以下,而高频管的 f_T 达几十兆赫以上。选管时应使 f_T 为工作频率的 3~10 倍以上。原则上讲,高频管可以替代低频管,但高频管的功率一般比较小、动态范围窄,在替代时应注意功率条件。

其次,根据晶体管实际工作的最大集电极电流 i_{Cmax}、最大管耗 P_{Cmax} 和电源电压 V_{CC} 选择合适的管子。要求晶体管的极限参数满足 $P_{CM} > P_{Cmax}$、$I_{CM} > i_{Cmax}$、$U_{(BR)CEO} > u_{CEmax}$,且留一定裕量。需注意:小功率管的 P_{CM} 值是在常温(25℃)下测得的,对于大功率管则是在常温下加规定规格散热片的情况下测得的,若温度升高或不满足散热要求,P_{CM} 将会下降。

对于 β 值的选择,不是越大越好。β 太大容易引起自激振荡,且高 β 管的工作受温度影响大,通常 β 选 40~120 之间。不过对于低噪声、高 β 管,β 值达数百时温度稳定性仍然较好。另外,对整个电路来说还应从各级的配合来选择 β。例如前级用高 β,后级就可以用低 β 管,反之,前级用低 β 的,后级就可以用高 β 管。

应尽量选用穿透电流 I_{CEO} 小的管子,I_{CEO} 越小,电路的温度稳定性就越好。通常硅管的稳定性比锗管好得多,但硅管的饱和压降较锗管大。目前电路中多采用硅管。

<h2 style="text-align:center">小　　结</h2>

微视频 2.1:
2.1 小结

<h2 style="text-align:center">随 堂 测 验</h2>

2.1.1　填空题

1. 晶体管从结构上可分成 _____ 和 _____ 两种类型,它工作时有 _____ 种载流子参与导电。

2. 晶体管具有电流放大作用的外部条件是发射结 _____,集电结 _____。

3. 晶体管的输出特性曲线通常分为三个区域,分别为 _____、_____、_____。

4. 当温度升高时,晶体管的参数 β ____,I_{CBO} ____,导通电压 ____。

第 2.1 节
随堂测验答案

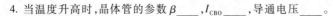

5. 某晶体管工作在放大区,如果基极电流从 10 μA 变化到 20 μA 时,集电极电流从 1 mA 变为 1.99 mA,则交流电流放大系数 β 约为____,α 约为____。

6. 某晶体管的极限参数 $I_{CM} = 20$ mA、$P_{CM} = 100$ mW、$U_{(BR)CEO} = 30$ V,因此,当工作电压 $U_{CE} = 10$ V 时,工作电流 I_C 不得超过____mA;当工作电压 $U_{CE} = 1$ V 时,I_C 不得超过____mA;当工作电流 $I_C = 2$ mA 时,U_{CE} 不得超过_____V。

2.1.2 单选题

1. 某 NPN 管电路中,测得 $U_{BE} = 0$ V,$U_{BC} = -5$ V,则可知管子工作于_____状态。

A. 放大   B. 饱和   C. 截止   D. 不能确定

2. 晶体管工作于饱和区的偏置条件为_____。

A. 发射结正偏导通、集电结反偏   B. 发射结正偏导通、集电结正偏

C. 发射结未正偏导通、集电结反偏   D. 发射结反偏、集电结正偏导通

3. 晶体管工作于截止区时,可起_____的作用。

A. 放大   B. 电流源   C. 开关合上   D. 开关断开

4. 图 2.1.13 中的晶体管为硅管,可判断工作于放大状态的图为_____。

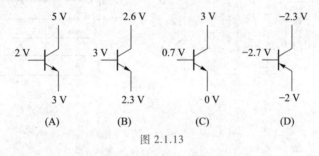

图 2.1.13

2.1.3 是非题(对打√;错打×)

1. PNP 管工作于放大区的偏置条件是发射结正偏导通、集电结反偏。( )

2. 晶体管工作于放大区时,流过发射结的电流主要是扩散电流,流过集电结的电流主要是漂移电流。( )

3. 集电极电流可以通过公式 $i_C \approx \beta i_B$ 求得,式中的 β 可通过手册查得。( )

4. 温度升高时,NPN 管的输入特性曲线左移,输出特性曲线上移。( )

2.2 晶体管基本应用电路及其分析方法

基本要求 （1）掌握晶体管直流电路的工程近似分析法和放大电路的小信号模型分析法;（2）了解图解分析法和仿真分析法,了解晶体管的基本应用,了解放大电路的非线性失真及其消除办法。

学习指导 重点:直流通路、交流通路、小信号等效电路的概念与画法;静态工作点的估算。难点:图解分析法。提示:学习本书关于常用符号的说明,以便正确理解和运用变量符号,更好地理解相关内容。

利用晶体管的放大、恒流、开关特性,可构成放大电路、电流源电路和开关电路,以这些基本电路为基础,又可构成很多功能电路,因此晶体管应用非常广泛,下面结合实例加以讨论。

2.2.1 晶体管直流电路及其分析

晶体管直流电路主要用以确定静态工作点或用作电流源,分析方法主要有工程近似分析法、图解分析法和仿真分析法(见 2.2.4 节)。

【例 2.2.1】 图 2.2.1 所示为某硅晶体管的直流电路和输出特性曲线,试求基极电流、集电极电流、发射结电压和集-射极电压(通常分别用 I_{BQ}、I_{CQ}、U_{BEQ}、U_{CEQ} 表示)。

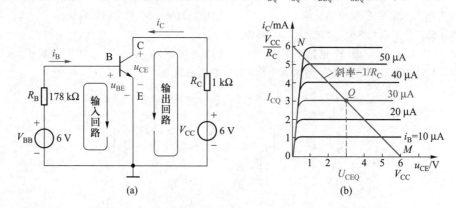

图 2.2.1 晶体管直流电路分析

(a) 直流电路 (b) 输出回路图解分析

解:(1) 用工程近似分析法求解

观察图 2.2.1(a)可知,发射结正偏导通,而硅管导通时 $U_{BEQ} \approx 0.7$ V,故由输入回路得

$$I_{BQ} = \frac{V_{BB} - U_{BEQ}}{R_B} = \frac{6 - 0.7}{178} \text{ mA} = 0.03 \text{ mA} = 30 \text{ μA}$$

设晶体管工作于放大状态,由图 2.2.1(b)所示的输出特性曲线可知,当 $i_B = I_{BQ} = 30$ μA 时,得 $i_C = 3$ mA,即 $I_{CQ} = 3$ mA,因此

$$\beta \approx 3 \text{ mA}/30 \text{ μA} = 100$$
$$U_{CEQ} = V_{CC} - I_{CQ}R_C = (6 - 3 \times 1) \text{ V} = 3 \text{ V}$$

由于 $U_{CEQ} = 3$ V$> U_{BEQ} \approx 0.7$ V,所以晶体管确实工作于放大状态,上述计算结果有效,即基极电流、集电极电流、发射结电压和集-射极电压分别为 $I_{BQ} = 30$ μA,$I_{CQ} = 3$ mA,$U_{BEQ} \approx 0.7$ V,$U_{CEQ} = 3$ V。

(2) 用图解分析法求解

通常先采用上述估算的方法求得 $I_{BQ} = 30$ μA,再对晶体管的输出回路进行图解分析。

根据图 2.2.1(a)所示输出电路,可写出下列方程组

$$i_C = f(u_{CE}) \big|_{i_B = 30\ \mu A} \tag{2.2.1}$$

$$u_{CE} = V_{CC} - i_C R_C \tag{2.2.2}$$

式(2.2.1)表示晶体管的输出伏安特性,它对应 $I_{BQ} = 30\ \mu A$ 的那根输出特性曲线;式(2.2.2)表示晶体管输出端外电路的伏安特性,称为晶体管输出回路的直流负载方程,在晶体管输出曲线所在的坐标系中,作直流负载方程所对应的直流负载线,与 $I_{BQ} = 30\ \mu A$ 所对应的那根输出曲线相交,交点的坐标值即为该方程组的解。

由于 $V_{CC} = 6\ V, R_C = 1\ k\Omega$,令 $i_C = 0$,则 $u_{CE} = V_{CC} = 6\ V$,可得横轴截点 $M(6\ V, 0)$;令 $u_{CE} = 0$,得 $i_C = V_{CC}/R_C = 6\ V/1\ k\Omega = 6\ mA$,可得纵轴截点 $N(0, 6\ mA)$;连接点 M、N,便得直流负载线 MN,它与 $I_{BQ} = 30\ \mu A$ 对应的输出曲线相交于 Q 点,如图 2.2.1(b)所示。由 Q 点坐标可读得 $I_{CQ} = 3\ mA, U_{CEQ} = 3\ V$,可见与近似分析法所得结果一致。

Q 点确定了管子的直流工作参数,为直流工作点,由图 2.2.1(b)可直观地看到,此时 Q 点处于放大区。Q 点位置是很重要的,只有当 Q 点处于放大区时,管子才具有放大能力。

【例 2.2.2】 例 2.2.1 中,设饱和压降 $U_{CES} = 0.3\ V$,若将基极电阻 R_B 调小为 51 kΩ,其他不变,试求 I_{BQ}、I_{CQ}、U_{CEQ}。

解: 当 R_B 调小为 51 kΩ 时,可得

$$I_{BQ} = \frac{V_{BB} - U_{BEQ}}{R_B} = \frac{6 - 0.7}{51}\ mA \approx 104\ \mu A$$

例 2.2.1 中已求得 $\beta = 100$,若仍假设晶体管工作于放大状态,则得

$$I_{CQ} = \beta I_{BQ} = 100 \times 104\ \mu A = 10.4\ mA$$

$$U_{CEQ} = V_{CC} - I_{CQ} R_C = 6\ V - 10.4\ mA \times 1\ k\Omega < 0$$

U_{CEQ} 值不合理,可见假设错误,晶体管实际上已工作于饱和状态。由于饱和时 C、E 之间的压降 $U_{CE} = U_{CES} = 0.3\ V$,故由晶体管输出端外电路求得此时的集电极电流为

$$I_{CQ} = \frac{V_{CC} - U_{CES}}{R_C} = \frac{(6 - 0.3)\ V}{1\ k\Omega} = 5.7\ mA$$

因此正确结果应为: $I_{BQ} = 104\ \mu A, I_{CQ} = 5.7\ mA, U_{CEQ} = 0.3\ V$。

此例说明,晶体管饱和时的集电极电流不能由 $I_{CQ} = \beta I_{BQ}$ 求得,而应根据晶体管输出端的外电路求得,即集电极饱和电流是由外电路确定的常数。

【例 2.2.3】 例 2.2.1 中,将 R_C 改为 1 kΩ 电位器,其他不变,试求 R_C 在 0~1 kΩ 内调节时的晶体管输出电流 I_{CQ}。

解: 由例 2.2.1 已求得 $I_{BQ} \approx 30\ \mu A$,设晶体管工作于放大状态,则 $I_{CQ} = 3\ mA$。当 R_C 从 0 调大至 1 kΩ 时,U_{CEQ} 减小,最小值为

$$U_{CEQmin} = V_{CC} - I_{CQ} R_C = 6\ V - 3\ mA \times 1\ k\Omega = 3V > U_{BEQ} \approx 0.7\ V$$

所以当 R_C 在 0~1 kΩ 内变化时,管子始终能工作于放大状态,I_{CQ} 为由 βI_{BQ} 决定的恒值(3 mA),故对负载电阻 R_C 而言,此时的晶体管电路可等效为电流源,如图 2.2.2 所示,其输出

电流为 $I_{CQ} = 3$ mA。

此例说明,晶体管直流电路在晶体管工作于放大区时,可用作电流源。这是简单电流源电路,本书 3.3.2 小节将介绍实用中常用的各种改进型电流源电路。

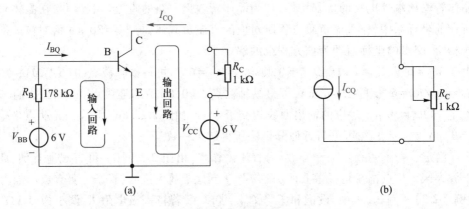

图 2.2.2　晶体管直流电流源

（a）晶体管电流源电路　（b）等效电路

讨论题 2.2.1

（1）如何画出晶体管输出电路的直流负载线并确定直流工作点参数 I_{CQ} 和 U_{CEQ}？

（2）从电路构成和分析方法两个方面,对晶体管直流电路工作于放大状态和饱和状态时的异同加以比较。

2.2.2　晶体管开关电路及晶体管工作状态的判断

一、晶体管开关电路

利用晶体管的饱和、截止特性可构成开关电路,下面以图 2.2.3（a）所示电路为例加以介绍。这是一个用以控制发光二极管（即 LED）亮否的开关电路,图中,符号"⊥"表示电路的参考零电位,称为"地";$+V_{CC}$ 表示小圆圈端与地之间的电压为 V_{CC},地为电位低端,小圆圈端为电位高端;同理,图中的 u_1 表示输入端与地之间的电压为 u_1,因此该图可等效画成图 2.2.3（b）所示。

当输入电压 u_1 为高电平 U_{IH} 时,晶体管工作于饱和状态,C、E 之间等效为开关合上,LED 导通发光,如图 2.2.3（c）所示;当输入电压 u_1 为低电平 0 V 时,晶体管截止,C、E 之间等效为开关断开,LED 不能导通发光,如图 2.2.3（d）所示,可见晶体管具有开关作用,是一个受基极信号控制的电子开关。那么为何不直接将 u_1 加至 LED 负极来点亮呢? 这是因为点亮 LED 需要一定的驱动电流（典型值为10 mA）,由于 $i_C \gg i_B$,所以当信号源驱动电流能力不够时,可采用该电路来驱动。

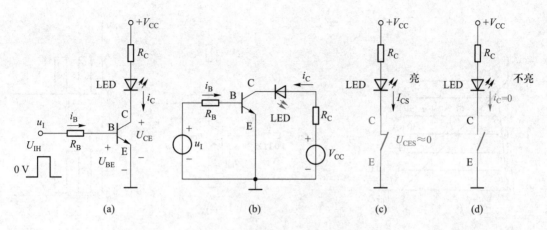

图 2.2.3　晶体管的开关作用举例

（a）LED 驱动电路　（b）图（a）的等效电路

（c）饱和时 C、E 之间等效为开关接通　（d）截止时 C、E 之间等效为开关断开

晶体管要起开关作用，输入信号的幅值必须足够大，以保证晶体管可靠地工作于截止或饱和状态，即可靠地"关"或可靠地"开"。

二、如何判断晶体管的工作状态

首先看发射结偏置状态，若发射结不能正偏导通，则通常晶体管截止。为保证可靠截止，应使发射结反偏或零偏。若发射结正偏导通，则晶体管有放大导通和饱和导通两种可能。由图 2.2.4 中工作点位置可见，当基极电流 i_B 较小时，晶体管工作于放大区；i_B 增大时，集电极电流 i_C 随之线性增大，工作点沿负载线向饱和区移动；当 i_B 足够大时将到达临界饱和点 S，这时的基极和集电极电流分别称为临界基极电流和集电极饱和电流，记作 I_{BS} 和 I_{CS}，这时仍具有放大作用，因此 $I_{CS} \approx \beta I_{BS}$；继续增大 i_B，则进入饱和区，i_C 不再跟随 i_B 增大而增大，而基本上维持 I_{CS} 值不变，其大小由晶体管输出端外电路确定。因此可根据电路分别求出 i_B 和 $I_{BS} = I_{CS}/\beta$ 的大小。若 $i_B > I_{BS}$，则工作于饱和区；若 $i_B \leqslant I_{BS}$，则工作于放大区。

【例 2.2.4】　图 2.2.5（a）所示硅晶体管电路中，$\beta = 50$，输入电压为一方波，如图 2.2.5（b）所示，试画出输出电压波形。

解：当 $u_I = 0$ 时，晶体管因零偏截止，$i_c \approx 0$，故 $u_o \approx 5$ V。

当 $u_I = 3.6$ V 时，晶体管导通，由图得

$$i_B = \frac{3.6 - 0.7}{20} \text{ mA} = 0.145 \text{ mA}$$

由于硅晶体管饱和时，$u_{CE} = U_{CES} \approx 0.3$ V，因此由图得

$$I_{CS} = \frac{V_{CC} - U_{CES}}{R_C} = \frac{(5 - 0.3) \text{ V}}{1 \text{ k}\Omega} = 4.7 \text{ mA}$$

$$I_{BS} = \frac{I_{CS}}{\beta} = \frac{4.7}{50} \text{ mA} = 0.094 \text{ mA}$$

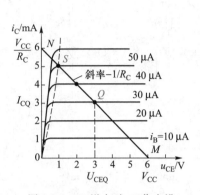

图 2.2.4　i_B 增大时,工作点沿
负载线向饱和区移动

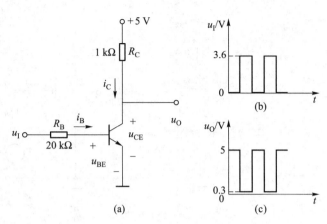

图 2.2.5　晶体管反相器
（a）电路　（b）输入电压波形　（c）输出电压波形

可见 $i_B > I_{BS}$,晶体管工作于饱和状态,$u_O = U_{CES} \approx 0.3$ V。

根据分析结果画出输出电压波形如图 2.2.5（c）所示,输出电压与输入电压呈反相关系,所以该电路称为反相器,又称**非门电路**。

讨论题 2.2.2　简述如何判断晶体管的工作状态。

2.2.3　晶体管基本放大电路及其分析

放大电路是应用很广泛的一种电路,其作用是将输入信号进行不失真放大,分析方法主要有小信号模型分析法、仿真分析法和图解分析法。

一、晶体管放大电路的工作原理

1. 电路组成及各元器件的作用

由晶体管组成的基本放大电路如图 2.2.6 所示,为共发射极放大电路,u_i 为待放大的输入电压,u_o 为放大后的输出电压。基极偏置电源 V_{BB} 通过 R_B 给发射结加正偏电压,集电极直流电源 V_{CC} 通过 R_C 给集电结加反偏电压,从而使晶体管工作于放大区,并且直流电源起供给能量的作用;R_C 称为集电极直流负载电阻,利用它的降压作用,将集电极电流的变化转换为集电极电压的变化,从而能实现电压信号的输出;C_1、C_2 用以隔断直流、耦合交流,称为隔直耦合电容,其容量应足够大,以保证对交流信号的容抗近似为零。

为便于区别各种电压、电流量,对符号做

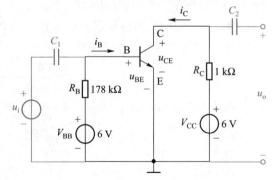

图 2.2.6　共发射极基本放大电路

如下约定(详见本书常用符号说明),以发射结电压和基极电流为例,静态量用 U_{BEQ}、I_{BQ} 表示;动态量的瞬时值用 u_{be}、i_b 表示,交流量的幅值用 U_{bem}、I_{bm} 表示;信号总量用 u_{BE}、i_B 表示。

2. 静态工作点的确定

未加信号时,电路的工作状态称为静态,晶体管的工作点称为静态工作点(简称 Q 点)。这时电路中只有直流量,所以晶体管的静态工作点参数也就是直流工作点参数,用 U_{BEQ}、I_{BQ}、I_{CQ} 和 U_{CEQ} 表示,根据晶体管输入、输出特性曲线上的 Q 点位置,可以读出这些参数,而当已知这些参数时,则可在特性曲线上画出 Q 点。由 Q 点位置可以很直观地看出静态点是否位于放大区,并能看出不失真放大信号时的动态范围大不大,因此确定合适的 Q 点很重要,应该将 Q 点设置于放大区,并有足够大的动态范围。

为便于分析,通常先根据原电路画出直流通路(即直流电流的流通路径),再求 Q 点参数。图 2.2.6 中,只要将电容 C_1、C_2 断开,剩下的电路就是直流通路,如图 2.2.1(a)所示,采用例 2.2.1 中的方法即可求出 Q 点参数 U_{BEQ}、I_{BQ}、I_{CQ}、U_{CEQ}。

3. 信号的放大过程及对电路参数的要求

设输入电压为正弦小信号,$u_i = U_{im}\sin\omega t$,波形如图 2.2.7(a)所示。由于耦合电容 C_1 对交流信号可视为短路,因此晶体管 B、E 间的瞬时电压为

$$u_{BE} = U_{BEQ} + u_i = U_{BEQ} + U_{im}\sin\omega t \qquad (2.2.3)$$

其波形如图 2.2.7(b)所示。

u_{BE} 变化引起 i_B、i_C 发生变化,由于对小信号而言晶体管的伏安特性近似线性,因此由正弦输入电压 u_i 所引起的基极交流电流 i_b 和集电极交流电流 i_c 也是正弦波,它们叠加在静态值之上,如图 2.2.7(c)和(d)所示,i_B、i_C 的瞬时值分别表示为

$$i_B = I_{BQ} + i_b = I_{BQ} + I_{bm}\sin\omega t \qquad (2.2.4)$$

$$i_C = \beta i_B = I_{CQ} + i_c = I_{CQ} + I_{cm}\sin\omega t \qquad (2.2.5)$$

式中,I_{bm}、I_{cm} 分别为正弦电流 i_b 和 i_c 的幅值。

由图 2.2.6 得晶体管 C、E 之间的瞬时电压 u_{CE} 为

$$u_{CE} = V_{CC} - i_C R_C = V_{CC} - I_{CQ}R_C - i_c R_C = U_{CEQ} + u_{ce}$$
$$(2.2.6)$$

式中,$U_{CEQ} = V_{CC} - I_{CQ}R_C$,$u_{ce} = -i_c R_C = -I_{cm}R_C\sin\omega t$。$u_{CE}$ 波形如图 2.2.7(e)所示。

由 C_2 隔除直流 U_{CEQ} 后得输出电压

$$u_o = u_{ce} = -I_{cm}R_C\sin\omega t = -U_{om}\sin\omega t \qquad (2.2.7)$$

式中,$U_{om} = I_{cm}R_C$ 为输出交流电压幅值,u_o 波形如图 2.2.7(f)所示。

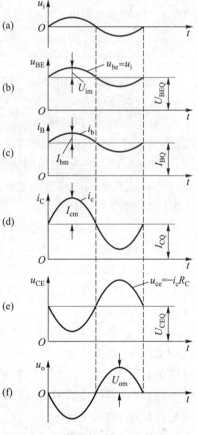

图 2.2.7 共发射极放大电路的工作波形

由式(2.2.7)可见,只有在 $R_C \neq 0$ 时才有 $u_o \neq 0$,因此 R_C 起到将 i_c 转换为交流电压 u_{ce} 及 u_o 的作用。

综上可见:

(1) 当输入 u_i 时,晶体管各极电压和电流均随 u_i 在静态值 U_{BEQ}、I_{BQ}、I_{CQ}、U_{CEQ} 基础上变化,但它们只是大小随 u_i 变化,正、负极性始终不变。只要电路参数选择得当,交流输出电压 u_o 可比交流输入电压 u_i 大得多,因而能实现电压放大。

(2) u_{be}、i_b、i_c 与 u_i 同相,$u_o(u_{ce})$ 与 u_i 反相。这是因为 u_i 瞬时值为正时,导致 u_{BE}、i_B、i_C 增大,所以 u_{be}、i_b、i_c 瞬时值为正,而 R_C 上的瞬时压降增大,使 u_{ce} 减小,所以 $u_o(u_{ce})$ 瞬时值变负。

(3) 为保证在交流信号作用下,晶体管始终工作在线性放大区,必须给晶体管设置合适的静态工作点参数 U_{BEQ}、I_{BQ}、I_{CQ} 和 U_{CEQ},而且要求 U_{im} 不能太大,至少满足:$U_{im} < U_{BEQ}$、$I_{bm} < I_{BQ}$、$I_{cm} < I_{CQ}$、$U_{om} < U_{CEQ}$。

讨论题 2.2.3(1)

(1) 以集电极电流为例,说明如何表示其静态量、总量,以及交流量的瞬时值和幅值。

(2) 何谓静态工作点? 放大电路静态工作点的设置有何要求?

(3) 放大工作时,u_{be}、i_b、i_c 和 u_{ce},这四个量的频率和相位有何关系?

二、晶体管放大电路的分析方法

(一) 图解分析法

1. 通过实例学习图解法

【例 2.2.5】 放大电路如图 2.2.6 所示,已知硅晶体管的输入、输出特性曲线如图 2.2.8 所示,$u_i = 10\sin \omega t$ mV,试用图解法求晶体管的输入电流 i_B、输入电压 u_{BE}、输出电流 i_C、输出电压 u_{CE} 和放大电路的电压放大倍数 $A_u = u_o/u_i$。

解:(1) 静态图解分析

图 2.2.6 的直流通路与例 2.2.1 电路相同,因此图解过程和结果也相同。即首先估算得 $I_{BQ} = 30$ μA,然后在图 2.2.8 所示的输入特性曲线上确定基极回路的静态工作点 Q。再根据 $u_{CE} = V_{CC} - i_c R_C$ 在输出特性曲线中作直流负载线 MN,与 $I_{BQ} = 30$ μA 对应的输出曲线相交得到静态工作点 Q 点,读得 $U_{CEQ} = 3$ V,$I_{CQ} = 3$ mA。

(2) 动态图解分析

1) 输入回路图解:当输入交流信号 u_i 时,$u_{BE} = U_{BEQ} + u_i = U_{BEQ} + U_{im}\sin \omega t = (0.7 + 0.01\sin \omega t)$ V,其波形如图 2.2.8 中①所示。根据 u_{BE} 的变化规律,可由输入特性曲线上画出对应的 i_B 波形,如图 2.2.8 中②所示。由于 u_i 幅值很小,输入特性曲线的动态工作范围很小,可将其对应的曲线 $Q_1 Q_2$ 近似为直线,这样由正弦信号 u_i 产生的基极交流电流 i_b 也按正弦规律变化,因此 $i_B = I_{BQ} + i_b = I_{BQ} + I_{bm}\sin \omega t$,由图读出 $I_{BQ} = 30$ μA,交流 i_b 的幅值 $I_{bm} = 10$ μA,所以 $i_B = (30 + 10\sin \omega t)$ μA。

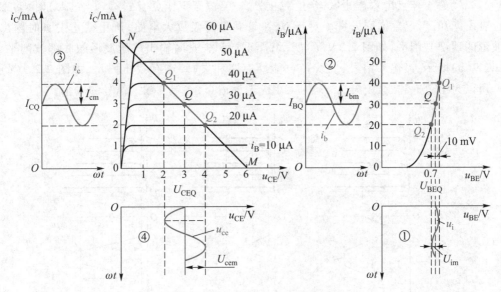

图 2.2.8　共发射极放大电路的图解分析

2) 输出回路图解:由图 2.2.6 可得,当有交流信号输入时晶体管输出回路的负载方程(称为交流负载方程)为 $u_{CE}=V_{CC}-i_{c}R_{C}$,与直流负载方程相同,所以根据交流负载方程作出的负载线(称为交流负载线)与直流负载线相重合。当 i_{B} 变化时,动态工作点由交流负载线与 i_{B} 所对应输出特性曲线的交点确定。按图 2.2.8 中②所示的基极电流 i_{B} 的变化值,找到相应交点,便可画出 i_{C} 和 u_{CE} 的波形如图 2.2.8 中③、④所示。由于 $i_{c}=\beta i_{b}$,故 i_{c} 随着 i_{b} 按正弦规律变化,且与 i_{b} 同方向变化;由于 $u_{CE}=V_{CC}-i_{c}R_{C}$,所以 u_{CE} 也随着 i_{c} 按正弦规律变化,但与 i_{c} 反方向变化。由图可见,i_{C} 和 u_{CE} 也都在静态量的基础上叠加了交流量,i_{C} 中 $I_{CQ}=3$ mA,交流幅值 $I_{cm}=1$ mA,故 i_{C} 可表示为

$$i_{C}=I_{CQ}+i_{c}=I_{CQ}+I_{cm}\sin \omega t=(3+\sin \omega t)\text{ mA}$$

u_{CE} 中 $U_{CEQ}=3$ V,交流幅值 $U_{cem}=1$ V,故 u_{CE} 可表示为

$$u_{CE}=U_{CEQ}+u_{ce}=U_{CEQ}-U_{cem}\sin \omega t=(3-\sin \omega t)\text{ V}$$

(3) 求电压放大倍数 $A_{u}=u_{o}/u_{i}$

加到电容 C_{2} 左端的信号是 u_{CE},其中只有交流量 u_{ce} 能耦合到输出端,故

$$u_{o}=u_{ce}=-\sin \omega t\text{ (V)}$$

$$A_{u}=\frac{u_{o}}{u_{i}}=\frac{-\sin \omega t(\text{V})}{10\sin \omega t(\text{mV})}=-100$$

此式表明,该电路将交流电压放大了 100 倍,负号表明输出电压与输入电压的相位相反。

2. 观察饱和失真和截止失真

通过图解,可以直观地了解放大电路输出波形的失真情况。当静态工作点 Q 过低(I_{CQ}

过小)时,动态工作点进入截止区,产生截止失真;当静态工作点 Q 过高(I_{CQ} 过大)时,动态工作点进入饱和区,产生饱和失真。对于 NPN 管共发射极放大电路,严重截止失真时输出电压波形的顶部被削平,如图 2.2.9(a)所示;严重饱和失真时输出电压波形的底部被削平,如图 2.2.9(b)所示;当输入信号过大时,可能既有饱和失真,也有截止失真,如图 2.2.9(c)所示。所以为避免饱和、截止失真,I_{CQ} 的大小应选择适当,并限制输入信号的大小。

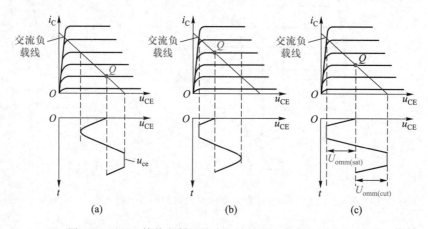

图 2.2.9　NPN 管共发射极放大电路的截止失真和饱和失真
(a)工作点过低引起截止失真　(b)工作点过高引起饱和失真　(c)信号过大引起截止、饱和失真

将不产生饱和失真和截止失真所允许的最大不失真输出电压幅值分别表示为 $U_{omm(sat)}$ 和 $U_{omm(cut)}$,如图 2.2.9(b)所示,则最大不失真输出电压幅值 $U_{omm} = \min[U_{omm(sat)}, U_{omm(cut)}]$。最大不失真输出时对应的输入电压称为最大不失真输入电压,其幅值用 U_{imm} 表示。为获取最大的晶体管线性输出动态范围(规定其值为 $2U_{omm}$),应将 Q 点设置在交流负载线的中点。须指出当放大电路输出端接负载时,交流负载线与直流负载线不重合,其交流图解的方法参见本节知识拓展。

　　(二)小信号模型分析法

　　图解法的优点是直观,便于观察 Q 点的位置是否合适、管子的动态工作情况是否良好,但操作不便,而且输入信号很小时,作图精度较低,故用得很少。在工程分析中,通常先用工程近似分析法进行静态分析,再用小信号模型分析法进行动态分析。

　　1. 晶体管小信号模型的建立

　　根据上述交流图解可知,当输入信号很小且不考虑 PN 结电容时,晶体管的动态工作点可认为在线性范围内变动,晶体管各极动态电压、电流的关系近似为线性,因此这时可把晶体管特性线性化,用一个线性电路模型来等效。下面就来建立这个模型。

　　(1)H 参数小信号模型

　　晶体管在电路中可连接成一个二端口网络,以共发射极接法为例如图 2.2.10(a)所示,其伏安特性可以用输入电压 u_{BE}、输入电流 i_B、输出电压 u_{CE}、输出电流 i_C 之间的关系描述。

所谓建立低频小信号模型,就是在低频小信号工作的前提下,推导一个与晶体管具有相同伏安特性的等效电路。若以 i_B、u_{CE} 作自变量,u_{BE}、i_C 作因变量,则由晶体管的输入输出特性曲线可写出两个方程式:

$$\begin{cases} u_{BE} = f_1(i_B, u_{CE}) & (2.2.8a) \\ i_C = f_2(i_B, u_{CE}) & (2.2.8b) \end{cases}$$

在静态工作点 Q 处对上两式求全微分,可得各微变量之间关系如下:

$$\begin{cases} \mathrm{d}u_{BE} = \dfrac{\partial u_{BE}}{\partial i_B}\bigg|_{U_{CEQ}} \mathrm{d}i_B + \dfrac{\partial u_{BE}}{\partial u_{CE}}\bigg|_{I_{BQ}} \mathrm{d}u_{CE} & (2.2.9a) \\[3mm] \mathrm{d}i_C = \dfrac{\partial i_C}{\partial i_B}\bigg|_{U_{CEQ}} \mathrm{d}i_B + \dfrac{\partial i_C}{\partial u_{CE}}\bigg|_{I_{BQ}} \mathrm{d}u_{CE} & (2.2.9b) \end{cases}$$

对小信号而言,式(2.2.9)中的微变量就约等于动态量,故可将微变量 $\mathrm{d}u_{BE}$、$\mathrm{d}i_B$、$\mathrm{d}u_{CE}$ 和 $\mathrm{d}i_C$ 分别用动态量 u_{be}、i_b、u_{ce} 和 i_c 表示,同时令系数用 H 参数[①]表示,则可将式(2.2.9)写成

$$\begin{cases} u_{be} = h_{ie} i_b + h_{re} u_{ce} & (2.2.10a) \\ i_c = h_{fe} i_b + h_{oe} u_{ce} & (2.2.10b) \end{cases}$$

由此式可画出图 2.2.10(a)所示晶体管的等效电路如图 2.2.10(b)所示,称为晶体管的 H 参数小信号模型或 H 参数微变等效电路,其中四个参数 h_{ie}、h_{re}、h_{fe} 和 h_{oe} 的物理意义如下。

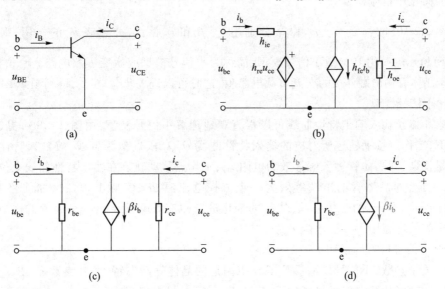

图 2.2.10 晶体管的小信号模型

(a) 共发射极接法的晶体管 (b) H 参数小信号模型 (c) 小信号模型 (d) 简化小信号模型

---

① H 是英文 Hybrid 的字头。H 参数中第一个下标的意思是:i—输入,r—反向传输,f—正向传输,o—输出;第二个下标 e 表示共发射极接法。

$$h_{ie} = \left.\frac{\partial u_{BE}}{\partial i_B}\right|_{U_{CEQ}} \approx \left.\frac{\Delta u_{BE}}{\Delta i_B}\right|_{U_{CEQ}} = \left.\frac{u_{be}}{i_b}\right|_{u_{ce}=0}$$ ，是晶体管输出端交流短路时的交流输入电阻，也称为晶体管共发射极输入电阻，常用符号 r_{be} 表示，单位为 Ω。

$$h_{re} = \left.\frac{\partial u_{BE}}{\partial u_{CE}}\right|_{I_{BQ}} \approx \left.\frac{\Delta u_{BE}}{\Delta u_{CE}}\right|_{I_{BQ}} = \left.\frac{u_{be}}{u_{ce}}\right|_{i_b=0}$$ ，是晶体管输入端交流开路时的反向交流电压传输比，单位为 1。h_{re} 反映了晶体管输出端电压 u_{CE} 对输入端电压 u_{BE} 的反作用程度，其值通常很小可忽略。

$$h_{fe} = \left.\frac{\partial i_C}{\partial i_B}\right|_{U_{CEQ}} \approx \left.\frac{\Delta i_C}{\Delta i_B}\right|_{U_{CEQ}} = \left.\frac{i_c}{i_b}\right|_{u_{ce}=0}$$ ，是晶体管输出端交流短路时的正向交流电流传输比，也就是共发射极交流电流放大系数 β，单位为 1。它反映了晶体管的电流放大能力。

$$h_{oe} = \left.\frac{\partial i_C}{\partial u_{CE}}\right|_{I_{BQ}} \approx \left.\frac{\Delta i_C}{\Delta u_{CE}}\right|_{I_{BQ}} = \left.\frac{i_c}{u_{ce}}\right|_{i_b=0}$$ ，是晶体管输入端交流开路时的交流输出电导，反映了 u_{CE} 对 i_C 的影响程度，通常将 $\frac{1}{h_{oe}}$ 用 r_{ce} 表示，r_{ce} 称为晶体管共发射极输出电阻，r_{ce} 单位为 Ω，h_{oe} 单位为 S(西)。

由于 h_{ie}、h_{re}、h_{fe}、h_{oe} 的量纲各不相同，分别为 Ω、1、1、S，故称为混合参数。

（2）简化小信号模型

将图 2.2.10(b) 中的 h_{ie}、h_{fe} 和 $\frac{1}{h_{oe}}$ 分别用 r_{be}、β 和 r_{ce} 替代，并忽略 h_{re} 的作用，则可得图 2.2.10(c) 所示的简化 H 参数小信号模型，简称为小信号模型或微变等效电路。r_{ce} 值很大，通常远大于晶体管输出端外接的交流负载电阻值，这时可以进一步忽略 r_{ce}，得到图 2.2.10(d) 所示的简化小信号模型。

观察晶体管输入输出特性曲线可以很直观地理解小信号模型：由图 2.2.8 可见，在小信号作用下，工作点移动轨迹所对应的输入特性曲线 Q_1Q_2 段近似为直线，故输入特性等效为交流电阻特性，即晶体管输入端等效为电阻 r_{be}；工作点移动轨迹在输出特性曲线上位于恒流区，故 $i_c = \beta i_b$，即晶体管输出端等效为一个流控电流源 βi_b；实际上恒流区曲线略上翘，如图 2.2.11 所示，即 u_{CE} 的变化量 u_{ce} 对 i_C 的变化量 i_c 也有影响，$i_c = u_{ce}/r_{ce}$，故考虑这个影响时应在输出等效电路中再并接电阻 r_{ce}。

2. 对小信号模型的说明

（1）关于参数：小信号模型反映了 Q 点附近的晶体管动态特性，其参数 r_{be}、β、r_{ce} 都与 Q 点有关，Q 点变化时，它们也将变化，所以 r_{be} 和 r_{ce} 都是动态电阻。

r_{be} 可通过下式估算

$$r_{be} = r_{bb'} + (1+\beta)\frac{U_T}{I_{EQ}} \tag{2.2.11}$$

式中，$r_{bb'}$ 称为晶体管基区体电阻，不同型号管子的 $r_{bb'}$ 值不相同，从几十欧到几百欧，可从手册中查出,对低频小功率管,约为 200 Ω;I_{EQ} 为静态发射极电流;U_T 为温度电压当量,室温（300 K）下约为 26 mV,这样式（2.2.11）可写成

$$r_{be} = 200 \ \Omega + (1+\beta)\frac{26 \ mV}{I_{EQ}(mA)} \tag{2.2.12}$$

该估算式适用于静态发射极电流 I_{EQ} 为 0.1~5 mA 的情况,否则误差较大。

r_{ce} 的计算公式为

$$r_{ce} = \frac{U_A}{I_{CQ}} \tag{2.2.13}$$

式中,I_{CQ} 为静态集电极电流;U_A 称为厄尔利电压（Early Voltage）,它是各条输出曲线的延伸交点处电压的绝对值,如图 2.2.11 所示,其值越大,说明输出曲线越平坦。目前生产的小功率晶体管,其放大区输出曲线通常很平坦,故 r_{ce} 值很大,通常远大于晶体管输出端外接的负载电阻值,因此工程中常忽略 r_{ce} 的影响。

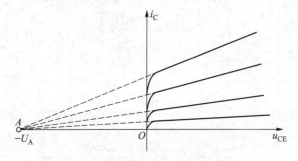

图 2.2.11 厄尔利电压

β 值可通过查手册或测量获取。

（2）关于应用:小信号模型是在晶体管工作于放大区、输入为小信号、未考虑 PN 结电容的条件下得到的,不满足这些条件,就不能应用。因此,不能用它分析 Q 点,也不能分析高频电路和大信号电路,但能用它分析 PNP 管电路,因为 PNP 管和 NPN 管对小信号的放大作用是一样的。还需指出,小信号模型中的电流源是一个受控源,其流向不能假定,而由控制信号 i_b 的流向确定,在画小信号模型时,必须标出 i_b 和受控电流源的流向。

3. 小信号模型分析法举例

【例 2.2.6】 图 2.2.12(a)所示的硅晶体管放大电路中,R_S 为信号源内阻,R_L 为外接负载电阻,C_1、C_2 为交流耦合电容,它们对交流信号的容抗近似为零,已知 $\beta = 100$,$u_s = 10\sin \omega t$ (mV),试求 i_B、u_{BE}、i_C、u_{CE}。

解:（1）估算静态工作点

图 2.2.12(a)中,将 C_1、C_2 视为开路,可画出直流通路如图 2.2.12(b)所示,由图得

$$I_{BQ} = \frac{V_{BB} - U_{BEQ}}{R_B} = \frac{12 - 0.7}{470} \ mA = 0.024 \ mA$$

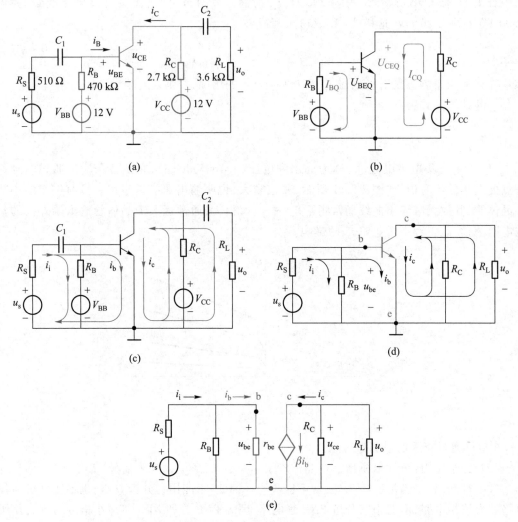

图 2.2.12　晶体管放大电路的小信号模型分析法

（a）电路　（b）直流通路　（c）交流电流流通路径　（d）交流通路　（e）小信号等效电路

$$I_{CQ} = \beta I_{BQ} = 100 \times 0.024 \text{ mA} = 2.4 \text{ mA}$$

$$U_{CEQ} = V_{CC} - I_{CQ} R_C = (12 - 2.4 \times 2.7) \text{ V} = 5.52 \text{ V} > 0.7 \text{ V}$$

可见，晶体管工作在放大区。

（2）动态分析

动态分析的对象是动态量，为使分析简便，一般先根据实际电路画出动态电流流通的路径（习惯称为交流通路），再将交流通路中的管子代以小信号模型。

本例中动态电流（即交流电流）流通的路径如图 2.2.12（c）所示。电容 C_1、C_2 因交流容抗近似为零,可视为短路;直流电压源 V_{CC}、V_{BB} 因两端电压恒定,即交流电压为零,也可视为短路,因此图(c)可简化为图(d)所示交流通路。在图(d)中标出晶体管电极 b、c、e,将晶体管用小信号模型取代,则得放大电路的小信号等效电路如图(e)所示。

由于

$$I_{EQ} = I_{BQ} + I_{CQ} = \frac{I_{CQ}}{\beta} + I_{CQ} \approx I_{CQ} = 2.4 \text{ mA}$$

$$r_{be} = r_{bb'} + (1+\beta)\frac{U_T}{I_{EQ}} = 200 \text{ }\Omega + (1+100)\frac{26}{2.4} \text{ }\Omega \approx 1.3 \text{ k}\Omega$$

因此由图 2.2.12(e)可分别求得各极交流电压、电流为(公式中的"//"表示电阻并联)

$$u_{be} = \frac{u_s(R_B /\!/ r_{be})}{R_S + R_B /\!/ r_{be}} = \frac{(10\sin \omega t) \times \frac{470 \times 1.3}{470 + 1.3}}{0.51 + \frac{470 \times 1.3}{470 + 1.3}} \text{ mV} = 7.2\sin \omega t \text{ mV}$$

$$i_b = \frac{u_{be}}{r_{be}} = \frac{7.2\sin \omega t}{1.3} \text{ }\mu\text{A} = 5.5\sin \omega t \text{ }\mu\text{A}$$

$$i_c = \beta i_b = 100 \times 5.5\sin \omega t (\mu\text{A}) = 0.55\sin \omega t \text{ mA}$$

$$u_{ce} = -i_c(R_C /\!/ R_L) = -(0.55\sin \omega t) \times \frac{2.7 \times 3.6}{2.7 + 3.6} \text{ V} = -0.85\sin \omega t \text{ V}$$

将静态量和交流量叠加得总量,分别为

$$u_{BE} = U_{BEQ} + u_{be} = (0.7 + 7.2 \times 10^{-3}\sin \omega t) \text{ V}$$

$$i_B = I_{BQ} + i_b = (24 + 5.5\sin \omega t) \text{ }\mu\text{A}$$

$$i_C = I_{CQ} + i_c = (2.4 + 0.55\sin \omega t) \text{ mA}$$

$$u_{CE} = U_{CEQ} + u_{ce} = (5.5 - 0.85\sin \omega t) \text{ V}$$

在电子电路中,图 2.2.12(a)习惯上会画成如图 2.2.13 所示,因为实用放大电路中,通常会将电源 V_{BB}、V_{CC} 合并,而采用一个直流电源供电,并用 V_{CC} 表示;并且将输入输出电路的公共端作为参考零电位端子(称为"地"),用"⊥"表示,而与"地"之间电压确定的端点用小圆圈旁注电压值来表示,所以图 2.2.12(a)中的电源正端就画成了图 2.2.13 中的小圆圈旁注"+V_{CC}"的形式。在本书以后的讨论中,电路一般都画成这种模式,请读者注意体会和适应。

由上分析可知,画直流通路和交流通路是分析放大电路的重要环节。画直流通路时要将电容

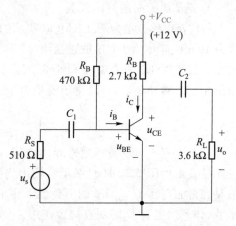

图 2.2.13 图 2.2.12(a)电路的习惯画法

断路;画交流通路时,将大容量的电容视为短路,将直流电压源视为短路,图 2.2.13 所示的习惯画法中的电源端子(+V_{CC} 端)视为交流地端。

讨论题 2.2.3(2)

　　(4) 何为截止失真? 何为饱和失真? 简述这两种失真的原因与对策。

　　(5) 何谓直流通路和交流通路? 直流通路和交流通路有何用途? 画直流通路、交流通路的要点是什么?

　　(6) 什么情况下可采用晶体管的小信号模型分析电路? 这种模型适用于 PNP 管吗? 画出晶体管的简化小信号模型。

　　(7) 简述采用小信号模型法分析晶体管放大电路的基本步骤。

2.2.4　晶体管应用电路仿真

微视频 2.2:
共发射极放大电路仿真

一、共发射极放大电路仿真

下面对例 2.2.5 中的放大电路进行仿真分析。

1. 静态工作点的测量

构建静态仿真电路如图 2.2.14(b) 所示,设置晶体管参数 $\beta =$ 100。万用表 XMM1、XMM2 均设为直流电压挡。运行仿真,测得 $U_{BEQ} = 655.153$ mV,$U_{CEQ} = 3.054$ V,计算可得

$$I_{BQ} = \frac{V_{BB} - U_{BEQ}}{R_B} = \frac{6 - 0.655}{178} \text{ mA} \approx 30 \text{ μA}$$

$$I_{CQ} = \frac{V_{CC} - U_{CEQ}}{R_C} = \frac{6 - 3.054}{1} \text{ mA} \approx 3 \text{ mA}$$

2. 正常放大时的波形观测

将仿真电路改接为图 2.2.14(a) 所示的放大电路,设置虚拟函数发生器 XFG1 使之产生幅值为 10 mV、频率为 1 kHz 的正弦信号,节点 6(输入信号 u_i)和节点 3(输出信号 u_o)分别接至虚拟示波器 XSC1 的通道 A 和通道 B,运行仿真,波形如图 2.2.14(c) 所示,输出和输入信号相位相反。移动垂直光标,读出通道 B 和通道 A 的数据,二者之比就是电压放大倍数

$$A_u = \frac{u_o}{u_i} = -\frac{959.364}{9.992} \approx -96$$

断开节点 3 与示波器通道 B 的连接,改将节点 5 接入通道 B,再次运行仿真,节点 6 和节点 5 的波形如图 2.2.14(d) 所示。输出仍为正弦波,光标指示的通道 B 读数变为 2.091 V,该值是在静态电压 U_{CEQ} 的基础上叠加了输出交流信号 u_o 而得。比较节点 3 和节点 5 的波形与示数,体现出电容 C_2 的隔直耦合作用。

上述仿真结果与例 2.2.5 的图解分析结果基本一致。

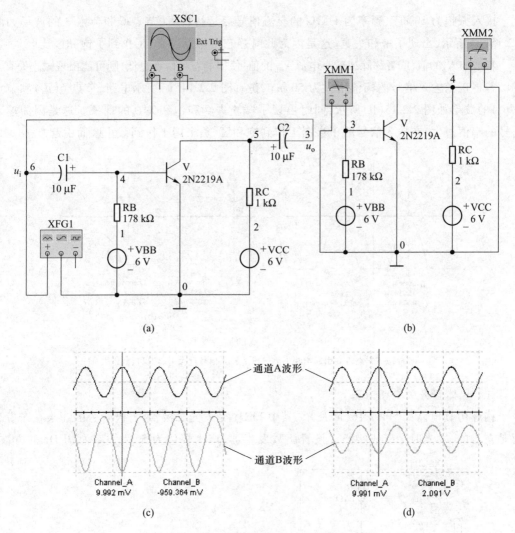

图 2.2.14 共发射极放大电路仿真

（a）放大电路仿真 （b）静态电路仿真

（c）节点 6、节点 3 的波形 （d）节点 6、节点 5 的波形

3. 饱和、截止失真现象的观察

将 R_B 的值改为 47 kΩ，按照图 2.2.14（b）所示重新测量静态工作点，可得 $U_{BEQ} = 679.846$ mV，$U_{CEQ} = 131.113$ mV，晶体管的集电结已经正偏，工作于饱和区。计算可得

$$I_{BQ} = \frac{V_{BB} - U_{BEQ}}{R_B} \approx \frac{6 - 0.68}{47} \text{ mA} \approx 113 \text{ μA}$$

$$I_{CQ} = \frac{V_{CC} - U_{CEQ}}{R_C} \approx \frac{6 - 0.131}{1} \text{ mA} = 5.969 \text{ mA}$$

接入振幅为 10 mV、频率为 1 kHz 的交流信号后运行仿真,节点 6 和节点 3 的波形如图 2.2.15(a)所示,出现了饱和失真,这是因为此时静态工作点过高,工作到了饱和区。

若增加 R_B 的值,或者移除或减小电源 V_{BB} 的值,使得静态工作点过低,则可能出现截止失真。

若将正弦输入信号的幅值增大为 50 mV,仿真图 2.2.14(a)所示电路,节点 6(u_i)和节点 3(u_o)的波形如图 2.2.15(b)所示,同时出现了截止失真和饱和失真的现象。这是因为输入信号的幅值过大,在输入信号的正半周工作到饱和区、负半周工作到截止区而引起。

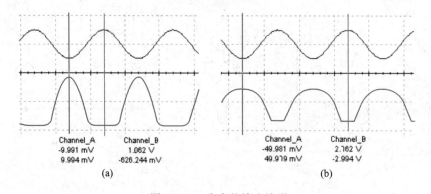

(a)　　　　　　　　　　　　　　　　(b)

图 2.2.15　失真的输出波形

(a)静态工作点过高引起饱和失真　(b)输入信号过大引起饱和、截止失真

二、晶体管开关电路仿真

构建仿真电路如图 2.2.16(a)所示,其中 LED1 是发光二极管,二极管旁的箭头在未发光时是空心的,发光时会变成实心。设置函数发生器,产生幅值为 5 V、频率为 10 Hz 的方波。

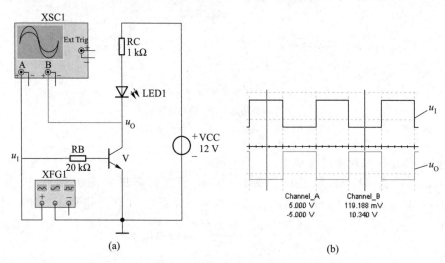

(a)　　　　　　　　　　　　　　　　(b)

图 2.2.16　晶体管开关电路仿真

(a)仿真电路　(b)输入和输出波形

运行仿真,示波器波形如图 2.2.16(b)所示,输出与输入信号相位相反。移动光标读示波器的示数,当输入为-5 V 时,输出为 10.34 V,晶体管工作于截止状态;当输入为 5 V 时,输出为 119.188 mV,晶体管工作于饱和状态。观看波形的同时观察发光二极管,当输入为-5 V 时,二极管未发光;输入为 5 V 时,二极管发光,所以晶体管等效为受输入电压控制的电子开关。

知 识 拓 展

下面结合实例讨论交流负载线与直流负载线不重合时的图解分析法以及输出信号的动态范围。

【例 2.2.7】 放大电路如图 2.2.17(a)所示,电容对交流信号的容抗近似为零,硅晶体管的输入、输出特性曲线如图 2.2.18(a)、(b)所示。已知 $u_i = 10 \sin \omega t$ mV,$U_{CES} = 0.3$ V,试用图解法求:(1) u_{BE}、i_B、i_C、u_{CE} 和 u_o;(2) 最大不失真输出电压的幅值 U_{omm}。

解:(1) 静态图解分析,求 U_{BEQ}、I_{BQ}、I_{CQ}、U_{CEQ}。

图(a)电路是采用了习惯画法表示的电路,它与图(b)所示电路是一样的,把它与例 2.2.5 所用电路(即图 2.2.6)相比较,差别仅仅是有载($R_L = 1$ kΩ)和空载之别。由于 R_L 通过隔直耦合电容 C_2 接入,故 R_L 接入与否并不影响直流通路和静态工作点,故直流通路不变如图 2.2.17(c)所示;直流图解过程与例 2.2.1 中一样,即通过估算得 $U_{BEQ} \approx 0.7$ V,$I_{BQ} = 30$ μA,在输入特性曲线上确定静态工作点 Q,如图 2.2.18(a)所示。再在输出特性曲线中作直流负载线 MN,与 $I_{BQ} = 30$ μA 对应的输出曲线相交得到静态工作点 Q,如图 2.2.18(b)所示,读得 $U_{CEQ} = 3$ V,$I_{CQ} = 3$ mA。

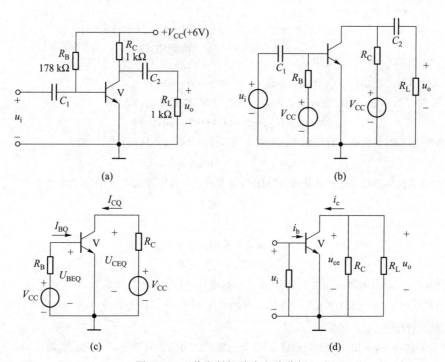

图 2.2.17　共发射极放大电路分析

(a) 放大电路　(b) 图(a)的等效电路　(c) 直流通路　(d) 交流通路

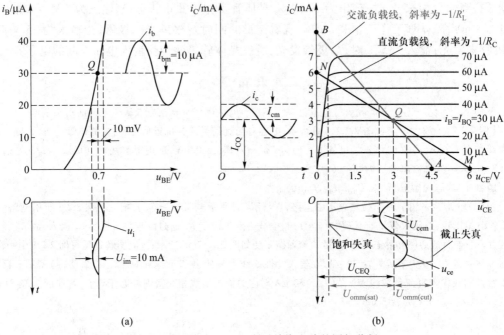

图 2.2.18 图 2.2.17(a)所示放大电路的图解分析

(a) 输入回路图解 (b) 输出回路图解

(2) 交流图解分析,求 u_{BE}、i_b、i_c、u_{CE}、u_o。

画出图 2.2.17(a)电路的交流通路如图 2.2.17(d)所示,由图得 $u_{be}=u_i$,故

$$u_{BE}=U_{BEQ}+u_{be}=(0.7+0.01\sin \omega t) \text{ V}$$

根据 u_{BE} 的变化规律,可由输入特性曲线画出对应的 i_B 波形如图 2.2.18(a)所示,故

$$i_B=I_{BQ}+i_b=(30+10\sin \omega t) \text{ μA}$$

为了对输出回路进行交流图解分析,需先作交流负载线。由图 2.2.17(d)所示交流通路得

$$u_{ce}=-R'_L i_c \qquad (2.2.14)$$

式中 $R'_L=R_C /\!/ R_L=0.5 \text{ kΩ}$。

由 $u_{CE}=U_{CEQ}+u_{ce}$,$i_C=I_{CQ}+i_c$,可推导得出输出回路的交流负载方程为

$$u_{CE}=U_{CEQ}+R'_L I_{CQ}-R'_L i_c \qquad (2.2.15)$$

令 $i_c=I_{CQ}$,由式(2.2.15)可得 $u_{CE}=U_{CEQ}$,所以交流负载线是一条过 Q 点的斜率为 $-1/R'_L$ 的直线。令 $i_c=0$,则 $u_{CE}=U_{CEQ}+R'_L I_{CQ}=3 \text{ V}+0.5 \text{ kΩ}×3 \text{ mA}=4.5 \text{ V}$,得横轴截点 $A(4.5 \text{ V},0)$;连接 Q、A 两点并向上延伸便可画出交流负载线(线段 AB)。

随着 i_B 在 20~40 μA 之间按正弦规律变化,交流负载线与输出特性曲线的交点也随之变化,由此画出 i_c、u_{CE} 波形如图 2.2.18(b)所示,故

$$i_C=I_{CQ}+i_c=(3+\sin \omega t) \text{ mA}$$

$$u_{CE} = U_{CEQ} + u_{ce} = (3 - 0.5\sin \omega t)\ V$$

u_{ce} 经电容隔直耦合后输出,得

$$u_o = u_{ce} = -0.5\sin \omega t\ V$$

(3)求最大不失真电压 U_{omax}。

由图 2.2.18(b)可见,不产生饱和失真允许的最大不失真电压幅值为

$$U_{omm(sat)} = U_{CEQ} - U_{CES} = (3 - 0.3)\ V = 2.7\ V$$

不产生截止失真允许的最大不失真电压幅值为

$$U_{omm(cut)} = I_{CQ} R'_L = 1.5\ V$$

故最大不失真输出电压幅值为

$$U_{omm} = \min [\,U_{omm(sat)}, U_{omm(cut)}\,] = 1.5\ V$$

由于最大不失真输出电压幅值 $U_{omm} = \min [\,U_{omm(sat)}, U_{omm(cut)}\,]$,若要获得最大的晶体管输出动态范围(等于 $2U_{omm}$),应将 Q 点设置在交流负载线的中点。

小　结

微视频 2.3:
2.2 小结

随 堂 测 验

2.2.1　填空题

1. 放大电路中,_____通路常用以确定静态工作点,_____通路提供了信号传输的途径。

2. r_{be} 的估算公式为_____,它适用于静态发射极电流为 0.1~5 mA 的情况,否则_____较大。

第 2.2 节
随堂测验答案

3. 放大电路中的隔直耦合电容在直流分析时视为_____,交流分析时视为_____。

4. 放大电路中,当 Q 点过低时,会产生_____失真;Q 点过高时,产生_____失真;_____过大时,可能既有饱和失真,又有截止失真。

5. 晶体管开关电路中,输入信号的幅值必须足够_____,以保证晶体管可靠地工作于_____状态或_____状态。

6. 图 2.2.19 电路中晶体管为硅管,$\beta = 100$,试判断各晶体管工作状态,并求各管的 I_B、I_C、U_{CE},填入表 2.2.1 中。

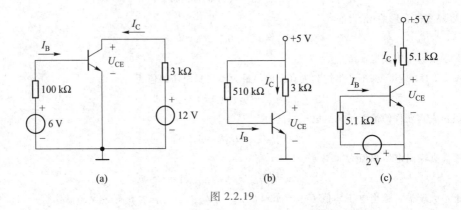

图 2.2.19

表 2.2.1

图号	工作状态	I_B/mA	I_C/mA	U_{CE}/V
a				
b				
c				

2.2.2　单选题

1. 输入_____时,可利用 H 参数小信号模型对放大电路进行交流分析。

A. 正弦小信号　　　　B. 低频大信号　　　　C. 低频小信号　　　　D. 高频小信号

2. 对放大电路进行静态分析时,不能采用的方法为_____。

A. 图解法　　　　B. 仿真法　　　　C. 工程近似分析法　　　　D. 小信号模型分析法

3. 晶体管放大电路的输出动态范围等于_____的两倍。

A. $U_{\text{omm(sat)}}$　　　　B. $U_{\text{omm(cut)}}$　　　　C. U_{omm}　　　　D. U_{om}

2.2.3　是非题(对打√;错打×)

1. 晶体管开关电路中,为保证可靠截止,应使发射结反偏或零偏;为保证饱和,应使 $I_B > I_{BS} = I_{CS}/\beta$。
(　　)

2. 画放大电路交流通路时,直流电压源视为短路,直流电流源视为开路。(　　)

3. 晶体管放大电路中,各极电压和电流均随 u_i 在静态值 U_{BEQ}、I_{BQ}、I_{CQ}、U_{CEQ} 基础上变化,但它们只是大小随 u_i 变化,正负极性始终不变。(　　)

4. 晶体管导通时若 $I_B = I_{CS}/\beta$,则工作于临界饱和状态,依然具有线性放大作用。(　　)

5. 图 2.2.20(a)所示放大电路,当输入正弦波时输出电压 u_o 波形如图(b)所示,可见产生了饱和失真,调节 R_B 的触头下移可消除之。(　　)

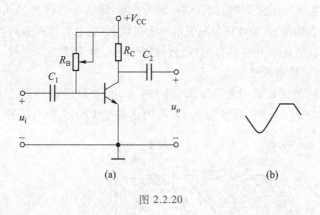

图 2.2.20

2.3 场效应管及其应用与分析

基本要求 （1）了解场效应管的结构,理解其工作原理;（2）掌握场效应管的符号、伏安特性、工作特点与主要参数;（3）了解场效应管的基本应用,理解场效应管放大电路的分析方法。

学习指导 重点:场效应管的符号、伏安特性、工作电压的极性、主要参数和小信号模型。**提示**:宜采用比较学习法,将场效应管与晶体管加以比较,将各类场效应管加以比较,这样既利于理解新内容,又可复习和加深理解已有知识。对场效应管的工作原理,主要理解栅源电压通过电场效应改变导电沟道的宽窄,来实现对漏极电流的控制作用,对次要问题,如漏源电压对沟道的影响,不必过于深究。

场效应管主要用作放大管、电子开关和压控电阻。与晶体管相比,场效应管不仅具有输入阻抗非常高、噪声低、热稳定性好、抗辐射能力强等优点,而且制造工艺简单、占用芯片面积小、器件特性便于控制、功耗小,因此在大规模和超大规模集成电路中得到极其广泛的应用。

根据结构不同,目前常用的场效应管主要分两大类:结型场效应管（简称 JFET,即 junction type field effect transistor）和金属-氧化物-半导体场效应管（简称 MOSFET,即 metal-oxide-semiconductor type field effect transistor）。两类管子都有 N 沟道和 P 沟道之分,MOS 场效应管还有增强型和耗尽型之分,所以场效应管共有六种类型管子。

2.3.1 MOS 场效应管的结构、工作原理及伏安特性

一、N 沟道增强型 MOS 管

1. 结构与符号

N 沟道增强型 MOS 管简称为增强型 NMOS 管或 NEMOS 管（EMOS 即 enhancement MOS）,其结构示意如图 2.3.1(a)所示,它以一块掺杂浓度较低的 P 型硅片作衬底,在衬底上面的左、右两侧利用扩散的方法形成两个高掺杂 N⁺区,并用金属铝引出两个电极,称为源极 S 和漏极

D;然后在硅片表面生长一层很薄的二氧化硅(SiO₂)绝缘层,在漏源极之间的绝缘层上喷一层金属铝引出电极,称为栅极 G;另外在衬底引出衬底引线 B(它通常已在管内与源极相连)。可见这种场效应管由金属、氧化物和半导体组成,故称 MOS 管;由于栅极与源极、漏极之间均无电接触,栅极电流为零,故又称绝缘栅场效应管。

增强型 NMOS 管的图形符号如图 2.3.1(b)所示,图中衬底极的箭头方向是区别沟道类型的标志,若将图 2.3.1(b)中的箭头反向,就成为增强型 PMOS 管的符号。[①]

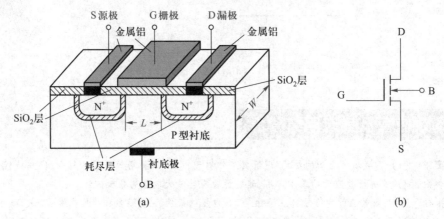

图 2.3.1　N 沟道增强型 MOS 场效应管的结构与符号

(a) 结构　(b) 符号

2. 工作原理

由图 2.3.1(a)可见,漏区(N⁺型)、衬底(P 型)和源区(N⁺型)之间形成两个背靠背的 PN 结,当 G 与 S 之间无外加电压时(即 $u_{GS}=0$ 时),无论在 D、S 之间加何种极性的电压,总有一个 PN 结反偏,D 与 S 之间无电流流过。

若给 G 与 S 之间加上正向电压 u_{GS}(即 $u_{GS}>0$),且源极 S 与衬底 B 相连[②],则在正电压 u_{GS} 的作用下,栅极下的 SiO₂ 绝缘层中将产生一个垂直于半导体表面的电场,方向由栅极指向 P 型衬底,如图 2.3.2(a)所示,该电场是排斥空穴而吸引电子的。当正电压 u_{GS} 较小时,该电场会使栅极附近的 P 型衬底表面层中主要为不能移动的杂质离子而形成耗尽层;当 u_{GS} 足够大时,该电场可吸引足够多的电子,使栅极附近的 P 型衬底表面形成一个 N 型薄层,如图 2.3.2(a)所示。该 N 型薄层是在 P 型衬底上形成的,故称为反型层,这个 N 型反型层将两个 N⁺区连通,成为两个 N⁺区之间的导电沟道[③],称为 N 型沟道,显然,u_{GS} 值越大,反型层

---

① 场效应管符号中箭头的方向总是从 P 型半导体指向 N 型半导体,所以根据箭头方向就可知衬底的类型,从而进一步判知沟道类型。读者在下面的学习中留心一下该箭头与衬底、沟道类型之间的对应关系,就不难理解这种箭头表示规律。

② 为了简化起见,以下分析,若不做特殊说明,均默认衬底与源极相连,即 $u_{BS}=0$。

③ 沟道长度用 L 表示,沟道宽度用 W 表示,见图 2.3.1(a)。

（即导电沟道）越厚，沟道电阻越小。这时只要在 D 与 S 之间加上正向电压，电子就会沿着 N 沟道由源极向漏极运动，形成漏极电流 i_D，如图 2.3.2(b)所示。

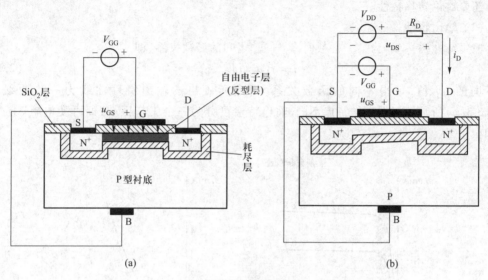

图 2.3.2 增强型 NMOS 管的导电沟道

（a）$u_{GS} > U_{GS(th)}$ 时产生导电沟道 （b）D 与 S 之间外加电压时沟道中流过电流 i_D

将开始形成反型层所需的栅源电压称为开启电压，通常用 $U_{GS(th)}$ 表示，其值由管子的工艺参数确定。由于这种场效应管无原始导电沟道，只有当栅源电压大于开启电压 $U_{GS(th)}$ 时，才能产生导电沟道，故称为增强型 MOS 管。产生导电沟道以后，若继续增大 u_{GS} 值，则导电沟道加厚，沟道电阻减小，漏极电流 i_D 增大。

场效应管的工作主要依据这种压控电流原理，通过控制 u_{GS} 来控制输出电流 i_D 的有无和大小，此外 u_{DS} 对 i_D 的大小也有一定影响，参见本节的知识拓展。

3. 伏安特性

场效应管在电路中通常也接成二端口网络，与晶体管电路类似，按照输入输出回路的公共端不同，有共源、共栅和共漏三种基本组态（简写为 CS、CG、CD），其接法如表 2.3.1 所示。

表 2.3.1 场效应管的三种组态接法

组态		接法		
名称	简称	输入端	输出端	公共端
共源	CS	G	D	S
共栅	CG	S	D	G
共漏	CD	G	S	D

下面以共源组态为例讨论伏安特性。由于输入端栅极是绝缘的,故输入特性就描述为输入电流 $i_G = 0$;而场效应管的主要作用是 u_{GS} 对 i_D 的正向控制作用,故除了讨论输出特性,通常还要讨论转移特性。

（1）输出特性

输出特性描述 u_{GS} 为某一常数时,i_D 与 u_{DS} 之间的函数关系,即

$$i_D = f(u_{DS})\big|_{u_{GS}=常数} \tag{2.3.1}$$

取不同的 u_{GS} 值,可得不同的函数关系,因此所画出的输出特性曲线为一簇曲线,如图 2.3.3(a)所示。根据工作特点不同,输出特性可分为三个工作区域,即可变电阻区、放大区和截止区。

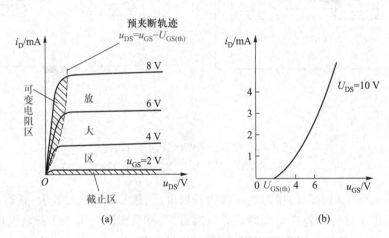

图 2.3.3　增强型 NMOS 管的特性曲线示例
（a）输出特性　（b）转移特性

① 截止区:指 $u_{GS} < U_{GS(th)}$ 的区域,这时因为无导电沟道,所以 $i_D = 0$,管子截止。

② 放大区:指管子导通,且 u_{DS} 较大,满足 $u_{DS} \geqslant u_{GS} - U_{GS(th)}$ 的区域,曲线为一簇基本平行于 u_{DS} 轴的略上翘的直线,说明 i_D 基本上仅受 u_{GS} 控制而与 u_{DS} 无关。i_D 不随 u_{DS} 而变化的现象在场效应管中称为饱和,所以这一区域又称为饱和区。在这一区域内,场效应管的漏源之间相当于一个受电压 u_{GS} 控制的电流源,故又称为恒流区。场效应管用于放大电路时,一般就工作在该区域,所以称为放大区。

③ 可变电阻区(也称非饱和区):指管子导通,但 u_{DS} 较小,满足 $u_{DS} < u_{GS} - U_{GS(th)}$ 的区域,伏安曲线为一簇直线。说明当 u_{GS} 一定时,i_D 与 u_{DS} 呈线性关系,漏源之间等效为电阻;改变 u_{GS} 可改变直线的斜率,也就控制了电阻值,因此漏源之间可等效为一个受电压 u_{GS} 控制的可变电阻,称为可变电阻区。

图 2.3.3(a)中的虚线是根据 $u_{DS} = u_{GS} - U_{GS(th)}$ 画出的,称为预夹断轨迹,它是放大区和可变电阻区的分界线,当 $u_{DS} \geqslant u_{GS} - U_{GS(th)}$ 时,NEMOS 管工作于放大区;$u_{DS} < u_{GS} - U_{GS(th)}$ 时,

NEMOS 管工作于可变电阻区。

（2）转移特性

转移特性描述 u_{DS} 为某一常数时，i_D 与 u_{GS} 之间的函数关系，即

$$i_D = f(u_{GS})\big|_{u_{DS}=常数} \tag{2.3.2}$$

它反映输入电压 u_{GS} 对输出电流 i_D 的控制作用。

实践表明，当场效应管工作于放大状态时，u_{DS} 对 i_D 的影响极小，对于不同的 u_{DS}，转移特性曲线基本上重合，如图 2.3.3（b）所示。在 $u_{GS} < U_{GS(th)}$ 时，因为无导电沟道，因此 $i_D = 0$；当 $u_{GS} > U_{GS(th)}$ 时，产生反型层导电沟道，因此 $i_D \neq 0$；增大 u_{GS}，则导电沟道变厚，i_D 增大。

场效应管工作于放大状态时的转移特性曲线近似地具有平方律特性，对增强型 MOS 管可表示为

$$i_D = K(u_{GS} - U_{GS(th)})^2 = I_{DO}\left(\frac{u_{GS}}{U_{GS(th)}} - 1\right)^2 \tag{2.3.3}$$

式中，$K = \dfrac{\mu_n C_{ox}}{2} \cdot \dfrac{W}{L}$，称为电导常数，单位 mA/V^2。其中，μ_n 为导电沟道中电子的迁移率，C_{ox} 为栅极氧化层单位面积电容，W 为沟道宽度，L 为沟道长度（见图 2.3.1（a）所示），W/L 称为沟道宽长比，它在 MOS 集成电路设计中是一个极重要的参数。$I_{DO} = KU_{GS(th)}^2$，是 $u_{GS} = 2U_{GS(th)}$ 时的 i_D 值。

二、N 沟道耗尽型 MOS 管

N 沟道耗尽型 MOS 管简称为耗尽型 NMOS 管或 NDMOS 管（DMOS 即 depletion MOS），其结构与增强型 NMOS 管的基本相同，但它在制造时，通常在二氧化硅（SiO_2）绝缘层中掺入大量的正离子，因正离子的作用使漏、源间的 P 型衬底表面在 $u_{GS} = 0$ 时已感应出 N 反型层，形成原始导电沟道，如图 2.3.4（a）所示[1]。耗尽型 NMOS 管的图形符号如图 2.3.4（b）所示。

耗尽型 NMOS 管的工作原理也与增强型的相似，具有压控电流作用，但由于存在原始导电沟道，因此在 $u_{GS} = 0$ 时就有电流 i_D 流通；当 u_{GS} 由零值向正值增大时，反型层增厚，i_D 增大；而当 u_{GS} 由零值向负值增大时，反型层变薄，i_D 减小。当 u_{GS} 负向增大到某一数值时，反型层会消失，称为沟道全夹断，这时 $i_D = 0$，管子截止。使反型层消失所需的栅源电压称为夹断电压，用 $U_{GS(off)}$ 表示。

耗尽型 NMOS 管的特性曲线如图 2.3.5 所示，其中图（b）为工作于放大区时的转移特性，参数 I_{DSS}[2] 称为饱和漏极电流，它是 $u_{GS} = 0$ 且管子工作于放大区时的漏极电流。由于耗尽型 MOS 管在 u_{GS} 为正、负、零时，均可导通工作，因此应用起来比增强型管灵活方便。

---

[1]　NDMOS 管的立体结构示意图与图 2.3.1（a）类似，为简化起见，此处仅画出平面示意图。

[2]　I_{DSS} 中的第 1 个 S 表示管子工作于饱和区，第 2 个 S 表示栅源极间短路。

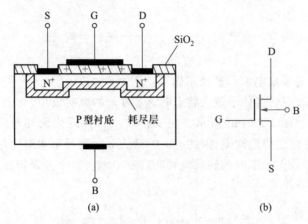

图 2.3.4 耗尽型 NMOS 管的结构与符号

（a）结构 （b）符号

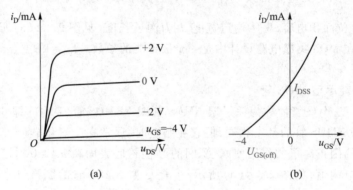

图 2.3.5 耗尽型 NMOS 管的特性曲线示例

（a）输出特性 （b）转移特性

当工作于放大区时，耗尽型 MOS 管的转移特性曲线可近似地用下式表示

$$i_D = K(u_{GS} - U_{GS(off)})^2 = I_{DSS}\left(1 - \frac{u_{GS}}{U_{GS(off)}}\right)^2 \tag{2.3.4}$$

式中，$K = \dfrac{\mu_n C_{ox}}{2} \cdot \dfrac{W}{L}$ 为导电常数；$I_{DSS} = K(-U_{GS(off)})^2$ 为耗尽型场效应管漏极饱和电流。

三、P 沟道 MOS 管

P 沟道 MOS 管简称为 PMOS 管，其结构、工作原理与 NMOS 管的相似，PMOS 管以 N 型半导体硅为衬底，两个 P$^+$区分别作为源极和漏极，导电沟道为 P 型反型层。使用时，u_{GS}、u_{DS} 的极性与 NMOS 管的相反，漏极电流 i_D 的方向也相反，即由源极流向漏极。PMOS 管也有增强型和耗尽型两种，图形符号和特性曲线如表 2.3.2 中所示。

表 2.3.2 各种场效应管的符号、电压极性、放大区偏置条件和特性曲线

类型	N沟道 MOS 增强型	N沟道 MOS 耗尽型	N沟道 结型 耗尽型	P沟道 MOS 增强型	P沟道 MOS 耗尽型	P沟道 结型 耗尽型
符号	D i_D B G S	D i_D B G S	D i_D G S	D i_D B G S	D i_D B G S	D i_D G S
电压极性 u_{DS}	正	正	正	负	负	负
电压极性 u_{GS}	正	正、负、零	正、负、零	负	正、负、零	正、负、零
电压极性 $U_{GS(off)}$		负	负		正	正
电压极性 $U_{GS(th)}$	正			负		
放大区偏置条件	$u_{GS}>U_{GS(th)}$ $u_{DS}\geqslant u_{GS}-U_{GS(th)}$	$u_{GS}>U_{GS(off)}$ $u_{DS}\geqslant u_{GS}-U_{GS(off)}$	$u_{GS}>U_{GS(off)}$ $u_{DS}\geqslant u_{GS}-U_{GS(off)}$	$u_{GS}<U_{GS(th)}$ $u_{DS}\leqslant u_{GS}-U_{GS(th)}$	$u_{GS}\leqslant U_{GS(off)}$ $u_{DS}\leqslant u_{GS}-U_{GS(off)}$	$u_{GS}<U_{GS(off)}$ $u_{DS}\leqslant u_{GS}-U_{GS(off)}$
放大区转移特性举例	i_D/mA；$U_{GS(th)}$，0，2，u_{GS}/V	i_D/mA，I_{DSS}；$U_{GS(off)}$，-4，0，u_{GS}/V	i_D/mA，I_{DSS}；$U_{GS(off)}$，-3，0，u_{GS}/V	i_D/mA；$U_{GS(th)}$，-2，0，u_{GS}/V	i_D/mA，I_{DSS}；0，4，$U_{GS(off)}$，u_{GS}/V	i_D/mA，I_{DSS}；0，3，$U_{GS(off)}$，u_{GS}/V
输出特性举例	i_D/mA；$u_{GS}=2\text{ V}$，4 V，6 V，8 V，u_{DS}/V	i_D/mA；$u_{GS}=-2\text{ V}$，0 V，$+2\text{ V}$，$+4\text{ V}$，u_{DS}/V	i_D/mA；$u_{GS}=-3\text{ V}$，-2 V，-1 V，0 V，u_{DS}/V	i_D/mA；$u_{GS}=-2\text{ V}$，-4 V，-6 V，-8 V，u_{DS}/V	i_D/mA；$u_{GS}=+4\text{ V}$，$+2\text{ V}$，0 V，-2 V，$-u_{DS}/\text{V}$	i_D/mA；$u_{GS}=+3\text{ V}$，$+2\text{ V}$，$+1\text{ V}$，0 V，$-u_{DS}/\text{V}$

为便于比较,把各种场效应管的符号、电压极性要求、放大区的偏置条件和特性曲线对应地画在表 2.3.2 中,表中结型场效应管将在第 2.3.2 节介绍。

讨论题 2.3.1

(1) 试从输出特性曲线形状、工作区的划分、工作区的偏置条件与工作特点等方面,比较 NEMOS 管与 NPN 晶体管的异同。

(2) 如何根据输出特性曲线作出饱和区的转移特性曲线?

(3) 如何判断 NEMOS 管的工作状态?

(4) 试从结构、工作原理、伏安特性曲线、电流方程等方面,比较四种 MOS 管的异同。

2.3.2　结型场效应管的结构、工作原理及伏安特性

结型场效应管的结构、工作原理与 MOS 管的有所不同,但也利用 u_{GS} 来控制输出电流 i_D,特性与 MOS 管的相似。

图 2.3.6 所示为 N 沟道结型场效应管(简称 NJFET)的结构示意图和符号,它是在一块 N 型单晶硅片的两侧形成两个高掺杂浓度的 P⁺区,这两个 P⁺区和中间夹着的 N 区之间形成两个 P⁺N 结。两个 P⁺区连在一起所引出的电极为栅极(G),两个从 N 区引出的电极分别为源极(S)和漏极(D)。当 D 与 S 间加电压时,将有电流 i_D 通过中间的 N 型区在 D 与 S 间流通,所以导电沟道是 N 型的,称为 N 沟道结型场效应管。由于存在原始导电沟道,故它也属于耗尽型。

结型场效应管的栅极不是绝缘的,为使场效应管呈现高输入电阻、栅极电流近似为零,应使栅极和沟道间的 PN 结截止。因此,对于 NJFET,栅极电位不能高于源极和漏极电位,故偏置电压的极性要满足 $u_{GS} \leqslant 0$ 且 $u_{DS} > 0$。

当栅、源间加上负电压 u_{GS} 时,沟道两侧的 PN 结变厚,使导电沟道变窄,沟道电阻增大,漏极电流 i_D 减小。u_{GS} 负值越大,则导电沟道越窄,i_D 越小。因此,通过改变 u_{GS} 的大小可控制 i_D 的大小,实现压控电流作用。

当 u_{GS} 负值足够大时,沟道将全夹断,使 $i_D = 0$。沟道全夹断所需的栅源电压即为夹断电压,用 $U_{GS(off)}$ 表示。

N 沟道结型场效应管的特性曲线如表 2.3.2 中所示。由于是耗尽型场效应管,因此当工作于放大区时,转移特性可近似用式(2.3.4)表示。

P 沟道结型场效应管的结构与 N 沟道的相似,但导电沟道为 P 区,栅极由两个 N⁺区引出。

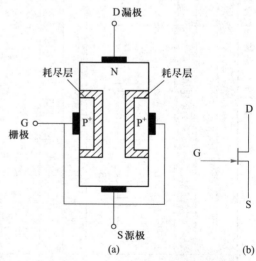

图 2.3.6　N 沟道结型场效应管的结构与符号

(a) 结构　(b) 符号

P 沟道结型场效应管(简称 PJFET)的图形符号、电压极性、特性曲线等如表 2.3.2 中所示。

【例 2.3.1】 有四种场效应管,其输出特性或饱和区转移特性分别如图 2.3.7 中所示,试判断它们各为何种类型的管子? 对增强型管,求开启电压 $U_{GS(th)}$;对耗尽型管,求夹断电压 $U_{GS(off)}$ 和饱和漏极电流 I_{DSS}。

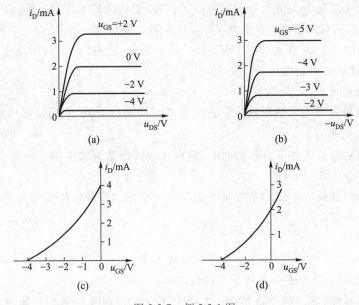

图 2.3.7 例 2.3.1 图

解:图 2.3.7(a)和(b)为输出特性曲线。图(a)中,u_{GS} 为正、负、零都可以,而 u_{DS} 为正,故为耗尽型 NMOS 管。由于 $u_{GS} = -4$ V 时,$i_D \approx 0$,故 $U_{GS(off)} = -4$ V。由于 $u_{GS} = 0$ 时,i_D 的饱和值为 2 mA,故 $I_{DSS} = 2$ mA。图(b)中,u_{GS} 和 u_{DS} 均为负值,故为增强型 PMOS 管。由于 $u_{GS} = -2$ V 时,$i_D \approx 0$,故 $U_{GS(th)} = -2$ V。

图(c)和(d)为转移特性曲线,图(c)中,u_{GS} 为零或负值,故为 N 沟道结型场效应管。由于 $u_{GS} = -4$ V 时,$i_D = 0$,故 $U_{GS(off)} = -4$ V。由于 $u_{GS} = 0$ 时,$i_D = 4$ mA,故 $I_{DSS} = 4$ mA。图(d)中,u_{GS} 为正、负、零均可,但 $U_{GS(off)} = -4$ V 为负值,故为耗尽型 NMOS 管,$I_{DSS} = 2$ mA。

讨论题 2.3.2

(1)试比较六种场效应管的异同。

(2)为什么场效应管的输入电阻很高? 为了保证场效应管电路具有高输入电阻,应用时需注意什么问题?

(3)简述夹断电压、开启电压、饱和漏极电流的含义,并说明如何由输出特性曲线或转移特性曲线确定其值。

(4)试总结由输出特性曲线或转移特性曲线判断场效应管类型的规律。

2.3.3 场效应管的主要参数

1. 开启电压 $U_{GS(th)}$ 和夹断电压 $U_{GS(off)}$

开启电压 $U_{GS(th)}$ 是增强型场效应管产生导电沟道所需的栅源电压,而夹断电压 $U_{GS(off)}$ 是耗尽型场效应管夹断导电沟道所需的栅源电压,两者的概念虽不同,却都是决定沟道有否的"门槛电压",所以从对沟道影响的角度看,它们是同一种参数。通常,令 u_{DS} 等于某一固定值(一般绝对值为 10 V),调节 u_{GS} 使 i_D 等于某一微小电流,这时的 u_{GS} 对于增强型管为开启电压,对于耗尽型管则为夹断电压。

2. 饱和漏极电流 I_{DSS}

指工作于饱和区的耗尽型场效应管在 $u_{GS} = 0$ 时的漏极电流,它只是耗尽型管的参数。

3. 直流输入电阻 R_{GS}

指在漏源间短路的条件下,栅源间加一定电压时的栅源直流电阻。一般大于 $10^8\ \Omega$。

4. 低频跨导 g_m(又称低频互导)

指静态工作点处漏极电流的微变量和引起这个变化的栅源电压微变量之比,即

$$g_m = \frac{\partial i_D}{\partial u_{GS}}\bigg|_Q \tag{2.3.5}$$

g_m 反映了 u_{GS} 对 i_D 的控制能力,是表征场效应管放大能力的重要参数,单位为西〔门子〕,单位符号为 S,其值范围一般为十分之几至几毫西。

g_m 与工作点有关,其值等于转移特性曲线上工作点处切线的斜率。通过对式(2.3.3)求导,可得增强型场效应管工作于放大区时的 g_m 计算公式为

$$g_m = 2K(U_{GSQ} - U_{GS(th)}) = 2\sqrt{KI_{DQ}} = \frac{2}{U_{GS(th)}}\sqrt{I_{DO}I_{DQ}} \tag{2.3.6}$$

对式(2.3.4)求导,则得耗尽型场效应管工作于放大区时的 g_m 计算公式为

$$g_m = 2K(U_{GSQ} - U_{GS(off)}) = 2\sqrt{KI_{DQ}} = \frac{-2}{U_{GS(off)}}\sqrt{I_{DSS}I_{DQ}} \tag{2.3.7}$$

式(2.3.6)和式(2.3.7)中的 U_{GSQ}、I_{DQ} 分别是静态栅源电压和静态漏极电流。

5. 漏源动态电阻 r_{ds}

指静态工作点处的漏源电压微变量与其所引起的漏极电流微变量之比,故

$$r_{ds} = \frac{\partial u_{DS}}{\partial i_D}\bigg|_Q \tag{2.3.8}$$

r_{ds} 反映了 u_{DS} 对 i_D 的影响,是输出特性曲线上工作点处切线斜率的倒数。在放大区,由于输出特性基本上是水平直线,i_D 基本上不随 u_{DS} 变化,因此 r_{ds} 值很大,一般在几十千欧到几百千欧之间,在应用中往往可忽略不计。

6. 栅源击穿电压 $U_{(BR)GS}$

指栅源间所能承受的最大反向电压,u_{GS} 值超过此值时,栅源间发生击穿。

7. 漏源击穿电压 $U_{(BR)DS}$

指漏源间能承受的最大电压,当 u_{DS} 值超过此值时,i_D 开始急剧增加。

8. 最大耗散功率 P_{DM}

指允许耗散在管子上的最大功率,其大小受管子最高工作温度的限制。

2.3.4 场效应管基本应用电路及其分析方法

利用场效应管的特性可构成放大电路、开关电路、电流源、压控电阻等,下面对常用电路加以讨论。

一、基本放大电路及其分析

1. 电路组成及工作原理

场效应管放大电路的组成原则与晶体管的类似,首先要有合适的静态工作点,使场效应管工作在放大状态,其次要有合理的交流通路,使信号能顺利传输并放大。按输入、输出回路的公共端不同,有共源、共栅、共漏三种基本组态。分析方法也与晶体管的类似,先静态分析后动态分析。

(1)电路组成及各元器件的作用

由 NEMOS 管构成的基本放大电路如图 2.3.8(a)所示,图中 u_i 为待放大的输入电压,u_o 为放大电路输出电压,源极为输入、输出回路的公共端,构成共源极放大电路。V_{GG} 为栅极直流电源,V_{DD} 为漏极直流电源,它们分别为场效应管提供栅源偏压和漏源偏压,以设置合适的静态工作点,保证管子工作于饱和区,并且起提供能量的作用;R_D 为漏极负载电阻,起到将输出电流转换为输出电压的作用;R_G 为栅极电阻,起提高放大电路输入电阻和提供栅源间直流通路的作用;C_1、C_2 为隔直耦合电容,对交流信号的容抗近似为零。

(2)静态工作点的确定

静态时,断开电容 C_1、C_2 得直流通路如图 2.3.8(b)所示。由于 MOS 管栅极电流为零,所以由图 2.3.8(b)及给定的电路参数,得静态工作点为

$$\begin{cases} U_{GSQ} = V_{GG} \\ I_{DQ} = I_{DO} \left(\dfrac{U_{GSQ}}{U_{GS(th)}} - 1 \right)^2 \\ U_{DSQ} = V_{DD} - I_{DQ} R_D \end{cases}$$

(3)信号放大的过程

设输入电压为小信号正弦波,表达式为 $u_i = U_{im} \sin \omega t$。由于耦合电容 C_1 对交流信号可视为短路,因此 u_i 直接加至 G 与 S 之间,与静态时的电压 U_{GSQ} 相叠加,得栅源电压的瞬时值为

$$u_{GS} = U_{GSQ} + u_i = U_{GSQ} + U_{im} \sin \omega t \tag{2.3.9}$$

波形如图 2.3.8(c)中①所示。

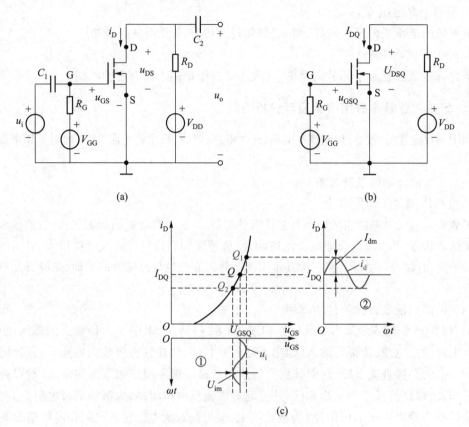

图 2.3.8　场效应管基本放大电路

(a) 电路　(b) 直流通路　(c) 交流分析

　　设静态工作点取值合适,能保证管子工作于饱和区,则可由饱和区的转移特性曲线,根据 u_{GS} 变化规律画出对应的 i_D 波形,如图 2.3.8(c) 中②所示,可见 i_D 也由直流量和交流量叠加而成。由于 u_i 幅值很小,所以可将动态工作范围内的这一段曲线 Q_1Q_2 近似看成工作点 Q 处的切线,因此 i_d 与 u_i 成正比,由低频跨导的定义可知其比例关系为 $i_d = g_m u_{gs} = g_m u_i$,所以由正弦信号 u_i 产生的漏极交流电流 i_D 也为正弦波。这样 i_D 可表示为

$$i_D = I_{DQ} + i_d = I_{DQ} + I_{dm} \sin \omega t \qquad (2.3.10)$$

　　由图 2.3.8(a) 可得,场效应管 D 与 S 之间的瞬时电压 u_{DS} 为

$$u_{DS} = V_{DD} - i_D R_D = V_{DD} - (I_{DQ} + i_d) R_D = U_{DSQ} + u_{ds} \qquad (2.3.11)$$

式中,$U_{DSQ} = V_{DD} - I_{DQ} R_D$,$u_{ds} = -i_d R_D = -I_{dm} R_D \sin \omega t$。可见,$u_{DS}$ 也由直流量和交流量叠加而成,其交流量 u_{ds} 也为正弦波,但与 u_i 和 i_d 反相。

　　u_{DS} 经 C_2 隔直后得输出电压

$$u_o = u_{ds} = -I_{dm} R_D \sin \omega t \qquad (2.3.12)$$

只要电路参数选择得当,交流输出电压 u_o 可比交流输入电压 u_i 大,从而能实现电压放大。

与晶体管放大电路中一样,应选择合适的静态工作点并限制信号的大小,否则也会引起非线性失真。

2. 小信号模型分析法

与晶体管一样,场效应管工作在低频小信号放大状态时,也可用一个线性电路等效,其小信号模型如图 2.3.9(a) 所示。由于栅极电流近似为零,故输入电路近似为开路;由放大区输出特性可知,i_D 同时受 u_{GS} 和 u_{DS} 控制,u_{GS} 的变化量 u_{gs} 所引起的 i_D 变化量为 $i_d = g_m u_{gs}$,u_{DS} 的变化量 u_{ds} 所引起的 i_D 变化量为 $i_d = u_{ds}/r_{ds}$,因此 $i_d = g_m u_{gs} + (u_{ds}/r_{ds})$,输出电路等效为压控电流源 $g_m u_{gs}$ 和输出电阻 r_{ds} 相并联。r_{ds} 很大,对电路的影响通常可略,故得简化小信号模型如图 2.3.9(b) 所示。此模型对六种场效应管均适用,用于对场效应管低频小信号放大电路进行交流分析,分析方法与晶体管放大电路的相似。

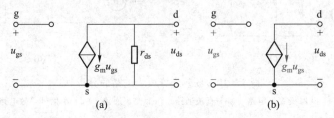

图 2.3.9 场效应管的小信号模型
(a) 小信号模型 (b) 简化小信号模型

【例 2.3.2】 图 2.3.10(a) 所示共源极放大电路中,$u_i = 20\sin \omega t$ mV,场效应管的 $I_{DSS} = 4$ mA,$U_{GS(off)} = -4$ V,电容 C_D、C_S 对交流信号可视为短路,试求:(1) 静态工作点参数 U_{GSQ}、I_{DQ} 和 U_{DSQ};(2) 交流输出电压 u_o 的表达式。

解:(1) 静态分析

画出图 2.3.10(a) 电路的直流通路如图 2.3.10(b) 所示,由于栅极电流为零,故

$$U_{GSQ} = -I_{DQ} R_S \tag{2.3.13}$$

设场效应管工作在放大区,则由场效应管的伏安方程式得

$$I_{DQ} = I_{DSS} \left(1 - \frac{U_{GSQ}}{U_{GS(off)}} \right)^2 = I_{DSS} \left(1 - \frac{-I_{DQ} R_S}{U_{GS(off)}} \right)^2$$

将已知数据代入上式,解方程得两个解,分别为 $I_{DQ} = 4$ mA 和 $I_{DQ} = 1$ mA。将 $I_{DQ} = 4$ mA 代入式 (2.3.13),得 $U_{GSQ} = -4$ mA × 2 kΩ = -8 V < $U_{GS(off)} = -4$ V,不合理,应舍去,故方程解为 $I_{DQ} = 1$ mA,则

$$U_{GSQ} = -(1 \times 2) \text{ V} = -2 \text{ V},$$

$$U_{DSQ} = [20 - 1 \times (12 + 2)] \text{ V} = 6 \text{ V}$$

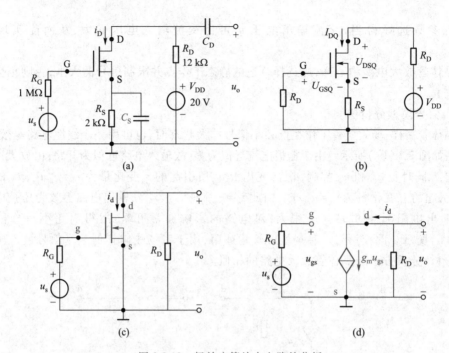

图 2.3.10 场效应管放大电路的分析

（a）共源极放大电路 （b）直流通路 （c）交流通路 （d）小信号等效电路

由于 $U_{GSQ} > U_{GS(off)} = -4$ V，$U_{DSQ} > U_{GSQ} - U_{GS(off)} = -2$ V$+4$ V$=2$ V，因此该电路中的 NDMOS 管确实工作在放大区，符合原先的假设，上述计算结果有效，即 $U_{GSQ} = -2$ V，$I_{DQ} = 1$ mA，$U_{DSQ} = 6$ V。

（2）动态分析

画出图 2.3.10（a）电路的交流通路如图 2.3.10（c）所示，将场效应管用小信号模型替代，得小信号等效电路如图 2.3.10（d）所示。图中参数 g_m 为

$$g_m = \frac{-2}{U_{GS(off)}} \sqrt{I_{DSS} I_{DQ}} = \frac{-2}{-4 \text{ V}} \sqrt{4 \text{ mA} \times 1 \text{ mA}} = 1 \text{ mA/V} = 1 \text{ mS}$$

由图 2.3.10（d）得

$$u_o = -i_d R_D = -g_m u_{gs} R_D = -g_m u_i R_D = -1 \times 12 \times 20 \sin \omega t \text{ mV} = -240 \sin \omega t \text{ mV}$$

二、开关电路及其分析

利用场效应管的导通和截止，可构成开关电路，在数字电路中应用很广。下面以图 2.3.11（a）所示 CMOS 反相器电路为例介绍场效应管的开关作用。

CMOS 反相器由增强型 NMOS 管 V_N 和增强型 PMOS 管 V_P 构成，两管栅极连在一起作输入端，加输入电压 u_I，其值为低电平 0 V 或高电平 V_{DD}；漏极连在一起作输出端，输出为电压 u_o；V_P 的源极接电源 V_{DD}，V_N 源极接地。为使 CMOS 反相器能正常工作，要求 $V_{DD} > U_{GS(th)N} + |U_{GS(th)P}|$，且 $U_{GS(th)N} = -U_{GS(th)P}$。$U_{GS(th)N}$ 和 $U_{GS(th)P}$ 分别为 V_N 和 V_P 管的开启电压，$U_{GS(th)N}$ 为正值，$U_{GS(th)P}$ 为负值。

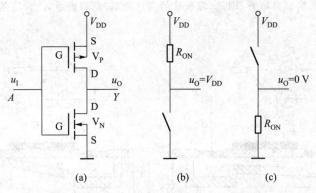

图 2.3.11　场效应管的开关作用

（a）CMOS 反相器电路　（b）$u_I = 0$ 时的等效电路　（c）$u_I = V_{DD}$ 时的等效电路

当输入 $u_I = 0$ V 时，V_N 的栅源电压 $u_{GSN} = 0$ V $< U_{GS(th)N}$，V_N 截止，D 与 S 间等效为开关断开；V_P 的栅源电压 $u_{GSP} = 0$ V $- V_{DD} < U_{GS(th)P}$，V_P 导通，D 与 S 间等效为电阻 R_{ON}，因此原电路等效为图 2.3.11（b）所示，$u_O = V_{DD}$。

当输入 $u_I = V_{DD}$ 时，V_N 的栅源电压 $u_{GSN} = V_{DD} > U_{GS(th)N}$，$V_N$ 导通，D 与 S 间等效为电阻 R_{ON}；V_P 的栅源电压 $u_{GSP} = V_{DD} - V_{DD} = 0$ V $> U_{GS(th)P}$，V_P 截止，D 与 S 间等效为开关断开，因此原电路等效为图 2.3.11（c）所示，$u_O = 0$ V。

可见，该电路在输入低电平时输出高电平，输入高电平时输出低电平，输出与输入反相，所以构成了 CMOS 反相器，它是构成数字电路中 CMOS 集成门电路的基本单元。

讨论题 2.3.3

（1）六种场效应管的小信号模型相同吗？为什么？

（2）简述场效应管与双极型晶体管的异同。

知 识 拓 展

一、场效应管可变电阻区和饱和区的形成机制

场效应管的主要工作原理是 u_{GS} 对 i_D 的控制作用，但实际上 i_D 同时还受到 u_{DS} 的影响。当 u_{GS} 为某常数时，i_D 与 u_{DS} 的函数关系（以 NEMOS 管为例）如图 2.3.12 所示。当 u_{DS} 较小时，i_D 近似与 u_{DS} 成正比，工作于可变电阻区；当 u_{DS} 较大时，i_D 几乎与 u_{DS} 无关而为一恒流，工作于饱和区，下面讨论其原理。

由于衬底通常与源极相连，为保证 NEMOS 管的 N 型区与 P 型衬底间的 PN 结反偏，D 与 S 间应加正电压。加上 u_{DS} 后，沟道变成锥形，如图 2.3.13（a）所示，这是因为：当 i_D 从漏极经沟道流向源极时，沿沟道产生了电位梯度，设源极为零电位（即设为地），则沟道中离源极越远的点，电位越高，这样就使栅极与沟道中各点之间的正电压不一样，离源极越远，正

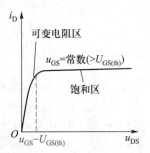

图 2.3.12　u_{DS} 对 NEMOS 管 i_D 的影响

电压就越小,所产生的反型层越薄,因此,源极处的沟道最厚,离源极越远,沟道越薄,漏极处的沟道则最薄。

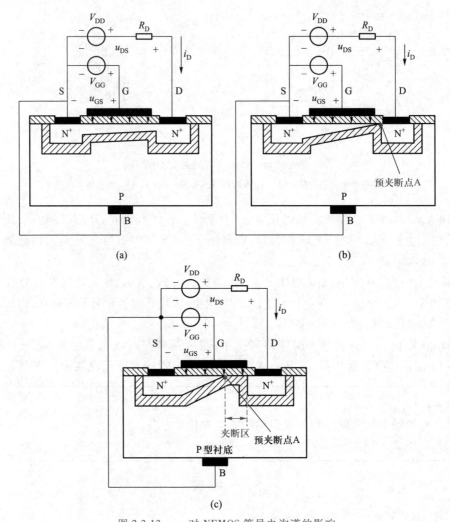

图 2.3.13 u_{DS} 对 NEMOS 管导电沟道的影响

(a) 使沟道厚度不均匀 (b) $u_{DS}=u_{GS}-U_{GS(th)}$ 时,沟道被预夹断

(c) $u_{DS}>u_{GS}-U_{GS(th)}$ 时,预夹断点 A 向源极方向移动

　　u_{DS} 较小时对沟道的影响很小,沟道基本上由 u_{GS} 决定,u_{GS} 一定时的沟道电阻基本上为常数,故 i_D 近似与 u_{DS} 成正比。D、S 间等效为一个电阻。改变 u_{GS} 则会改变该电阻值,所以此时是工作于可变电阻区。

　　当 u_{DS} 较大时,由于沟道变成锥形,故随着 u_{DS} 的增加,沟道电阻变大,i_D 的增大变慢。当 u_{DS} 增大到 $u_{DS}=u_{GS}-U_{GS(th)}$,即 $u_{GD}=U_{GS(th)}$ 时,漏极附近的反型层消失(称为沟道预夹断,通常用 A 表示预夹断点),如图 2.3.13(b) 所示。沟道预夹断后,再继续增大 u_{DS},预夹断点 A 将向源极方向移动形成夹断区,如图 2.3.13(c) 所示。(因为预夹断点 A 就是电位满足 $u_{GA}=U_{GS(th)}$ 的点,随着 u_{DS} 的增大,沟道中各点的电位升高,所以能满足 $u_{GA} = U_{GS(th)}$ 的点也向源极方向移动。栅极与 A、D 之间各点的正电压都小于 $U_{GS(th)}$,所以 A、D 之间的各点均被夹断,形成夹断区)。沟道预夹断后,在 u_{GS} 一定时 u_{AS} 是恒定的,而沟道中 A 与 S 之间的电阻也基本恒定,所以 i_D(等于 u_{AS} 除以该电阻)也基本恒定,几乎不随 u_{DS} 的变化而变化,此时工作于饱和区。须说明,预夹断区能通过电流 i_D,是由于加在夹断区上的电场很强,足以将电子拉过夹断区。预夹断与沟道全夹断的概念有所不同,全夹断时无导电沟道,管子截止;而预夹断时管子是导通的且工作于饱和区。对于 NEMOS 管,由于预夹断的临界条件为 $u_{DS} = u_{GS} - U_{GS(th)}$,所以它就是工作于可变电阻区还是饱和区的临界条件。

此外,由图 2.3.12 可见,饱和区的输出特性曲线略向上倾斜,表明 i_D 随 u_{DS} 增大而略有增大。这是因为沟道预夹断后,继续增大 u_{DS} 会使预夹断点 A 向源极方向移动,导致 A 点到源极 S 之间的沟道长度略有减小,沟道电阻略有减小,因而使 i_D 略有增大,这种现象称为沟道长度调制效应。

与晶体管中厄尔利电压的定义类似,将不同 u_{GS} 时对应的饱和区输出特性曲线向左延长,它们会与横轴交于同一点,该点横坐标设为 $-U_A$,此 U_A 值就是场效应管的厄尔利电压,其值也很大。

令 $\lambda = 1/U_A$,称为沟道长度调制系数,沟道长度 L 越小,相应的 λ 越大,沟道长度调制效应越明显。考虑到沟道长度调制效应影响后,饱和区电流方程可修改为

$$i_D = K(u_{GS} - U_{GS(th)})^2 (1 + \lambda u_{DS}) \tag{2.3.14}$$

另外,可证明场效应管工作于饱和区时的输出电阻 r_{ds} 的计算公式为

$$r_{ds} = \frac{U_A}{I_{DQ}} = \frac{1}{\lambda I_{DQ}} \tag{2.3.15}$$

二、其他常用三极管简介

其他常用三极管主要有金属–半导体场效应管(简称 MESFET)、绝缘栅双极型晶体管(简称 IGBT)、光电晶体管、单结晶体管和晶闸管,下面简介前三者,后两者请自行查阅有关资料。

(一) MESFET

它是一种由砷化镓(单晶化合物)制成的 N 沟道场效应管,其结构示意图如图 2.3.14(a)所示,它在砷化镓(G_aA_s)衬底上面形成 N 沟道,然后在 N 沟道两端利用光刻、扩散等工艺形成高浓度 N^+ 区,在其上引出金属电极分别得到源极 S 和漏极 D。当栅极金属(例如铝)与掺杂浓度较低的 N 沟道表面接触时,将在金属–半导体接触处形成肖特基势垒区,其作用与硅 JFET 中栅极与沟道间的 PN 结相似,因此 MESFET 的特性与硅 NJFET 相似,符号也相同,如图 2.3.14(b)所示。但 MESFET 的工作速度要比硅 NJFET 快得多,被广泛应用于微波电路、高频放大电路和高速数字电路中。

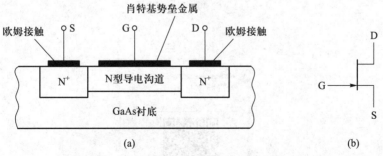

图 2.3.14 N 沟道砷化镓金属–半导体场效应管

(a) 结构   (b) 符号

（二）IGBT

IGBT（即 insulated gate bipolar transistor 的简称）是由 MOSFET 与双极型晶体管复合而成的一种器件,有 N 型和 P 型两类,其常用符号和等效电路如图 2.3.15 所示,可见其输入端为 MOSFET,输出端为晶体管。它既具有 MOSFET 输入阻抗高,驱动功率小和开关速度快的优点,又具有双极型器件饱和压降小和电流输出能力强的优点,在现代电力电子技术中得到越来越广泛的应用,在较高频率的大、中功率应用中目前占据了主导地位。

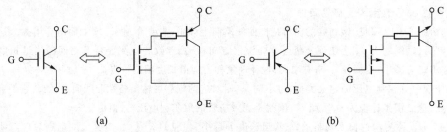

(a) (b)

图 2.3.15　IGBT 的电路符号与等效电路

（a）N 型 IGBT　（b）P 型 IGBT

（三）光电晶体管

光电晶体管有普通光电晶体管与场效应光电晶体管之分,常用的是前者,常简称为光电晶体管或光电三极管,其结构可看成一个用光敏表面取代了基极引脚的晶体管。当置于黑暗环境时,管子截止;当置于光线中时,管子通过其光窗口使光敏表面受光而产生一个小的基极电流,经放大得到大得多的集电极电流。光电晶体管有 NPN 型和 PNP 型两大类,等效电路和电路符号如图 2.3.16 所示。

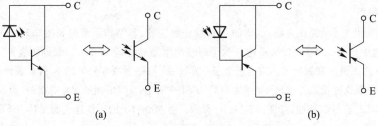

(a) (b)

图 2.3.16　光电晶体管的等效电路与符号

（a）NPN 型　（b）PNP 型

小　结

微视频 2.4:
2.3 小结

随 堂 测 验

2.3.1 填空题

1. 场效应管主要依靠半导体中的_____导电,所以称为_____型半导体三极管。

2. 场效应管从结构上可分为两大类:_____和_____;根据导电沟道的不同又可分为_____沟道和_____沟道两类;根据栅源电压为零时是否存在导电沟道又可分为_____和_____两种。

3. $U_{GS(off)}$ 称为_____电压,I_{DSS} 称为_____电流,它们是_____型场效应管的参数。

4. 图 2.3.17 所示为两种场效应管的特性曲线,由图可见:图(a)所示为_____沟道_____型场效应管的_____特性曲线,该管电路符号为_____,其_____电压(选填开启或夹断)为_____V,饱和漏极电流为_____mA。图(b)所示为_____沟道_____型场效应管的_____特性曲线,该管电路符号为_____,其_____电压(选填开启或夹断)为_____V。

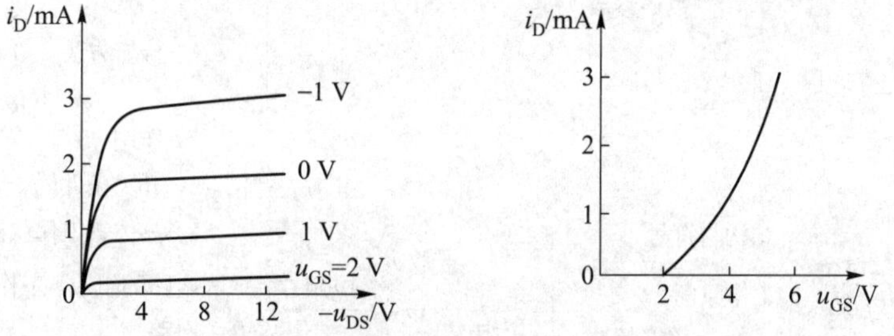

图 2.3.17

2.3.2 单选题

1. 下列场效应管中,无原始导电沟道的为_____。

A. N 沟道 JFET 管   B. 增强型 PMOS 管   C. 耗尽型 PMOS 管   D. 耗尽型 NMOS 管

2. $U_{GS} = 0$ 时,不可能工作在恒流区的场效应管是_____。

A. JFET 管   B. 增强型 MOS 管   C. 耗尽型 NMOS 管   D. 耗尽型 PMOS 管

3. 下列参数中,不属于耗尽型场效应管的是_____。

A. $U_{GS(off)}$ B. $U_{GS(th)}$ C. I_{DSS} D. g_m

4. _____具有不同的低频小信号电路模型。

A. NPN 和 PNP 管   B. 增强型和耗尽型场效应管

C. N 沟道和 P 沟道场效应管   D. 晶体管和场效应管

2.3.3 是非题(对打√;错打×)

1. MOS 管具有输入阻抗非常高、噪声低、温度稳定性好等优点。(　　)

2. 增强型 MOS 管存在导电沟道时,栅源之间的电压必定大于零。(　　)

3. I_{DSS} 是指耗尽型场效应管工作于饱和区、$u_{GS}=0$ 时的漏极电流。（　　）

4. 结型场效应管外加的栅源电压应使栅源间的 PN 结反偏。（　　）

5. 场效应管用于放大电路时,应工作在饱和区。（　　）

本章知识结构图

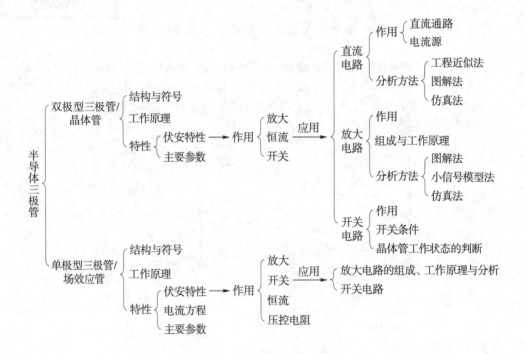

小 课 题

微视频 2.5:
第 2 章小课题

习 题

2.1 放大电路中某晶体管3个管脚电位分别为−3.5 V、−3.3 V、−5 V，试判别此管的三个电极，并说明它是 NPN 管还是 PNP 管，是硅管还是锗管？

2.2 对图 P2.2 所示晶体管，试判别其三个电极，并说明它是 NPN 管还是 PNP 管，估算其 β 值。

第 2 章
部分习题答案

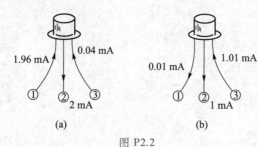

图 P2.2

2.3 图 P2.3 所示电路中，晶体管均为硅管，$\beta = 100$，试判断各晶体管的工作状态，并求各管的 I_B、I_C、U_{CE}。

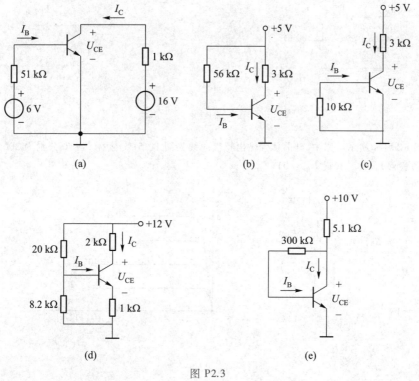

图 P2.3

2.4 图 P2.4 所示电路中晶体管均为硅管，β 很大，试求各电路的 I_C、U_{CE}、U_0。

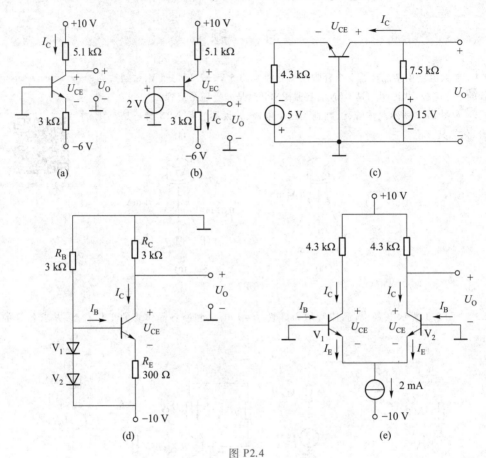

图 P2.4

2.5 图 P2.5(a) 所示电路中，硅晶体管输出特性曲线如图 P2.5(b) 所示，当 R_B 分别为 300 kΩ、120 kΩ 时，试用图解法求 I_C、U_{CE}。（设 $U_{BE} \approx 0$）

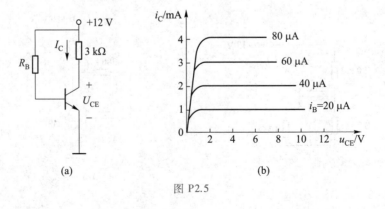

图 P2.5

2.6　图 P2.6 所示晶体管放大电路中,电容对交流信号的容抗近似为零,$u_s = 10\sin \omega t$ mV,晶体管参数为 $\beta = 80$,$U_{BE(on)} = 0.7$ V,$r_{bb'} = 200$ Ω,试:(1) 求静态工作点参数 I_{BQ}、I_{CQ}、U_{CEQ};(2) 画出交流通路和小信号等效电路;(3) 求 u_{BE}、i_B、i_C、u_{CE};(4) 用 Multisim 进行仿真,验证分析结果的正确性。

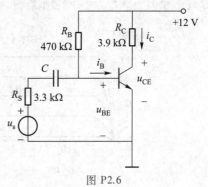

2.7　图 P2.7 所示晶体管放大电路中,电容对交流信号的容抗近似为零,$u_i = 10\sin \omega t$ mV,晶体管参数为 $\alpha = 0.98$,$U_{BE(on)} = -0.7$ V,$r_{bb'} = 200$ Ω,试:(1) 计算静态工作点参数 I_{BQ}、I_{CQ}、U_{CEQ};(2) 画出交流通路和小信号等效电路;(3) 求 u_{BE}、i_B、i_C、u_{CE};(4) 用 Multisim 进行仿真,验证分析结果的正确性。

2.8　图 P2.8 所示非门电路中,晶体管的 β 值最小应为多大,才能使非门正常工作?

图 P2.6

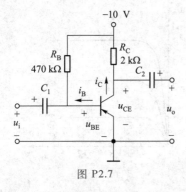

图 P2.7

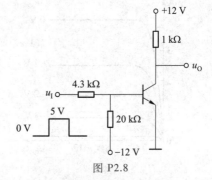

图 P2.8

2.9　场效应管的转移特性曲线如图 P2.9 所示,试指出各场效应管的类型并画出图形符号。对于耗尽型管,求 $U_{GS(off)}$、I_{DSS};对于增强型管,求 $U_{GS(th)}$。

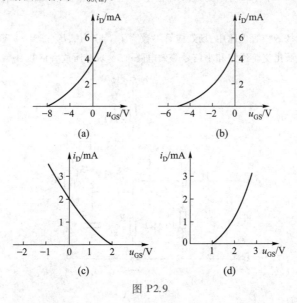

(a)　　　　　(b)

(c)　　　　　(d)

图 P2.9

2.10 场效应管的输出特性曲线如图 P2.10 所示,试指出各场效应管的类型并画出图形符号。对于耗尽型管,求 $U_{GS(off)}$、I_{DSS};对于增强型管,求 $U_{GS(th)}$。

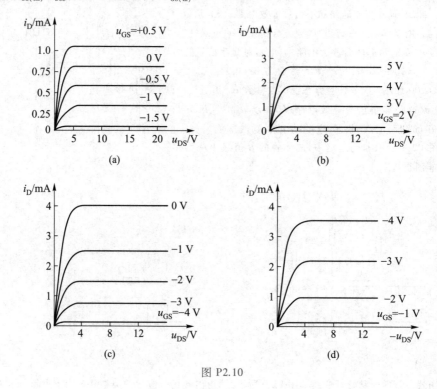

图 P2.10

2.11 试根据图 P2.10(b)、(d)所示场效应管输出特性,分别作出各管在 $|u_{DS}| = 8$ V 时的转移特性曲线。

2.12 图 P2.12 所示场效应管电路中,场效应管参数为 $I_{DSS} = 7$ mA,$U_{GS(off)} = -8$ V,试:(1) 求静态工作点参数 U_{GSQ}、I_{DQ}、U_{DSQ};(2) 画出交流通路和小信号等效电路;(3) 求电压放大倍数 $A_u = u_o/u_i$。

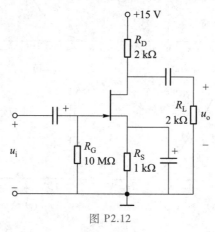

图 P2.12

2.13 场效应管电路及场效应管转移特性曲线如图 P2.13 所示,已知 $u_\mathrm{s} = 0.1\sin \omega t$ V,试求 u_GS、i_D、u_DS。

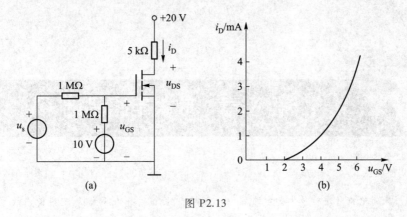

图 P2.13

2.14 由 N 沟道结型场效应管构成的电流源如图 P2.14 所示,已知场效应管的 $I_\mathrm{DSS} = 2$ mA,$U_\mathrm{GS(off)} = -3.5$ V。试求流过负载电阻 R_L 的电流大小;当 R_L 变为 3 kΩ 和 1 kΩ 时,电流为多少?

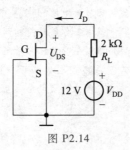

图 P2.14

第 3 章　放大电路基础

引言　用来对电信号进行放大的电路称为放大电路,习惯上称为放大器,它是使用最为广泛的电子电路之一,也是构成其他电子电路的基本单元电路。

放大电路的种类很多,按用途分常用的有电压放大电路(又称小信号放大电路)和功率放大电路(又称大信号放大电路);按结构分常用的单元放大电路有三种基本组态放大电路、差分放大电路和互补对称放大电路;按采用的有源器件不同常用的有晶体管放大电路、场效应管放大电路、集成器件放大电路。它们的电路形式以及性能指标不完全相同,但它们的基本工作原理是相同的。

本章先介绍放大电路的基础知识,然后介绍以半导体三极管构成的各种基本单元放大电路工作原理、分析方法及性能特点,最后讨论多级放大电路的组成、性能指标和集成运放的组成特点、基本特性、基本应用。重点介绍半导体三极管三种组态放大电路、差分放大电路及互补对称功率放大电路的分析方法及性能特点。

3.1　放大电路的基础知识

基本要求　(1)理解放大的概念和放大电路的组成;(2)掌握放大电路的主要性能指标。

学习指导　**重点**:放大电路主要性能指标的含义与要求。**难点**:输出电阻 R_o 的含义及求法。

3.1.1　放大电路的组成

放大电路由晶体管、场效应管、集成运放等有源器件构成,利用有源器件的放大作用,将输入信号不失真地增大到所需值传送给负载。其结构示意图如图 3.1.1(a)所示。图中信号源提供所需放大的电信号,它可由将非电信号物理量变换为电信号的换能器提供,也可是前一级电子电路的输出信号,但它们都可等效为图 3.1.1(b)所示的电压源或电流源电路,R_S 为它们的源内阻,u_s、i_s 分别为理想电压源和电流源,且 $u_s = i_s R_s$。负载是接受放大电路输出信号的元件(或电路),它可由将电信号变成非电信号的输出换能器构成,也可是下一级电子电路的输入电阻,一般它们都可等效为一纯电阻 R_L。直流电源用以供给有源器件正常工作所需偏置电压并供给电路工作时所需能量。

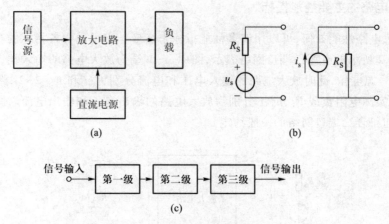

图 3.1.1　放大电路组成框图

(a) 放大电路结构示意图　(b) 信号源等效电路　(c) 多级放大电路(以三级为例)

　　显然信号源和负载不是放大电路的本体,但由于实际电路中信号源内阻 R_S 及负载电阻 R_L 有可能会发生变化,因此它们都会对放大电路的工作产生影响,特别是它们与放大电路之间的连接方式(称耦合方式),将直接影响到放大电路的正常工作。

　　基本单元放大电路由半导体三极管构成,但由于单元放大电路性能往往达不到实际要求,所以实际使用的放大电路是由基本单元放大电路组成的多级放大电路,如图 3.1.1(c) 所示,或是由多级放大电路组成的集成放大器件构成,这样才有可能将微弱的输入信号不失真地放大到所需大小。

　　放大电路中除含有源器件,还应具有提供放大器件正常工作所需直流工作点的偏置电路,以及信号源与放大电路、放大电路与负载、级与级之间的耦合电路。要求偏置电路不仅要给放大电路提供合适的静态工作点电流和电压,同时还要保证在环境温度、电源电压等外界因素变化以及器件的更换时,维持工作点不变。耦合电路应保证有效地传输信号,使之损失最小,同时使放大电路直流工作状态不受影响。

　　必须指出,放大电路只有在不失真的前提下放大才有意义,而且放大作用是针对变化量而言的,是在输入信号的作用下,利用有源器件的控制作用,将直流电源提供的部分能量转换为与输入信号成比例的输出信号的能量。因此,放大电路实质上是一个受输入信号控制的能量转换器。

　　按用途不同,放大电路有电压、电流、互阻、互导和功率放大电路之分,其中电压和功率放大电路最常用。输入信号很小,要求获得不失真的足够大输出电压的称为电压放大电路,也称小信号放大电路;输入信号比较大,要求输出足够功率的称为功率放大电路,也称大信号放大电路。

3.1.2 放大电路的主要性能指标

一个放大电路性能如何,可以用许多性能指标来衡量。为了说明各指标的含义,将放大电路用图 3.1.2 所示的有源二端口网络表示,图中,1-1′端为放大电路的输入端,R_{S} 为信号源内阻,u_{s} 为信号源电压,此时放大电路的输入电压和电流分别为 u_{i} 和 i_{i}。2-2′端为放大电路的输出端,接实际电阻负载 R_{L},u_{o},i_{o} 分别为放大电路的输出电压和输出电流。图中电压、电流的参考方向符合二端口网络的一般约定。

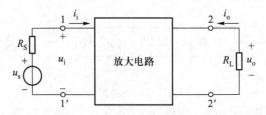

图 3.1.2 放大电路的二端口网络表示

一般来说,上述有源线性二端口网络中均含有电抗元件,不过,在放大电路的实际工作频段(通常将这个频段称为中频段),这些电抗元件的影响均可忽略,有源线性二端口网络实际上是电阻性的。在线性电阻网络中,其输出信号具有与输入信号相同的波形,仅幅度或极性有所变化。因此,为了具有普遍意义,不论输入是正弦信号还是非正弦信号激励,各动态量统一用动态瞬时值表示。

放大电路的主要性能指标有放大倍数、输入电阻、输出电阻等,现根据图 3.1.2 说明如下。

1. 放大倍数

放大倍数又称增益,它是衡量放大电路放大能力的指标。根据需要处理的输入和输出量的不同,放大倍数有电压、电流、互阻、互导和功率放大倍数等,其中电压放大倍数应用最多。

输出电压 u_{o} 与输入电压 u_{i} 之比,称为电压放大倍数 A_u,即

$$A_u = u_{\mathrm{o}}/u_{\mathrm{i}} \tag{3.1.1}$$

输出电流 i_{o} 与输入电流 i_{i} 之比,称为电流放大倍数 A_i,即

$$A_i = i_{\mathrm{o}}/i_{\mathrm{i}} \tag{3.1.2}$$

输出电压 u_{o} 与输入电流 i_{i} 之比,称为互阻放大倍数 A_r,即

$$A_r = u_{\mathrm{o}}/i_{\mathrm{i}} \tag{3.1.3}$$

输出电流 i_{o} 与输入电压 u_{i} 之比,称为互导放大倍数 A_g,即

$$A_g = i_{\mathrm{o}}/u_{\mathrm{i}} \tag{3.1.4}$$

输出功率 P_o 与输入功率 P_i 之比,称为功率放大倍数 A_p,即

$$A_p = P_o / P_i \qquad (3.1.5)$$

其中,A_u、A_i、A_p 的量纲为 1,而 A_r 的单位为欧[姆](Ω),A_g 的单位为西[门子](S)。

工程上常用分贝(dB)来表示电压、电流、功率增益,它们的定义分别为

$$电压增益 \ A_u(dB) = 20 \ \lg |u_o / u_i|$$
$$电流增益 \ A_i(dB) = 20 \ \lg |i_o / i_i| \qquad (3.1.6)$$
$$功率增益 \ A_p(dB) = 10 \ \lg(P_o / P_i)$$

2. 输入电阻

放大电路的输入电阻是从输入端 1–1′ 向放大电路内看进去的等效动态电阻,它等于输入电压 u_i 与输入电流 i_i 之比,即

$$R_i = u_i / i_i \qquad (3.1.7)$$

对于信号源来说,R_i 就是它的等效负载,如图 3.1.3 所示。由图可得

$$u_i = u_s \frac{R_i}{R_S + R_i} \qquad (3.1.8)$$

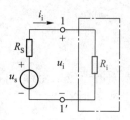

可见,R_i 的大小反映了放大电路对信号源的影响程度。R_i 越大,放大电路从信号源汲取的电流(即输入电流 i_i)就越小,信号源内阻 R_S 上的压降就越小,其实际输入电压 u_i 就越接近于信号源电压 u_s。若 $R_i \gg R_S$,则 $u_i \approx u_s$,称为恒压输入。反之,当要求恒流输入时,则必须使 $R_i \ll R_S$;若要求获得最大功率输入,则要求 $R_i = R_S$,常称为阻抗匹配。

图 3.1.3 放大电路
输入等效电路

3. 输出电阻

对负载 R_L 而言,放大电路的输出端可等效为一个信号源,如图 3.1.4(a)所示。图中 u_{ot} 为等效信号源电压,它等于负载 R_L 开路时,放大电路 2–2′ 端的输出电压。R_o 为等效信号源的内阻,它是在输入信号源电压短路(即 $u_s = 0$)、保留 R_S,R_L 开路时,由输出端 2–2′ 两端向放大电路看进去的等效动态电阻,如图 3.1.4(b)所示,该电阻也称为输出电阻。因此,将放大电路输出端断开,接入一信号源电压 u,如图 3.1.4(c)所示,求出由 u 产生的电流 i,则可得到放大器的输出电阻为

$$R_o = u / i \qquad (3.1.9)$$

由于 R_o 的存在,放大电路实际输出电压为

$$u_o = u_{ot} \frac{R_L}{R_L + R_o} \qquad (3.1.10)$$

式(3.1.10)表示,R_o 越小,输出电压 u_o 受负载 R_L 的影响就越小,若 $R_o \ll R_L$,则 $u_o \approx u_{ot}$,它的大小将不受 R_L 的大小影响,称为恒压输出。当 $R_L \ll R_o$ 时即可得到恒流输出。因此,R_o 的大小反映了放大电路带负载能力的大小。

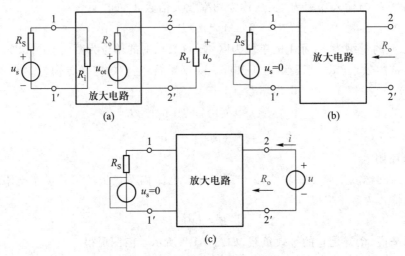

图 3.1.4　放大电路的输出电阻

（a）等效信号源　（b）输出电阻　（c）输出电阻的求法

由式(3.1.10)可得放大电路输出电阻的关系式为

$$R_{\mathrm{o}} = \left(\frac{u_{\mathrm{ot}}}{u_{\mathrm{o}}} - 1 \right) R_{\mathrm{L}} \tag{3.1.11}$$

必须指出,以上所讨论的放大电路输入电阻和输出电阻不是直流电阻,而是在线性运用情况下的动态电阻,用符号 R 带有小写字母下标 i 和 o 表示。同时,在一般情况下,放大电路的 R_{i} 和 R_{o} 不仅与电路参数有关,R_{i} 还与 R_{L} 有关,R_{o} 还与 R_{S} 有关。

4. 通频带与频率失真

放大电路中通常含有电抗元件(外接的或有源放大器件内部寄生的),它们的电抗值与信号频率有关,这就使放大电路对于不同频率的输入信号有着不同的放大能力,且产生不同的相移,放大电路的放大倍数是信号频率的函数。放大倍数的大小与信号频率的关系,称为幅频特性,放大倍数的相移与信号频率的关系,称为相频特性。幅频特性与相频特性总称为放大电路的频率特性或频率响应。

图 3.1.5 所示为放大电路的典型电压增益幅频特性曲线。一般情况下,在中频段的放大倍数不变,用 A_{um} 表示,在低频段和高频段放大倍数都将下降,当降到 $A_{\mathrm{um}}/\sqrt{2} \approx 0.7 A_{\mathrm{um}}$ 时的低端频率和高端频率,称为放大电路的下限频率和上限频率,分别用 f_{L} 和 f_{H} 表示。f_{H} 和 f_{L} 之间的频率范围称为放大电路的通频带,通频带的宽度用 BW 表示,即

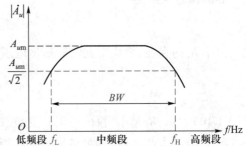

图 3.1.5　放大电路的幅频特性曲线

$$BW = f_H - f_L \tag{3.1.12}$$

放大电路所需的通频带由输入信号的频带来确定,为了不失真地放大信号,要求放大电路的通频带应与信号的频带相适应。如果放大电路的通频带小于信号的频带,由于信号低频段或高频段的放大倍数下降过多,放大后的信号不能重现原来的形状,也就是输出信号产生了失真。这种失真称为放大电路的频率失真,由于它是线性的电抗元件引起的,在输出信号中并不产生新的频率成分,仅是原有各频率分量的相对大小和相位发生了变化。这种不产生新的频率成分的失真也称为线性失真,产生新频率成分的失真则称为非线性失真,2.2.3节讨论的饱和失真和截止失真属于非线性失真。

5. 最大输出功率和效率

放大电路的最大输出功率是指在输出信号基本不失真的情况下,能够向负载提供的最大功率,用 P_{om} 表示。若直流电源提供的功率为 P_{DC},放大电路的输出功率为 P_o,则放大电路的效率 η 为

$$\eta = \frac{P_o}{P_{DC}} \tag{3.1.13}$$

η 越大,放大电路的效率越高,电源的利用率就越高。

讨论题 3.1.1

(1) 已知放大电路的 $|A_u| = 100$,$|A_i| = 10$,试问该放大电路的电压、电流增益各为多少 dB?

(2) 放大电路测量电路框图如图 3.1.6 所示,S 为开关,试问:(a) 开关 S 打开与合上测得 U_i 是否相等?为什么? 若两次测得结果相等,说明什么? (b) S 合上测得电压 U_i 近似为零,说明什么? (c) 若 $R_S = 150\ \Omega$,S 打开测得 $U_i = 20$ mV,S 合上测得 $U_i = 16$ mV,该放大电路的输入电阻 R_i 等于多大?

图 3.1.6 放大电路测量电路框图

(3) 图 3.1.4(a) 所示放大电路中,外接负载电阻 R_L 为已知,当接上 R_L 测得 2-2′端输出电压为 u_o,R_L 开路测得 2-2′端输出电压为 u_{ot}。试根据下列几种测量结果,说明放大电路输出电阻的大小。(a) $u_o = u_{ot}$;(b) $u_o = u_{ot}/2$;(c) $u_o = 2$ V,$u_{ot} = 2.8$ V;(d) u_o 随 R_L 线性变化。

(4) 放大电路开路输出电压为 u_{ot},短路输出电流为 i_{on},试求该放大电路的输出电阻 R_o 的关系式。

小 结

微视频 3.1：
3.1 小结

随 堂 测 验

3.1.1 填空题

1. 放大电路的输入电压 $U_i = 10$ mV，输出电压 $U_o = 1$ V，该放大电路的电压放大倍数为_____，电压增益为_____dB。

2. _____电阻反映了放大电路对信号源或前级电路的影响；_____电阻反映了放大电路带负载的能力。

3. 放大电路的输入电阻越大，则放大电路向信号源索取的电流越_____，输入电压越_____；输出电阻越小，负载对输出电压的影响就越_____，放大电路带负载能力越_____。

4. 为了不失真地放大信号，要求放大电路的通频带_____信号频带。

第 3.1 节
随堂测验答案

3.1.2 单选题

1. 测量某放大电路负载开路时输出电压为 3 V，接入 2 kΩ 的负载后，测得输出电压为 1 V，则该放大电路的输出电阻为_____kΩ。

A. 0.5   B. 1.0   C. 2.0   D. 4

2. 某放大电路信号源内阻为 150 Ω，信号源电压为 15 mV，输入电压为 12 mV，则输入电阻为_____Ω。

A. 600   B. 150   C. 120   D. 60

3.1.3 是非题（对打√;错打×）

1. 信号源内阻对放大电路的输出电阻无影响。（　　）

2. 负载电阻 R_L 对放大电路的输入电阻无影响。（　　）

3. 频率失真是由线性的电抗元件引起的，它不会产生新的频率分量，属于线性失真。（　　）

3.2 基本组态放大电路

基本要求　（1）掌握基本组态放大电路的组成、工作原理，静态工作点的设置方法及静态工作点的估算；（2）掌握基本组态放大电路的动态分析方法及主要性能指标的估算；（3）理解三种组态放大电路的性能特点，了解各自的应用。

由晶体管可构成共射、共集、共基三种基本组态放大电路。与此相对应,由场效应管可构成共源、共漏、共栅三种组态的放大电路,其中共栅放大电路应用较少。下面分别对这几种组态放大电路的性能进行分析。

3.2.1 共发射极放大电路

一、电路的组成

由 NPN 型晶体管构成的共发射极放大电路如图 3.2.1 所示。待放大的输入信号源接到放大电路的输入端 1-1′,通过电容 C_1 与放大电路相耦合,放大后的输出信号通过电容 C_2 的耦合,输送到负载 R_L,C_1、C_2 起到耦合交流的作用,为了使交流信号顺利通过,要求它们在输入信号频率下的容抗很小,因此,它们的容量均取得较大。在低频放大电路中,常采用有极性的电解电容器,这样,对于交流信号,C_1、C_2 可视为短路。为了不使信号源及负载对放大电路直流工作点产生影响,则要求 C_1、C_2 的漏电流应很小,即 C_1、C_2 还具有隔断直流的作用。

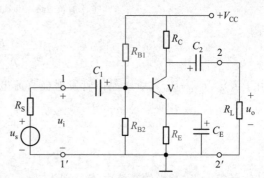

图 3.2.1 共发射极放大电路

直流电源 V_{CC} 通过 R_{B1}、R_{B2}、R_C、R_E 使晶体管获得合适的偏置,为晶体管的放大作用提供必要的条件。R_{B1}、R_{B2} 称为基极偏置电阻,R_E 称为发射极电阻,R_C 称为集电极负载电阻。利用 R_C 的降压作用,将晶体管集电极电流的变化转换成集电极电压的变化,从而实现信号的电压放大。与 R_E 并联的电容 C_E,称为发射极旁路电容,用以短路交流,使 R_E 对放大电路电压放大倍数不产生影响,故要求它对信号频率的容抗越小越好。因此,在低频放大电路中通常采用容量较大的电解电容器。

二、直流分析

将图 3.2.1 电路中所有电容均断开即可得到该放大电路的直流通路,如图 3.2.2(a)所示。可将它改画成图 3.2.2(b)所示,由图可见,晶体管的基极偏置电压是由直流电源 V_{CC} 经过 R_{B1}、R_{B2} 的分压而获得,所以图 3.2.2(a)电路又叫作"分压式偏置工作点稳定直流通路"。

当流过 R_{B1}、R_{B2} 的直流电流 I_1 远大于基极电流 I_{BQ} 时,可得到晶体管基极直流电压 U_{BQ} 为

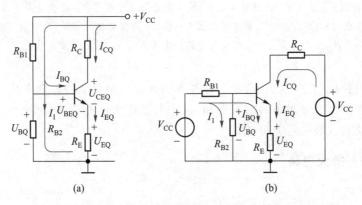

图 3.2.2　共发射极放大电路的直流通路

（a）直流通路　（b）直流通路的等效电路

$$U_{BQ} \approx \frac{R_{B2}}{R_{B1}+R_{B2}} V_{CC} \qquad (3.2.1)$$

由于 $U_{EQ} = U_{BQ} - U_{BEQ}$，所以晶体管发射极直流电流为

$$I_{EQ} = \frac{U_{BQ} - U_{BEQ}}{R_E} \qquad (3.2.2)$$

晶体管集电极、基极的直流电流分别为

$$I_{CQ} \approx I_{EQ}, I_{BQ} \approx I_{EQ}/\beta \qquad (3.2.3)$$

晶体管 C、E 之间的直流压降为

$$U_{CEQ} = V_{CC} - I_{CQ}R_C - I_{EQ}R_E \approx V_{CC} - I_{CQ}(R_C + R_E) \qquad (3.2.4)$$

　　式（3.2.1）~式（3.2.4）为放大电路静态工作点电流、电压的近似计算公式。由于晶体管的 β、$I_{CBO}(I_{CEO})$ 和 U_{BE} 等参数都与工作温度有关，当温度升高时，β 和 $I_{CBO}(I_{CEO})$ 增大，而管压降 U_{BE} 下降。这些变化都将引起放大电路静态工作电流 I_{CQ} 的增大；反之，若温度下降，I_{CQ} 将减小。由此可见，放大电路的静态工作点会随工作温度的变化而漂移，这不但会影响放大倍数等性能，严重时还会造成输出波形的失真，甚至使放大电路无法正常工作。分压式偏置电路可以较好地解决这一问题。

　　当图 3.2.2 所示电路满足

$$\left. \begin{array}{l} I_1 \geqslant (5 \sim 10) I_{BQ} \\ U_{BQ} \geqslant (5 \sim 10) U_{BEQ} \end{array} \right\} \qquad (3.2.5)$$

由式（3.2.1）可知，U_{BQ} 由 R_{B1}、R_{B2} 的分压而固定，与温度无关。这样当温度上升时，由于 $I_{CQ}(I_{EQ})$

的增加,在 R_E 上产生的压降 $I_{EQ}R_E$ 也要增加,$I_{EQ}R_E$ 的增加部分回送到基极-发射极回路,因 $U_{BEQ}=U_{BQ}-I_{EQ}R_E$,由于 U_{BQ} 固定,U_{BEQ} 随之减小,迫使 I_{BQ} 减小,从而牵制了 $I_{CQ}(I_{EQ})$ 的增加,使 I_{CQ} 基本维持恒定。这就是负反馈作用,它是利用直流电流 $I_{CQ}(I_{EQ})$ 的变化通过 R_E 而实现负反馈作用的,所以称为直流电流负反馈。

由以上分析不难理解分压式电流负反馈偏置电路中,当更换不同参数的晶体管时,其静态工作点电流 I_{CQ} 也可基本维持恒定。

需要说明,不管电路参数是否满足 $I_1 \gg I_{BQ}$,分压式电流负反馈偏置电路静态工作点可利用戴维宁定理进行计算。将图 3.2.2 所示直流通路变换成图 3.2.3 所示,图中

$$\left.\begin{array}{c} U_{BB}=\dfrac{R_{B2}}{R_{B1}+R_{B2}}V_{CC} \\[2mm] R_B=R_{B1}/\!/R_{B2} \end{array}\right\} \quad (3.2.6)$$

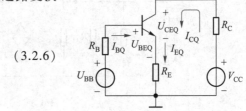

图 3.2.3　基极直流偏置等效电路

列基极回路方程

$$U_{BB}=I_{BQ}R_B+U_{BEQ}+I_{EQ}R_E$$

解方程可得

或

$$\left.\begin{array}{c} I_{BQ}=\dfrac{U_{BB}-U_{BEQ}}{R_B+(1+\beta)R_E} \\[4mm] I_{EQ}=\dfrac{U_{BB}-U_{BEQ}}{\dfrac{R_B}{1+\beta}+R_E} \end{array}\right\} \quad (3.2.7)$$

当 $R_E \gg \dfrac{R_B}{1+\beta}$,即 $(1+\beta)R_E \gg R_B$ 时,I_{EQ} 表达式与式(3.2.2)相同,说明这时的电路参数已满足 $I_1 \gg I_{BQ}$,可以采用式(3.2.2)估算静态工作点,否则应用式(3.2.7)计算电路的静态工作点。

三、主要性能指标分析

图 3.2.1 所示电路中,由于 C_1、C_2、C_E 的容量均较大,对交流信号可视为短路,直流电源 V_{CC} 的内阻很小,对交流信号视为短路,这样便可得到图 3.2.4(a)所示的交流通路。然后再将晶体管 V 用 H 参数小信号模型代入,便得到放大电路的小信号等效电路,如图 3.2.4(b)所示。由图可求得放大电路的下列性能指标关系式。

1. 电压放大倍数

由图 3.2.4(b)可知

$$u_o=-\beta i_b(R_C/\!/R_L)=-\beta i_b R_L'$$

式中,$R_L'=R_C/\!/R_L$。所以,放大电路的电压放大倍数等于

$$A_u=\dfrac{u_o}{u_i}=\dfrac{-\beta i_b R_L'}{i_b r_{be}}=-\dfrac{\beta R_L'}{r_{be}} \quad (3.2.8)$$

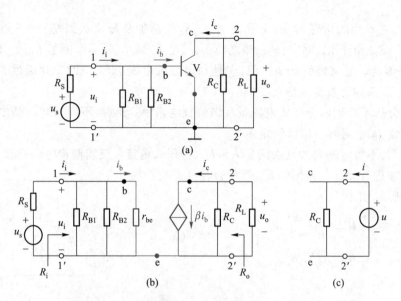

图 3.2.4　共发射极放大电路的小信号等效电路

（a）交流通路　（b）小信号等效电路　（c）求输出电阻

式中,负号说明输出电压 u_o 与输入电压 u_i 反相。

2. 输入电阻

由图 3.2.4(b)可得

$$i_i = \frac{u_i}{R_{B1}} + \frac{u_i}{R_{B2}} + \frac{u_i}{r_{be}} = \left(\frac{1}{R_{B1}} + \frac{1}{R_{B2}} + \frac{1}{r_{be}} \right) u_i$$

所以,放大电路的输入电阻等于

$$R_i = \frac{u_i}{i_i} = \frac{1}{\dfrac{1}{R_{B1}} + \dfrac{1}{R_{B2}} + \dfrac{1}{r_{be}}} = R_{B1} /\!/ R_{B2} /\!/ r_{be} \tag{3.2.9}$$

3. 输出电阻

由图 3.2.4(b)可见,当 $u_s = 0$ 时,$i_b = 0$,则 βi_b 开路,所以,放大电路输出端断开 R_L、接入信号源电压 u,如图 3.2.4(c)所示,可得 $i = u/R_C$,因此放大电路的输出电阻 R_o 等于

$$R_o = \frac{u}{i} = R_C \tag{3.2.10}$$

【例 3.2.1】　在图 3.2.1 所示电路中,已知晶体管的 $\beta = 100$,$r_{bb'} = 200\ \Omega$,$U_{BEQ} = 0.7$ V,$R_S = 1\ \mathrm{k}\Omega$,$R_{B1} = 62\ \mathrm{k}\Omega$,$R_{B2} = 20\ \mathrm{k}\Omega$,$R_C = 3\ \mathrm{k}\Omega$,$R_E = 1.5\ \mathrm{k}\Omega$,$R_L = 5.6\ \mathrm{k}\Omega$,$V_{CC} = 15$ V,各电容的容量足够大。试求:(1) 静态工作点;(2) A_u、R_i、R_o 和源电压放大倍数 A_{us};(3) 如果发射极旁路电容 C_E 开路,画出此时放大电路的交流通路和小信号等效电路,并求此时放大电路的 A_u、R_i、R_o。

解:(1) 静态工作点的计算

由于 $(1+\beta)R_E \gg R_{B1} /\!/ R_{B2}$,所以,用式(3.2.1)~式(3.2.4)计算静态工作点,得

$$U_{BQ} = \frac{R_{B2}}{R_{B1}+R_{B2}} V_{CC} = \frac{20}{62+20} \times 15 \text{ V} \approx 3.7 \text{ V}$$

$$I_{CQ} \approx I_{EQ} = \frac{U_{BQ}-U_{BEQ}}{R_E} = \frac{(3.7-0.7) \text{ V}}{1.5 \text{ k}\Omega} \approx 2 \text{ mA}$$

$$I_{BQ} = \frac{I_{CQ}}{\beta} = \frac{2 \text{ mA}}{100} \approx 20 \text{ μA}$$

$$U_{CEQ} = V_{CC} - I_{CQ}(R_C+R_E) = 15 \text{ V} - 2 \text{ mA}(3 \text{ k}\Omega+1.5 \text{ k}\Omega) = 6 \text{ V}$$

（2）A_u、R_i、R_o 和 A_{us} 的计算

先求晶体管的输入电阻。由式（2.2.11）得

$$r_{be} = r_{bb'} + (1+\beta)\frac{U_T}{I_{EQ}} = 200 \text{ }\Omega + 101 \times \frac{26 \text{ mV}}{2 \text{ mA}} \approx 1.5 \text{ k}\Omega$$

由式（3.2.8）~式（3.2.10）可得

$$A_u = -\beta\frac{R_C /\!/ R_L}{r_{be}} \approx -130$$

$$R_i = R_{B1} /\!/ R_{B2} /\!/ r_{be} \approx 1.36 \text{ k}\Omega$$

$$R_o = R_C = 3 \text{ k}\Omega$$

由于信号源内阻的存在，使得 u_s 不可能全部加到放大电路的输入端，使信号源电压的利用率下降。R_S 越大，放大电路的输入电阻越小时，u_s 的利用率就越低。为了考虑 R_S 对放大电路放大特性的影响，常引用源电压放大倍数 A_{us} 这一指标，它定义为输出电压 u_o 与信号源电压 u_s 之比，即

$$A_{us} = \frac{u_o}{u_s} \tag{3.2.11}$$

式（3.2.11）可改写成

$$A_{us} = \frac{u_i}{u_s} \cdot \frac{u_o}{u_i} = \frac{u_i}{u_s} A_u$$

式中，$A_u = u_o/u_i$，u_i/u_s 为考虑 R_S 影响后放大电路输入端的分压比，由图 3.2.4(b)可知，$u_i/u_s = R_i/(R_S+R_i)$。因此，式（3.2.11）可写成

$$A_{us} = \frac{R_i}{R_S+R_i} A_u \tag{3.2.12}$$

将已知数代入，则得

$$A_{us} = \frac{1.36 \text{ k}\Omega}{(1+1.36) \text{ k}\Omega} \times (-130) = -75$$

（3）断开 C_E 后，求 A_u、R_i、R_o

C_E 开路后，晶体管发射极 e 将通过 R_E 接地，因此，可得放大电路的交流通路和小信号等效电路如图 3.2.5 所示。

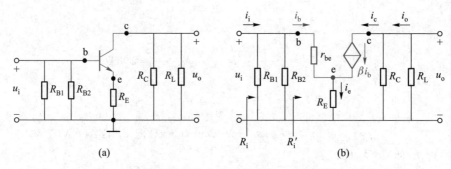

图 3.2.5 发射极旁路电容 C_E 开路的小信号等效电路

（a）交流通路 （b）小信号等效电路

由图 3.2.5(b)可得

$$u_i = i_b r_{be} + i_e R_E = i_b [r_{be} + (1+\beta) R_E]$$
$$u_o = -\beta i_b (R_C /\!/ R_L)$$

由此可得电压放大倍数

$$A_u = \frac{u_o}{u_i} = -\beta \frac{R_C /\!/ R_L}{r_{be} + (1+\beta) R_E} = -1.3$$

显然,去掉 C_E 后 A_u 下降很多,这是由于 R_E 对交流信号产生了很强的负反馈所致。

由图 3.2.5(b)可得

$$R_i' = \frac{u_i}{i_b} = \frac{i_b r_{be} + (1+\beta) i_b R_E}{i_b} = r_{be} + (1+\beta) R_E$$

因此,放大电路的输入电阻为

$$R_i = R_{B1} /\!/ R_{B2} /\!/ R_i' = R_{B1} /\!/ R_{B2} /\!/ [r_{be} + (1+\beta) R_E]$$
$$= \frac{\dfrac{62\times20}{62+20}\times(1.5+101\times1.5)}{\dfrac{62\times20}{62+20}+(1.5+101\times1.5)} \ \mathrm{k\Omega} \approx 13.8 \ \mathrm{k\Omega}$$

由图 3.2.5(b)可见,$u_s = 0$,即 $u_i = 0$,$i_b = 0$,则 $\beta i_b = 0$ 视为开路,断开 R_L,接入 u,可得 $i = u/R_C$,故得放大电路的输出电阻为

$$R_o = R_C = 3 \ \mathrm{k\Omega}$$

由以上讨论可见,共发射极放大电路输出电压 u_o 与输入电压 u_i 反相,输入电阻和输出电阻大小适中。由于共发射极放大电路的电压、电流、功率增益都比较大,因而应用广泛,适用于一般放大或多级放大电路的中间级。

讨论题 3.2.1

（1）用双极型半导体三极管组成放大电路,有哪几种基本组态? 它们在电路结构上有哪些相同点和不同点?

（2）试说明分压式电流负反馈偏置电路的构成特点及其优点。

（3）图 3.2.1 所示电路中,若分别出现下列故障,会产生什么现象? 为什么?

（a）C_1 击穿短路或失效;（b）C_E 击穿短路;（c）R_{B1} 开路或短路;（d）R_{B2} 开路或短路;（e）R_E 短路;（f）R_C 短路。

3.2.2 共集电极放大电路

一、电路组成和静态工作点

共集电极放大电路如图 3.2.6(a)所示,图 3.2.6(b)、(c)分别是它的直流通路和交流通路。由交流通路看,晶体管的集电极是交流地电位,输入信号 u_i 和输出信号 u_o 以它为公共端,故称它为共集电极放大电路,同时由于输出信号 u_o 取自发射极,因此又叫作射极输出器。

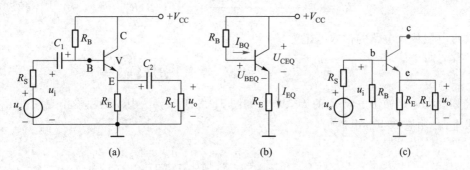

图 3.2.6　共集电极放大电路

（a）电路图　（b）直流通路　（c）交流通路

直流电源 V_{CC} 经偏置电阻 R_B 为晶体管发射结提供正偏,由图 3.2.6(b)可列出输入回路的直流方程为

$$V_{CC} = I_{BQ}R_B + U_{BEQ} + I_{EQ}R_E$$
$$= I_{BQ}R_B + U_{BEQ} + (1+\beta)I_{BQ}R_E$$

由此可求得共集电极放大电路的静态工作点电流为

$$I_{BQ} = \frac{V_{CC} - U_{BEQ}}{R_B + (1+\beta)R_E} \tag{3.2.13}$$

$$I_{CQ} = \beta I_{BQ} \approx I_{EQ}$$

由图 3.2.6(b)所示集电极回路可得

$$U_{CEQ} = V_{CC} - I_{EQ}R_E \tag{3.2.14}$$

二、主要性能指标分析

根据图 3.2.6(c) 所示交流通路可画出放大电路小信号等效电路,如图 3.2.7 所示,由图可求得共集电极放大电路的主要性能指标。

由图 3.2.7 可得

$$u_i = i_b r_{be} + i_e(R_E /\!/ R_L) = i_b r_{be} + (1+\beta) i_b R'_L$$

$$u_o = i_e(R_E /\!/ R_L) = (1+\beta) i_b R'_L$$

式中,$R'_L = R_E /\!/ R_L$。因此电压放大倍数为

$$A_u = \frac{u_o}{u_i} = \frac{(1+\beta) R'_L}{r_{be} + (1+\beta) R'_L} \tag{3.2.15}$$

一般有 $r_{be} \ll (1+\beta) R'_L$,因此 $A_u \approx 1$,这说明共集电极放大电路的输出电压与输入电压不但大小近似相等(u_o 略小于 u_i),而且相位相同,即输出电压有跟随输入电压的特点,故共集电极放大电路又称"射极跟随器"。

由图 3.2.7 可得从晶体管基极看进去的输入电阻为

$$R'_i = \frac{u_i}{i_b} = \frac{i_b r_{be} + (1+\beta) i_b R'_L}{i_b} = r_{be} + (1+\beta) R'_L \tag{3.2.16}$$

因此共集电极放大电路的输入电阻为

$$R_i = \frac{u_i}{i_i} = R_B /\!/ R'_i = R_B /\!/ [r_{be} + (1+\beta) R'_L] \tag{3.2.17}$$

计算放大电路输出电阻 R_o 的等效电路如图 3.2.8 所示。图中 u 为由输出端断开 R_L 接入的信号电源,由它产生的电流为

$$i = i_{R_E} - i_b - \beta i_b = \frac{u}{R_E} + (1+\beta) \frac{u}{r_{be} + R'_S} \tag{3.2.18}$$

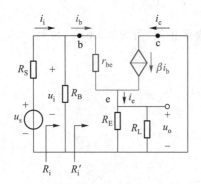

图 3.2.7　共集电极放大电路
小信号等效电路

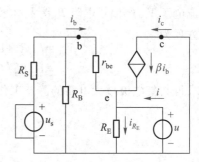

图 3.2.8　求共集电极放大电路
输出电阻的等效电路

式中，$R_S' = R_S /\!/ R_B$。由此可得共集电极放大电路的输出电阻为

$$R_o = \frac{u}{i} = \cfrac{1}{\cfrac{1}{R_E} + \cfrac{1}{(r_{be} + R_S')/(1+\beta)}}$$

$$= R_E /\!/ \frac{r_{be} + R_S'}{1+\beta} \tag{3.2.19}$$

【例 3.2.2】 在图 3.2.6(a)所示的共集电极放大电路中，已知晶体管 $\beta = 120$，$r_{bb'} = 200\ \Omega$，$U_{BEQ} = 0.7\ V$，$V_{CC} = 12\ V$，$R_B = 300\ k\Omega$，$R_E = R_L = R_S = 1\ k\Omega$。试求该放大电路的静态工作点及 A_u、R_i、R_o。

解：由式(3.2.13)、式(3.2.14)求得放大电路的静态工作点为

$$I_{BQ} = \frac{V_{CC} - U_{BEQ}}{R_B + (1+\beta)R_E} = \frac{12 - 0.7}{300 + 121 \times 1}\ mA \approx 0.027\ mA$$

$$I_{EQ} \approx I_{CQ} = \beta I_{BQ} = 120 \times 0.027\ mA = 3.2\ mA$$

$$U_{CEQ} = V_{CC} - I_{EQ}R_E = 12\ V - 3.2\ mA \times 1\ k\Omega = 8.8\ V$$

因此可求得晶体管的输入电阻为

$$r_{be} = r_{bb'} + (1+\beta)\frac{U_T}{I_{EQ}} = 200\ \Omega + 121 \times \frac{26}{3.2}\ \Omega \approx 1.18\ k\Omega$$

由式(3.2.15)可得电压放大倍数为

$$A_u = \frac{(1+\beta)R_L'}{r_{be} + (1+\beta)R_L'} = \frac{121 \times 0.5}{1.18 + 121 \times 0.5} = 0.98$$

由式(3.2.17)可得放大电路的输入电阻为

$$R_i = R_B /\!/ \left[r_{be} + (1+\beta)R_L' \right] \approx 51.2\ k\Omega$$

由式(3.2.19)可得放大电路输出电阻为

$$R_o = R_E /\!/ \frac{r_{be} + R_S'}{1+\beta} \approx 18\ \Omega$$

三、共集电极放大电路的特点及应用

综合上述讨论，共集电极放大电路具有电压放大倍数小于 1 而接近于 1、输出电压与输入电压同相、输入电阻大、输出电阻小等特点。

虽然共集电极放大电路本身没有电压放大作用，但由于其输入电阻很大，只从信号源吸取很小的功率，所以对信号源的影响很小，常用作多级放大电路的输入级，如用于交流毫伏表、示波器等测量仪表的输入级。

又由于共集电极放大电路输出电阻很小而具有较强的带负载能力和足够的动态范围，因此，它又常用作多级放大电路的输出级，如用于构成集成运放的输出级。

在放大电路级联时，后一级的输入电阻是前一级的负载，而前一级的输出是后一级的信

号源,往往因下一级输入电阻低导致前级增益下降,这时在两级间接入共集电极放大电路起隔离作用,利用它的高输入电阻减弱对前级增益的影响,其低输出电阻有利于对下一级的激励,而共集电极放大电路本身电压增益接近于 1 不影响整个电路的增益,而起到级间阻抗变换作用,这时可称其为缓冲级。

讨论题 3.2.2

(1)共集电极放大电路为什么可以称为电压跟随器?其输出电阻为什么很小?

(2)说明共集电极放大电路的功率放大作用。

3.2.3 共基极放大电路

共基极放大电路如图 3.2.9 所示。由图可见,交流信号通过晶体管基极旁路电容 C_2 接地,因此输入信号 u_i 由发射极引入、输出信号 u_o 由集电极引出,它们都以基极为公共端,故称共基极放大电路。从直流通路看,它和图 3.2.1 所示的共发射极放大电路一样,也构成分压式电流负反馈偏置电路。

共基极放大电路具有输出电压与输入电压同相、电压放大倍数高、输入电阻小、输出电阻适中等特点。由于共基极电路有较好的高频特性,故广泛用于高频或宽带放大电路中。

【例 3.2.3】 图 3.2.9 所示共基极放大电路中元件参数与例 3.2.1 相同,即 $V_{CC} = 15$ V,晶体管的 $\beta = 100$,$r_{bb'} = 200$ Ω,$R_{B1} = 62$ kΩ、$R_{B2} = 20$ kΩ、$R_E = 1.5$ kΩ,$R_C = 3$ kΩ,$R_S = 1$ kΩ,$R_L = 5.6$ kΩ,C_1、C_2、C_3 对交流信号可视为短路。试求:(1)静态工作点;(2)主要性能指标 A_u、R_i、R_o 和 A_{us}。

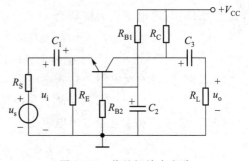

图 3.2.9 共基极放大电路

解:(1)求静态工作点

将 C_1、C_2、C_3 断开,画出图 3.2.9 所示电路的直流通路,如图 3.2.10(a)所示,可见它与图 3.2.2 所示共发射极电路直流通路相同。所以,根据例 3.2.1 的计算结果可得

$$I_{BQ} = 20 \ \mu A, \quad I_{CQ} = 2 \ mA, \quad U_{CEQ} = 6 \ V$$

(2)求主要性能指标

将 C_1、C_2、C_3 短路,V_{CC} 与地短接,画出图 3.2.9 电路的交流通路,如图 3.2.10(b)所示。然后在 e、b 极之间接入 r_{be},在 e、c 极之间接入受控电流源 βi_b,如图 3.2.10(c)所示,即得共基极放大电路的小信号等效电路。注意图中电流、电压的方向均假定为参考方向,但受控源 βi_b 的方向必须与 i_b 的方向对应,不可任意假定。图中 $r_{be} = 1.5$ kΩ,由图 3.2.10(c)可得共基极放大电路的电压放大倍数为

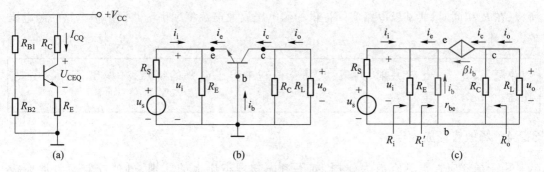

图 3.2.10　共基极电路的等效电路

（a）直流通路　（b）交流通路　（c）小信号等效电路

$$A_u = \frac{u_o}{u_i} = \frac{-i_c(R_C /\!/ R_L)}{-i_b r_{be}} = \frac{\beta(R_C /\!/ R_L)}{r_{be}} \qquad (3.2.20)$$

将已知数代入,则得

$$A_u = 130$$

放大倍数为正值,表明共基极放大电路为同相放大。

由晶体管发射极看进去的等效电阻 R_i' 即为晶体管共基极接法的输入电阻,可用符号 r_{eb} 表示。由图 3.2.10(c)可得

$$R_i' = r_{eb} = \frac{u_i}{-i_e} = \frac{-i_b r_{be}}{-i_e} = \frac{r_{be}}{1+\beta} \qquad (3.2.21)$$

将已知数代入,则得

$$R_i' = r_{eb} = 15 \ \Omega$$

因此,放大电路的输入电阻等于

$$R_i = \frac{u_i}{i_i} = R_E /\!/ r_{eb} \qquad (3.2.22)$$

将 R_E、r_{eb} 值代入,则得

$$R_i = \frac{1\ 500 \times 15}{1\ 500 + 15} \ \Omega \approx 15 \ \Omega$$

在图 3.2.10(c)中,令 $u_s = 0$,则 $i_b = 0$,受控电流源 $\beta i_b = 0$,可视为开路,因此,共基极放大电路的输出电阻等于

$$R_o = R_C = 3 \ k\Omega \qquad (3.2.23)$$

共基极放大电路的源电压放大倍数等于

$$A_{us} = \frac{u_o}{u_s} = \frac{A_u R_i}{R_S + R_i} = \frac{130 \times 15}{1\ 000 + 15} = 1.9$$

计算结果表明,共基极、共发射极电路元件参数相同时,它们的电压放大倍数 A_u 数值是相等的,但是,由于共基极电路的输入电阻很小,输入信号源电压不能有效地激励放大电路,

所以,在 R_s 相同时,共基极电路实际提供的源电压放大倍数将远小于共发射极电路的源电压放大倍数。

> **讨论题 3.2.3** 试比较共射、共集、共基三种基本组态电路的特点,并说出各自的主要用途。

3.2.4 场效应管放大电路

由于场效应管也具有放大作用,如不考虑物理本质上的区别,可把场效应管的栅极(G)、源极(S)、漏极(D)分别与晶体管的基极(B)、发射极(E)、集电极(C)相对应,所以利用场效应管也可构成三种组态电路,它们分别称为共源、共漏和共栅放大电路。虽然场效应管放大电路的组成原理与晶体管放大电路相同,但由于场效应管是电压控制器件,且种类较多,故在电路组成上仍有其特点。

场效应管放大电路的主要优点是输入电阻极高、噪声低、热稳定性好等,由于场效应管的跨导 g_m 较小,所以场效应管放大电路的电压放大倍数较低,它常用作多级放大器的输入级。

一、共源极放大电路

1. 电路组成及偏置方式

图 3.2.11(a)是采用 N 沟道耗尽型场效应管组成的共源极放大电路,C_1、C_2 为耦合电容器,R_D 为漏极负载电阻,R_G 为栅极通路电阻,R_S 为源极电阻,C_S 为源极电阻旁路电容。该电路利用漏极电流 I_{DQ} 在源极电阻 R_S 上产生的压降,通过 R_G 加至栅极以获得所需的偏置电压。由于场效应管的栅极不汲取电流,R_G 中无电流通过,因此栅极 G 和源极 S 之间的偏压 $U_{GSQ} = -I_{DQ}R_S$。这种偏置方式称为自给偏压,也称自偏压电路。当 N 沟道耗尽型场效应管工作在放大区时,有

$$i_D = I_{DSS}\left(1 - \frac{u_{GS}}{U_{GS(off)}}\right)^2$$

所以,可得

$$I_{DQ} = I_{DSS}\left(1 - \frac{U_{GSQ}}{U_{GS(off)}}\right)^2$$

将 $U_{GSQ} = -I_{DQ}R_S$ 代入上式,通过解方程便可求得 I_{DQ} 和 U_{GSQ},然后求得

$$U_{DSQ} = V_{DD} - I_{DQ}(R_D + R_S)$$

当求得 $U_{DSQ} \geqslant U_{GSQ} - U_{GS(off)}$ 时,场效应管才工作在放大区,否则所求静态工作点就没有意义。

必须指出,自给偏压电路只能产生反向偏压,所以它只适用于耗尽型场效应管,而不适用于增强型场效应管,因为增强型场效应管的栅源电压只有达到开启电压后才能产生漏极电流。另外,对于耗尽型场效应管有时也可采用零偏置方式。

图 3.2.11（b）所示为采用分压式自偏压电路的场效应管共源极放大电路,图中 R_{G1}、R_{G2} 为分压电阻,将 V_{DD} 分压,取 R_{G2} 上的压降,供给场效应管栅极偏压。由于 R_{G3} 中没有电流,所以它对静态工作点没有影响,所以,由图不难得到

$$U_{GSQ} = V_{DD} R_{G2} / (R_{G1} + R_{G2}) - I_{DQ} R_S \qquad (3.2.24)$$

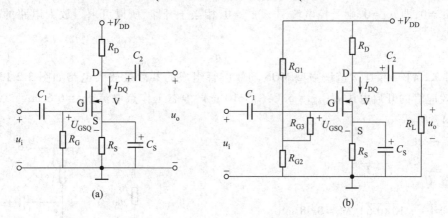

图 3.2.11　场效应管共源极放大电路

（a）自给偏压电路　（b）分压式自偏压电路

由式（3.2.24）可见,U_{GSQ} 可正可负,所以这种偏置电路也适用于增强型场效应管。这种电路静态工作点也可以通过求解联立方程获得。

2. 主要性能指标分析

图 3.2.11（b）所示放大电路的交流通路和小信号等效电路如图 3.2.12（a）、（b）所示。由图 3.2.12（b）可得电压放大倍数为

$$A_u = \frac{u_o}{u_i} = \frac{-g_m u_{gs}(R_D // R_L)}{u_{gs}} = -g_m(R_D // R_L) \qquad (3.2.25)$$

式中,负号表示 u_o 与 u_i 反相。

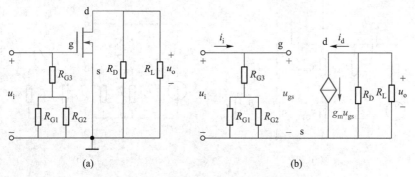

图 3.2.12　图 3.2.11（b）的等效电路

（a）交流通路　（b）小信号等效电路

放大电路的输入电阻为

$$R_i = \frac{u_i}{i_i} = R_{G3} + R_{G1} /\!/ R_{G2} \qquad (3.2.26)$$

可见,R_{G3}是为了用来提高输入电阻的。

当 $u_i = 0$,即 $u_{gs} = 0$,则受控电流源 $g_m u_{gs} = 0$,相当于开路,所以可求得放大电路的输出电阻为

$$R_o = R_D \qquad (3.2.27)$$

【例 3.2.4】 由 N 沟道增强型 MOS 场效应管组成的共源极放大电路如图 3.2.13 所示,已知场效应管的开启电压 $U_{GS(th)} = 5$ V,$I_{DO} = 10$ mA,静态工作点电流 $I_{DQ} = 0.6$ mA,试求放大电路的 A_u、R_i、R_o。

解: 由于

$$g_m = \frac{2}{U_{GS(th)}} \sqrt{I_{DO} I_{DQ}}$$

$$= \left(\frac{2}{5} \sqrt{10 \times 0.6} \right) \text{ mS} = 0.98 \text{ mS}$$

所以,由式(3.2.25)可得电压放大倍数为

$$A_u = -g_m (R_D /\!/ R_L) = -8.4$$

由式(3.2.26)得输入电阻为

$$R_i = R_{G3} + R_{G1} /\!/ R_{G2} \approx 5.1 \text{ M}\Omega$$

由式(3.2.27)得输出电阻为

$$R_o = R_D = 15 \text{ k}\Omega$$

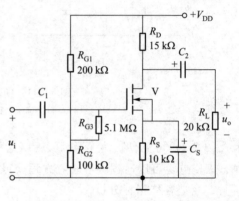

图 3.2.13 N 沟道增强型 MOS 管共源放大电路

二、共漏极放大电路

图 3.2.14(a)是用 N 沟道结型场效应管组成的共漏极放大电路,它也称为源极输出器。电路中采用了分压式自偏压电路,图 3.2.14(b)是它的小信号等效电路。

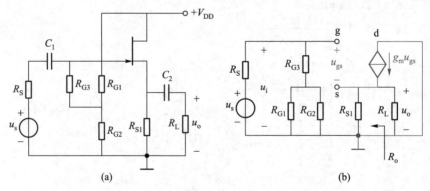

图 3.2.14 场效应管共漏极放大电路

(a) 电路 (b) 小信号等效电路

由图 3.2.14(b)可得共漏极放大电路的电压放大倍数为

$$A_u = \frac{u_o}{u_i} = \frac{g_m u_{gs}(R_{S1} /\!/ R_L)}{u_{gs} + g_m u_{gs}(R_{S1} /\!/ R_L)} = \frac{g_m(R_{S1} /\!/ R_L)}{1 + g_m(R_{S1} /\!/ R_L)} \quad (3.2.28)$$

可见,其值小于 1。

放大电路的输入电阻为

$$R_i = \frac{u_i}{i_i} = R_{G3} + R_{G1} /\!/ R_{G2} \quad (3.2.29)$$

共漏极放大电路的输出电阻可用图 3.2.15 所示
的等效电路求得。令 u_s 短路,u 为外接信号电源,由
它产生的电流为

$$i = \frac{u}{R_{S1}} - g_m u_{gs} = \frac{u}{R_{S1}} + g_m u = u\left(\frac{1}{R_{S1}} + g_m\right)$$

所以输出电阻等于

$$R_o = \frac{u}{i} = \frac{1}{(1/R_{S1}) + g_m} = R_{S1} /\!/ \frac{1}{g_m} \quad (3.2.30)$$

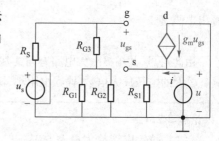

图 3.2.15 求共漏极放大电路
输出电阻的等效电路

由式(3.2.28)~式(3.2.30)可见,共漏极放大电
路与晶体管共集电极放大电路相似,电压放大倍数小于 1,u_o 与 u_i 同相,输入电阻高(比共集
电路高),输出电阻低。共漏极放大电路常用作多级放大电路的输入级。

三、共栅极放大电路

由 N 沟道增强型 MOS 场效应管构成的共栅极放大电路如图 3.2.16(a)所示,图中,直流
偏置采用分压式自偏压电路,R_{G1}、R_{G2} 为栅极分压电阻。画出共栅极放大电路的交流通路如
图 3.2.16(b)所示,由图可见,场效应管栅极交流接地,输入信号 u_i 由源极 s 输入、输出信号
由漏极 d 引出,它们以栅极 g 为公共端,故为共栅极放大电路。

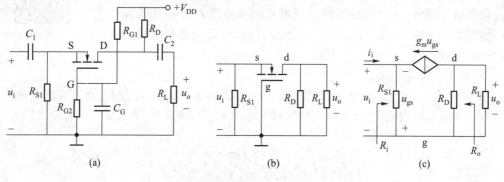

图 3.2.16 共栅极放大电路及其等效电路
(a)电路 (b)交流通路 (c)小信号等效电路

将图(b)中场效应管用小信号模型代入,则得图 3.2.16(c)所示共栅极放大电路小信号等效电路。由图 3.2.16(c)可得共栅极放大电路的电压放大倍数为

$$A_u = \frac{u_o}{u_i} = \frac{-g_m u_{gs}(R_D /\!/ R_L)}{-u_{gs}} = g_m(R_D /\!/ R_L) \tag{3.2.31}$$

输入电阻为

$$R_i = \frac{u_i}{i_i} = \frac{-u_{gs}}{\dfrac{-u_{gs}}{R_{S1}} - g_m u_{gs}} = \frac{1}{\dfrac{1}{R_{S1}} + g_m} = R_{S1} /\!/ \frac{1}{g_m} \tag{3.2.32}$$

输出电阻为

$$R_o = R_D \tag{3.2.33}$$

由此可见,共栅极放大电路有与共基极放大电路相似的特点,如输出电压与输入电压同相并具有较大的电压放大倍数、输入电阻小、输出电阻大,多用于高频和宽带放大电路。

> **讨论题 3.2.4**
> (1)场效应管放大电路与晶体管放大电路在电路组成、性能特点方面有何不同?
> (2)自偏压电路是否对场效应管放大电路都适用?为什么?
> (3)试比较共源、共漏、共栅三种基本组态放大电路,说明各自的主要性能特点。

3.2.5 基本组态放大电路仿真

一、共发射极放大电路仿真分析

在 Multisim 中构建电路如图 3.2.17 所示,其中虚拟晶体管 $\beta = 100$,$r_{bb'} = 200\ \Omega$。

微视频 3.2:
共发射极放大电路
仿真分析

1. 输入、输出波形的观测

设置函数发生器使其产生幅值为 5 mV、频率为 4 kHz 的正弦波,用作输入信号。运行仿真,用示波器观测节点 1 和节点 4 的波形,如图 3.2.18 所示,输入的小信号被不失真放大,输出信号与输入信号相位相反。

2. 静态工作点的测量

断开电容 C_1、C_2、C_E 与晶体管的连接,按图 3.2.19 所示接入万用表,设为直流电压挡,运行仿真,测得基极电位 $U_{BQ} = 3.398$ V,发射极电位 $U_{EQ} = 2.607$ V,集电极与发射极之间的电压 $U_{CEQ} = 7.232$ V。计算可得

$$I_{CQ} \approx I_{EQ} = \frac{U_{EQ}}{R_E} = \frac{2.607\ \text{V}}{1.5\ \text{k}\Omega} = 1.738\ \text{mA}$$

$$I_{BQ} = \frac{I_{CQ}}{\beta} = \frac{1.738\ \text{mA}}{100} \approx 17\ \mu\text{A}$$

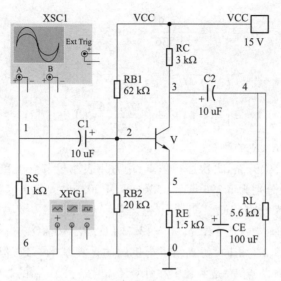

图 3.2.17 共发射极放大电路仿真电路

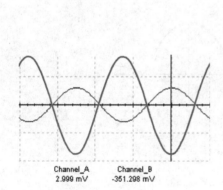

图 3.2.18 输入、输出信号波形

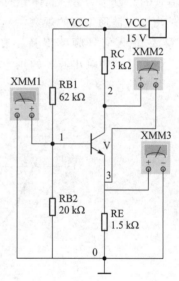

图 3.2.19 测量静态工作点的电路

3. A_u、A_{us}、R_i、R_o 的测量

在图 3.2.17 所示电路的节点 1 和 0 之间、6 和 0 之间、4 和 0 之间，分别并联接入万用表，设为交流电压挡。运行仿真后显示的是交流电压有效值，示数为 2.141 mV、3.536 mV、244.92 mV，分别记作 U_i、U_s、U_o。断开负载 R_L，再次测量节点 4 和 0 之间的交流电压，示数为 376.126 mV，记作 U_{ot}。计算可得

电压放大倍数
$$A_u = -\frac{U_o}{U_i} = -\frac{244.92}{2.141} \approx -114.4$$

源电压放大倍数 $\quad A_{us} = -\dfrac{U_o}{U_s} = -\dfrac{244.92}{3.536} \approx -69.3$

输入电阻 $\qquad R_i = \dfrac{U_i}{I_i} = \dfrac{U_i}{U_s - U_i} R_S = \dfrac{2.141}{3.536 - 2.141} \times 1\ \text{k}\Omega \approx 1.53\ \text{k}\Omega$

输出电阻 $\qquad R_o = \left(\dfrac{U_{ot}}{U_o} - 1\right) R_L = \left(\dfrac{376.126}{244.92} - 1\right) \times 5.6\ \text{k}\Omega \approx 3\ \text{k}\Omega$

4. 断开 C_E 后, A_u、R_i、R_o 的测量

重新接入负载 R_L, C_E 开路, 再次运行仿真, 用万用表测量节点 1 和 0 之间、6 和 0 之间、4 和 0 之间的交流电压, 分别为 3.296 mV、3.536 mV、4.203 mV。断开负载 R_L, 再次测量节点 4 和 0 之间的交流电压为 6.454 mV。仍按上述步骤计算可得

$$A_u \approx -1.27, \ R_i \approx 13.73\ \text{k}\Omega, \ R_o \approx 3\ \text{k}\Omega$$

该仿真电路与例 3.2.1 相同, 仿真结果与例题的计算基本一致, 但存在小的差异。产生这种差异的主要原因有两点, 一是例题中在计算 U_{BQ} 时略去了 I_{BQ} 的影响; 二是仿真中所用的虚拟晶体管的参数与例题中晶体管的参数略有差别。

5. 输出电压波形失真的观察

C_E 接入, 输入信号频率保持不变, 幅度增大为 30 mV, 观察输入、输出信号波形, 如图 3.2.20 所示。图中输出波形的正半周失真, 近似"圆顶", 这主要是由晶体管输入特性的非线性所引起的。

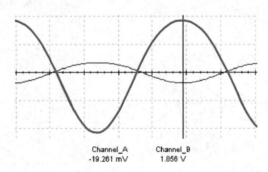

Channel_A
-19.261 mV

Channel_B
1.856 V

图 3.2.20 输入信号幅度 30 mV 时, 输出波形失真

可见, 为了使输出波形不失真, 要求输入信号的幅度必须很小。

二、共集电极放大电路仿真分析

在 Multisim 中构建电路如图 3.2.21 所示, 其中虚拟晶体管 $\beta = 100$, $r_{bb'} = 200\ \Omega$。

1. 输入、输出波形的观测

设置函数发生器使其产生幅值为 10 mV、频率为 2 kHz 的正弦波, 用作输入信号。运行仿真, 用示波器观测节点 4 和节点 5 的波形, 如图 3.2.22 所示, 输出信号与输入信号同相, 幅度相当。

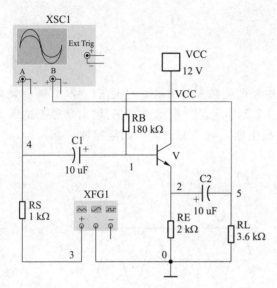

图 3.2.21 共集电极放大电路仿真电路

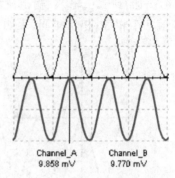

图 3.2.22 输入、输出信号波形

2. 静态工作点的测量

断开电容 C_1、C_2 与晶体管的连接,按图 3.2.23 所示接入万用表,设为直流电压挡,运行仿真,测得基极电位 $U_{BQ} = 6.706$ V,发射极电位 $U_{EQ} = 5.939$ V,则得

$$U_{CEQ} = V_{CC} - U_{EQ} = (12 - 5.939) \text{ V} = 6.061 \text{ V}$$

$$I_{CQ} \approx I_{EQ} = \frac{U_{EQ}}{R_E} = \frac{5.939 \text{ V}}{2 \text{ k}\Omega} = 2.969 \text{ mA}$$

$$I_{BQ} = \frac{V_{CC} - U_{BQ}}{R_B} = \frac{(12 - 6.706) \text{ V}}{180 \text{ k}\Omega} \approx 29 \text{ μA}$$

3. A_u、R_i、R_o 的测量

在图 3.2.21 所示电路的节点 4 和 0 之间、3 和 0 之间、5 和 0 之间,分别并联接入万用表,设为交流电压挡,运行仿真,示数为 6.979 mV、7.071 mV、6.922 mV,分别记作 U_i、U_s、U_o。断开负载 R_L,再次测量节点 5 和 0 之间的交流电压为 6.961 mV,记作 U_{ot}。计算可得

电压放大倍数 $\quad A_u = \dfrac{U_o}{U_i} = \dfrac{6.922}{6.979} \approx 0.99$

输入电阻 $\quad R_i = \dfrac{U_i}{I_i} = \dfrac{U_i}{U_s - U_i} R_S = \dfrac{6.979}{7.071 - 6.979} \times 1 \text{ k}\Omega$

$\qquad\qquad\qquad \approx 75.86 \text{ k}\Omega$

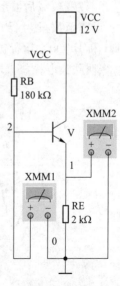

图 3.2.23 测量静态
工作点的电路

输出电阻 $\qquad R_{\mathrm{o}} = \left(\dfrac{U_{\mathrm{ot}}}{U_{\mathrm{o}}} - 1 \right) R_{\mathrm{L}} = \left(\dfrac{6.961}{6.922} - 1 \right) \times 3.6 \ \mathrm{k\Omega}$

$$\approx 20 \ \Omega$$

4. 电压跟随特性的观测

维持负载为 3.6 kΩ 不变,设置函数发生器产生频率为 2 kHz 的正弦信号,其幅值设为 2 V 或 4 V,运行仿真,输入、输出波形如图 3.2.24(a)、(b)所示。可见,输出信号与输入信号的幅值几乎相等,相位相同,表明共集电极电路具有良好的电压跟随特性。

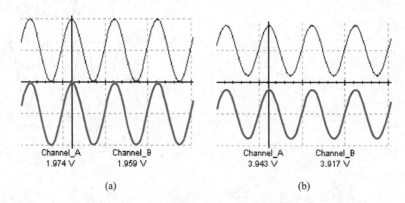

图 3.2.24　共集电极电路电压跟随特性

（a）输入信号幅值 2 V,输入、输出信号的波形　（b）输入信号幅值 4 V,输入、输出信号的波形

5. 改变负载后波形的观测

设置函数发生器产生幅值为 2 V、频率为 2 kHz 的正弦信号,改变负载 R_{L} 分别为 1 kΩ 和 100 kΩ,运行仿真,输入、输出波形如图 3.2.25(a)、(b)所示。可见输出电压变化很小,表明共集电极放大电路具有良好的带负载能力。

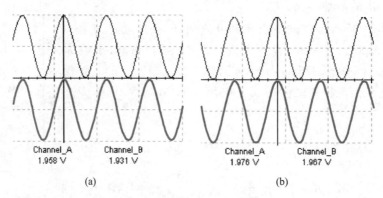

图 3.2.25　共集电极电路负载变化时,输入、输出波形变化

（a）负载 1 kΩ 时信号的波形　（b）负载 100 kΩ 时信号的波形

知识拓展——共发射极放大电路设计

放大电路的设计任务是在已知条件下,选择放大电路组态,确定放大器件,决定静态工作点,然后对电路元件参数进行设计,使之达到所要求的性能指标。现举例说明基本组态放大电路的设计过程。

【例 3.2.5】 已知 $V_{CC} = 12$ V,输入正弦信号的频率为 5 kHz、电压幅值 $U_{im} \leqslant 40$ mV,$R_L = 5.1$ kΩ。试设计一单管放大电路,要求电压增益 $A_u \geqslant 40$,$R_i \geqslant 2$ kΩ,电路工作稳定。

解:(1)放大电路组态选择

根据设计要求,应该选用共发射极放大电路,采用分压式电流负反馈偏置电路,以保证静态工作点的稳定。由于输入电压幅度较大,为了减小输出波形的失真,应在晶体管发射极串接很小的交流负反馈电阻,这样可以得到设计电路如图 3.2.26 所示。

(2)晶体管的选择

作为低频小信号电压放大电路,由于输入信号比较小、功耗很小且工作频率低,晶体管的选择余地比较大,一般尽量选用通用的、价格低廉的小功率硅管,现用 9013NPN 型硅管,取其 $U_{BE(on)} = 0.7$ V、$U_{CES} = 1$ V、$\beta = 100$。

(3)静态工作点的确定

放大电路静态工作点选择的基本原则是:保证在输入信号最大动态范围内变化时,电路不应产生饱和失真和截止失真。对于图 3.2.26 所示共发射极放大电路,当已知最大不失真输出电压幅值为 U_{om} 时,放大电路的静态工作点可按下列关系来确定。

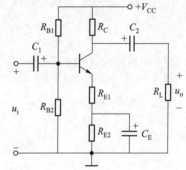

图 3.2.26 共发射极放大电路的设计

$$\left. \begin{array}{l} U_{CEQ} \geqslant U_{om} + U_{CES} \\[2mm] I_{CQ} \geqslant \dfrac{U_{om}}{R_C /\!/ R_L} \\[2mm] U_{BQ} \geqslant 5 U_{BEQ} \end{array} \right\} \tag{3.2.34}$$

由已知的 A_u 和 U_{im} 可得

$$U_{om} = A_u U_{im} = 40 \times 0.04 \text{ V} = 1.6 \text{ V}$$

为了留有一定的裕量,设计时可取 $U_{om} = 3$ V。这样,可得

$$U_{CEQ} = U_{om} + U_{CES} = (3+1) \text{ V} = 4 \text{ V}$$

由 $U_{BQ} \geqslant 5 U_{BEQ} = 5 \times 0.7$ V $= 3.5$ V,得

$$U_{EQ} = U_{BQ} - U_{BEQ} = (3.5 - 0.7) \text{ V} = 2.8 \text{ V}$$

因此,直流负载电阻 R_C 上的直流压降 U_{R_C} 为

$$U_{R_C} = V_{CC} - U_{CEQ} - U_{EQ} = (12 - 4 - 2.8) \text{ V} = 5.2 \text{ V}$$

这样可得

$$\left. \begin{array}{l} U_{R_C} = I_{CQ} R_C = 5.2 \text{ V} \\[2mm] U_{om} = I_{CQ} \dfrac{R_C R_L}{R_C + R_L} = 3 \text{ V} \end{array} \right\} \tag{3.2.35}$$

求解上式,得

$$I_{CQ} = \frac{U_{om}U_{R_C}}{R_L(U_{R_C} - U_{om})} = \frac{3 \times 5.2}{5.1 \times (5.2 - 3)} \text{ mA} \approx 1.39 \text{ mA}$$

通过以上计算,从而可确定放大电路的静态工作点为:

$$I_{CQ} = 1.39 \text{ mA}, \quad U_{CEQ} = 4 \text{ V}, \quad U_{EQ} = 2.8 \text{ V}$$

(4)电路元件参数的确定

由已求得的 U_{R_C}、I_{CQ} 可得集电极直流负载电阻 R_C 为

$$R_C = \frac{U_{R_C}}{I_{CQ}} = \frac{5.2}{1.39} \text{ k}\Omega = 3.74 \text{ k}\Omega$$

取 R_C 标称值为 3.9 kΩ。

由已求得的 U_{EQ}、I_{CQ} 可得发射极电阻 R_E 为

$$R_E = \frac{U_{EQ}}{I_{CQ}} = \frac{2.8}{1.39} \text{ k}\Omega = 2.0 \text{ k}\Omega$$

故可以取标称值 $R_{E2} = 2 \text{ k}\Omega$，$R_{E1} = 30 \Omega$。

取 $I_1 = 15I_{BQ} = 15I_{CQ}/\beta$，则可求得基极偏置电阻 R_{B1}、R_{B2} 分别为

$$R_{B1} = \frac{V_{CC} - U_{BQ}}{I_1} = \frac{12 - 3.5}{15 \times 1.39/100} \text{ k}\Omega = 40.8 \text{ k}\Omega$$

$$R_{B2} = \frac{U_{BQ}}{I_1} = \frac{3.5}{15 \times 1.39/100} \text{ k}\Omega = 16.8 \text{ k}\Omega$$

故取标称值 $R_{B1} = 39 \text{ k}\Omega$，$R_{B2} = 16 \text{ k}\Omega$

有关电路中耦合电容和发射极旁路电容参数的选择,应按频率特性的要求进行选定,这些详见本书第 5 章内容。本例中由于工作频率为 5 kHz,可按容抗趋于零的原则,经粗略估算选用 $C_1 = C_2 = 10 \text{ }\mu\text{F}$、$C_E = 47 \text{ }\mu\text{F}$ 的电解电容器。

(5)电路性能指标核算

按上述所确定的电路参数,对电路性能指标进行核算,如核算结果不满足设计要求,则需重新调整方案,进行设计。

静态工作点核算:

$$U_{BQ} = \frac{12 \times 16}{39 + 16} \text{ V} = 3.49 \text{ V}$$

$$I_{CQ} \approx I_{EQ} = \frac{3.49 - 0.7}{2 + 0.03} \text{ mA} = 1.37 \text{ mA}$$

$$U_{CEQ} \approx 12 \text{ V} - 1.37 \times (3.9 + 2.03) \text{ V} = 3.88 \text{ V}$$

$$I_{BQ} = \frac{1.37}{100} \text{ mA} = 0.013\ 7 \text{ mA}$$

$$I_1 = \frac{12}{39 + 16} \text{ mA} = 0.22 \text{ mA}$$

性能指标核算:

$$r_{be} = 200 \text{ }\Omega + 101 \times \frac{26}{1.37} \text{ }\Omega = 2\ 117 \text{ }\Omega$$

$$|A_u| = \frac{100 \times \left(\frac{3.9 \times 5.1}{3.9 + 5.1}\right)}{2.117 + 101 \times 0.03} = 43 > 40$$

$$R_i = \cfrac{\cfrac{39\times16}{39+16}\times(2.117+101\times0.03)}{\cfrac{39\times16}{39+16}+(2.117+101\times0.03)}\ \text{k}\Omega = 3.54\ \text{k}\Omega > 2\ \text{k}\Omega$$

$$R_o = 3.9\ \text{k}\Omega$$

通过核算说明,上述设计结果符合设计要求。

（6）利用 Multisim 对设计电路进行仿真分析（由读者自行进行）

除对静态工作点、性能指标进行测量外,重点观察 $U_{im} = 40\ \text{mV}$ 时输出电压波形的失真情况,同时也可对电路部分元件参数进行调整。

小　　结

微视频 3.3：
3.2 小结

随 堂 测 验

3.2.1　填空题

1. 放大电路的静态工作点根据＿＿＿＿通路进行估算,而＿＿＿＿通路用于放大电路的动态分析。

第 3.2 节
随堂测验答案

2. 单级晶体管放大电路中,输出电压与输入电压反相的有共＿＿＿＿极电路,输出电压与输入电压同相的有共＿＿＿＿极和共＿＿＿＿极电路。

3. 单级晶体管放大电路中,既能放大电压又能放大电流的是共＿＿＿＿极电路,只能放大电压不能放大电流的是共＿＿＿＿极电路,只能放大电流不能放大电压的是共＿＿＿＿极电路。

4. 共集电极放大电路的特点是:输出电压与输入电压＿＿＿＿＿＿＿＿＿＿相,电压放大倍数近似为＿＿＿＿＿＿＿＿＿＿,输入电阻很＿＿＿＿,输出电阻很＿＿＿＿。

5. 场效应管基本组态放大电路中,若希望源电压放大倍数大,宜选用＿＿＿＿极电路,若希望带负载能力强,宜选用＿＿＿＿极电路,若用作高频电压放大,宜选用＿＿＿＿极电路。

3.2.2　单选题

1. 放大电路的静态是指＿＿＿＿时的电路状态。

A. 输入端开路　　　　　　　　　　B. 输入信号幅值等于零

C. 输入信号幅值不变化　　　　　　D. 输入信号为直流

2. 共发射极放大电路空载时输出电压有饱和失真,在输入信号不变的情况下,经耦合电容接上负载电阻时失真消失,这是由于晶体管的＿＿＿＿。

A. Q 点上移   B. Q 点下移

C. 交流负载电阻减小   D. 输出电流减小

3. 为了获得反相电压放大,则应选用_____放大电路。

A. 共源极   B. 共漏极   C. 共栅极   D.共基极

4. 为了使高内阻的信号源与低阻负载能很好匹配,可以在信号源与负载之间接入_____放大电路。

A. 共发射极   B. 共集电极   C. 共基极   D. 共源极

5. 下列可采用自偏压电路的场效应管是_____。

A. MOS 管   B. 耗尽型 MOS 管

C. 增强型 MOS 管   D. 增强型 NMOS 管

6. 图 3.2.27 所示电路中,欲提高电压放大倍数,可以_____。

A. 减小 R_C B. 增大 R_L C. 增大 R_E D. 减小 C_E

7. 图 3.2.28 所示放大电路中,下述正确的是_____。

A. $A_u = \dfrac{-\beta I_{BQ} R_C}{I_{BQ} \cdot r_{be}} = \dfrac{-\beta R_C}{r_{be}}$ B. $R_o = R_C$

C. $R_i = R_{B1} // R_{B2} // [r_{be} + (1+\beta) R_E]$ D. $A_{us} = A_u \cdot \dfrac{R_{B1} // R_{B2}}{R_S + R_{B1} // R_{B2}}$

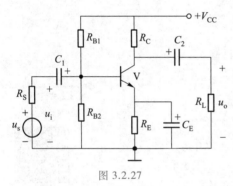 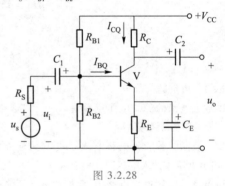

图 3.2.27   图 3.2.28

8. 图 3.2.29(a)所示放大电路中,下述选项有错误的是_____。

A. 此为共源极放大电路   B. 输出信号与输入信号同相

C. 图 3.2.29(b)为其交流通路   D. 图 3.2.29(c)为其小信号等效电路

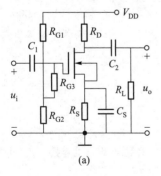 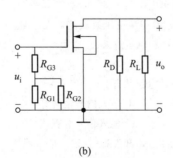 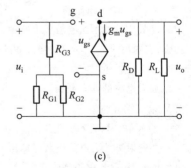

(a)   (b)   (c)

图 3.2.29

3.2.3 是非题(对打√;错打×)

1. 共发射极放大电路由于输出电压与输入电压反相,输入电阻和输出电阻大小适中,故很少应用。( )

2. 三极管小信号模型只能用于分析放大电路的性能指标,不能用于分析静态工作状态。( )

3. 凡是由场效应管构成的放大电路都可以采用自偏压电路。( )

4. 源极跟随器电压放大倍数近似为1,输出电阻与跨导 g_m 有关。( )

3.3 差分放大电路

基本要求 (1)掌握差分放大电路的组成、工作原理及主要性能特点;(2)理解差分放大电路静态与动态分析方法;(3)理解电流源电路的组成及应用。

学习指导 重点:差分放大电路组成特点、双电源供电偏置方式及静态工作点的估算、差模输入与差模特性的分析计算、差分放大电路抑制零点漂移和共模信号的原理。难点:差模和共模信号通路、单端输出静态工作点及主要性能的估算。提示:差分放大电路是由两个结构对称的基本放大电路所组成,有两个输入端和两个输出端,所以它有四种输入输出连接方式,对差模信号有良好的放大作用,对共模信号有很强的抑制作用。差分放大电路的工作特点可通过其传输特性来理解。

3.3.1 基本差分放大电路

差分放大电路又称差动放大电路,它的输出电压与两个输入电压之差成正比,**由此得名。它是另一类基本放大电路,由于它在电路和性能方面具有很多优点,因而广泛应用于集成电路中。**

一、差分放大电路的组成及静态分析

图 3.3.1(a)所示为基本差分放大电路,它由两个完全对称的共发射极电路组成,采用双电源 V_{CC}、V_{EE} 供电。输入信号 u_{i1}、u_{i2} 从两个晶体管的基极加入,称为双端输入,输出信号从两个集电极之间取出,称双端输出。R_E 为差分放大电路的公共发射极电阻,用来抑制零点漂移并决定晶体管的静态工作点电流。R_C 为集电极负载电阻。

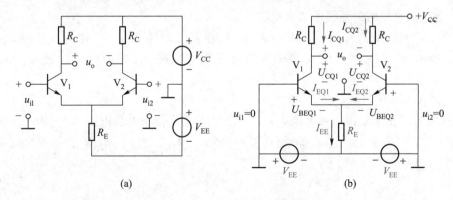

(a)   (b)

图 3.3.1 基本差分放大电路

(a)电路 (b)直流通路

当输入信号为零,即 $u_{i1}=u_{i2}=0$ 时,放大电路处于静态,其直流通路如图 3.3.1(b)所示。由于电路对称,所以 $U_{BEQ1}=U_{BEQ2}$,$I_{BQ1}=I_{BQ2}$,$I_{CQ1}=I_{CQ2}$,$I_{EQ1}=I_{EQ2}$,流过 R_E 的电流 I_{EE} 为 I_{EQ1} 与 I_{EQ2} 之和。由图3.3.1(b)可得

$$V_{EE}=U_{BEQ1}+I_{EE}R_E$$

所以

$$I_{EE}=\frac{V_{EE}-U_{BEQ1}}{R_E} \tag{3.3.1}$$

因此,两管的集电极电流均为

$$I_{CQ1}=I_{CQ2}\approx\frac{V_{EE}-U_{BEQ1}}{2R_E} \tag{3.3.2}$$

两管集电极对地电压为

$$U_{CQ1}=V_{CC}-I_{CQ1}R_C,\ U_{CQ2}=V_{CC}-I_{CQ2}R_C \tag{3.3.3}$$

可见,静态时两管集电极之间的输出电压为零,即

$$u_o=U_{CQ1}-U_{CQ2}=0$$

所以,差分放大电路零输入时输出电压为零,而且当温度发生变化时,I_{CQ1}、I_{CQ2} 以及 U_{CQ1}、U_{CQ2} 均产生相同的变化,输出电压 u_o 将保持为零。同时又有公共发射极电阻 R_E 的负反馈作用,使得 I_{CQ1}、I_{CQ2} 以及 U_{CQ1}、U_{CQ2} 的变化很小,因此,差分放大电路具有稳定的静态工作点和很小的温度漂移。当工作点不稳定时,就有可能造成放大电路零输入时输出电压不为零,且随时间缓慢变化,把这种现象称为零点漂移。因温度变化而引起的零点漂移,称为温度漂移,简称温漂。

如果差分放大电路不完全对称,零输入时输出电压将不为零,这种现象称为差分放大电路的失调,而且这种失调还会随温度等的变化而变化,这将直接影响到差分放大电路的正常工作,因此在差分放大电路中应力求电路对称,并在条件允许的情况下,增大 R_E 的值。

二、差分放大电路的差模动态分析

在差分放大电路输入端加入大小相等、极性相反的输入信号,称为差模输入,如图 3.3.2(a)所示,此时 $u_{i1}=-u_{i2}$,差模输入信号用两个输入端之间的电压差表示,即

$$u_{id}=u_{i1}-u_{i2}=2u_{i1} \tag{3.3.4}$$

u_{id} 称为差模输入电压。

u_{i1} 使 V_1 管产生增量集电极电流为 i_{c1},u_{i2} 使 V_2 产生增量集电极电流为 i_{c2},由于差分放大管特性相同,所以 i_{c1} 和 i_{c2} 大小相等、极性相反,即 $i_{c2}=-i_{c1}$。因此,V_1、V_2 管的集电极电流分别为

$$i_{C1}=I_{CQ1}+i_{c1} \qquad i_{C2}=I_{CQ2}+i_{c2}=I_{CQ1}-i_{c1} \tag{3.3.5}$$

此时,两管的集电极电压分别等于

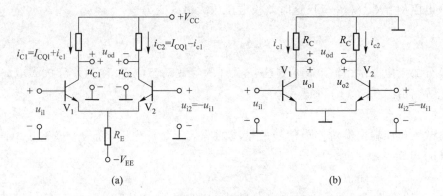

图 3.3.2　差分放大电路差模信号输入分析

（a）差模信号输入　（b）差模信号通路

$$\left.\begin{aligned}u_{C1} &= V_{CC}-i_{C1}R_C = V_{CC}-(I_{CQ1}+i_{c1})R_C \\ &= U_{CQ1}-i_{c1}R_C = U_{CQ1}+u_{o1} \\ u_{C2} &= U_{CQ2}-i_{c2}R_C = U_{CQ2}+u_{o2}\end{aligned}\right\} \tag{3.3.6}$$

式中，$u_{o1}=-i_{c1}R_C$、$u_{o2}=-i_{c2}R_C$，分别为 V_1、V_2 管集电极的增量电压，而且 $u_{o2}=-u_{o1}$。这样两管集电极之间的差模输出电压 u_{od} 为

$$u_{od} = u_{C1}-u_{C2} = u_{o1}-u_{o2} = 2u_{o1} \tag{3.3.7}$$

由于两管集电极增量电流大小相等、方向相反，流过 R_E 时相抵消，所以流经 R_E 的电流不变，仍等于静态电流 I_{EE}，就是说，在差模输入信号的作用下，R_E 两端压降几乎不变，即 R_E 对于差模信号来说相当于短路，由此可画出差分放大电路的差模信号通路（习惯也称差模交流通路），如图 3.3.2（b）所示。

差模输出电压 u_{od} 与差模输入电压 u_{id} 之比，称为差分放大电路的差模电压放大倍数 A_{ud}，即

$$A_{ud} = \frac{u_{od}}{u_{id}} \tag{3.3.8}$$

将式（3.3.4）和式（3.3.7）代入式（3.3.8），则得

$$A_{ud} = \frac{u_{o1}-u_{o2}}{u_{i1}-u_{i2}} = \frac{2u_{o1}}{2u_{i1}} = \frac{u_{o1}}{u_{i1}} \tag{3.3.9}$$

式（3.3.9）表明，差分放大电路双端输出时的差模电压放大倍数 A_{ud} 等于单管放大电路的电压放大倍数。由图 3.3.2（b）得到

$$A_{ud} = \frac{-\beta R_C}{r_{be}} \tag{3.3.10}$$

若图 3.3.2（a）电路中两集电极之间接有负载电阻 R_L，则 V_1、V_2 管的集电极电位一增一减，且变化量相等，负载电阻 R_L 的中点电位始终不变，为信号零电位，因此，每边电路的等效

动态负载电阻 $R'_L = R_C /\!/ (R_L/2)$，这时差模电压放大倍数变为

$$A_{ud} = \frac{-\beta R'_L}{r_{be}} \qquad (3.3.11)$$

从差分放大电路两个输入端看进去所呈现的等效动态电阻，称为差分放大电路的差模输入电阻 R_{id}，由图 3.3.2(b) 可得

$$R_{id} = 2r_{be} \qquad (3.3.12)$$

差分放大电路输出端对差模信号所呈现的等效信号源电阻，称为差模输出电阻 R_o，由图 3.3.2(b) 可知

$$R_o \approx 2R_C \qquad (3.3.13)$$

【例 3.3.1】 图 3.3.1(a) 所示差分放大电路中，已知 $V_{CC} = V_{EE} = 12$ V，$R_C = 10$ kΩ，$R_E = 20$ kΩ，晶体管 $\beta = 80$，$r_{bb'} = 200$ Ω，$U_{BEQ} = 0.6$ V，两输出端之间外接负载电阻 20 kΩ，试求：(1) 放大电路的静态工作点；(2) 放大电路的差模电压放大倍数 A_{ud}、差模输入电阻 R_{id} 和输出电阻 R_o。

解：(1) 求静态工作点

$$I_{CQ1} = I_{CQ2} = \frac{V_{EE} - U_{BEQ}}{2R_E} = \frac{12 - 0.6}{2 \times 20} \text{ mA} = 0.285 \text{ mA}$$

$$U_{CQ1} = U_{CQ2} = V_{CC} - I_{CQ1}R_C = 12 \text{ V} - 0.285 \times 10 \text{ V} = 9.15 \text{ V}$$

(2) 求 A_{ud}、R_{id} 及 R_o

$$r_{be} = r_{bb'} + (1+\beta)\frac{U_T}{I_{EQ}} = 200 \text{ Ω} + 81 \times \frac{26 \text{ mV}}{0.285 \text{ mA}} = 7.59 \text{ kΩ}$$

$$A_{ud} = -\frac{\beta R'_L}{r_{be}} = -52.7$$

$$R_{id} = 2r_{be} = 2 \times 7.59 \text{ kΩ} = 15.2 \text{ kΩ}$$

$$R_o = 2R_C = 2 \times 10 \text{ kΩ} = 20 \text{ kΩ}$$

三、差分放大电路的共模动态分析

在差分放大电路的两个输入端加上大小相等、极性相同的信号，如图 3.3.3(a) 所示，称为共模输入信号，此时，令 $u_{i1} = u_{i2} = u_{ic}$。在共模信号的作用下，V_1、V_2 管的发射极电流同时增加（或减小），由于电路是对称的，所以电流的变化量 $i_{e1} = i_{e2}$，则流过 R_E 的电流增加 $2i_{e1}$（或 $2i_{e2}$），R_E 两端压降产生 $u_e = 2i_{e1}R_E = i_{e1}(2R_E)$ 的变化量，这就是说，R_E 对每个晶体管的共模信号有 $2R_E$ 的负反馈效果，由此可以得到图 3.3.3(b) 所示的共模信号通路（习惯也称为共模交流通路）。

由于差分放大电路两管电路对称，对于共模输入信号，两管集电极电位的变化相同，即 $u_{C1} = u_{C2}$，因此，双端共模输出电压

$$u_{oc} = u_{C1} - u_{C2} = 0 \qquad (3.3.14)$$

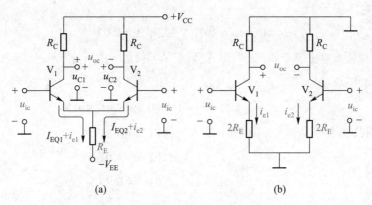

图 3.3.3　差分放大电路共模输入分析

（a）共模输入　（b）共模信号通路

在实际电路中,两管电路不可能完全相同,因此,u_{oc} 不等于零,但要求 u_{oc} 越小越好。把共模输出电压 u_{oc} 与共模输入电压 u_{ic} 之比,定义为差分放大电路的共模电压放大倍数 A_{uc},即

$$A_{uc} = u_{oc} / u_{ic} \tag{3.3.15}$$

显然,完全对称的差分放大电路,$A_{uc} = 0$。

由于温度变化或电源电压波动引起两管集电极电流的变化是相同的,因此可以把它们的影响等效地看作差分放大电路输入端加入共模信号的结果,所以差分放大电路对温度的影响具有很强的抑制作用。另外,伴随输入信号一起引入到两管基极相同的外界干扰信号也都可以看作共模输入信号而被抑制。

实际工作中,差分放大电路两输入信号中既有差模输入信号成分,又有无用的共模输入成分。差分放大电路应该对差模信号有良好的放大能力,而对共模信号有较强的抑制能力。为了表征差分放大电路的这种能力,通常采用共模抑制比 K_{CMR} 这一指标来表示,它为差模电压放大倍数 A_{ud} 与共模电压放大倍数 A_{uc} 之比的绝对值,即

$$K_{CMR} = \left| \frac{A_{ud}}{A_{uc}} \right| \tag{3.3.16}$$

用分贝数表示,则为

$$K_{CMR}(dB) = 20 \lg \left| \frac{A_{ud}}{A_{uc}} \right| \tag{3.3.17}$$

K_{CMR} 值越大,表明电路抑制共模信号的性能越好。当电路两边理想对称、双端输出时,由于 A_{uc} 等于零,故 K_{CMR} 趋于无限大。一般差分放大电路的 K_{CMR} 约为 60 dB,较好的可达 120 dB。

【例 3.3.2】　已知差分放大电路的输入信号 $u_{i1} = 1.01$ V,$u_{i2} = 0.99$ V,试求差模和共模输入电压。若 $A_{ud} = -50$、$A_{uc} = -0.05$,试求该差分放大电路的输出电压 u_o 及 K_{CMR}。

解:（1）求差模和共模输入电压

差模输入电压等于

$$u_{id} = u_{i1} - u_{i2} = 1.01 \text{ V} - 0.99 \text{ V} = 0.02 \text{ V}$$

因此,V_1 管的差模输入电压等于 $u_{id}/2 = 0.01$ V,V_2 管的差模输入电压等于 $-u_{id}/2 = -0.01$ V。

共模输入电压等于

$$u_{ic} = (u_{i1} + u_{i2})/2 = (1.01 \text{ V} + 0.99 \text{ V})/2 = 1 \text{ V}$$

由此可见,当用共模和差模信号表示两个输入电压时,则有

$$u_{i1} = u_{ic} + u_{id}/2 = 1 \text{ V} + 0.01 \text{ V} = 1.01 \text{ V}$$

$$u_{i2} = u_{ic} - u_{id}/2 = 1 \text{ V} - 0.01 \text{ V} = 0.99 \text{ V}$$

（2）求输出电压

差模输出电压 u_{od} 等于

$$u_{od} = A_{ud} u_{id} = -50 \times 0.02 \text{ V} = -1 \text{ V}$$

共模输出电压 u_{oc} 等于

$$u_{oc} = A_{uc} u_{ic} = -0.05 \times 1 \text{ V} = -0.05 \text{ V}$$

在差模和共模信号同时存在的情况下,对于线性放大电路来说,可利用叠加定理来求总的输出电压,故该差分放大电路的输出电压 u_o 等于

$$u_o = A_{ud} u_{id} + A_{uc} u_{ic}$$

$$= -1 \text{ V} - 0.05 \text{ V} = -1.05 \text{ V} \tag{3.3.18}$$

共模抑制比 K_{CMR} 等于

$$K_{CMR} = 20\lg \left| \frac{A_{ud}}{A_{uc}} \right| = 20\lg \frac{50}{0.05} \text{ dB} = 20\lg 1\,000 \text{ dB} = 60 \text{ dB}$$

讨论题 3.3.1

（1）差分放大电路有何特点？何谓差模、共模输入信号？为什么差分放大电路对差模信号有放大作用,而对共模信号有抑制作用？

（2）在差分电路中,公共发射极电阻对共模信号有什么影响？为什么？对差模信号有什么影响？为什么？

（3）何谓共模抑制比？差分放大电路如何提高共模抑制比？

3.3.2 电流源与具有电流源的差分放大电路

由前面分析可知,加大电阻 R_E 可使共模抑制比提高,但 R_E 过大,为了保证晶体管有合适的静态工作点,必须加大负电源 V_{EE} 的值,这显然是不合适的。为了提高差分放大电路对共

模信号的抑制能力,常采用电流源代替 R_E。电流源不仅仅在差分放大电路中使用,而且在模拟集成电路中常用作偏置电路和有源负载。下面先介绍几种常用的电流源电路,然后介绍具有电流源的差分放大电路。

一、电流源与有源负载

1. 电流源电路

图 3.3.4(a)所示为用晶体管构成的电流源基本电路,实际上它就是以前讨论过的具有分压式电流负反馈偏置电路的共发射极电路。当选择合适的 R_{B1}、R_{B2}、R_E,使晶体管工作在放大区时,其集电极电流 I_C 为一恒定值,而与负载 R_L 的大小无关。因此,常把该电路作为输出恒定电流的电流源来使用,用图 3.3.4(b)所示的符号表示,I_0 即为 I_C,其动态电阻很大,可视为开路,故图中没有画出。由图 3.3.4(a)可见,电流源电路只要保证晶体管的管压降 U_{CE} 大于饱和压降,就能保持恒流输出,所以它只需要数伏以上的直流电压就能正常工作。

为了提高电流源输出电流的温度稳定性,常利用二极管来补偿晶体管 U_{BE} 随温度变化的影响,如图 3.3.5(a)所示。当二极管与晶体管发射结具有相同温度系数时,可达到较好的补偿效果。在集成电路中,常用晶体管接成二极管来实现温度补偿作用,如图 3.3.5(b)所示。

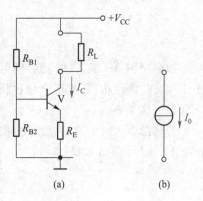

图 3.3.4　晶体管电流源
（a）电路图　（b）符号

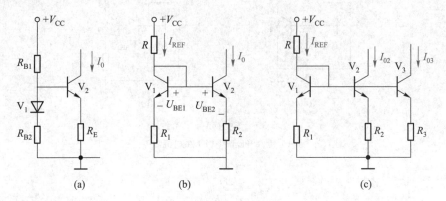

图 3.3.5　比例型电流源
（a）二极管温度补偿电路　（b）比例型电流源　（c）多路输出比例电流源

图 3.3.5(b)所示电路中,I_{REF} 称为基准电流,由于 I_0 与 I_{REF} 成比例,故称为比例型电流源。由图可知

$$I_{REF} \approx \frac{V_{CC} - U_{BE1}}{R + R_1} \tag{3.3.19}$$

当 I_0 与 I_{REF} 相差不多时,$U_{BE1} \approx U_{BE2}$,所以 $I_{REF}R_1 \approx I_0R_2$,由此可得

$$I_0 \approx \frac{R_1}{R_2}I_{REF} \tag{3.3.20}$$

由此可见,比例型电流源中,基准电流 I_{REF} 的大小主要由电阻 R 决定,改变两管发射极电阻的值,可以调节输出电流与基准电流之间的比例。

有时在电路中,可以用一个基准电流来获得多个不同的电流输出,如图 3.3.5(c) 所示,称为多路输出比例电流源。根据以上分析,不难得到

$$I_{02} \approx \frac{R_1}{R_2}I_{REF}, I_{03} \approx \frac{R_1}{R_3}I_{REF}$$

如果把图 3.3.5(b) 中发射极电阻均短路,就可以得到图 3.3.6(a) 所示的镜像电流源。由于 V_1、V_2 特性相同,基极电位也相同,因此它们的集电极电流相等,只要 $\beta >> 1$,则 I_0 与 I_{REF} 之间成镜像关系。

若将图 3.3.5(b) 中 V_1 管发射极电阻 R_1 短路,如图 3.3.6(b) 所示,即构成微电流源。由图 3.3.6(b) 可写出方程

$$I_0R_2 = U_{BE1} - U_{BE2}$$

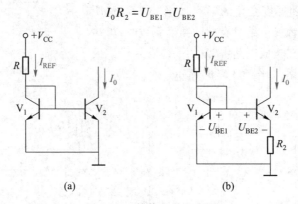

图 3.3.6　镜像和微电流源
（a）镜像电流源　（b）微电流源

则

$$I_0 = \frac{U_{BE1} - U_{BE2}}{R_2}$$

由于 U_{BE1} 与 U_{BE2} 差别很小,只有几十毫伏,甚至更小,用阻值不太大的 R_2,就可以获得微小的工作电流 I_0,如用几千欧的 R_2 就可以得到几十微安的 I_0。

2. 有源负载

以电流源取代电阻作放大电路的负载,称为有源负载。图 3.3.7 所示为采用有源负载的共发射极放大电路,图中,NPN 型管 V_1 为放大管,V_2、V_3 构成 PNP 型管镜像电流源,作为 V_1

管的有源负载。由于 V_2 对直流呈现小的直流电阻,而对信号呈现很大的电阻,这样,V_1 集电极相当于接了一个很大的动态电阻,从而显著提高了 V_1 管的电压放大倍数。同时电流源又为 V_1 管设置了静态电流 I_{CQ1} ($= I_{CQ2} = I_{REF}$)。由此可见,用电流源作负载可以在不提高电源电压的条件下,获得合适的静态工作点电流,且有较高的电压增益和较宽的动态范围,所以它在模拟集成电路中得到广泛的应用。

二、具有电流源的差分放大电路

采用晶体管构成的电流源来代替电阻 R_E 的差分放大电路如图 3.3.8(a) 所示。图中 V_3、V_4 管构成比例电流源电路,R_1、V_4、R_2 构成基准电流电路,由图可求得

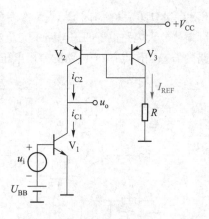

图 3.3.7 共发射极有源负载放大电路

$$I_{REF} = \frac{V_{EE} - U_{BE4}}{R_1 + R_2}$$

$$I_{C3} = I_0 \approx I_{REF} \frac{R_2}{R_3}$$

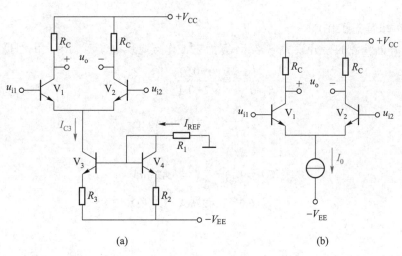

(a)　　　　　　　　　　(b)

图 3.3.8　具有电流源的差分放大电路

(a) 电路　(b) 简化电路

可见,当 R_1、R_2、R_3、V_{EE} 一定时,I_{C3} 就为一恒定的电流。由于电流源有很大的动态电阻,故采用电流源的差分放大电路其共模抑制比可提高 $1 \sim 2$ 个数量级,所以在集成电路中得到了广泛应用。图 3.3.8(b) 示出了这种电路的简化画法。

【例 3.3.3】 差分放大电路如图 3.3.9(a) 所示,设 $V_1 \sim V_4$ 的 $\beta = 100$,$r_{bb'} = 200\ \Omega$,$R_C = 7.5\ \text{k}\Omega$,

$R_1 = 6.2\ \text{k}\Omega$，$R_2 = R_3 = 100\ \Omega$，$V_{CC} = V_{EE} = 6\ \text{V}$，电位器 $R_P = 100\ \Omega$，构成发射极调零电路，用它来消除实际差分放大电路由于两边电路不完全对称而产生的零输入时非零输出的失调现象。试求：（1）电路的静态工作点；（2）电路的差模电压放大倍数 A_{ud}、R_{id}、R_o。

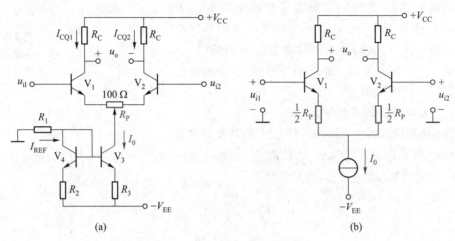

图 3.3.9　具有调零的差分放大电路
（a）电路　（b）简化电路

解：（1）求静态工作点

对于具有电流源的差分放大电路，计算静态工作点应从电流源入手。由图可得

$$I_{REF} = \frac{V_{EE} - U_{BE4}}{R_1 + R_2} = \frac{6 - 0.7}{6.2 + 0.1}\ \text{mA} \approx 0.84\ \text{mA}$$

$$I_0 = \frac{R_2}{R_3} I_{REF} = 0.84\ \text{mA}$$

因此

$$I_{CQ1} = I_{CQ2} = \frac{1}{2} I_0 = 0.42\ \text{mA}$$

$$U_{CQ1} = U_{CQ2} = 6\ \text{V} - 0.42\ \text{mA} \times 7.5\ \text{k}\Omega = 2.85\ \text{V}$$

（2）求 A_{ud}、R_{id}、R_o

先求得

$$r_{be1} = r_{be2} = r_{bb'} + (1+\beta)\frac{U_T}{I_{EQ1}} = 200\ \Omega + 101 \times \frac{26}{0.42}\ \Omega = 6.45\ \text{k}\Omega$$

由于 R_P 不在差分放大电路公共发射极电路中，因此它对每边都产生负反馈。假定 R_P 的动触点置于中间位置，即 V_1、V_2 发射极各接电阻 50 Ω，如图 3.3.9（b）所示，可得差模电压放大倍数

$$A_{ud} = \frac{-\beta R_C}{r_{be1} + (1+\beta)\frac{1}{2}R_P} = \frac{-100 \times 7.5\ \text{k}\Omega}{(6.45 + 101 \times 0.05)\ \text{k}\Omega} = -65$$

差模输入、输出电阻分别为

$$R_{id} = 2\left[r_{be1} + (1+\beta)\frac{1}{2}R_P \right] = 2 \times (6.45 + 101 \times 0.05) \ k\Omega$$

$$= 23 \ k\Omega$$

$$R_o = 2 \times R_C = 2 \times 7.5 \ k\Omega = 15 \ k\Omega$$

讨论题 3.3.2

（1）电流源电路有什么特点？它在模拟集成电路中有何应用？

（2）差分放大电路中为什么要用电流源代替公共发射极电阻 R_E？

3.3.3 差分放大电路的输入、输出方式

一、差分放大电路的单端输入、输出方式

以上所讨论的差分放大电路均采用双端输入和双端输出方式，在实际使用中，有时需要单端输出或单端输入方式。当信号从一只晶体管的集电极输出，负载电阻 R_L 一端接地，称为单端输出方式。两个输入端中有一个端子直接接地的输入方式，称为单端输入方式。表 3.3.1 列出了差分放大电路的四种连接方式及性能，以供使用参考。

1. 单端输出

表 3.3.1 中图（c）、（d）所示为负载电阻 R_L 接于 V_1 管集电极的单端输出方式，由于输出电压 u_o 与输入电压 u_i 相反，故称为反相输出。若负载电阻 R_L 接于 V_2 管的集电极与地之间，信号由 V_2 管集电极输出，这时输出电压 u_o 与输入电压 u_i 相同，称为同相输出。由于差分放大电路单端输出时，只取一管集电极电压变化量输出，仅为双端电压的一半，所以由图（c）、（d）可得 $u_o = u_{o1}$，则反相单端输出的差模电压放大倍数为

$$A_{ud}(单端) = \frac{u_o}{u_i} = \frac{u_{o1}}{2u_{i1}} = -\frac{1}{2}\frac{\beta(R_C /\!/ R_L)}{r_{be}} \quad \text{①} \qquad (3.3.21)$$

单端输出时共模电压放大倍数为单端输出共模电压 u_{oc1}（或 u_{oc2}）与差分放大电路的共模输入电压 u_{ic} 之比，即

$$A_{uc}(单端) = \frac{u_{oc1}}{u_{ic}} \qquad (3.3.22)$$

---

① 若 u_o 由 V_2 取出，同相单端输出时差模电压放大倍数为

$$A_{ud}(单端) = \frac{u_o}{u_i} = \frac{u_{o2}}{2u_{i1}} = \frac{-u_{o1}}{2u_{i1}} = \frac{1}{2}\frac{\beta(R_C /\!/ R_L)}{r_{be}}$$

表 3.3.1 差分放大电路四种连接方式及其性能比较

连接方式	双端输出		单端输出	
	双端输入	单端输入	双端输入	单端输入
典型电路	(a)	(b)	(c)	(d)
差模电压放大倍数	$A_{ud}=\dfrac{u_o}{u_i}=\dfrac{-\beta R'_L}{r_{be}}$ $R'_L=R_C//\dfrac{R_L}{2}$		$A_{ud}=\dfrac{u_o}{u_i}=-\dfrac{1}{2}\dfrac{\beta R'_L}{r_{be}}$ $R'_L=R_C//R_L$	
共模电压放大倍数	$A_{uc}=\dfrac{u_{oc}}{u_{ic}}\to 0$		$A_{uc}=\dfrac{u_{oc1}}{u_{ic}}$ 很小	
共模抑制比	$K_{CMR}=\left|\dfrac{A_{ud}}{A_{uc}}\right|\to\infty$		$K_{CMR}=\left|\dfrac{A_{ud}}{A_{uc}}\right|$ 高	
输出电阻	$R_o\approx 2R_C$		$R_o\approx R_C$	
差模输入电阻	$R_{id}=2r_{be}$			
用途	适用于输入、输出都不需接地、对称输入、对称输出的场合	适用于单端输入转为双端输出场合	适用于双端输入转换为单端输出的场合	适用于输入、输出电路中需要有公共接地的场合

此时,差分放大电路的共模抑制比为

$$K_{CMR} = \left| \frac{A_{ud}(\text{单端})}{A_{uc}(\text{单端})} \right| \tag{3.3.23}$$

在单端输出差分放大电路中,非输出管可以通过发射极电流源来帮助输出管减小共模信号输出,所以非输出管是必不可少的。当然,这种电路由于二者的零点漂移不能在输出端互相抵消,所以其共模抑制比要比双端输出小,但由于有发射极电流源对共模信号产生很强的抑制作用,其零点漂移仍然是很小的。

由表 3.3.1 中图(c)、(d)可见,单端输出时,差分放大电路的差模输入电阻与输出方式无关,而输出电阻 R_o 为双端输出时的一半,即

$$R_o(\text{单端}) \approx R_C \tag{3.3.24}$$

2. 单端输入

表 3.3.1 中图(b)、(d)所示差分放大电路单端输入时,相当于实际输入信号 $u_{i1} = u_i$、$u_{i2} = 0$,两个输入端之间的差模输入信号就等于 u_i。由此可见,不管是双端输入方式,还是单端输入方式,差分放大电路的差模输入电压始终是两个输入端电压之差值。因此,差模电压放大倍数与输入端的连接方式无关。同理,差分放大电路的差模输入电阻、输出电阻以及共模抑制比等也与输入端的连接方式无关。

【例 3.3.4】 单端输入、单端输出差分放大电路如图 3.3.10(a)所示,已知晶体管 V_1、V_2 特性相同,$\beta = 120$,$U_{BEQ} = 0.7$ V,$r_{bb'} = 200$ Ω,$V_{CC} = V_{EE} = 12$ V,试求:(1) V_1、V_2 的静态工作点 I_{CQ1}、I_{CQ2} 及 U_{CQ1}、U_{CQ2};(2) 单端输出差模电压放大倍数、差模输入电阻及输出电阻;(3) 单端输出共模放大倍数及共模抑制比。

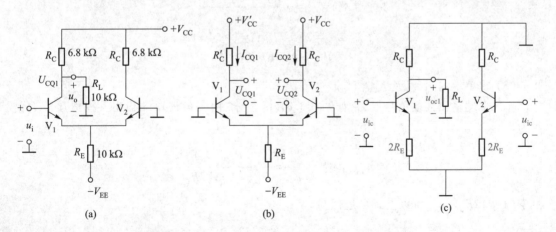

图 3.3.10 单端输入单端输出差分放大电路
(a) 电路 (b) 直流通路 (c) 单端输出共模信号通路

解:(1)求静态工作点

由于负载 R_L 接于 V_1 管集电极,所以差分电路两管输出回路不对称,画出图 3.3.10(a)的直流通路,如图 3.3.10(b)所示。图中 V'_CC 和 R'_C 是利用戴维宁定理进行变换后得到的等效电源和电阻,它们分别等于

$$V'_\text{CC} = \frac{R_\text{L}}{R_\text{C}+R_\text{L}}V_\text{CC} = \frac{10}{6.8+10}\times 12 \text{ V} = 7.1 \text{ V}$$

$$R'_\text{C} = R_\text{C}\,/\!/\,R_\text{L} = 4.05 \text{ k}\Omega$$

由图 3.3.10(b)可知

$$I_\text{CQ1} = I_\text{CQ2} = \frac{V_\text{EE}-U_\text{BEQ}}{2R_\text{E}} = \frac{(12-0.7) \text{ V}}{2\times 10 \text{ k}\Omega} = 0.565 \text{ mA}$$

$$U_\text{CQ1} = V'_\text{CC} - I_\text{CQ1}R'_\text{C} = 7.1 \text{ V} - 0.565 \text{ mA}\times 4.05 \text{ k}\Omega = 4.8 \text{ V}$$

$$U_\text{CQ2} = V_\text{CC} - I_\text{CQ2}R_\text{C} = 12 \text{ V} - 0.565 \text{ mA}\times 6.8 \text{ k}\Omega = 8.2 \text{ V}$$

可见,$U_\text{CQ1} \neq U_\text{CQ2}$。

(2)求单端输出 A_{ud}、R_{id} 和 R_o

先求得

$$r_\text{be} = r_{bb'} + (1+\beta)\frac{U_\text{T}}{I_\text{EQ1}} = \left(200+121\times\frac{26}{0.565}\right) \Omega = 5.77 \text{ k}\Omega$$

所以

$$A_{ud}(\text{单端}) = \frac{u_\text{o}}{u_\text{i}} = -\frac{1}{2}\frac{\beta(R_\text{C}\,/\!/\,R_\text{L})}{r_\text{be}} = -42$$

$$R_{id} = 2r_\text{be} = 2\times 5.77 \text{ k}\Omega = 11.54 \text{ k}\Omega$$

$$R_\text{o} = R_\text{C} = 6.8 \text{ k}\Omega$$

(3)求单端输出 A_{uc} 及 K_CMR

作出单端输出共模信号通路,如图 3.3.10(c)所示,由图可得单端输出共模电压放大倍数为

$$A_{uc}(\text{单端}) = \frac{u_\text{oc1}}{u_\text{ic}} = -\frac{\beta(R_\text{C}\,/\!/\,R_\text{L})}{r_\text{be}+(1+\beta)2R_\text{E}}$$

由于 $(1+\beta)2R_\text{E}\gg r_\text{be}$,所以上式可近似为

$$A_{uc}(\text{单端}) \approx -\frac{R_\text{C}\,/\!/\,R_\text{L}}{2R_\text{E}} = -0.2$$

所以

$$K_{\mathrm{CMR}} = \left| \frac{A_{ud}(单端)}{A_{uc}(单端)} \right| = \frac{42}{0.2} = 210(即\ 46\ \mathrm{dB})$$

二、双端变单端的转换电路

前面指出,与单端输出方式相比,双端输出具有良好的抑制共模信号的作用,而且增益是单端输出的两倍,双端输出方式的性能优于单端输出方式。但是,在实际电路中往往是希望既有双端输出的优点,又有负载一端接地的单端输出形式。为了实现这个目的,可采用双端变单端的转换电路。

具有双端变单端功能的电路形式很多,图 3.3.11(a)所示是利用镜像电流源作差分放大电路的有源负载,实现双端变单端的转换。图 3.3.11(a)中 V_1、V_2 为差分放大对管,V_3、V_4 构成镜像电流源,分别为 V_1、V_2 的有源负载。在输入差模电压 u_i 的作用下,V_1、V_2 管的集电极差模电流 i_{c1} 与 i_{c2} 同值,方向如图 3.3.11(a)所示。由于 $i_{c3} = i_{c1}$,V_3 与 V_4 为镜像电流源,所以,$i_{c4} = i_{c3} = i_{c1}$,由图可见,这时差分放大电路单端输出端的电流 $i_L = i_{c2} + i_{c4} = i_{c2} + i_{c1} = 2i_{c1}$,可见,输出电流是单管输出电流的 2 倍,从而实现了单端输出方式而具有双端输出的电压,即 $u_o = 2i_{c1}R_L$。

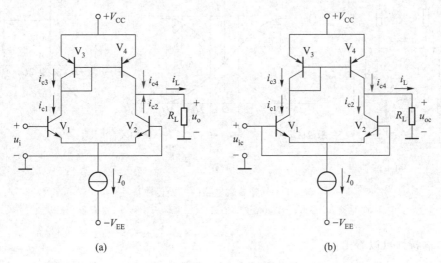

图 3.3.11 双端变单端电路
(a) 差模输入 (b) 共模输入

当输入共模信号,如图 3.3.11(b)所示,V_1、V_2 管产生共模电流 $i_{c1} = i_{c2}$,由于 $i_{c3} = i_{c1}$、V_3 与 V_4 为镜像电流源,所以 $i_{c4} = i_{c3} = i_{c1}$,这样流向负载 R_L 的共模输出电流 $i_L = i_{c4} - i_{c2} = 0$,则共模输出电压 $u_{oc} = 0$。

上述分析说明,图 3.3.11(a)所示差分放大电路虽为单端输出电路形式,却具有双端输出的特性。

讨论题 3.3.3 差分放大电路中,单端输出与双端输出在性能上有何异同? 单端输入与双端输入在性能上有何异同?

3.3.4 差分放大电路的差模传输特性及应用

一、差分放大电路的差模传输特性

前面只对小信号线性工作时差分放大电路的特性进行了分析,而当大信号工作时,差分放大电路的特性将会发生变化,为了对差分放大电路性能有全面的了解,下面对差分放大电路的差模传输特性进行讨论。

传输特性表示差分放大电路的输出电流(或电压)随差模输入电压变化的关系曲线。在图 3.3.12(a)所示差分放大电路中,两输入端之间接入极性和大小可调的直流差模输入电压 u_{ID},测出差分放大管 V_1、V_2 集电极电流 i_{C1}、i_{C2} 的变化曲线,如图 3.3.12(b)所示,由图 3.3.12(b)不难得到 $(i_{C1}-i_{C2})$ 与 u_{ID} 曲线,如图 3.3.12(c)所示。

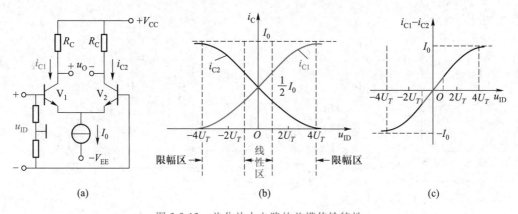

(a)   (b)   (c)

图 3.3.12 差分放大电路的差模传输特性

(a) 电路   (b) i_{C1}、i_{C2} 与 u_{ID} 关系曲线   (c) $(i_{C1}-i_{C2})$ 与 u_{ID} 关系曲线

由传输特性可以看出:

(1) 差分放大电路两管集电极电流之和恒等于电流源电流 I_0,因此,当其中一管电流增大时,另一管电流必将相应减小,且增减量相等。当输入差模电压 $u_{ID}=0$ 时,放大管处于静态,这时 $i_{C1}=i_{C2}=I_0/2$,即 $i_{C1}=I_{CQ1}$,$i_{C2}=I_{CQ2}$,且 $I_{CQ1}=I_{CQ2}=I_0/2$。

(2) 当差模输入电压 u_{ID} 在 $0 \sim \pm U_T$(± 26 mV)时,差模输出 $(i_{C1}-i_{C2})$ 与差模输入电压呈线性关系。传输特性的斜率就反映差分放大电路的差模放大特性,I_0 越大,传输特性的斜率越大,差模增益也越大。作为小信号线性放大,输入差模信号电压必须在 ± 26 mV 之内。在差分放大管 V_1、V_2 的发射极分别串接相同的负反馈电阻,可扩展差模传输特性的线性范围,但此时增益将会下降。

（3）当差模输入电压超过$\pm 4U_T$（在室温下约为± 100 mV）时，传输特性已趋于一水平线，这表明一管已截止，I_0几乎全部流入另一管，此时差模输出不再随输入差模电压而变，趋于恒定，差分放大电路进入非线性区，而具有良好的限幅特性。

二、差分放大电路的应用

差分放大电路应用十分广泛，除用于小信号放大外，还可以用它实现许多其他功能，现将差分放大电路的主要应用概括如下：

（1）用作多级放大电路的输入级。特别在集成运算放大器中输入级均采用差分放大电路，利用差分电路的对称性可以减小温度漂移，提高整个电路的共模抑制比。

（2）用以构成自动增益控制电路和模拟相乘电路。通过控制电流源电流来控制差分放大电路的增益，可实现自动增益控制；如果使电流源电流与某个输入电压成正比，即可实现两个模拟信号电压的相乘，这在变跨导集成模拟乘法器中广泛应用。

（3）用以构成大信号限幅电路和电流开关电路。差分放大电路在大信号差模输入电压的作用下，差分放大管V_1、V_2交替工作在截止和放大状态，不会进入饱和区，从而避免了因饱和而带来的存储时间，提高了开关速度。

（4）用以构成波形变换电路。利用差分放大电路的非线性传输特性，可将三角波变换成正弦波。

讨论题 3.3.4

（1）差分放大电路的差模传输特性有何主要特点？说明差分放大电路用作线性放大时对差模输入电压的大小有何要求？电流源电流I_0对差分放大特性有何影响？

（2）试根据图 3.3.12（c）作出 $u_O = f(u_{ID})$ 传输特性曲线，并说明差分放大电路的应用。

3.3.5 差分放大电路仿真

一、基本差分放大电路仿真分析

在 Multisim 中构建电路如图 3.3.13 所示。晶体管 $\beta = 80$，$r_{bb'} = 200\ \Omega$，通过按键"A"切换开关 J1，可实现信号的差模输入或共模输入。

微视频 3.4：
基本差分放大电路
仿真分析

1. 双端输出特性的仿真

（1）输入、输出波形的观测

设置函数发生器使其产生幅值为 10 mV、频率为 2 kHz 的正弦波，开关 J1 与左边相连，构成双端输入（此时节点 1 和节点 2 之间信号的幅值为 20 mV）、双端输出方式。运行仿真，示波器波形如图 3.3.14 所示，输出与输入信号反相；若将示波器通道 B 的"+""－"端分别接节点 4 和节点 6，则输出与输入同相。

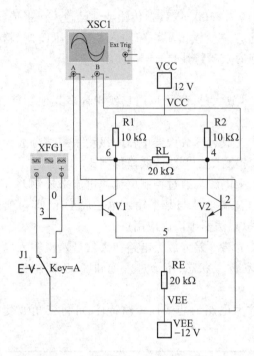

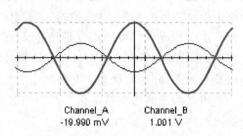

图 3.3.13　基本差分放大电路仿真电路　　　　图 3.3.14　输入、输出波形

（2）静态工作点的测量

断开函数发生器与晶体管 V_1、V_2 的连接，将 V_1、V_2 的基极直接与地相连，利用万用表测量图中节点 4、5、6 与地之间的直流电压，分别为 9.22 V、−741.792 mV 和 9.22 V。即

$$U_{CQ1} = U_{CQ2} = 9.22 \text{ V}$$

$$U_{BEQ} = 741.792 \text{ mV}$$

$$I_{CQ1} = I_{CQ2} = \frac{V_{EE} - U_{BEQ}}{2R_E} = \left(\frac{12 - 0.742}{2 \times 20} \right) \text{ mA} \approx 0.281 \text{ mA}$$

（3）差模特性的测量

接入函数发生器（设置产生幅值为 10 mV、频率为 2 kHz 的正弦波信号），用万用表测量节点 1 和 2 之间、6 和 4 之间的交流电压有效值，分别为 14.142 mV（记作 U_{id}）和 715.748 mV（记作 U_{od}）；移除 R_L，再次测量节点 6 和 4 之间的电压，为 1.431 V（记作 U_{ot}）。在节点 1 与函数发生器输出端之间、节点 2 和开关 J1 之间各串联一个 0.5 kΩ 的电阻（记作 $R_s/2$），运行仿真，再次测量节点 1 和节点 2 之间的电压为 13.298 mV（记作 U_{id}'）。计算可得

差模电压放大倍数

$$A_{ud} = -\frac{U_{od}}{U_{id}} = -\frac{715.748}{14.142} \approx -51$$

差模输出电阻

$$R_o = \left(\frac{U_{ot}}{U_{od}} - 1 \right) R_L = \left(\frac{1\,431}{715.748} - 1 \right) \times 20 \text{ k}\Omega \approx 20 \text{ k}\Omega$$

差模输入电阻

$$R_{id} = \frac{U'_{id}}{U_{id} - U'_{id}} R_S = \frac{13.298}{14.142 - 13.298} \times 1 \text{ k}\Omega \approx 15.8 \text{ k}\Omega$$

若断开 V_2 与函数发生器之间的连接,将 V_2 的基极接地,构成单端输入、双端输出方式。设置函数发生器使其产生幅值为 20 mV、频率为 2 kHz 的正弦信号,重复上述测量、计算过程,所得数据不变。可见,无论是单端输入还是双端输入,差分放大电路的差模电压放大倍数、输入电阻、输出电阻是相同的。

(4) 共模特性的测量

开关 J1 与右边相连,构成共模输入方式,使函数发生器产生幅值为 200 mV、频率为 2 kHz 的正弦波,用作共模输入信号。运行仿真,用万用表测量节点 1 和 0 之间的交流电压为141.421 mV(记作 U_{ic}),测量显示节点 6 和节点 4 之间的电压即输出电压几乎为 0(记作 U_{oc})。因此双端输出时的共模电压放大倍数为 0,共模抑制比接近无穷大。

2. 单端输出特性的仿真

(1) 静态工作点的测量

将图 3.3.13 中电路改变成如图 3.3.15 所示,构成单端输出电路,其中的 R_L 变成了 10 kΩ。

静态时,测量得到节点 3、5、6 和地之间的电压分别为−741.792 mV、4.61 V、9.22 V。即得

$$U_{CQ1} = 4.61 \text{ V}$$

$$U_{CQ2} = 9.22 \text{ V}$$

$$I_{CQ1} = I_{CQ2} \approx 0.281 \text{ mA}$$

(2) 差模特性的测量

输入信号仍为幅值 10 mV、频率 2 kHz 的正弦波,仿真图 3.3.15 所示电路。示波器波形显示输出与输入之间反相。

利用万用表测量输入、输出交流电压有效值得 U_{id} = 14.142 mV, U_{od} = 357.876 mV, U_{ot} = 715.748 mV。在节点 1 与函数发生器输出端之间、节点 2 和开关之间串联 0.5 kΩ 的电阻(记

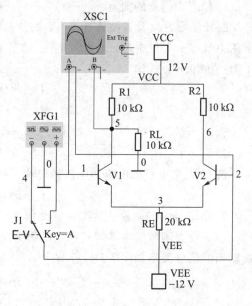

图 3.3.15　单端输出的差分放大电路

作 $R_s/2$)后运行仿真,测量节点 1 和节点 2 之间的电压为 13.298 mV(记作 U'_{id})。计算可得

差模电压放大倍数 $\qquad A_{ud} = -\dfrac{U_{od}}{U_{id}} = -\dfrac{357.876}{14.142} \approx -25$

差模输出电阻 $\qquad R_o = \left(\dfrac{U_{ot}}{U_{od}} - 1 \right) R_L = \left(\dfrac{715.748}{357.786} - 1 \right) \times 10 \text{ k}\Omega \approx 10 \text{ k}\Omega$

差模输入电阻 $\qquad R_{id} = \dfrac{U_i}{I_i} = \dfrac{U'_{id}}{U_{id} - U'_{id}} R_S = \dfrac{13.298}{14.142 - 13.298} \times 1 \text{ k}\Omega \approx 15.8 \text{ k}\Omega$

(3)共模特性的测量

开关 J1 与右边相连,构成共模输入方式,使函数发生器产生幅值为 200 mV、频率为 2 kHz 的正弦波,用作共模输入信号。运行仿真,用万用表分别测量节点 1 和 0 之间、5 和 0 之间的交流电压,示数为 141.421 mV(记作 U_{ic})和 17.418 mV(记作 U_{oc})。计算可得单端输出时

共模电压放大倍数 $\qquad A_{uc} = -\dfrac{U_{oc}}{U_{ic}} = -\dfrac{17.418}{141.421} \approx -0.123$

共模抑制比 $\qquad K_{CMR} = \left| \dfrac{A_{ud}}{A_{uc}} \right| = \dfrac{25}{0.123} \approx 203$

二、具有电流源的差分放大电路仿真分析

在 Multisim 中构建电路如图 3.3.16 所示,晶体管 $\beta = 100$,$r_{bb'} = 200 \ \Omega$。

1. 静态工作点的测量

断开函数发生器与晶体管 V_1、V_2 的连接,将 V_1、V_2 的基极直接与地相连,利用万用表测量图中节点 1、2 与地之间的直流电压,调节 R_P 使之为 7.78 V,同时测得节点 5 与地之间的电压为 -706.996 mV。即

$$U_{CQ1} = U_{CQ2} = 7.78 \text{ V}$$

$$U_{EQ} = -706.996 \text{ mV}$$

$$I_{CQ1} = I_{CQ2} = \frac{V_{CC} - U_{CQ2}}{R_2} = \left(\frac{12 - 7.78}{12} \right) \text{ mA} \approx 0.35 \text{ mA}$$

流经 V_3 集电极的电流即电流源电流

$$I_0 \approx 2 \times I_{CQ1} = 0.7 \text{ mA}$$

2. 小信号时的差模放大特性的测量

(1)设置函数发生器使其产生幅值为 7.5 mV、频率为 1 kHz 的正弦波,差模双端输入、双端输出的信号波形如图 3.3.17(a)所示。由图可得

$$A_{ud} = -\frac{2.321 \text{ V}}{14.99 \text{ mV}} \approx -155$$

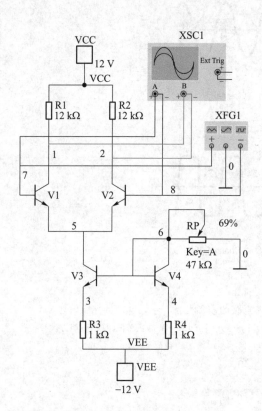

图 3.3.16　具有电流源的差分
电路仿真电路

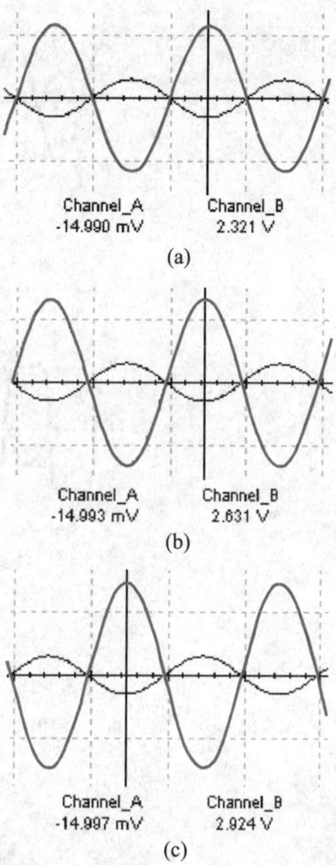

图 3.3.17　小信号时的输入、输出波形
(a) $I_0 \approx 0.7$ mA　(b) $I_0 \approx 0.8$ mA　(c) $I_0 \approx 0.9$ mA

（2）在 V_1、V_2、V_3 集电极上各放置一个测量探针，仿真时将动态显示 V_1、V_2、V_3 集电极上的电压和电流值。运行仿真，可见 V_3 集电极上的电压、电流值保持不变，与静态时相同；V_1、V_2 集电极上的电压、电流按相反的规律变化，V_1 集电极上的电流增大（或减小），V_2 集电极上的电流就减小（或增大），且二者之和与 V_3 集电极上的电流基本相等。

（3）维持输入信号不变，观察 V_3 集电极上的测量探针，调节 R_P 使电流源电流 I_0 分别约为 0.8 mA、0.9 mA，即得输入、输出波形如图 3.3.17(b)、(c) 所示，可见输出信号的幅度随着 I_0 的增大而增大。由图 3.3.17(b)、(c) 可分别求得 A_{ud} 为 −175、−195，表明差分放大电路输入小信号时，A_{ud} 与 I_0 成正比变化。

3. 大信号时差分放大电路的波形变换作用

保持输入信号频率 1 kHz 不变，改变其幅值与波形，运行仿真，输入、输出波形如图 3.3.18(a)、(b) 所示。当输入幅值 45 mV 的三角波时，被非线性放大，输出信号近似正弦波；输入幅值 120 mV 的正弦波时，输出信号被限幅，近似方波。

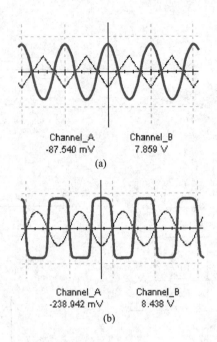

Channel_A
-87.540 mV

Channel_B
7.859 V

(a)

Channel_A
-238.942 mV

Channel_B
8.438 V

(b)

图 3.3.18 差分放大电路的波形变换

（a）输入幅值 45 mV 的三角波,输出近似正弦波 （b）输入幅值 120 mV 的正弦波,输出近似方波

小 结

微视频 3.5:
3.3 小结

随 堂 测 验

3.3.1 填空题

1. 差分放大电路对_____信号具有放大作用,对_____信号具有很强的抑制作用。差分放大电路的零点漂移很_____。

2. 某差分放大电路的两个输入端电压分别为 $u_{i1} = 30$ mV,$u_{i2} = 10$ mV,则该电路的差模输入电压 u_{id} 为_____mV,共模输入电压 u_{ic} 为_____mV。

3. 差模电压放大倍数与共模电压放大倍数之比的绝对值称为_____,该值越大,表明电路对_____能力越强。

4. 当差分放大电路输入端加入大小相等、极性相反的信号时,称为_____输入;当加入大小和极性都相同的信号时,称为_____输入。

3.3.2 单选题

1. 选用差分放大电路的主要原因是_____。

A. 减小温漂　　　　　　　　B. 提高输入电阻

C. 减小失真　　　　　　　　D. 稳定放大倍数

2. 差分放大电路中的发射极公共电阻改为电流源可以提高_____。

A. 差模电压增益　　　　　　B. 共模电压增益

C. 差模输入电阻　　　　　　D. 共模抑制比

3. 对电流源而言,下列说法不正确的为_____。

A. 可以用作偏置电路　　　　B. 可以用作有源负载

C. 交流电阻很大　　　　　　D. 直流电阻很大

4. 差分放大电路空载时由双端改为单端输入,则差模电压放大倍数_____。

A. 不变　　　　　　　　　　B. 提高一倍

C. 提高两倍　　　　　　　　D. 减小为原来的一半

5. 图 3.3.19 所示放大电路中,下述选项有错误的是_____。

A. 双端输入双端输出电路

B. 零输入时零输出

C. $I_{EE} = \dfrac{V_{EE} - U_{BEQ}}{R_E}$

　　$I_{CQ1} = I_{CQ2} \approx I_{EE}/2$

　　$U_{CQ1} = U_{CQ2} = V_{CC} - I_{CQ1}R_C$

D. $A_{ud} = \dfrac{-\beta(R_C//R_L)}{r_{be}}$

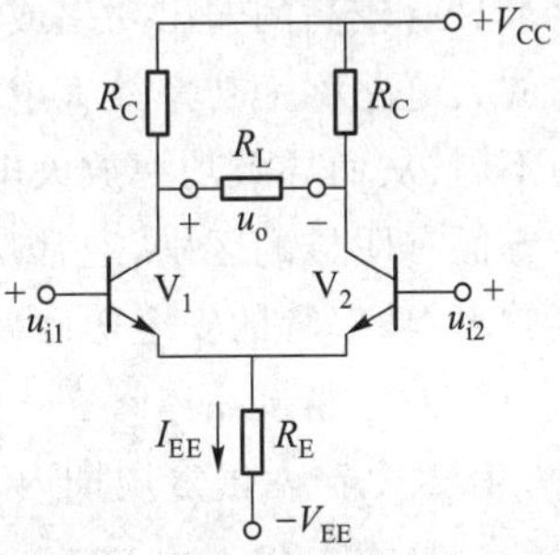

图 3.3.19

6. 图 3.3.20 所示放大电路中,下述选项有错误的是_____。

A. 单端输入双端输出电路

B. $I_{CQ1} = I_{CQ2} = I_0/2$

　　$U_{CQ1} = U_{CQ2} = V_{CC} - I_{CQ1}R_C$

C. $A_{ud} = \dfrac{u_o}{u_i} = \dfrac{-\beta\left[R_C//\dfrac{R_L}{2}\right]}{r_{be}}$

D. $R_{id} = r_{be}$

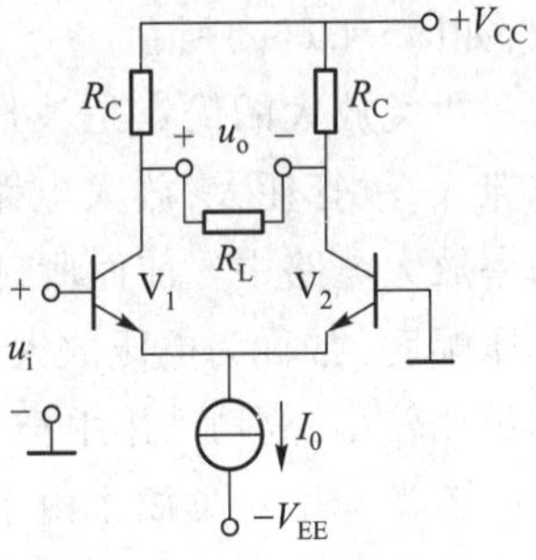

3.3.3 是非题(对打√;错打×)

1. 共模信号是直流信号,差模信号是交流信号。(　　　)

2. 双端输出差分放大电路主要利用电路的对称性来抑制零点漂移。(　　　)

图 3.3.20

3. 差分放大电路单端输出时,主要靠发射极公共支路上电流源的恒流特性来抑制零点漂移。(　　　)

4. 差分放大电路发射极公共电阻对差模信号有很强的负反馈作用。(　　　)

5. 空载时差分放大电路单端差模输出电压放大倍数是双端输出时的一半。(　　　)

3.4 互补对称功率放大电路

基本要求 （1）了解功率放大电路的特点、类型；（2）理解乙类和甲乙类功率放大电路的组成、工作原理、功率与效率的计算；（3）理解复合管的组成与特点。

学习指导 重点：OCL电路的组成、工作原理、功率与效率的计算。提示：注意功率放大与电压放大电路的区别。以乙类OCL电路为切入点学习功率放大工作原理与分析计算，然后通过与乙类OCL电路进行比较，学习OTL电路和甲乙类功率放大电路。

3.4.1 功率放大电路的特点与分类

在多级放大电路的末级，集成功率放大器、集成运算放大器等模拟集成电路的输出级，要求具有较高的输出功率或要求具有较大的输出动态范围。这类主要用于向负载提供功率的放大电路称为功率放大电路。它与前面所讨论的主要用于放大小信号的电压放大电路作用不同，从而导致功率放大电路与电压放大电路在性能要求、电路组成、工作状态、分析方法等方面有明显的区别，通常功率放大电路主要研究电路的输出功率、电源供给功率、能量转换效率、功率管的安全等问题。

放大电路按晶体管在一个信号周期内导通时间的不同，可分为甲类、乙类以及甲乙类放大。在整个输入信号周期内，管子都有电流流通，称为甲类放大，如图3.4.1（a）所示，此时晶体管的静态工作点电流 I_{CQ} 比较大；在一个周期内，管子只有半周期有电流流通，称为乙类放大，如图3.4.1（b）所示；当一周期内有半个多周期有电流流通，称为甲乙类放大，如图3.4.1（c）所示。

甲类放大的优点是波形失真小，但由于静态工作点电流大，故管耗大，放大电路效率低，所以它主要用于小功率放大电路中。前面所讨论的放大电路主要用于增大电压幅度（常称为电压放大电路），一般输入、输出信号幅度都比较小，故均采用甲类放大。

乙类与甲乙类放大由于管耗小，放大电路效率高，在功率放大电路中获得广泛应用。由于乙类与甲乙类放大输出波形失真严重，所以在实际电路中均采用两管轮流导通的推挽电路来减小失真。

功率放大电路的类型很多，目前电子电路中广泛采用乙类（或甲乙类）互补对称功率放大电路，所以这里只对乙类（或甲乙类）互补对称功率放大电路进行分析。

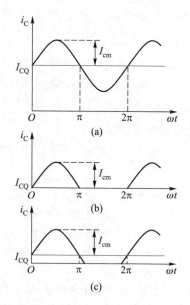

图3.4.1 放大电路的工作状态
（a）甲类 （b）乙类 （c）甲乙类

讨论题 3.4.1
（1）功率放大电路与电压放大电路有何区别？
（2）如何区分晶体管工作在甲类、乙类和甲乙类放大状态？乙类放大电路效率为什么比甲类高？

3.4.2 乙类双电源互补对称功率放大电路

一、电路组成及工作原理

采用正、负电源构成的乙类互补对称功率放大电路如图 3.4.2（a）所示，V_1 和 V_2 分别为 NPN 型管和 PNP 型管，两管的基极和发射极分别连在一起，信号从基极输入，从发射极输出，R_L 为负载。要求两管特性相同，且 $V_{CC} = V_{EE}$。

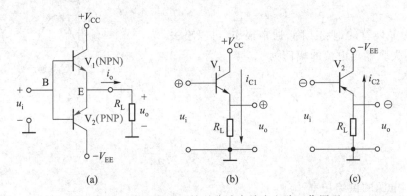

图 3.4.2 乙类双电源互补对称功率放大电路工作原理
（a）基本电路 （b）u_i 正半周，V_1 导通 （c）u_i 负半周，V_2 导通

静态，即 $u_i = 0$ 时，V_1 和 V_2 均处于零偏置，两管的 I_{BQ}、I_{CQ} 均为零，因此，输出电压 $u_o = 0$，此时电路不消耗功率。

当放大电路有正弦信号 u_i 输入时：当 u_i 为正半周，V_2 因发射结反偏而截止，V_1 因正偏而导通，V_{CC} 通过 V_1 向 R_L 提供电流 i_{C1}，产生输出电压 u_o 的正半周，如图 3.4.2（b）所示；当 u_i 为负半周，V_1 因发射结反偏而截止，V_2 因正偏而导通，$-V_{EE}$ 通过 V_2 向 R_L 提供电流 i_{C2}，产生输出电压 u_o 的负半周，如图 3.4.2（c）所示。由此可见，由于 V_1、V_2 管轮流导通，相互补足对方缺少的半个周期，R_L 上仍得到与输入信号波形相接近的电流和电压，如图 3.4.3 所示，故称这种电路为乙类互补对称放大电路。又因为静态时公共发射极电位为零，不必采用电容耦合，故又简称为 OCL 电路。由图 3.4.2（b）、（c）可见，互补对称放大电路是由两个工作在乙类的射极输出器所组成，所以输出电压 u_o 的大小基本上与输入电压 u_i 的大小相等。又因为射极输出器输出电阻很低，所以，互补对称放大电路具有较强的负载能力，即它能向负载提供较大的功率，实现功率放大作用，所以又把这种电路称为乙类互补对称功率放大电路。

二、功率和效率

1. 输出功率

输出电流 i_o 和输出电压 u_o 有效值的乘积，就是功率放大电路的输出功率。由图 3.4.3 可得

$$P_o = \frac{I_{cm}}{\sqrt{2}} \cdot \frac{U_{om}}{\sqrt{2}} = \frac{1}{2} I_{cm} U_{om} \quad (3.4.1)$$

由于 $I_{cm} = \dfrac{U_{om}}{R_L}$，所以式（3.4.1）也可写成

$$P_o = \frac{U_{om}^2}{2R_L} = \frac{1}{2} I_{cm}^2 R_L \quad (3.4.2)$$

由图 3.4.2 可知，乙类互补对称功率放大电路最大不失真输出电压的幅值为

$$U_{omm} = V_{CC} - U_{CES} \approx V_{CC} \quad (3.4.3)$$

式中，U_{CES} 为晶体管的饱和压降，通常很小，可以略去。

最大不失真输出电流的幅值为

$$I_{cmm} = \frac{U_{omm}}{R_L} \approx \frac{V_{CC}}{R_L} \quad (3.4.4)$$

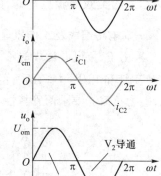

图 3.4.3 乙类互补对称功率
放大电路电流、电压波形

所以，放大器最大不失真输出功率为

$$P_{om} = \frac{U_{omm}}{\sqrt{2}} \cdot \frac{I_{cmm}}{\sqrt{2}} \approx \frac{V_{CC}^2}{2R_L} \quad (3.4.5)$$

2. 直流电源的供给功率

由于两个管子轮流工作半个周期，每个管子的集电极电流的平均值为

$$I_{C1(AV)} = I_{C2(AV)} = \frac{1}{2\pi} \int_0^\pi I_{cm} \sin \omega t \, d(\omega t) = \frac{I_{cm}}{\pi} \quad (3.4.6)$$

因为每个电源只提供半周期的电流，所以两个电源供给的总功率为

$$\begin{aligned} P_{DC} &= I_{C1(AV)} V_{CC} + I_{C2(AV)} V_{EE} \\ &= 2 I_{C1(AV)} V_{CC} = 2 V_{CC} I_{cm} / \pi \end{aligned} \quad (3.4.7)$$

将式（3.4.4）代入式（3.4.7），得最大输出功率时，直流电源供给功率为

$$P_{DCm} = \frac{2 V_{CC}^2}{\pi R_L} \quad (3.4.8)$$

3. 效率

效率是指负载获得的信号功率 P_o 与直流电源供给功率 P_{DC} 之比，一般情况下的效率可由式（3.4.2）与式（3.4.7）相比求出，即

$$\eta = \frac{P_o}{P_{DC}} = \frac{\pi}{4} \cdot \frac{U_{om}}{V_{CC}} \quad (3.4.9)$$

可见,η 与 U_{om} 有关,当 $U_{om} = 0$ 时,$\eta = 0$;当 $U_{om} = U_{omm} \approx V_{CC}$ 时,可得乙类互补对称功率放大电路的最高效率为

$$\eta_m = \frac{\pi}{4} \cdot \frac{U_{omm}}{V_{CC}} \approx \frac{\pi}{4} = 78.5\% \tag{3.4.10}$$

实用中,放大电路很难达到最大效率,考虑到饱和压降及元件损耗,乙类推挽放大电路效率仅能达到 60% 左右。

4. 管耗

直流电源提供的功率除了负载获得的功率外便为 V_1、V_2 管消耗的功率,即管耗,用 P_C 表示。由式(3.4.7)和式(3.4.2)可得每个晶体管的管耗为

$$P_{C1} = P_{C2} = \frac{1}{2}(P_{DC} - P_O)$$

$$= \frac{1}{2}\left(\frac{2V_{CC}U_{om}}{\pi R_L} - \frac{U_{om}^2}{2R_L}\right) = \frac{U_{om}}{R_L}\left(\frac{V_{CC}}{\pi} - \frac{U_{om}}{4}\right) \tag{3.4.11}$$

可见,管耗 P_C 与输出信号幅值 U_{om} 有关。为求管耗最大值与输出电压幅值的关系,令 $\dfrac{\mathrm{d}P_{C1}}{\mathrm{d}U_{om}} = 0$ 则得

$$\frac{\mathrm{d}P_{C1}}{\mathrm{d}U_{om}} = \frac{V_{CC}}{\pi R_L} - \frac{U_{om}}{2R_L} = 0$$

由此可见,当 $U_{om} = \dfrac{2V_{CC}}{\pi} \approx 0.64V_{CC}$ 时 P_{C1} 达到最大值,由式(3.4.9)可得此时的效率 $\eta = 50\%$。输出功率为最大时,管耗却不是最大,这一点必须注意。将此关系代入式(3.4.11)得每管的最大管耗为

$$P_{C1m} = \frac{V_{CC}^2}{\pi^2 R_L} \tag{3.4.12}$$

由于 $P_{om} = \dfrac{1}{2}\dfrac{V_{CC}^2}{R_L}$,所以最大管耗和最大输出功率的关系为

$$P_{C1m} = \frac{2}{\pi^2}P_{om} \approx 0.2P_{om} \tag{3.4.13}$$

由此可见,每管的最大管耗约为最大输出功率的 1/5。因此,在选择功率管时最大管耗不应超过晶体管的最大允许管耗,即

$$P_{C1m} = 0.2P_{om} < P_{CM} \tag{3.4.14}$$

由于上面的计算是在理想情况下进行的,所以应用式(3.4.14)选管子时,还需留有充分的余量。

【例 3.4.1】 互补对称功率放大电路如图 3.4.2(a)所示,已知 $V_{CC} = V_{EE} = 24\text{ V}$,$R_L = 8\ \Omega$,试估算该放大电路最大输出功率 P_{om} 及此时的电源供给功率 P_{DC} 和管耗 P_{C1},并说明该功放

对功率管的要求。

解：(1) 求 P_{om}、P_{DC} 及管耗 P_{C1}

略去晶体管饱和压降，最大不失真输出电压幅值 $U_{omm} \approx V_{CC} = 24$ V，所以最大输出功率

$$P_{om} = \frac{U_{omm}^2}{2R_L} = \frac{24^2}{2 \times 8} \text{ W} = 36 \text{ W}$$

电源供给功率

$$P_{DC} = \frac{2V_{CC}^2}{\pi R_L} = \frac{2 \times 24^2}{\pi \times 8} \text{ W} = 45.9 \text{ W}$$

每管的管耗为

$$P_{C1} = \frac{1}{2}(45.9 - 36) \text{ W} = 4.95 \text{ W}$$

（2）功率管的选择

为了保证功率管在大信号状态下能可靠安全地工作，该功放中对功率管可按下列要求进行选择。

该功放晶体管实际承受的最大管耗 P_{C1m} 为

$$P_{C1m} = 0.2P_{om} = 0.2 \times 36 \text{ W} = 7.2 \text{ W}$$

因此，为了保证功率管不损坏，则要求功率管的集电极最大允许损耗功率 P_{CM}

$$P_{CM} > 0.2P_{om} = 7.2 \text{ W}$$

由于乙类互补对称功率放大电路中一只晶体管导通时，另一只晶体管截止，由图 3.4.2(a)可知，当输出电压 u_o 达到最大不失真输出幅度时，截止管子所承受的反向电压为最大，且近似等于 $2V_{CC}$。为了保证功率管不致被反向电压所击穿，因此要求晶体管的

$$U_{(BR)CEO} > 2V_{CC} = 2 \times 24 \text{ V} = 48 \text{ V}$$

放大电路在最大功率输出状态时，集电极电流幅度达最大值 I_{cmm}，为使放大电路失真不致太大，则要求功率管最大允许集电极电流 I_{CM} 满足

$$I_{CM} > I_{cmm} = \frac{V_{CC}}{R_L} = 3 \text{ A}$$

三、OCL 电路的特点

由以上讨论可见，OCL 电路有输出功率大、效率高，输出电阻小、负载能力强，低频响应好、输出动态范围大，电路简单、使用方便、易于集成化等优点。但它有电压放大倍数小于近似等于 1，输出功率受负载和电源电压的限制，电源电压利用率低等缺点。OCL 电路目前广泛用于低频功率放大、高保真音响设备以及集成运放、集成功放电路中。

讨论题 3.4.2

（1）OCL 电路构成有何特点？

（2）OCL 电路为什么具有较强的负载能力？其电压增益为多大？

（3）乙类互补对称功率放大电路输出功率越大，功率管的损耗也越大，所以放大电路的效率也越小。这种说法是否正确？为什么？

3.4.3 甲乙类双电源互补对称功率放大电路

一、乙类互补对称功率放大电路的交越失真

在乙类互补对称功率放大电路中,由于 V_1、V_2 管没有基极偏流,静态时 $U_{BEQ1} = U_{BEQ2} = 0$,当输入信号小于晶体管的死区电压时,管子仍处于截止状态。因此,在输入信号的一个周期内,V_1、V_2 轮流导通时形成的基极电流波形在过零点附近区域内出现失真,从而使输出电流和电压出现同样的失真,这种失真称为"交越失真",如图 3.4.4 所示。

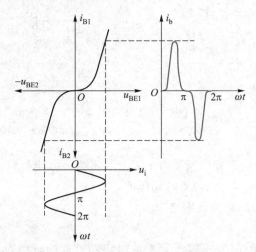

图 3.4.4 乙类互补对称功率放大电路的交越失真

二、甲乙类互补对称功率放大电路

为了消除交越失真,可分别给两只晶体管的发射结加很小的正偏压,使两管在静态时均处于微导通状态,两管轮流导通时,交替得比较平滑,从而减小了交越失真,但此时管子已工作在甲乙类放大状态。实际电路中,静态电流通常取得很小,所以这种电路仍可以用乙类互补对称电路的有关公式近似估算输出功率和效率等指标。

图 3.4.5(a)所示电路是利用二极管提供偏置电压的甲乙类互补对称功率放大电路,图中在 V_1、V_2 基极间接入等效为二极管作用的 V_3、V_4,利用 V_5 管的静态电流流过 V_3、V_4 产生的压降作为 V_1、V_2 管的静态偏置电压。这种偏置的方法有一定的温度补偿作用,因为这里的二极管都是将晶体管基极和集电极短接而成,当 V_1、V_2 两管的 u_{BE} 随温度升高而减小时,V_3、V_4 两管的发射结电压降也随温度的升高相应减小。但该电路偏置电压不易调整。

图 3.4.5(b)所示为另一种偏置方式的甲乙类互补对称功率放大电路,设图中流入 V_4 的基极电流远小于流过 R_1、R_2 的电流,则由图可求出

$$U_{CE4} \approx \frac{U_{BE4}}{R_2}(R_1 + R_2) \tag{3.4.15}$$

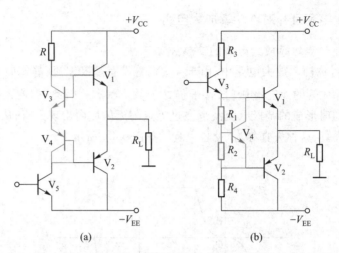

图 3.4.5 甲乙类互补对称功率放大电路

（a）利用二极管进行偏置的电路 （b）利用 U_{BE} 倍增电路进行偏置的电路

U_{CE4}用以供给 V_1、V_2 两管的偏置电压。由于 U_{BE4}基本为一固定值（0.6~0.7）V，只要适当调节 R_1、R_2的比值，就可改变 V_1、V_2 两管的偏压值。

三、复合管互补对称功率放大电路

1. 复合管

互补对称功率放大电路，要求输出管为一对特性对称的异型管，往往很难实现，在实际电路中常采用复合管来实现异型管子的配对。

所谓复合管，就是由两只或两只以上的晶体管按照一定的连接方式，组成一只等效的晶体管（复合管也可由场效应管与晶体管组成，这里仅讨论由晶体管组成的复合管）。复合管的类型与组成该复合管的第一只晶体管相同，而其输出电流、饱和压降等基本特性，主要由最后的输出晶体管决定。图 3.4.6 所示为由两只晶体管组成复合管的四种情况，图（a）、（b）为同型复合，图（c）、（d）为异型复合，可见，复合后的管型与第一只晶体管相同。

复合管的电流放大系数近似为组成该复合管各晶体管 β 值的乘积，其值很大。由图 3.4.6（a）可得

$$\beta = \frac{i_c}{i_b} = \frac{i_{c1}+i_{c2}}{i_{b1}} = \frac{\beta_1 i_{b1}+\beta_2 i_{b2}}{i_{b1}}$$

$$= \frac{\beta_1 i_{b1}+\beta_2(1+\beta_1)i_{b1}}{i_{b1}} = \beta_1+\beta_2+\beta_1\beta_2 \approx \beta_1\beta_2 \qquad (3.4.16)$$

$$r_{be} = \frac{u_b}{i_b} = \frac{i_{b1}r_{be1}+i_{b2}r_{be2}}{i_{b1}} = r_{be1}+(1+\beta_1)r_{be2} \qquad (3.4.17)$$

而异型复合管的输入电阻由图 3.4.6（c）、（d）可见，它与第一只晶体管的输入电阻相同，即

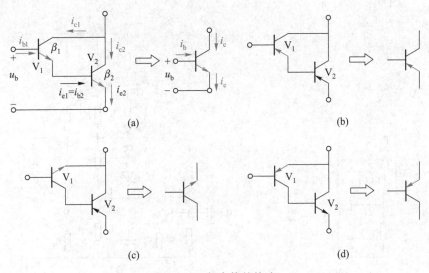

图 3.4.6 复合管的接法

（a）NPN 同型复合 （b）PNP 同型复合 （c）NPN、PNP 异型复合 （d）PNP、NPN 异型复合

$$r_{be} = r_{be1} \tag{3.4.18}$$

复合管虽有电流放大倍数高的优点,但它的穿透电流较大,且高频特性变差。这是因为复合管中第一只晶体管的穿透电流会进入下级晶体管放大,致使总的穿透电流比单管穿透电流大得多。为了减小穿透电流的影响,常在两只晶体管之间并接一个泄放电阻 R,如图 3.4.7 所示,可将 V_1 管的穿透电流分流,R 越小分流作用越大,总的穿透电流越小,当然 R 的接入同样会使复合管的电流放大倍数下降。

2. 复合管互补对称功率放大电路举例

图 3.4.8 是由复合管组成的甲乙类互补对称功率放大电路。图中 V_1、V_3 同型复合等效为 NPN 型管,V_2、V_4 异型复合等效为 PNP 型管。由于 V_1、V_2 是同一类的 NPN 管,它们的输出特性可以很好地对称,通常把这种复合管互补电路称为准互补对称功率放大电路。V_1 与 V_2 管发射极电阻 R_{E1}、R_{E2},一般为 0.1 ~ 0.5 Ω,它除具有负反馈作用,提高电路工作的稳定性外,还具有过流保护作用。V_4 管发射极所接电阻 R_4 是 V_3、V_4 管的平衡电阻,可保证 V_3、V_4 管的输入电阻对称。R_3、R_5 为穿透电流的泄放电阻,用以减小复合管的穿透电流,提高复合管的温度稳定性。V_8、R_{B1}、R_{B2}、R_2 等构成前置电压放大级,工作在甲类状态,其静态工作点电流 I_8 流过 R_P、V_5、V_6、V_7 产生的压降,作为复合管小的正向偏置电压,使之静态处于微导通状态,可消除交越失真,其中,R_P 用来调节复合管合适的静态偏置电流的大小。R_{B1} 接至输出端 E 点,构成直流负反馈,可提高电路静态工作点的稳定性。例如,某种原因使得 U_E 升高,则

$$U_E \uparrow \rightarrow U_{B8} \uparrow \rightarrow I_{B8} \uparrow \rightarrow I_{C8} \uparrow \rightarrow U_{B3} \downarrow \rightharpoondown$$
$$U_E \downarrow \longleftarrow$$

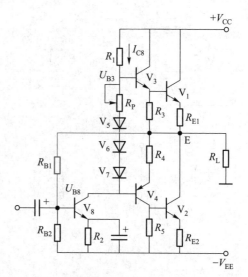

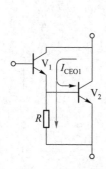

图 3.4.7　接有泄放
电阻的复合管

图 3.4.8　复合管甲乙类互补对称功率放大电路

可见,引入负反馈可使 U_E 趋于稳定。对于 OCL 电路要求静态输出端 E 点的直流电位应等于零,否则应通过调节 R_{B1} 或 R_1 使之为零。另外,电路通过 R_{B1} 也引入了交流负反馈,使放大电路的动态性能得到改善(负反馈知识详见第 4 章内容)。

讨论题 3.4.3

(1) 何谓交越失真?如何消除交越失真? OCL 电路中是否输入信号越大,交越失真也越大?

(2) 功率放大电路采用甲乙类工作状态的目的是什么?

(3) 何谓复合管?如何判别复合管的类型?复合管有何特点?功放中为何采用复合管?

3.4.4　单电源互补对称功率放大电路

一、基本原理

以上介绍的互补对称放大电路均采用双电源供电,但在实际应用中,有些场合只有一个电源,这时可采用单电源供电方式,如图 3.4.9 所示。该电路的输出端接有一个大容量的电容器 C,常把这种电路简称为 OTL 电路。为使 V_1、V_2 管工作状态对称,要求它们的发射极 E 点静态时对地电压为电源电压的一半,当取 $R_1 \approx R_2$,就可以使得 $U_E = V_{CC}/2$。这样静态时电容器 C 被充电,其两端电压也等于 $V_{CC}/2$,V_1、V_2 管均处于零偏置 $I_{CQ1} = I_{CQ2} = 0$,工作在乙类状态。

当输入正弦信号 u_i 时,在正半周,V_1 导通,有电流通过负载 R_L,同时向 C 充电,由于电容上有 $V_{CC}/2$ 的直流压降,因此 V_1 管的工作电压实际上为 $V_{CC}/2$。在输入正弦信号 u_i 负半周时,V_2 导通,则已充电的电容器 C 起着负电源($-V_{CC}/2$)的作用,通过负载 R_L 放电。只要选择时间常数 $R_L C$ 足够大(比信号的最长周期大得多),就可以保证电容 C 上的直流压降变化不大。由此可见,V_1、V_2 在输入信号的作用下,轮流导通,两管的等效电源电压为 $V_{CC}/2$,这与双电源互补对称放大电路工作情况是相同的,所以 OTL 电路的输出功率、效率、管耗等计算方法与 OCL 电路相同,但 OTL 电路中每只功率管的工作电压仅为 $V_{CC}/2$,因此在应用 OCL 电路的有关公式时,需用 $V_{CC}/2$ 取代 V_{CC}。

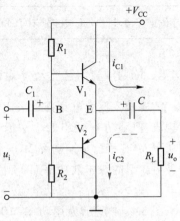

图 3.4.9 单电源乙类互补对称功率放大电路

二、甲乙类 OTL 电路

图 3.4.10 所示为单电源甲乙类互补对称功率放大电路,图中 V_3 构成前置电压放大电路,工作在甲类,其静态电流流过二极管 V_4、V_5 及 R_P,产生的压降作为 V_1、V_2 管静态偏置电压,使两管工作在甲乙类(接近于乙类)状态,可减小交越失真。由于 V_3 管的偏置电阻 R_{B1} 接至输出端 E 点,构成负反馈,提高了电路静态工作点的稳定性,并改善了功率放大电路的动态性能。

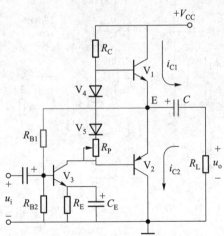

图 3.4.10 单电源甲乙类互补对称功率放大电路

为了保证输出端直流电位 $U_E = V_{CC}/2$,静态可通过调节 R_{B1} 或 R_C 的阻值来实现;V_1、V_2 的静态电流的大小可用 R_P 来调节。OTL 电路使用中还应注意输出电容 C 的容量要足够大,C 和负载 R_L 不能短路,否则将会很容易损坏功率管。

讨论题 3.4.4 OTL 电路与 OCL 电路有哪些主要区别？使用中应注意哪些问题？

3.4.5 MOS 管甲乙类互补对称功率放大电路

前述功率放大电路都是采用双极型晶体管构成,事实上,功率放大电路也都可以用 MOS 管构成,但小功率 MOS 管无法承受较大的功率,故应用较少,当输出功率比较大时,则需采用功率 MOS 管。早期功率 MOS 管有 V 形开槽的纵向 MOS 管,称为 VMOS 管,目前广泛用一种更新型的双扩散功率 MOS 管。与双极型晶体管相比较,功率 MOS 管可承受高电压和大电流,输入电阻高、驱动电流小,开关速度快,热稳定性好。

图 3.4.11 所示为用功率 MOS 管构成的甲乙类互补对称功率放大电路。图中 N 沟道 MOS 管 V_5 和 P 沟道 MOS 管 V_6 构成互补对称输出级,它由 V_3、V_4 NPN 型和 PNP 型晶体管构成的互补对称电路推动。由于 V_3、V_4 组成射极输出器,具有低输出电阻,有利于提高 V_5、V_6 的开关速度。V_2 管构成功放前置级,采用 I_0 有源负载。V_1、R_1、R_2 构成 U_{BE} 倍增电路,其管压降 U_{CE1} 及 V_{D1}、V_{D2} 管压降提供 V_3、V_4 管及 R_3 上的直流偏置电压,使 V_3、V_4、V_5、V_6 均工作在甲乙类状态,以减小功放的交越失真。由于功率 MOS 管的开启电压较高(2～4 V),故 R_3 两端电压值比较大。图中电阻 R_4、R_5 用于阻止产生寄生振荡。

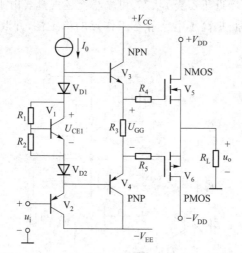

图 3.4.11　MOS 管甲乙类互补对称功率放大电路

3.4.6 功率放大电路仿真

构建电路如图 3.4.12 所示,晶体管 V_1 和 V_2 的 β 均为 40,函数发生器产生幅值为 4 V、频率为 1 kHz 的正弦信号,FUSE 为熔断丝,用以防止晶体管因过流而损坏,其最高承受电流 200 mA。

微视频 3.6:
功率放大电路仿真

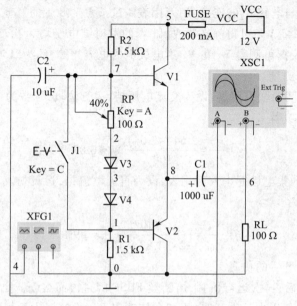

图 3.4.12 OTL 电路仿真电路

1. 交越失真现象的观测

（1）闭合开关 J1，运行仿真，示波器中输入、输出波形如图 3.4.13（a）所示，输出信号出现了交越失真。

（2）断开开关 J1，运行仿真，调节 R_p 的同时观察示波器波形，直至交越失真消失，如图 3.4.13（b）所示。

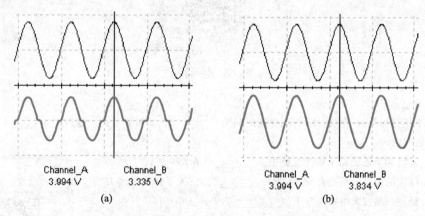

图 3.4.13 OTL 电路输入、输出波形图
（a）输出波形交越失真 （b）输出波形不失真

2. 静态工作点的测量

断开函数发生器与电容 C_2 的连接,用万用表测试节点 7、8、1 的对地直流电压,其值分别为 6.757 V、6 V 和 5.243 V。可得静态时 V_1 和 V_2 的发射结电压均为 0.757 V,处于微导通状态(用万用表直流电流挡可测得 V_1 和 V_2 集电极上的电流相等,约为515 μA)。

3. 功率和效率的测量

在节点 6 和 0 之间并联万用表,设为交流电压挡,运行仿真,示数为 2.644 V,记作 U_o,则功率放大电路的输出功率

$$P_o = \frac{U_o^2}{R_L} = \frac{2.644 \times 2.644}{100} \text{ W} \approx 0.07 \text{ W}$$

在节点 5 和 V_1 的集电极间串入万用表,设为直流电流挡,运行仿真,示数为11.838 mA,则功率放大电路的效率

$$\eta = \frac{P_o}{P_{DC}} = \frac{0.07}{12 \times 11.838 \times 10^{-3}} \approx 49\%$$

4. V_3、V_4 或 R_P 断开后的仿真

V_3、V_4 或 R_P 断开后,再次运行仿真,熔断丝 FUSE 因过流而熔断。由此可见,由 V_3、V_4 和 R_P 组成的偏置电路在使用中不能开路,否则会使功率管因电流过大而损坏。

小　结

微视频 3.7:
3.4 小结

随 堂 测 验

3.4.1　填空题

1. 在一个信号周期内,甲类放大管的导通时间为_____,乙类放大管的导通时间为_____,甲乙类放大管的导通时间为_____。

2. 甲类、乙类和甲乙类功率放大电路中,_____类的效率最高,但这种电路中,由于晶体管的死区电压的存在会产生_____失真,为了提高效率并消除这种失真,低频功率放大电路中常采用_____类工作状态。

3. 晶体管乙类互补对称功率放大电路由_____和_____两种类型晶体管构成,采用双电源供电的电路简称为_____电路,采用单电源供电的电路简称为_____电路。

第 3.4 节
随堂测验答案

4. 选择功率管时主要考虑的参数为_____、_____、_____。

3.4.2 单选题

1. 功率放大电路中采用乙类工作状态是为了提高_____。

A. 输出功率   B. 放大器效率   C. 放大倍数   D. 负载能力

2. 功率放大电路、共射极放大电路、射极输出器的共同点是_____。

A. 能放大电压信号   B. 带负载能力强   C. 效率高   D. 能量转换器

3. OCL 电路效率在理想情况下最大可达到_____。

A. 50%   B. 78.5%   C. 87.5%   D. 100%

4. 由两管组成的复合管电路如图 3.4.14 所示,其中等效为 PNP 型的复合管是_____。

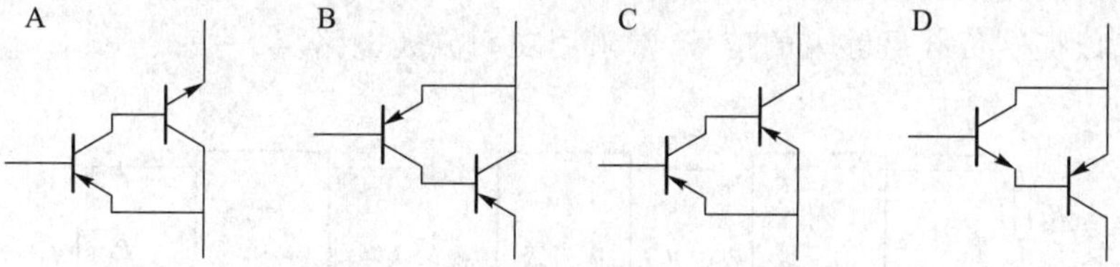

图 3.4.14

5. OTL 电路负载电阻 $R_L = 10\ \Omega$,电源电压 $V_{CC} = 10$ V,略去晶体管的饱和压降,其最大不失真输出功率为_____W。

A. 10   B. 5   C. 2.5   D. 1.25

3.4.3 是非题(对打√;错打×)

1. 功率放大电路效率是指最大不失真输出功率与直流电源所提供的平均功率之比。( )

2. OCL 电路的最大功耗既非静态时出现,也非在最大不失真输出时出现,而在 $U_{om} \approx 0.64V_{CC}$ 时出现。( )

3. 乙类互补对称功放在输出不失真情况下,输入信号越大,则输出功率越大,效率越高。( )

4. OTL 电路输出端必须串接大容量的电容器,它起到将单电源功放电路等效为双电源功放电路的作用。( )

3.5 多级放大电路

基本要求 (1) 了解常用耦合方式及其特点,了解零点漂移现象及其产生的原因;(2) 理解多级放大电路的分析方法;(3) 了解典型集成运算放大器的组成及各组成部分的特点,掌握集成运算放大器的符号、基本特性、主要参数及其基本应用。

学习指导 重点:多级放大电路的分析、理想运算放大器的基本特性、虚短和虚断概念。难点:多级放大电路性能指标的估算。提示:本书将集成运算放大器提前到本节介绍,并将它作为多级放大电路的应用电路进行讨论,这样既容易理解运算放大器的组成、工作原理,又可对前述基本知识加以巩固、应用,更重要的是引导读者理解如何将基本单元电路组合起来构成系统。另外,这样也方便了后续内容更多地以集成运算放大器为应用对象进行讨论。由于这里讲运算放大器是基于上述目的,因此讲得比较简单,应用部分只涉及虚短、虚断概念和反相、同相放大电路,集成运算放大器的其他应用将在本教材第6章中介绍。

3.5.1 多级放大电路的组成与性能指标的估算

一、多级放大电路的组成

以上讨论的基本单元放大电路,其性能通常很难满足电路或系统的要求,因此,实用上需将两级或两级以上的基本单元电路连接起来组成多级放大电路,如图 3.5.1 所示。通常把与信号源相连接的第一级放大电路称为输入级,与负载相接的末级放大电路称为输出级,输出级与输入级之间的放大电路称为中间级。输入级与中间级的位置处于多级放大电路的前几级,故又称为前置级。前置级一般都属于小信号工作状态,主要进行电压放大,输出级是大信号放大,以提供负载足够大的信号,常采用功率放大电路。

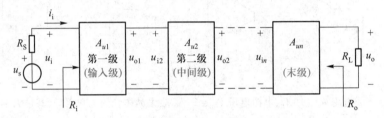

图 3.5.1 多级放大电路的组成框图

二、耦合方式

级间耦合电路应保证有效地传输信号,使之损失最小,同时使放大电路的直流工作状态不受影响。常用的级间耦合方式有电容耦合和直接耦合,有时也采用变压器耦合和光电耦合。下面就电容耦合和直接耦合加以说明。

1. 电容耦合

级与级之间采用电容连接,称为电容耦合,也称为阻容耦合,如图 3.5.2 所示。图中第一级与第二级均为典型共发射极放大电路,它们之间通过电容器 C_2 相连接,同时第一级与输入信号源之间通过 C_1 相连接,第二级与负载 R_L 之间通过 C_3 相连接。C_1、C_2、C_3 均称为耦合电容。由于耦合电容隔断了级间的直流通路,因此各级直流工作点彼此独立,互不影响,所以直流工作点的设计和调整比较简单方便,这是电容耦合的最大优点。由于电容耦合放大电路不能放大直流信号或缓慢变化的信号,若放大的交流信号的频率较低,则需采用大容量的电解电容。另外,电容耦合电路元件较多,信号的耦合损失较大。

2. 直接耦合

级与级间采用直接连接,称为直接耦合,如图 3.5.3 所示。图中第一级为差分放大电路,第二级为共发射极放大电路。直接耦合方式可省去级间耦合元件,信号传输的损耗很小,它不仅能放大交流信号,而且还能放大变化十分缓慢的信号,集成电路中多采用直接耦合方式。

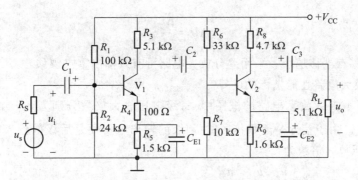

图 3.5.2 电容耦合放大电路

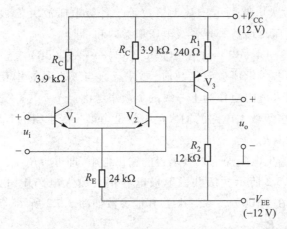

图 3.5.3 直接耦合放大电路

在直接耦合放大电路中,由于级间为直接耦合,所以前后级之间的直流电位相互影响,使得多级放大电路的各级静态工作点不能独立。当某一级的静态工作点发生变化时,其前后级也将受到影响。例如,当工作温度或电源电压等外界因素发生变化时,直接耦合放大电路中各级静态工作点将跟随变化,这种变化称为工作点漂移。值得注意的是,第一级的工作点漂移将会随信号传送至后级,并被逐级放大。这样一来,即使输入信号为零,输出电压也会偏离原来的初始值而上下波动,这个现象称为零点漂移。零点漂移将会造成有用信号的失真,严重时有用信号将被零点漂移所"淹没",使人们无法辨认是漂移电压,还是有用信号电压。

在引起工作点漂移的外界因素中,工作温度变化引起的漂移最严重,称为温度漂移,简称温漂。这主要是由于晶体管的 β、I_{CBO}、U_{BE} 等参数都随温度的变化而变化,从而引起工作点的变化。衡量放大电路温漂的大小,不能只看输出端漂移电压的大小,还要看放大倍数多大。因此,一般都是将输出端的温漂折合到输入端来衡量。当输入信号为零,如果输出端的温漂电压为 ΔU_0,电压放大倍数为 A_u,则折合到输入端的零点漂移电压为

$$\Delta U_1 = \frac{\Delta U_o}{A_u} \qquad (3.5.1)$$

ΔU_1越小,零点漂移越小。采用差分放大电路可有效抑制零点漂移。

三、多级放大电路性能指标的估算

图 3.5.1 所示多级放大电路的框图中,每级电压放大倍数分别为 $A_{u1} = u_{o1}/u_i$、$A_{u2} = u_{o2}/u_{i2}, \cdots, A_{un} = u_o/u_{in}$。由于信号是逐级传送的,前级的输出电压便是后级的输入电压,所以整个放大电路的电压放大倍数为

$$A_u = \frac{u_o}{u_i} = \frac{u_{o1}}{u_i} \cdot \frac{u_{o2}}{u_{i2}} \cdot \cdots \cdot \frac{u_o}{u_{in}} = A_{u1} \cdot A_{u2} \cdots A_{un} \qquad (3.5.2)$$

式(3.5.2)表明,多级放大电路的电压放大倍数等于各级电压放大倍数的乘积,若用分贝表示,多级放大电路的电压总增益等于各级电压增益的和,即

$$A_u(\mathrm{dB}) = A_{u1}(\mathrm{dB}) + A_{u2}(\mathrm{dB}) + \cdots + A_{un}(\mathrm{dB}) \qquad (3.5.3)$$

应当指出,在计算各级电压放大倍数时,要注意级与级之间的相互影响,即计算每级的放大倍数时,下一级输入电阻应作为上一级的负载来考虑。

由图 3.5.1 可见,多级放大电路的输入电阻就是由第一级求得的考虑到后级放大电路影响后的输入电阻,即 $R_i = R_{i1}$。

多级放大电路的输出电阻即为末级求得的输出电阻,即 $R_o = R_{on}$。

【例 3.5.1】 图 3.5.2 所示两级共发射极电容耦合放大电路中,已知晶体管 V_1 的 $\beta_1 = 60$,$r_{be1} = 1.8\ \mathrm{k\Omega}$,$V_2$ 的 $\beta_2 = 100$,$r_{be2} = 2.2\ \mathrm{k\Omega}$,其他参数如图 3.5.2 所示,各电容的容量足够大。试求放大电路的 A_u、R_i、R_o。

解:在小信号工作情况下,两级共发射极放大电路的小信号等效电路如图3.5.4(a)、(b)所示,其中图3.5.4(a)中的负载电阻 R_{i2} 即为后级放大电路的输入电阻,即

$$R_{i2} = R_6 /\!/ R_7 /\!/ r_{be2} \approx 1.7\ \mathrm{k\Omega}$$

因此第一级的总负载为

$$R'_{L1} = R_3 /\!/ R_{i2} \approx 1.3\ \mathrm{k\Omega}$$

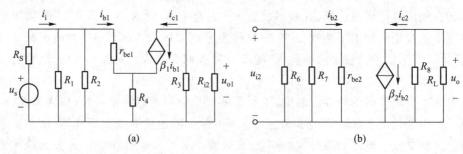

图 3.5.4 图 3.5.2 两级电容耦合放大电路的等效电路

(a) 第一级小信号等效电路 (b) 第二级小信号等效电路

所以,第一级电压增益为

$$A_{u1} = \frac{u_{o1}}{u_i} = \frac{-\beta_1 R'_{L1}}{r_{be1} + (1+\beta_1) R_4} = \frac{-60 \times 1.3 \text{ k}\Omega}{1.8 \text{ k}\Omega + 61 \times 0.1 \text{ k}\Omega} \approx -9.9$$

$$A_{u1}(\text{dB}) = 20\lg 9.9 \text{ dB} = 19.9 \text{ dB}$$

第二级电压增益为

$$A_{u2} = \frac{u_o}{u_{i2}} = -\beta_2 \frac{R'_L}{r_{be2}} = -100 \times \frac{\frac{4.7 \times 5.1}{4.7 + 5.1}}{2.2} \approx -111$$

$$A_{u2}(\text{dB}) = 20\lg 111 \approx 41 \text{ dB}$$

两级放大电路的总电压增益为

$$A_u = A_{u1} \cdot A_{u2} = (-9.9) \times (-111) = 1\ 099$$

$$A_u(\text{dB}) = A_{u1}(\text{dB}) + A_{u2}(\text{dB}) = (19.9 + 41) \text{ dB} = 60.9 \text{ dB}$$

式中没有负号,说明两级共发射极放大电路的输出电压与输入电压同相。

两级放大电路的输入电阻等于第一级的输入电阻,即

$$R_i = R_{i1} = R_1 \ // \ R_2 \ // \ [r_{be1} + (1+\beta_1) R_4] \approx 5.6 \text{ k}\Omega$$

输出电阻等于第二级的输出电阻,即

$$R_o = R_8 = 4.7 \text{ k}\Omega$$

讨论题 3.5.1

(1) 级间耦合电路应解决哪些问题? 常采用的耦合方式有哪些? 各有何特点?

(2) 什么是零点漂移? 放大电路中产生零点漂移的主要原因是什么?

(3) 多级放大电路增益与各级增益有何关系? 在计算各级增益时应注意什么问题?

3.5.2 组合放大电路

在实际应用中,常把三种组态放大电路中的两种或两种以上进行适当的组合,以便发挥各自的优点,获得更好的性能,这种电路常称为组合放大电路,下面介绍几种常用的组合放大电路。

一、共射-共基放大电路

共射-共基组合放大电路如图 3.5.5(a)所示。图中 V_1 管构成共发射极放大电路,C_1 为输入耦合电容,R_1、R_2 为基极偏置电阻,R_3 为发射极电阻,C_2 为发射极旁路电容;V_2 管构成共基放大电路,R_4、R_5 为基极偏置电阻,C_3 为基极旁路电容,R_C 为集电极电阻,C_4 为输出耦合电容,R_L 为外接负载电阻。由于 V_1 与 V_2 管相串联,$i_{C1} = i_{C2}$,故该电路又称为串接放大电路。作出图 3.5.5(a)所示电路的交流通路,如图 3.5.5(b)所示。由图可见,第一级输出电压 u_{o1} 即为第二级输入电压 u_{i2},又第二级共基极电路的输入电阻 $R_{i2} = r_{be2}/(1+\beta_2)$,所以共射-共基放大电路的电压放大倍数为

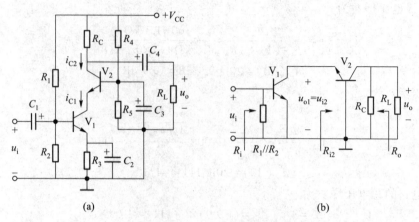

图 3.5.5 共射-共基放大电路

（a）电路 （b）交流通路

$$A_u = \frac{u_o}{u_i} = \frac{u_{o1}}{u_i} \cdot \frac{u_o}{u_{i2}} = \frac{-\beta_1 R_{i2}}{r_{be1}} \cdot \frac{\beta_2 (R_C /\!/ R_L)}{r_{be2}} \approx \frac{-\beta_1 (R_C /\!/ R_L)}{r_{be1}} \qquad (3.5.4)$$

放大电路的输入电阻 R_i 和输出电阻 R_o 分别为

$$R_i = R_1 /\!/ R_2 /\!/ r_{be1} \qquad (3.5.5)$$

$$R_o \approx R_C \qquad (3.5.6)$$

可见,共射-共基放大电路电压放大倍数、输入电阻和输出电阻都与单级共发射极放大电路基本相同。由于共射电路的带宽远小于共基电路,因此,共射-共基两级电路的带宽决定于共射电路,而因第 1 级共射电路的负载是很小的第 2 级共基电路的输入电阻 r_{eb},从而使共射电路的密勒效应[1]很小,其带宽得到很大的扩展,所以共射-共基组合放大电路的高频特性好,带宽大,而在高频电路中得到广泛应用。

二、共源-共基放大电路

共源-共基放大电路如图 3.5.6(a)所示,它的交流通路如图 3.5.6(b)所示,图中,耗尽型 MOS 管 V_1 构成共源电路,BJT 管 V_2 构成共基电路。

由于 $u_{o1} = u_{i2}$,$R_{i2} = r_{eb} = r_{be}/(1+\beta)$,$R_L' = R_C /\!/ R_L$,所以,由图 3.5.6(b)可得共源-共基放大电路的电压放大倍数为

$$A_u = \frac{u_o}{u_i} = \frac{u_{o1}}{u_i} \cdot \frac{u_o}{u_{i2}} = \frac{-g_m u_{gs} R_{i2}}{u_{gs}} \cdot \frac{-\beta i_b (R_C /\!/ R_L)}{-i_b r_{be}}$$

$$= -g_m \frac{r_{be}}{1+\beta} \cdot \frac{\beta R_L'}{r_{be}} \approx -g_m R_L' \qquad (3.5.7)$$

---

① 放大电路的密勒效应分析详见本书第 5 章 5.2 节有关内容。

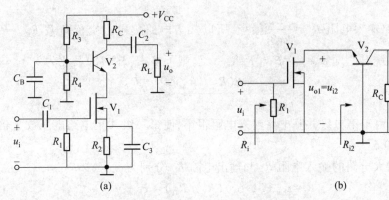

图 3.5.6 共源–共基放大电路

（a）电路 （b）交流通路

输入电阻为

$$R_i = R_1 \tag{3.5.8}$$

输出电阻

$$R_o \approx R_C \tag{3.5.9}$$

可见，共源–共基放大电路与共射–共基放大电路类似，虽然电压放大倍数近似等于单级共源电路的电压增益，但其高频特性好，频带比单级共源电路的频带宽，同时兼有输入、输出电阻高的特点。

三、共集–共基放大电路

共集–共基放大电路如图 3.5.7（a）所示，电路采用双电源供电，V_1 构成共集电路，V_2 构成共基电路。作出图 3.5.7（a）所示电路的交流通路如图 3.5.7（b）所示，由此可得共集–共基放大电路的电压放大倍数为

$$A_u = \frac{u_o}{u_i} = \frac{u_{o1}}{u_i} \cdot \frac{u_o}{u_{i2}} = \frac{(1+\beta_1)(R_E /\!/ R_{i2})}{r_{be1}+(1+\beta_1)(R_E /\!/ R_{i2})} \cdot \frac{\beta_2(R_C /\!/ R_L)}{r_{be2}} \tag{3.5.10}$$

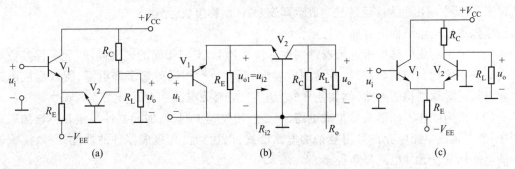

图 3.5.7 共集–共基放大电路

（a）电路 （b）交流通路 （c）单端输入输出差分放大电路

由于共基电路输入电阻 $R_{i2} = \dfrac{r_{be2}}{1+\beta_2}$ 很小，所以共集电路集电极交流负载 $R_E /\!/ R_{i2} \approx R_{i2}$。设 V_1、V_2 两管特性相同，即 $\beta_1 = \beta_2 = \beta$，$r_{be1} = r_{be2} = r_{be}$，则可将式（3.5.10）简化为

$$A_u \approx \frac{r_{be}}{r_{be} + r_{be}} \cdot \frac{\beta(R_C /\!/ R_L)}{r_{be}} = \frac{1}{2} \frac{\beta R'_L}{r_{be}} \tag{3.5.11}$$

由上式可见，由于第二级共基电路输入电阻很小，使第一级共集电路电压放大倍数由近似为 1 而下降为 0.5。

共集-共基放大电路的输入电阻 R_i 和输出电阻 R_o 分别为

$$R_i = r_{be1} + (1+\beta_1)(R_E /\!/ R_{i2}) \approx 2r_{be} \tag{3.5.12}$$

$$R_o \approx R_C \tag{3.5.13}$$

由于共集、共基电路都具有较宽的频带，而且分别具有较大的电流和电压增益，所以共集-共基放大电路可获得相当宽的频带，同时又能提供足够大的增益且高频工作稳定性好，因而广泛用于高频集成电路中。

将图 3.5.7(a) 改画成图 3.5.7(c) 所示，可见，共集-共基电路实际上是一个单端输入、单端输出差分放大电路。

讨论题 3.5.2

（1）何谓组合放大电路？采用组合放大电路的目的是什么？

（2）共集-共基放大电路有何特点？有何应用？

3.5.3　BJT 型集成运算放大器

一、集成运算放大器的组成

集成电路是利用半导体的制造工艺，将整个电路制作在一块很小的硅基片上，封装后构成特定功能的电路块。集成电路按其功能可分为数字集成电路和模拟集成电路，模拟集成电路品种繁多，其中应用最为广泛的是集成运算放大器（简称集成运放）。

模拟集成电路结构上有如下特点：

（1）由于集成电路中所有元器件同在一块基片上，又用相同的工艺制成，元器件参数具有良好的一致性和同向偏差，故容易制成参数、温度特性相同的管子和电阻，所以集成电路中大量采用对称结构的电路，例如差分放大电路、电流源电路和 OCL 电路等。

（2）因为制作不同形式的集成电路，只是所用掩模不同，增加元器件数量并不增加制造工序，所以集成电路中允许采用复杂的电路形式，以达到提高集成器件的性能，所以集成器件的电路比分立元件电路复杂得多。

（3）集成电路中的电阻元件是利用半导体电阻制成，因硅片上不宜制作高阻值电阻，所以集成电路中高阻值电阻多采用有源器件替代。集成电路中的电容元件通常利用 PN 结电

容制成,无法制成大容量的电容器,所以集成器件中间级都采用直接耦合方式,必要的大电容须依靠外接。集成电路中制造晶体管比较方便,所以集成电路中二极管往往用晶体管改接制成。

运算放大器(简称运放)本质上是一个高电压增益、高输入电阻和低输出电阻的直接耦合多级放大电路,因它最初主要用于模拟量数学运算而得此名。随着电子技术的发展,现代运放均由集成电路构成,虽然现在的集成运放的应用早已超出模拟运算的范围,但还是习惯地称之为运算放大器。

集成运放有许多类型,常将其分为通用型和专用型两类。前者的适用范围很广,其特性和指标可以满足一般应用要求;后者是在前者的基础上,为了适应某些特殊要求而制作的。

双极型通用型集成运放的组成框图如图 3.5.8 所示,它由输入级、中间电压放大级、输出级和偏置电路等组成。输入级均采用差分放大电路,利用差分电路的对称性可以减小温度漂移,提高整个电路的共模抑制比。它的两个输入端可以扩大集成运算放大器的应用范围。中间电压放大级大多采用有源负载的共发射极放大电路组成,其主要作用是提高电压增益。输出级一般采用甲乙类互补对称放大电路,主要用于提高集成运算放大器的负载能力,减小大信号工作下的非线性失真。偏置电路用以供给各级直流偏置电流,它由各种电流源电路组成。此外,集成运放还有一些辅助电路,如过流保护电路等。

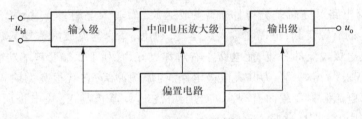

图 3.5.8 集成运放组成框图

集成运放按制造工艺可分为 BJT 型(双极型)、MOS 型和兼容了 BJT 工艺与 MOS 工艺的 BiCMOS 型。早期集成运放多采用双极型工艺,随着 MOS 工艺的发展,采用 MOS 工艺的集成运放逐渐增多。双极型集成运放种类多、功能强、转换速率快、驱动能力强,MOS 集成运放具有输入阻抗高、功耗低等优点,BiCMOS 集成运放兼有两者的优点。下面先讨论 BJT 型通用集成运放。

二、BJT 型通用集成运算放大器 741[①]

BJT 型集成运放的基本单元电路已在本章前面几节做了介绍,这里通过对 741 型集成运放内部电路的讨论,说明 BJT 型集成运放电路的组成及其特点。

图 3.5.9 所示为 BJT 型通用集成运放 741 的简化电路。这里将原电路中的偏置电流源

---

① 通用型 741 集成运放由于生产厂家的不同,其型号有 μA741、LM741、MC741 等。

和有源负载电路分别用单独的电流源符号代替。部分提高性能的电路和输出级保护电路等
没有画出。

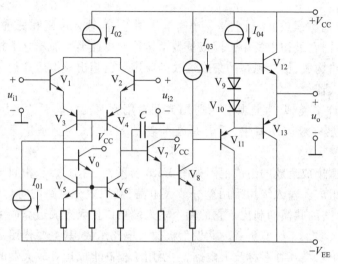

图 3.5.9 通用型集成运放 741 简化电路

输入级由 $V_0 \sim V_6$ 构成输入差分电路,V_1、V_3 和 V_2、V_4 组成共集-共基组合差分电路,V_1、V_2 共集电极电路可提高差分电路(即集成运放)的输入电阻,V_0、V_5、V_6 组成比例电流源,作为 V_3、V_4 的有源负载,可提高输入级增益,利用 V_0 的电流放大作用,减小 V_5、V_6 的基极电流对 V_3 集电极电流的分流,使电路左右对称更好,有利于双端变单端功能的转换。

中间级由 V_7、V_8 组成,V_7 为共集电极电路,构成缓冲级,它有很高的输入电阻;V_8 为共发射极电路,以电流源为负载而有很高的电压增益。V_7 基极与 V_8 集电极所接电容 C 为相位补偿电容[①],用以防止自激振荡。

输出级由 $V_9 \sim V_{13}$ 组成典型的甲乙类互补对称功率放大电路。V_{11} 为 PNP 型晶体管,接成共集电极电路作为功放的推动级,可减小输出级对中间级的负载影响;V_{12}、V_{13} 构成互补对称输出级,V_9、V_{10} 上的直流压降作为 V_{12}、V_{13} 两管的正向偏置电压,用以克服交越失真。

BJT 型集成运放偏置电流及功耗一般比较大,但它可提供较大的负载电流。

讨论题 3.5.3

(1)通用型集成运放由哪几部分组成?各部分有何功能?

(2)集成运算放大电路中采用什么措施来抑制零点漂移?

① 详见 5.3 节内容。

3.5.4 MOS 型集成运算放大器

由于 MOS 集成运放具有输入阻抗高、功耗低且可在低电源电压下工作等优点,随着 MOS 工艺的发展,采用 MOS 工艺的集成运放也越来越多。本节先介绍 MOS 集成运放内部核心单元电路,然后介绍 CMOS 集成运放 C14573 内部电路。

一、MOS 管有源电阻和电流源

在 MOS 集成电路中,MOS 管有源电阻和电流源主要用于放大电路的偏置电路和负载。

1. MOS 管有源电阻

在 MOS 集成电路中,制作阻值精确的电阻比较困难,且会占用较大的芯片面积,因此在需要电阻器件时,大多采用有源电阻。由 MOS 管构成的有源电阻主要有两种,它们分别是由增强型 MOS 管构成的有源电阻和由耗尽型 MOS 管构成的有源电阻。

图 3.5.10(a)所示为增强型 NMOS 管,将其栅极与漏极相连接而构成的有源电阻,为了减少画图的连线,图中 MOS 管符号中衬底没有画连线[1]。由图可见,$i = i_D$、$u = u_{DS} = u_{GS}$,有源电阻器件的伏安特性即为场效应管的转移特性曲线,如图 3.5.10(b)所示,显然它是一种非线性电阻,其直流等效电阻 $R_{DC} = U_{GSQ}/I_{DQ}$,而交流等效电阻近似等于转移特性曲线在 Q 点处切线斜率的倒数(略去了场效应管的输出电阻 r_{ds} 的影响),即 $r \approx \dfrac{\Delta u_{GS}}{\Delta i_D}\bigg|_Q = \dfrac{1}{g_m}$[2],可见 r 数值比较小。

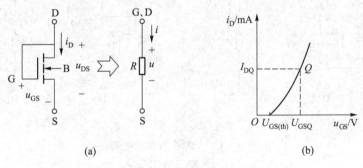

图 3.5.10 增强型 NMOS 管有源电阻
(a) 电路 (b) 伏安特性曲线

---

① 在分立电路中,MOS 管的衬底 B 通常与源极 S 相连,$u_{BS} = 0$。但在集成电路中,许多场效应管制作在同一块衬底上,就不可能将所有 MOS 管的源极与公共衬底相连。为了保证导电沟道与衬底之间所形成的 PN 结为反偏或零偏,要求 N 沟道器件的 $u_{BS} \leqslant 0$(P 沟道器件 $u_{BS} \geqslant 0$)。实际上,通常在设计集成电路时,已将 N 沟道器件的衬底接电路的最低电位,P 沟道器件的衬底接电路的最高电位,故这里图中为了减少连线,只画出衬底而没有画出连线。需指出,当 $u_{BS} \neq 0$ 时,会产生衬底调制效应,MOS 管漏极电流 i_D 将会受到 u_{BS} 的影响。

② 当不考虑衬底调制效应,$r = r_{ds} // \dfrac{1}{g_m}$,由于 $r_{ds} \gg \dfrac{1}{g_m}$,所以 $r \approx \dfrac{1}{g_m}$。

图 3.5.11(a)所示为采用耗尽型 NMOS 管,将其栅极与源极短接构成另外一种有源电阻的电路形式,由图可见,$i = i_D$、$u = u_{DS}$、$u_{GS} = 0$。有源电阻器件的伏安特性即为耗尽型 NMOS 管在 $u_{GS} = 0$ 时的输出特性曲线,如图 3.5.11(b)所示,显然它也是一种非线性电阻,其直流等效电阻 $R_{DC} = U_{DSQ}/I_{DQ}$,而交流等效电阻 $r = \left.\dfrac{\Delta u_{DS}}{\Delta i_D}\right|_Q = r_{ds} \approx \dfrac{1}{\lambda I_{DQ}}$,其值比较大。

采用增强型和耗尽型 PMOS 管也可构成类似的两种有源电阻器件,分别如图 3.5.12 (a)、(b)所示。

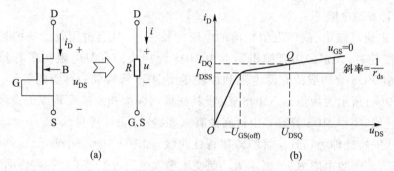

图 3.5.11 耗尽型 NMOS 管有源电阻

(a)电路 (b)伏安特性曲线

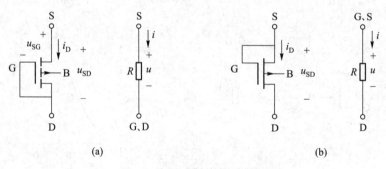

(a) (b)

图 3.5.12 PMOS 管有源电阻

(a)增强型 (b)耗尽型

2. MOS 管电流源

MOS 管电流源的电路形式与双极型晶体管电流源相似。用增强型 NMOS 管构成的基本电流源电路如图 3.5.13(a)所示,当 $V_{DD} > U_{GS(th)}$,V_1 管工作在饱和区(放大区),由图可得基准电流 I_{REF} 等于

$$I_{REF} = I_{D1} = \frac{V_{DD} - U_{GS}}{R} \tag{3.5.14}$$

而 V_1 管的漏极电流 I_{D1} 又等于

$$I_{D1} = K_1 (U_{GS} - U_{GS(th)})^2 \tag{3.5.15}$$

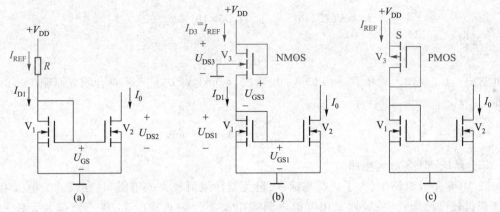

图 3.5.13　MOS 管电流源

（a）基本电流源　（b）采用 V_3 NMOS 管有源电阻代替 R　（c）采用 V_3 PMOS 管有源电阻代替 R

式中，K_1 为 V_1 管的电导常数，与沟道的宽长比 W/L 成正比。

若 V_1、V_2 管的特性完全相同，当 V_2 管工作满足 $U_{DS2}>U_{GS}-U_{GS(th)}$ 时，则 $I_0=I_{REF}$，为镜像电流源；当 V_1、V_2 管的沟道宽长比分别为 $(W/L)_1$、$(W/L)_2$，在忽略沟道长度调制效应时，则得 I_0 与 I_{REF} 成比例，为比例电流源，则有

$$I_0=\frac{(W/L)_2}{(W/L)_1}\cdot I_{REF} \tag{3.5.16}$$

可见，调节两管的宽长比，就可以改变 I_0 与 I_{REF} 的比例关系，故在 I_{REF} 确定后；通过制造工艺控制 V_1 和 V_2 管的宽长几何尺寸，就可以设计出不同的 I_0 电流。

电流源的输出电阻等于 V_2 管的输出电阻 r_{ds2}，当沟道长度调制系数 $\lambda\approx0\ V^{-1}$ 时

$$r_{ds2}=\frac{1}{\lambda I_0} \tag{3.5.17}$$

若 $\lambda=0\ V^{-1}$ 时，$r_{ds2}=\infty$，电路具有理想的恒流特性。

在集成电路中，常用场效应管有源电阻取代图 3.5.13（a）中的电阻 R，如图 3.5.13（b）、（c）中的 V_3 管。设图 3.5.13（b）中 V_1、V_3 的 $\lambda=0\ V^{-1}$，且特性相同，$U_{GS3}=U_{GS1}=U_{GS}$，因 V_1、V_3 均栅极与漏极短接，所以由图可知

$$V_{DD}=U_{DS3}+U_{DS1}=U_{GS3}+U_{GS1}=2U_{GS}$$

只要满足 $V_{DD}>2U_{GS(th)}$，就有 $U_{GS}>U_{GS(th)}$ 和 $U_{DS}>U_{GS}-U_{GS(th)}$，V_1 和 V_3 必定工作在饱和区。

【例 3.5.2】　图 3.5.13（a）电路中，已知 $V_{DD}=10\ V$，$R=20\ k\Omega$，V_1 与 V_2 管特性相同，$K=0.25\ mA/V^2$，$U_{GS(th)}=2\ V$，试求该电流源输出电流 I_0 的大小。

解　由于基准电流

$$I_{REF}=I_{D1}=\frac{V_{DD}-U_{GS}}{R}=\frac{10-U_{GS}}{20\times10^3}$$

而

$$I_{D1} = K(U_{GS} - U_{GS(th)})^2 = 0.25 \times 10^{-3}(U_{GS} - 2)^2$$

所以,可得

$$5U_{GS}^2 - 19U_{GS} + 10 = 0$$

由此解得　$U_{GS} = 3.17$ V 和 $U_{GS} = 0.63$ V,由于 $U_{GS} = 0.63$ V $< U_{GS(th)}$,不符合题意而删去。由此可得

$$I_0 = I_{REF} = \frac{10 - 3.17}{20 \times 10^3}\text{A} = 0.34 \text{ mA}$$

二、集成 MOS 放大电路

在 MOS 集成电路中,为了提高集成度,避免制作阻值较大的电阻,且在较低的电源电压下能获得较高的增益,一般均采用有源电阻或电流源代替集成电阻,作直流偏置元件和负载。根据有源电阻的不同实现方法,集成 MOS 放大电路有 E/E MOS、E/D MOS 和 CMOS 三种类型电路。

1. NMOS E/E 型和 NMOS E/D 型放大电路

在 NMOS 集成电路中,放大管和负载管均是 NMOS 管,其中,放大管普遍采用增强型 MOS 管(EMOS 管),负载管可以采用 EMOS 管,也可以采用耗尽型 MOS 管(DMOS 管),前者称为 NMOS E/E 型放大电路,后者称为 NMOS E/D 型放大电路,分别如图 3.5.14(a)和(b)所示。由图可见,两电路均为共源放大电路是用负载管 V_2 取代了电阻 R_D,为了保证负载管与放大管的电流方向一致,负载管的源极必须与放大管的漏极相连。考虑到 NMOS 管的衬底必须接在电路的最低电位上,而两种放大电路中负载管的源极又都处在高电位上,因而衬底不能与源极相连,$u_{BS} \neq 0$,所以负载管的衬底调制效应将会对放大电路性能产生影响。

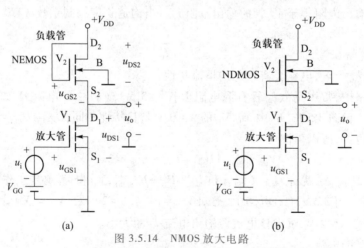

图 3.5.14　NMOS 放大电路

(a) E/E 型放大电路　(b) E/D 型放大电路

图 3.5.14(a)中,要求 V_1、V_2 两管必须同时工作在饱和区,所以要求 $u_{GS1} > U_{GS(th)}$、$u_{DS1} > u_{GS1} - U_{GS(th)}$,$u_{DS2} = u_{GS2} = V_{DD} - u_{DS1} > U_{GS(th)}$。当略去衬底调制效应,$V_2$ 管源极输出电阻(即负载

管 V_2 的等效电阻) r 等于

$$r = \frac{1}{g_{ds2} + g_{m2}}$$

式中, $g_{ds2} = 1/r_{ds2}$ 为 V_2 管的输出电导, g_{m2} 为 V_2 管的跨导。

所以 V_1 管的总负载电阻

$$R'_L = r_{ds1} /\!/ r = \frac{1}{g_{ds1} + g_{ds2} + g_{m2}}$$

当 $r_{ds1} \gg 1/g_{m2}$, $r_{ds2} \gg 1/g_{m2}$, 则放大电路的电压增益为

$$A_u = \frac{u_o}{u_i} = -g_{m1} R'_L \approx -\frac{g_{m1}}{g_{m2}} \tag{3.5.18}$$

对于图 3.5.14(b) 所示 NMOS E/D 型放大电路, 此图中负载管 V_2 为耗尽型 MOS 管且栅极与源极短接, 故 $u_{GS2} = 0$, 为了保证 V_2 管工作在饱和区, 必须满足 $u_{DS2} > -U_{GS(off)}$。当略去衬底调制效应, V_2 管的源极输出电阻(即负载管的等效电阻) $r = r_{ds2}$, 则相应的 NMOS E/D 型放大电路的电压增益为

$$A_u = \frac{u_o}{u_i} = -g_{m1}(r_{ds1} /\!/ r_{ds2}) \tag{3.5.19}$$

显然, NMOS E/D 放大电路增益大于 E/E 型放大电路的增益。

2. CMOS 共源放大电路

E/E 和 E/D 型放大电路均由同沟道类型 MOS 管构成, 在集成电路中衬底公共情况下, 这两种电路难以避免衬底调制效应的存在, 会使电路电压增益下降很多。

CMOS 电路以 NMOS 管和 PMOS 管互补配合作为放大管和负载管, NMOS 管衬底接电路中最低电位, PMOS 管衬底接最高电位, 因而可以消除电路中 MOS 管的衬底调制效应。

图 3.5.15(a) 所示为共源放大的一种 CMOS 电路形式, 称为电流源负载共源放大电路。图中, V_1 为增强型 NMOS 放大管, V_2、V_3 为增强型 PMOS 管构成镜像电流源, V_2 作为 V_1 的负载管。由于电路中包含 N 沟道和 P 沟道两种 MOS 管, 故称为互补型 MOS 放大电路, 或称为 CMOS 放大电路。PMOS 管衬底接正电源, NMOS 管衬底接地, 每只管子均有 $u_{BS} = 0$, 故不存在衬底调制效应。

静态($u_i = 0$)时, 工作点设置应保证 V_1、V_2、V_3 均工作在饱和区, 因此, 三管的静态工作点均相等, 即 $I_{DQ1} = I_{DQ2} = I_{DQ3}(I_{REF})$。作出 CMOS 放大电路的小信号等效电路如图 3.5.15(b) 所示, 图中 g_{m1} 为 V_1 管的跨导, r_{ds1}、r_{ds2} 分别为 V_1、V_2 管的输出电阻。由图可得 CMOS 放大电路的电压增益、输入和输出电阻分别为

$$\left. \begin{array}{l} A_u = \dfrac{u_o}{u_i} = -g_{m1}(r_{ds1} /\!/ r_{ds2}) \\[2mm] R_i = \infty \\[2mm] R_o = r_{ds1} /\!/ r_{ds2} \end{array} \right\} \tag{3.5.20}$$

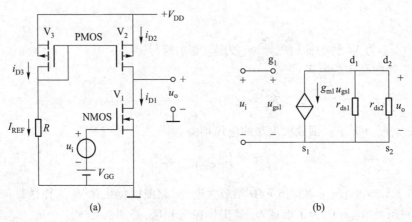

图 3.5.15 CMOS 共源放大电路

（a）电路 （b）小信号等效电路

由于 r_{ds1}、r_{ds2} 比较大，故 CMOS 放大电路不仅输入电阻很大（趋于 ∞）而且还有较高的电压增益和输出电阻。另外，由式（3.5.20）可知，电压增益与 $\sqrt{I_{DQ}}$ 成反比，故 CMOS 放大电路可在低功耗情况下得到高增益。

3. 镜像电流源负载 CMOS 差分放大电路

以镜像电流作为有源负载的 CMOS 差分放大电路如图 3.5.16 所示。图中 V_1、V_2 为 NMOS 管构成差分放大对管，V_3、V_4 为 PMOS 管构成镜像电流源，作为差分放大对管的有源负载，差分放大电路的偏置电流由电流源 I_0 供给。

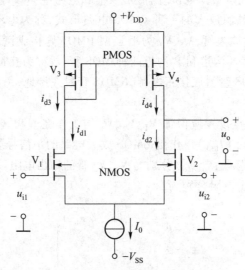

图 3.5.16 镜像电流源负载 CMOS 差分放大电路

差分放大电路输入差模信号 $u_{id} = u_{i1} - u_{i2}$ 时，V_1、V_2 管的漏极电流 i_{d1} 与 i_{d2} 大小相等、方向相反，即 $i_{d1} = -i_{d2}$。由于 V_1 与 V_3 串联，V_3 与 V_4 又是镜像电流源，所以 V_4 漏极电流 $i_{d4} = i_{d3} = i_{d1}$，因此，V_2、V_4 两漏极相连处输出差模电流为 $2i_{d1}$，这意味着差模信号在左右两边引起的变化均反映到单端输出上，使单端输出等效于双端输出。由于 V_2、V_4 管漏极输出电阻分别为 r_{ds2} 和 r_{ds4}，$V_1 \sim V_4$ 的跨导均为 g_m，则差模电压增益为 $A_{ud} \approx g_m(r_{ds2} /\!/ r_{ds4})$，与双端输出相同。

当输入共模信号 $u_{ic} = u_{i1} = u_{i2}$ 时，V_1、V_2 产生共模电流 $i_{d1} = i_{d2}$，由于 $i_{d4} = i_{d3} = i_{d1}$，所以 $i_{d4} = i_{d2}$，V_2、V_4 两漏极相连处输出共模电流为零，故共模输出电压为零，这说明共模信号单端输出的效果与双端输出相同。

由此可见，在有源负载 V_3、V_4 的作用下，CMOS 差分放大电路虽为单端输出，却具有双端输出的特性，故它有差模电压增益大、共模输出小等优点，但它的负载能力较差。

三、CMOS 集成运算放大器

现以 C14573 为例说明 CMOS 集成运算放大器的结构特点。

C14573 是一种通用型集成运放，它把 4 个运放按同一工艺流程制在同一个芯片上，其中一个运放电路的原理图如图 3.5.17 所示，它由偏置电路和两级放大电路（输入级和输出级）组成，但没有功率放大级。

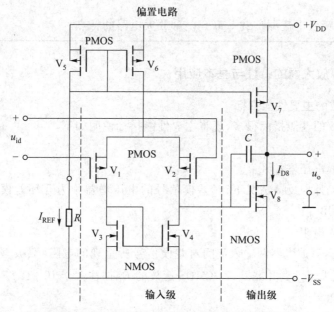

图 3.5.17　C14573 CMOS 集成运放原理电路

偏置电路由 P 沟道增强型 MOS 管 V_5、V_6、V_7 构成多路电流源，为放大电路提供静态偏置电流；R 为外接偏置电阻，用来确定电流源的基准电流 I_{REF}。

　　输入级由 $V_1 \sim V_4$ 和 V_6 组成 CMOS 差分放大电路,它与图 3.5.16 相同,不过这里用 PMOS 管 V_1、V_2 构成差分放大对管,NMOS 管 V_3、V_4 构成镜像电流源,作为差分放大对管的有源负载,同时兼有双端转单端的功能,V_6 管为差分放大电路提供静态工作电流。由于下级 V_8 管栅极输入电阻很大,所以输入差分放大电路不仅有很大的输入电阻,而且还有很高的电压增益和共模抑制比。

　　输出级由 V_7、V_8 构成 CMOS 共源放大电路,与图 3.5.15 相同,NMOS 管 V_8 为放大管,PMOS 管 V_7 为其有源负载,故有较大的电压增益。但因其输出电阻很大,所以带负载能力较差。连接于 V_8 栅极与漏极的电容 C 是运放的补偿电容,用于防止产生自激振荡。

　　虽然 C14573 集成运放只有两级放大电路,但总电压增益可达 90 dB,同时该集成运放还有输入电阻高、共模抑制比大、低功耗等优点,但它的带负载能力比较差,不适合用来驱动低阻负载。由于 CMOS 集成运放在高输入阻抗、低功耗、低本等方面具有突出的优点,且 CMOS 电路结构简单、工艺容易实现而广泛用于集成运放的制造。

讨论题 3.5.4

　　(1) 如何用 NMOS 管构成有源电阻? 试比较增强型和耗尽型 MOS 管有源电阻的特点。

　　(2) 试说明镜像电流源负载 CMOS 差分放大电路的特点。

3.5.5　集成运算放大器的特性与基本应用

一、集成运放的主要性能指标

表征集成运放的性能指标很多,现将主要性能指标说明如下。

1. 差模特性

(1) 开环差模电压增益 A_{ud}

集成运放在无外加反馈情况下,对差模信号的电压增益称为开环差模电压增益 A_{ud},其值可达 $100 \sim 140$ dB。

(2) 差模输入电阻 R_{id}

R_{id} 是指集成运算放大器两输入端间对差模信号所呈现的电阻,双极型管作为差分输入的运放,其值为几十千欧到几兆欧,而 CMOS 运放的 R_{id} 往往大于 10^{12} Ω。

(3) 输出电阻 R_o

R_o 是指集成运算放大器开环工作时,输出端对地的动态电阻,其值为几十欧到几百欧。

(4) 最大差模输入电压 U_{idmax}

U_{idmax} 是指集成运算放大器输入端间所承受的最大差模输入电压,当超过该值时,运放输入级将有可能损坏。

2. 共模特性

（1）共模抑制比 K_{CMR}

K_{CMR} 是指集成运放开环差模电压放大倍数 A_{ud} 与其共模电压放大倍数 A_{uc} 之比绝对值的对数值，即 $K_{CMR}=20\lg|A_{ud}/A_{uc}|$（dB），其值一般大于 80 dB。

（2）共模输入电阻 R_{ic}

R_{ic} 是指集成运放每一个输入端对地的电阻值。因 $R_{ic}\gg R_{id}$，所以一般可以不予考虑。

（3）最大共模输入电压 U_{icmax}

U_{icmax} 是指集成运放所能承受的最大共模输入电压，如果超过此值，运放的 K_{CMR} 将明显下降。

3. 失调参数

（1）输入失调电压 U_{IO} 及其温漂 dU_{IO}/dT

为使集成运放输出电压为零而在两输入端之间施加的补偿电压，称为输入失调电压 U_{IO}，该值越小越好。

dU_{IO}/dT 是 U_{IO} 的温度系数，反映输入失调电压随温度变化的程度。

（2）输入偏置电流 I_{IB}

当集成运放输入为零时，两输入端偏置电流的平均值称为偏置电流 I_{IB}。若两个输入端电流分别为 I_{BN} 和 I_{BP}，则 $I_{IB}=(I_{BN}+I_{BP})/2$。

（3）输入失调电流 I_{IO} 及其温漂 dI_{IO}/dT

集成运放输入电压为零时，两输入端偏置电流 I_{BN} 与 I_{BP} 之差，称为失调电流 I_{IO}，I_{IO} 越小越好。

dI_{IO}/dT 是 I_{IO} 的温度系数，反映输入失调电流随温度而变化的程度。

集成运放除了上述参数外，还有小信号频率参数和大信号动态参数等，这些参数可参阅本书第 5 章 5.3.4 节内容。

二、集成运放图形符号及理想化条件

1. 集成运放图形符号

集成运放图形符号如图 3.5.18（a）所示，图中"▷"表示信号的传输方向，"∞"表示理想条件。两个输入端中，N 称为反相输入端，用"−"表示，说明如果输入信号由此端加入，由它产生的输出信号与输入信号反相。P 称为同相输入端，用"+"表示，说明输入信号由此加入，由它产生的输出信号与输入信号同相。图 3.5.18（b）所示为集成运算放大器的习惯通用符号。

考虑到运放要有直流电源才能工作，大多数集成运算放大器需要两个直流电源供电，所以图 3.5.18（c）中由运算放大器内部引出的两个端子分别接到正电源 $+V_{CC}$ 和负电源 $-V_{EE}$，一般 $V_{CC}=V_{EE}$。运算放大器的参考地就是两个电源的公共地端。

集成运放最少应有上述 5 个端子。根据结构、功能的不同，有的运算放大器还可能有几个供专门用途的其他端子，如频率补偿和调零端等，可查阅有关器件手册。

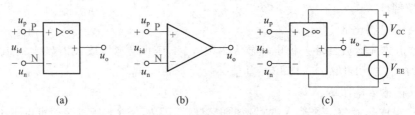

图 3.5.18　集成运放图形符号

（a）图形符号　（b）习惯通用符号　（c）运放直流电源的接法

2. 集成运放特性的理想化

集成运放简化低频等效电路如图 3.5.19 所示，图中，R_{id}、R_o 分别为运放的差模输入电阻和输出电阻，A_{ud} 为开环差模电压放大倍数，u_n 和 u_p 分别为反相、同相端输入电压，差模输入电压 $u_{id} = u_p - u_n$。在线性工作状态、输出端开路略去共模输出时，输出电压 $u_o = A_{ud} u_{id}$。

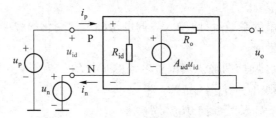

图 3.5.19　集成运放简化低频等效电路

一般集成运放开环差模电压增益 A_{ud} 非常大，其值可达 $10^5 \sim 10^7$ 倍（$100 \sim 140$ dB），差模输入电阻 R_{id} 很高，采用双极晶体管作输入级，其典型值为几十千欧到几兆欧，而采用场效应管作输入级，其输入电阻通常大于 10^8 Ω。输出电阻 R_o 很小，其值约为几十欧到几百欧，一般小于 200 Ω。另外，集成运放的共模抑制比 K_{CMR} 也很大，可达 $10^4 \sim 10^6$（$80 \sim 120$ dB），失调电压、失调电流以及它们的温漂均很小。因此，在实际应用中，常把集成运算放大器特性理想化，即可认为：$A_{ud} \to \infty$、$R_{id} \to \infty$、$R_o \to 0$、$K_{CMR} \to \infty$ 以及失调和温漂均趋于零。

根据上述理想化条件，可认为当集成运放线性工作时，只要集成运放输出电压 u_o 为有限值，则输入差模电压 $u_{id} = u_p - u_n$ 就必趋于零，即

$$u_p - u_n = \frac{u_o}{A_{ud}} \to 0$$

即
$$u_n \approx u_p \tag{3.5.21}$$

其次，由于差模输入电阻 R_{id} 趋于无穷大，因而集成运放的输入电流也必然趋于零，即

$$i_n \approx i_p \approx 0 \tag{3.5.22}$$

根据式（3.5.21）可以将集成运放两个输入端看成虚短路，简称虚短，而根据式（3.5.22）又可以将两个输入端看成虚开路，简称虚断。由于输出电阻 $R_o \to 0$，可认为集成运放的输出

电压与负载电阻大小没有关系。

三、集成运放的电压传输特性

集成运放的输出电压 u_o 与差模输入电压 u_{id} 之间的关系曲线,称为电压传输特性。当差模输入电压 u_{id} 在很小范围内变化,输出电压 u_o 与差模输入电压 u_{id} 之间呈线性关系,传输特性为一斜率为 A_{ud} 的直线,如图 3.5.20 中线段 ab 所示,ab 段直线所跨越的范围为运放的线性工作区,在线性区有 $u_o = A_{ud}u_{id}$。由于 A_{ud} 很大,所以集成运放的线性范围很小。

当差模输入电压 u_{id} 超过一定范围,集成运放开始出现饱和而进入非线性区(也称为限幅区),当 u_{id} 继续增大,u_o 将不随 u_{id} 而变,始终等于正或负 U_{OM},传输特性如图 3.5.20 中上、下两条水平线所示,U_{OM} 为集成运放最大输出电压值,称为饱和电压;其值受到电源电压的限制。(正负饱和电压值也可能不相等。)

四、集成运放构成的放大电路

采用集成运放构成的放大电路有反相放大和同相放大两种基本形式,下面分别加以说明。

1. 反相放大电路

电路如图 3.5.21 所示。由于集成运算放大器同相输入端 P 接地,则有 $u_p = 0$,根据虚短概念可得反相输入端 N 电位 u_n 也等于零,所以,常将 N 点称为虚地点。因此,由图 3.5.21 可得

$$i_1 = \frac{u_i - u_n}{R_1} \approx \frac{u_i}{R_1}$$

$$i_2 = \frac{u_n - u_o}{R_2} \approx \frac{-u_o}{R_2}$$

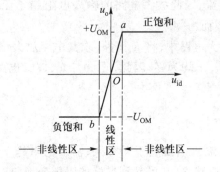

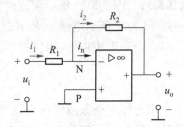

图 3.5.20 集成运放的电压传输特性 　　　　图 3.5.21 集成运放反相放大电路

考虑到集成运算放大器输入端虚开路,则有 $i_n \approx 0$,所以,$i_1 \approx i_2$,因此有

$$\frac{u_i}{R_1} \approx -\frac{u_o}{R_2}$$

所以,由上式可求得集成运放反相放大电路的电压放大倍数为

$$A_u = \frac{u_o}{u_i} = -\frac{R_2}{R_1} \tag{3.5.23}$$

式（3.5.23）中负号说明输出电压 u_o 与输入电压 u_i 反相，所以把图 3.5.21 所示电路称为集成运放反相放大电路。

图 3.5.21 所示电路的输入电阻等于

$$R_i = \frac{u_i}{i_1} = \frac{u_i}{u_i/R_1} = R_1 \tag{3.5.24}$$

由于理想集成运放的输出电阻为 0，故反相放大电路的输出电阻也为零。

2. 同相放大电路

电路如图 3.5.22 所示。输入信号直接加在集成运放的同相输入端，而反相输入端通过电阻 R_1 接地。假设集成运放为理想器件，由于两输入端之间虚短路，因此，有 $u_n \approx u_p = u_i$，考虑到集成运放输入端虚开路，$i_n \approx 0$，有 $i_1 \approx i_2$，所以由图 3.5.22 可得

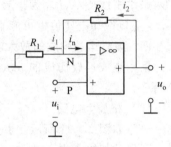

图 3.5.22 集成运算放大器
同相放大电路

$$u_o = i_2 R_2 + u_n = \frac{u_n}{R_1} R_2 + u_n = \left(1 + \frac{R_2}{R_1}\right) u_i \tag{3.5.25}$$

由此可得集成运放同相放大电路的电压放大倍数为

$$A_u = \frac{u_o}{u_i} = 1 + \frac{R_2}{R_1} \tag{3.5.26}$$

A_u 为正值，说明输出电压 u_o 与输入电压 u_i 同相，因此把图 3.5.22 称为集成运放同相放大电路。

由于输入信号接到同相输入端，没有输入电流，因此放大电路的输入电阻趋于无穷大，而放大电路的输出电阻因集成运放输出电阻为零而为零。

【例 3.5.3】 图 3.5.22 所示集成运放同相放大电路中，将 R_1 开路，求其电压放大倍数。

解：将图 3.5.22 所示电路中 R_1 开路后，电流 i_1、i_2 均为零，因此，$u_o = u_n = u_i$，放大电路的输出电压与输入电压大小相等、相位相同，即

$$A_u = \frac{u_o}{u_i} = 1 \tag{3.5.27}$$

由于输出电压完全跟随输入电压而变，而且输入电阻趋于无穷大，输出电阻趋于零，所以常把这种电路称为电压跟随器，用于两级放大电路之间，可起到良好的阻抗变换（或缓冲）作用。

讨论题 3.5.5

（1）集成运放有哪些主要参数？

（2）何谓集成运放的同相输入端和反相输入端？

(3) 理想运放应具有哪些条件? 为什么可以把集成运放看成具有理想特性?

(4) 如何理解运放线性工作时,输入端的"虚短"和"虚断"? 运放非线性工作时,输入端是否也"虚短"和"虚断"?

(5) 集成运放反相和同相放大电路各有何特点?

知 识 拓 展

一、集成运放使用的基本知识

(1) 使用前应认真查阅有关手册,了解所用集成运放各引脚排列位置,外接电路,特别要注意正、负电源端,输出端及同相、反相输入端的位置。

(2) 集成运放接线要正确可靠。由于集成运放外接端点比较多,很容易接错,因此要求集成运放电路接线完毕后,应认真检查,确认没有接错后,方可接通电源,否则有可能损坏器件。另外,因集成运放工作电流很小,例如输入电流只有纳安级,故集成运放各端点接触应良好,否则电路将不能正常工作。接触是否可靠可用直流电压表测量各引脚与地之间的电压值来判定。

集成运放的输出端应避免与地、正电源、负电源短接,以免器件损坏。同时输出端所接负载电阻也不宜过小,其值应使集成运放输出电流小于其最大允许输出电流,否则有可能损坏器件或使输出波形变差。

(3) 输入信号不能过大。输入信号过大可能造成阻塞现象(当输入信号过大,输出升到饱和值,不再响应输入信号,即使输入信号为零,输出仍保持饱和而不回零,必须切断电源重新启动,才能重建正常关系,这种现象叫作阻塞或自锁),也可能损坏器件,因此,为了保证正常工作,输入信号接入集成运放电路前应对其幅度进行初测,使之不超过规定的极限,即差模输入信号应小于最大差模输入电压,共模输入信号也应小于最大共模输入电压。另外,应注意输入信号源能否给集成运放提供直流通路,否则应为集成运放提供直流通路。

(4) 电源电压也不能过高,极性不能接反。电源电压应按器件使用要求,先调整好直流电源输出电压,然后接入电路,且接入电路时必须注意极性,绝不能接反,否则器件容易损坏。

装接电路或改接、插拔器件时,必须断开电源,否则器件容易受到极大的感应或电冲击而损坏。

(5) 集成运放的调零。所谓调零,就是将运放应用电路输入短路,调节调零电位器,使运放输出电压等于零。集成运放作直流运算使用时,特别是小信号高精度直流放大电路中,调零是十分重要的。因为集成运放存在失调电流和失调电压,当输入端短路时,会出现输出电压不为零的现象,从而影响到运算的精度,严重时会使放大电路不能工作。目前大部分集成运放都设有调零端子,所以使用中应按手册中给出的调零电路进行调零。但也有的集成运放没有调零端子,就应外接调零电路进行调零。调零电位器应采用工作稳定、线性度好的多圈线绕电位器。另外,在电路设计中应尽量保证两输入端的外接直流电阻相等,这样可减小失调电流、电压的影响。

调零时应注意以下几点:① 调零必须在闭环条件下进行;② 输出端电压应用小量程电压表测量,例如用万用表 1 V 挡调零;③ 若调节调零电位器输出电压不能达到零值,或输出电压不变,例如等于$+V_{CC}$或$-V_{EE}$,则应检查电路接线是否正确,例如输入端是否短接或接触不良,电路有没有闭环等。若经检查接线正确、可靠且仍不能调零,则可怀疑集成运放损坏或质量不好。

二、集成运算放大器应用实例

集成运放除了用于构成放大电路外,还有很多其他用途,为了对集成运放实际应用有一初步的了解,下面再介绍几种简单的应用实例。

1. 集成运放构成的直流电压表

用集成运放构成的直流电压表如图 3.5.23 所示,图中表头灵敏度为 100 μA、内阻为 1 kΩ,其表面电压从 0 V 到 1.0 V 按等间隔划分刻度。

被测电压 u_i 由集成运放同相输入端接入。根据集成运放"虚短"和"虚断"概念,可以得到

$$u_n = u_i, \quad i_2 = i_1 = u_i / R_1$$

可见,流过表头的电流 i_2 与被测电压 u_i 成正比,而与 R_2 无关。由于表头灵敏度为 100 μA,不难得到表头满量程时被测输入电压的最大值为 1 V($= 100$ μA×10 kΩ),即该直流电压表的测量范围为 0~1 V。若改变 R_1 的阻值,便可改变电压表的量程,如将 R_1 改为 100 kΩ,则电压测量范围变为 0~10 V。

集成运放构成的直流电压表的主要优点是其输入电阻很高,对被测电路的影响极小,但它只能测量小电压。

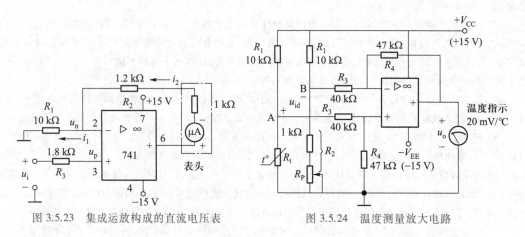

图 3.5.23　集成运放构成的直流电压表　　　　图 3.5.24　温度测量放大电路

2. 集成运放温度测量电路

由集成运放构成的温度测量电路如图 3.5.24 所示,集成运放输出端所接电压表用来指示所测温度的大小。集成运放输入端接由 R_t、R_1、R_2 等组成的温度测量电桥,R_t 为正温度系数温度传感器 T-121,温度在 0~100℃ 范围内变化,其阻值可以在 1.63~3.4 kΩ 范围内线性变化。当温度为 0℃ 时,$R_t = 1.63$ kΩ,调节 R_p,使电桥平衡,A 与 B 两点之间的输出电压 $u_{id} = 0$,此时 A 与 B 点对地电压为

$$u_A = u_B = \frac{V_{CC} R_t}{R_1 + R_t} = \frac{15 \times 1.63}{10 + 1.63} \text{ V} = 2.1 \text{ V}$$

当温度为 100℃ 时,R_t 增大为 3.4 kΩ,此时 A 点对地电压升高为

$$u_A = \frac{15 \times 3.4}{10 + 3.4} \text{ V} = 3.8 \text{ V}$$

温度测量电桥输出电压 u_{id} 变为

$$u_{id} = u_A - u_B = (3.8 - 2.1) \text{ V} = 1.7 \text{ V}$$

集成运放与电阻 R_3、R_4 等构成双端输入放大电路,其输出电压 u_o 可用叠加定理求得。令 A 点接地,运放构成反相放大电路,可得输出电压 u_o' 为

$$u_o' = -\frac{R_4}{R_3} u_B$$

令 B 点接地,运放构成同相放大电路,可得输出电压 u_o'' 为

$$u_o'' = \left(1 + \frac{R_4}{R_3} \right) \frac{R_4}{R_3 + R_4} u_A = \frac{R_4}{R_3} u_A$$

根据叠加定理,可知运放总的输出电压 u_o 为

$$u_o = u_o' + u_o'' = \frac{R_4}{R_3} (u_A - u_B)$$

可见,$t = 0\text{℃}$ 时,$u_{id} = 0$,$u_o = 0$;$t = 100\text{℃}$ 时,$u_{id} = 1.7 \text{ V}$,$u_o = \frac{47}{40} \times 1.7 \text{ V} = 2 \text{ V}$。输出温度指示电压表用摄氏温度等间隔划分刻度,当 $u_o = 2 \text{ V}$ 时,电压表指示温度为 100℃。

3. $+1 \sim -1$ 可变增益放大电路

由集成运放构成的可变增益与符号放大电路如图 3.5.25(a)所示。该电路使用一个电位器,可在+1 到 -1 范围内平滑地调节放大电路的增益。令电位器的分压比为 α,放大电路的增益 A_u 与 α 的关系近似为一直线,如图 3.5.25(b)所示。

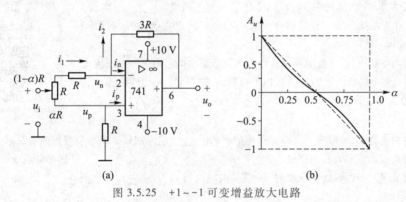

图 3.5.25 $+1 \sim -1$ 可变增益放大电路

(a) 电路　　(b) A_u 与 α 的曲线

根据集成运放的虚断概念,$i_p = 0$,可求得 u_p 为

$$u_p = \frac{u_i R}{\alpha R + R} = \frac{u_i}{1 + \alpha}$$

根据虚短概念,可得 $u_n = u_p$,由此可求得 i_1 为

$$i_1 = \frac{u_i - u_n}{(1 - \alpha) R + R} = \frac{u_i - u_i / (1 + \alpha)}{(2 - \alpha) R} = \frac{\alpha u_i}{(1 + \alpha) (2 - \alpha) R}$$

根据虚断,$i_n = 0$,所以 $i_2 = i_1$,由此可求得放大电路输出电压 u_o 为

$$u_o = -i_2 \times 3R + u_n = -\frac{3\alpha u_i}{(1 + \alpha) (2 - \alpha)} + \frac{u_i}{1 + \alpha} = \frac{2(1 - 2\alpha) u_i}{(1 + \alpha) (2 - \alpha)}$$

所以可得放大电路的电压增益 A_u 为

$$A_u = \frac{u_o}{u_i} = \frac{2(1 - 2\alpha)}{(1 + \alpha) (2 - \alpha)}$$

当 $\alpha = 0$,由上式可求得 $A_u = +1$,当 $\alpha = 0.5$,可求得 $A_u = 0$,当 $\alpha = 1$ 时,可求得 $A_u = -1$,由此可以作出图 3.5.25(b)所示曲线。

小　结

微视频 3.8：
3.5 小结

随 堂 测 验

3.5.1 填空题

1. 多级放大电路中常用的耦合方式有_____耦合、_____耦合、_____耦合和光电耦合等。直接耦合放大电路可以放大直流信号,但会产生_____。

2. 两级放大电路中,第一级电路输入电阻为 R_{i1}、输出电阻为 R_{o1}、电压放大倍数为 A_{u1},第二级电路输入电阻为 R_{i2}、输出电阻为 R_{o2}、电压放大倍数为 A_{u2},则该电路总输入电阻 $R_i = $ _____,输出电阻 $R_o = $ _____,电压放大倍数 $A_u = $ _____。

第 3.5 节
随堂测试答案

3. 多级放大电路中,后级输入电阻可视为前级的_____,而前级输出电阻可视为后级的_____。

4. 通用型集成运算放大器主要由_____、_____、_____、_____等四部分组成。

5. 理想集成运放工作在线性状态时,两输入端电压近似为_____,称为_____;输入电阻近似为_____,称为_____。

6. 集成运放两输入端分别称为_____端和_____端,前者的极性与输出端_____,后者的极性与输出端_____。

7. 理想集成运放的电压放大倍数 A_{ud} 为_____,输入电阻 R_{id} 为_____,输出电阻 R_o 为_____,共模抑制比 K_{CMR} 为_____。

3.5.2 单选题

1. 在 BJT 构成的三级放大电路中,测得 $A_u = -50$,$A_{u2} = 50$,$A_{u3} = 0.98$,则可判断这三级电路的组态分别是_____。

A. 共射极、共基极、共集电极 　　　　　　　B. 共基极、共射极、共集电极

C. 共基极、共集电极、共射极 　　　　　　　D. 共集电极、共基极、共射极

2. 集成运放输入级多采用差分放大电路,主要是为了_____。

A. 抑制零点漂移　　　B. 提高放大倍数　　　C. 提高输入电阻　　　D. 提高电路效率

3. 集成运放中间级采用有源负载和复合管主要是为了_____。

A. 提高输出功率　　　B. 提高电压增益　　　C. 提高共模抑制比　　　D. 减小温漂

4. 集成运放内部采用的耦合方式是_____。

A. 阻容　　　　　　　B. 直接　　　　　　　C. 变压器　　　　　　　D. 光电

5. 对图 3.5.26 所示电路,下述错误的为_____。

A. 图(a)、(b)所示电路均可用作放大器

B. 图(a)中 $u_o = -\dfrac{R_2}{R_1}u_i$

C. 图(b)中 $A_u = \dfrac{u_o}{u_i} = 1 + \dfrac{R_2}{R_1}$

D. 图(b)中 $R_i = R_1$

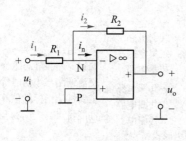
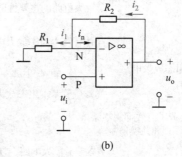

(a)　　　　　　　　　　　　　　(b)

图 3.5.26

3.5.3　是非题(对打√;错打×)

1. 直接耦合放大电路存在零点漂移的主要原因是晶体管参数受温度影响。(　　)

2. 直接耦合放大电路由于存在零点漂移,所以很少使用。(　　)

3. 多级放大电路的输入电阻与第二级的输入电阻无关。(　　)

4. 多级放大电路的输出电阻与末前级电路的输出电阻无关。(　　)

5. 由于集成运放是一个直接耦合放大电路,因此它只能放大直流信号,不能放大交流信号。 (　　)

6. 集成运放开环差模电压增益是反映无反馈情况下,集成运放对两个输入端之间的差模电压的放大能力。(　　)

7. 图 3.5.27 中,两级放大电路的输入电阻 $R_i = R_{B1} \mathbin{/\mkern-5mu/} R_{B2} \mathbin{/\mkern-5mu/} [r_{be1} + (1+\beta_1)R_{E1}]$。(　　)

8. 图 3.5.27 中,两级放大电路的输出电阻 $R_o = R_{E2} \mathbin{/\mkern-5mu/} \left[\dfrac{r_{be2} + R_{C1} \mathbin{/\mkern-5mu/} R_{B3}}{1+\beta_2}\right]$。(　　)

9. 图 3.5.27 中,当 $R_{E2} \mathbin{/\mkern-5mu/} R_L$ 足够大时,两级放大电路的电压放大倍数 $A_u \approx \dfrac{-\beta_1[R_{C1} \mathbin{/\mkern-5mu/} R_{B3} \mathbin{/\mkern-5mu/} (r_{be2} + (\beta_2+1)R_{E2} \mathbin{/\mkern-5mu/} R_L]}{r_{be1} + (1+\beta_1)R_{E1}}$。

(　　)

图 3.5.27

本章知识结构图

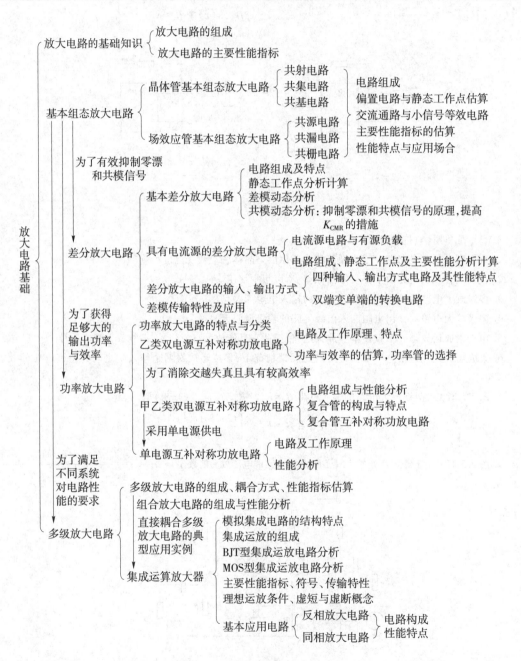

小 课 题

微视频 3.9：
第 3 章小课题

习 题

3.1 放大电路如图 P3.1 所示，电流、电压均为正弦波，已知 $R_S = 600\ \Omega$，$U_S = 30\ \text{mV}$，$U_i = 20\ \text{mV}$，$R_L = 1\ \text{k}\Omega$，$U_o = 1.2\ \text{V}$。求该电路的电压、电流、功率放大倍数及其分贝数和输入电阻 R_i；当 R_L 开路时，测得 $U_o = 1.8\ \text{V}$，求输出电阻 R_o。

第 3 章
部分习题答案

图 P3.1

3.2 放大电路如图 P3.2 所示，已知晶体管 $\beta = 100$，$r_{bb'} = 200\ \Omega$，$U_{BEQ} = 0.7\ \text{V}$。试：（1）计算静态工作点 I_{CQ}、U_{CEQ}、I_{BQ}；（2）画出 H 参数小信号等效电路，求 A_u、R_i、R_o；（3）求源电压增益 A_{us}。

3.3 电路如图 P3.3 所示，其中晶体管 $\beta = 80$，$r_{bb'} = 200\ \Omega$，用 Multisim 对电路进行仿真。（1）测量放大电路的静态工作点 I_{CQ}、I_{BQ}、U_{CEQ}；（2）加上正弦输入信号 $u_s = 10\sin(2\pi \times 1\ 000t)\ \text{mV}$，观察 u_i、u_o 的波形；（3）测量放大电路的 A_u、R_i、R_o；（4）将晶体管的 β 改为 60，测量静态工作点和 A_u、R_i、R_o，并与 $\beta = 80$ 的结果进行比较。

3.4 放大电路如图 P3.4 所示，已知晶体管的 $\beta = 100$，$r_{bb'} = 200\ \Omega$，$U_{BEQ} = 0.7\ \text{V}$。试：（1）求静态工作点 I_{CQ}、U_{CEQ}；（2）画出 H 参数小信号等效电路，求 A_u、R_i、R_o；（3）求源电压增益 A_{us}。

3.5 放大电路如图 P3.5 所示，已知晶体管 $\beta = 80$，$r_{bb'} = 200\ \Omega$，设各电容对交流的容抗近似为零。试：（1）画出该电路的直流通路，求 I_{BQ}、I_{CQ}、U_{CEQ}；（2）画出交流通路及 H 参数小信号等效电路，求 A_u、R_i、R_o。

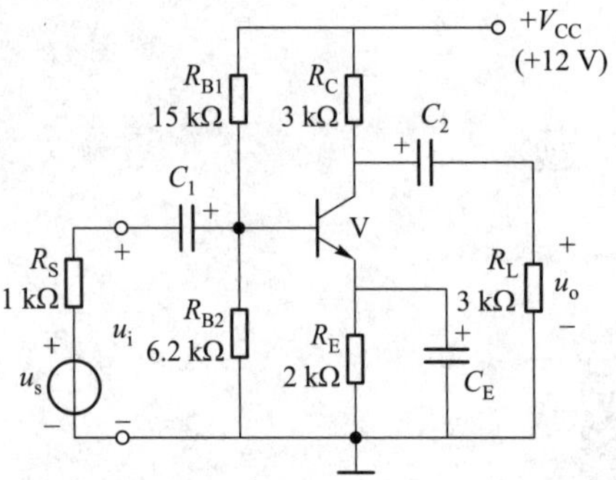

图 P3.2

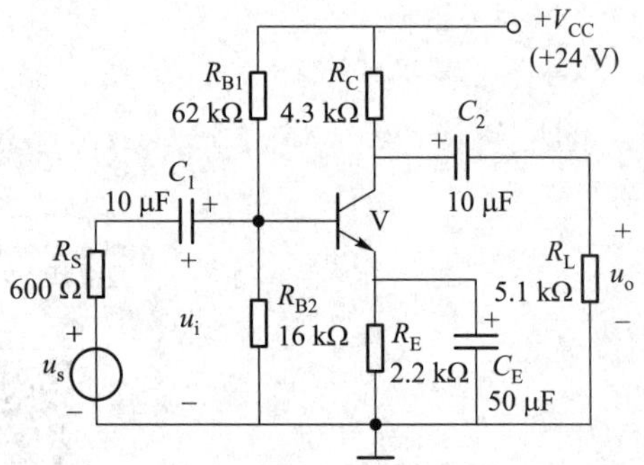

图 P3.3

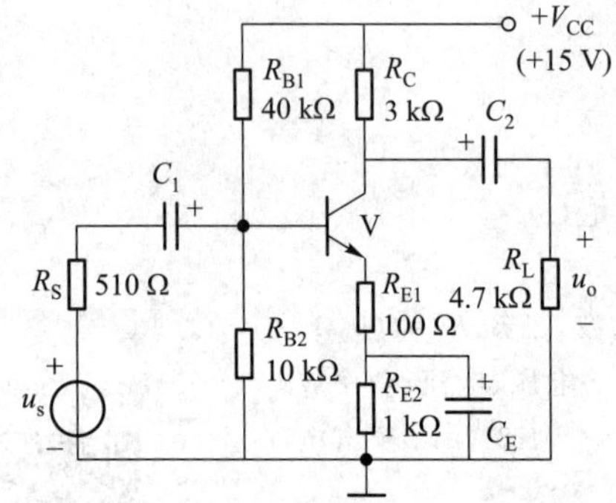

图 P3.4

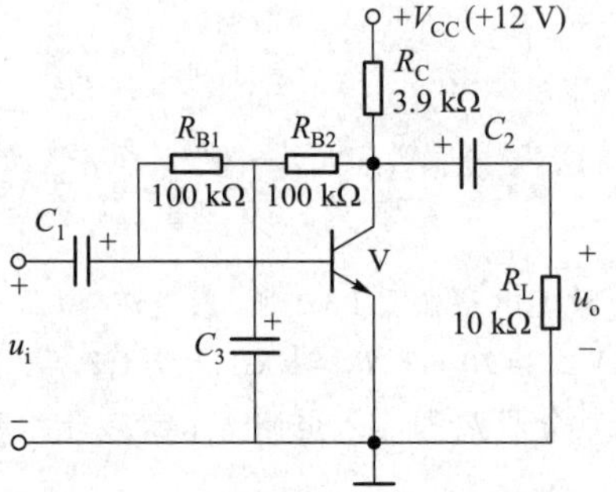

图 P3.5

3.6 放大电路如图 P3.6 所示,已知晶体管的 $\beta = 50$, $r_{bb'} = 200\ \Omega$, $U_{BEQ} = 0.7\ V$,各电容对交流均可视为短路。试:(1)画出直流通路,求静态工作点 I_{BQ}、I_{CQ}、U_{CEQ};(2)画出交流通路和 H 参数小信号等效电路,求 A_u、R_i、R_o。

3.7 放大电路如图 P3.7 所示,图中晶体管用 PNP 型锗管,已知 $\beta = 100$, $r_{bb'} = 200\ \Omega$。试:(1)令 $U_{BEQ} = 0$,求静态工作点 I_{CQ}、U_{CEQ};(2)画出 H 参数小信号等效电路,求 A_u、R_i、R_o。

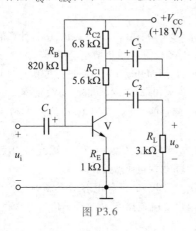

图 P3.6

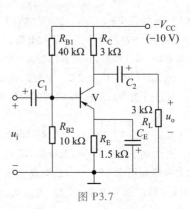

图 P3.7

3.8 放大电路如图 P3.8 所示,已知 $U_{BEQ} = 0.7$ V,$\beta = 50$、$r_{bb'} = 200\ \Omega$。试:(1) 求静态工作点 I_{BQ}、I_{CQ}、U_{CQ} 及 U_{CEQ};(2) 画出交流通路及 H 参数小信号等效电路,求 A_u、R_i、R_o。

3.9 放大电路如图 P3.9 所示,已知 $I_{CQ} = 1.2$ mA,$\beta = 100$,画出交流通路及 H 参数小信号等效电路,求 A_{us}、R_i、R_o。

3.10 共集电极放大电路如图 P3.10 所示,已知晶体管 $\beta = 100$,$r_{bb'} = 200\ \Omega$,$U_{BEQ} = 0.7$ V。试:(1) 估算静态工作点 I_{CQ}、U_{CEQ};(2) 求 $A_u = u_o/u_i$ 和输入电阻 R_i、输出电阻 R_o。

3.11 用 Multisim 仿真图 P3.10 电路,测量放大电路的静态工作点,观察 u_i、u_o 波形,并测量 A_u、R_i、R_o。

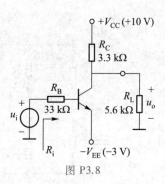

图 P3.8

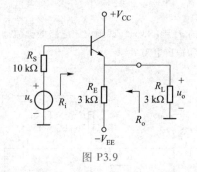

图 P3.9

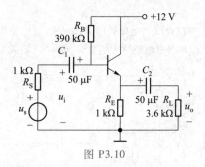

图 P3.10

3.12 一信号源 $R_S = 10\ \text{k}\Omega$,$U_S = 1$ V,负载 $R_L = 1\ \text{k}\Omega$,当 R_L 与信号源直接相接,如图 P3.12(a)所示,经射极输出器与信号源相接,如图 P3.12(b)所示,所获得输出电压的大小有无区别?分析计算结果,说明射极输出器的作用。

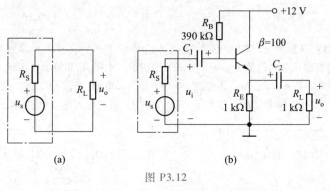

(a)   (b)

图 P3.12

3.13 放大电路如图 P3.13 所示,已知 $\beta = 70$,$r_{bb'} = 200\ \Omega$,$I_{CQ} = 1$ mA,试画出该电路的交流通路及 H 参数小信号等效电路,并求 A_u、R_i、R_o。

3.14 共源放大电路如图 P3.14 所示,已知场效应管 $g_m = 1.2$ mS,试画出该电路交流通路和小信号等效电路,并求 A_u、R_i、R_o。

3.15 由 N 沟道增强型 MOS 管构成的共漏极放大电路如图 P3.15 所示,试画出该电路的交流通路和小信号等效电路;已知 $g_m = 2$ mS,试求电压放大倍数 $A_u = u_o/u_i$、输入电阻 R_i 和输出电阻 R_o。

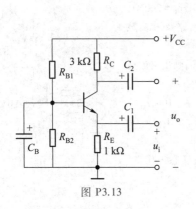

图 P3.13

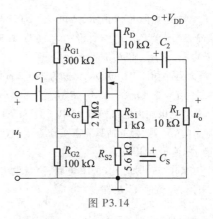

图 P3.14

3.16 共栅极放大电路如图 P3.16 所示,已知 MOS 管的 $g_m = 0.98$ mS,试画出该电路的交流通路及小信号等效电路,并求出电压放大倍数 $A_u = u_o/u_i$、输入电阻 R_i 和输出电阻 R_o。

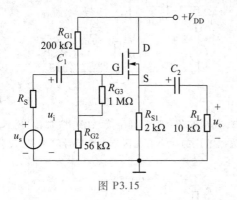

图 P3.15

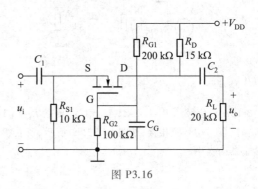

图 P3.16

3.17 电路如图 P3.17 所示,已知 V_1、V_2 的 $\beta = 80$,$U_{BEQ} = 0.7$ V,$r_{bb'} = 200$ Ω,试求:(1) V_1、V_2 的静态工作点 I_{CQ} 及 U_{CEQ};(2) 差模电压放大倍数 $A_{ud} = u_o/u_i$;(3) 差模输入电阻 R_{id} 和输出电阻 R_o。

3.18 电路如图 P3.18 所示,已知晶体管的 $\beta = 100$,$r_{bb'} = 200$ Ω,$U_{BEQ} = 0.7$ V。试求:(1) V_1、V_2 的静态工作点 I_{CQ} 及 U_{CEQ};(2) 差模电压放大倍数 $A_{ud} = u_o/u_i$;(3) 差模输入电阻 R_{id} 和输出电阻 R_o。

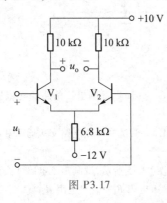

图 P3.17

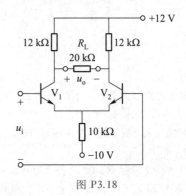

图 P3.18

3.19 差分放大电路如图 P3.19 所示,已知晶体管的 $\beta = 60$, $r_{bb'} = 200\ \Omega$, $U_{BEQ} = 0.7$ V,试求:(1) 静态工作点 I_{CQ1}、U_{CEQ1};(2) 差模电压放大倍数 $A_{ud} = u_o/u_i$;(3) 差模输入电阻 R_{id} 及输出电阻 R_o。

3.20 电流源电路如图 P3.20 所示,设两管的参数相同且 $\beta \gg 1$,试求:当 $R_2 = 1\ k\Omega$ 和 $3\ k\Omega$ 时的 I_{C2}。

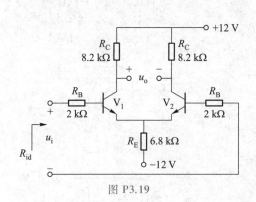

图 P3.19

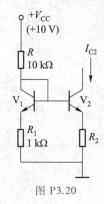

图 P3.20

3.21 多路输出电流源如图 P3.21 所示,已知 $\beta \gg 1$,试求 I_{C2}、I_{C3}。

3.22 具有电流源的差分电路如图 P3.22 所示,已知 $U_{BEQ} = 0.7$ V,$\beta = 100$,$r_{bb'} = 200\ \Omega$,试求:(1) V_1、V_2 静态工作点 I_{CQ}、U_{CQ};(2) 差模电压放大倍数 A_{ud};(3) 差模输入电阻 R_{id} 和输出电阻 R_o。

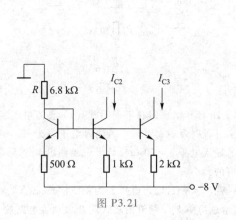

图 P3.21

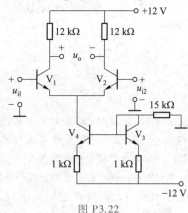

图 P3.22

3.23 在 Multisim 中构建如图 P3.23 所示差分放大电路,其中晶体管 $\beta = 100$,$r_{bb'} = 200\ \Omega$。(1) 加正弦输入电压,用虚拟示波器观察输入 u_i、输出 u_o 波形;(2) 利用 Multisim 的直流工作点分析功能测量差分放大电路的静态工作点;(3) 利用虚拟仪器测量单端输出时的 A_{ud}、R_{id}、R_o 及 K_{CMR}。

3.24 差分放大电路如图 P3.24 所示,已知 $I_0 = 2$ mA,试:(1) 求放大电路的静态工作点 I_{CQ2}、U_{CQ2};(2) 当 $u_i = 10$ mV 时,$i_{C1} = 1.2$ mA,求 V_2 管集电极电位 u_{C2}、输出电压 u_o 以及电压放大倍数 $A_u = u_o/u_i$。

3.25 差分放大电路如图 P3.25 所示,已知 $\beta = 100$,试求:(1) 静态 U_{CQ2};(2) 差模电压放大倍数 $A_{ud} = u_o/u_i$;(3) 差模输入电阻 R_{id} 和输出电阻 R_o。

3.26 差分放大电路如图 P3.26 所示,已知晶体管的 $\beta = 50$,$r_{bb'} = 200\ \Omega$,$U_{BEQ} = 0.6$ V,试求:(1) 静态 I_{CQ1}、U_{CQ1};(2) 单端输入、单端输出差模电压放大倍数 A_{ud}、输入电阻 R_{id} 及输出电阻 R_o;(3) 单端输出共模电压放大倍数 A_{uc} 和共模抑制比 K_{CMR}。

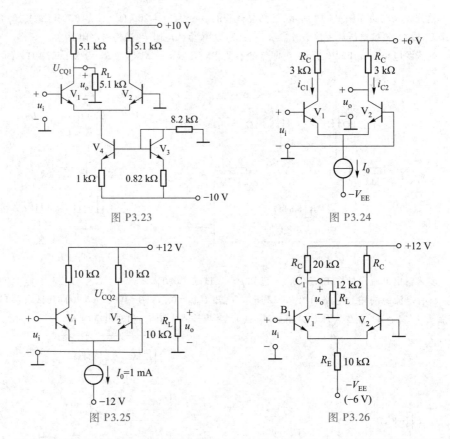

图 P3.23

图 P3.24

图 P3.25

图 P3.26

3.27 差分放大电路如图 P3.26 所示,试根据题 3.26 计算结果回答下列问题:(1) 直流电压表测得 V_1 管集电极电位 $U_{C1} = 2$ V,试问此时 V_1 管基极直流电位 U_{B1} 应为多大? (2) 若输入电压 u_i 为 -20 mV 直流电压,试问此时 V_1 管集电极直流电位应为多大? (3) 若输入电压 $u_i = 20\sin(\omega t)$ mV,试画出 V_1 管集电极电位 u_{C1} 变化波形,并在图中标明直流分量和交流分量幅值的大小。

3.28 电路如图 3.4.2(a) 所示,已知 $V_{CC} = V_{EE} = 6$ V,$R_L = 8$ Ω,输入电压 u_i 为正弦信号,设 V_1、V_2 的饱和压降可略去。试求最大不失真输出功率 P_{om}、电源供给总功率 P_{DC}、两管的总管耗 P_C 及放大电路效率 η。

3.29 电路如图 3.4.2(a) 所示,已知 $V_{CC} = V_{EE} = 20$ V,$R_L = 10$ Ω,晶体管的饱和压降 $U_{CES} \leqslant 2$ V,输入电压 u_i 为正弦信号。试:(1) 求最大不失真输出功率、电源供给功率、管耗及效率;(2) 当输入电压幅值 $U_{im} = 10$ V 时,求输出功率、电源供给功率、效率及管耗;(3) 求该电路的最大管耗及此时输入电压的幅值。

3.30 电路如图 3.4.5(a) 所示,已知 $V_{CC} = V_{EE} = 12$ V,$R_L = 50$ Ω,晶体管饱和压降 $U_{CES} \leqslant 2$ V,试求该电路的最大不失真输出功率、电源供给功率、效率及管耗。

3.31 电路如图 3.4.2(a) 所示,已知 $V_{CC} = V_{EE} = 18$ V,$R_L = 5$ Ω,试选择合适的功率管。

3.32 电路如图 P3.32 所示,设 $U_{CES} = 2$ V,试回答下列问题:

(1) $u_i = 0$ 时,流过 R_L 的电流有多大?

(2) R_1、R_2、V_3、V_4 起什么作用?

(3) 为保证输出波形不失真,输入信号 u_i 的最大幅值为多少? 管耗为最大时,求 U_{im}。

3.33 图 P3.33 所示复合管,试判断哪些连接是正确的? 哪些是不正确的? 如正确的,指出它们各自等效什么类型的晶体管(NPN 或 PNP 型)。

3.34 电路如图 P3.34 所示,为使电路正常工作,试回答下列问题:

(1) 静态时电容 C 上的电压是多大? 如果偏离此值,应首先调节 R_{P1} 还是 R_{P2}?

(2) 设 $R_{P1} = R = 1.2$ kΩ,晶体管 $\beta = 50$,V_1、V_2 管的 $P_{CM} = 200$ mW,R_{P2} 或二极管断开时是否安全? 为什么?

(3) 调节静态工作电流,主要调节 R_{P1} 还是 R_{P2}?

(4) 设管子饱和压降可以略去,求最大不失真输出功率、电源供给功率、管耗和效率。

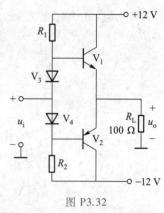

图 P3.32

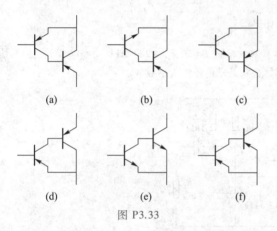

(a)   (b)   (c)

(d)   (e)   (f)

图 P3.33

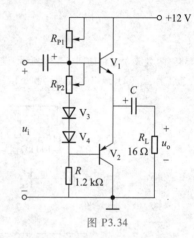

图 P3.34

3.35 在图 P3.35 所示电路中,如何使输出可获得最大正、负对称波形? 若 V_3、V_5 的饱和压降 $U_{CES} = 1$ V,求该电路的最大不失真输出功率及效率。

3.36 电路如图 P3.36 所示,设 V_1、V_2 的饱和压降为 0.3 V,求最大不失真输出功率、管耗及电源供给功率。

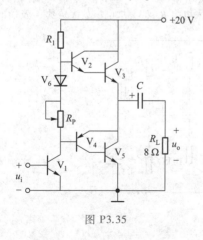

图 P3.35

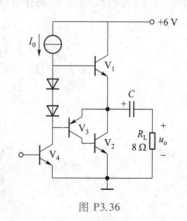

图 P3.36

3.37 两级阻容耦合放大电路如图 P3.37 所示,设晶体管 V_1、V_2 的参数相同,$\beta = 100$,$r_{be} = 1\ \text{k}\Omega$,信号源电压 $U_s = 10\ \text{mV}$,试求输出电压 U_o 为多大?

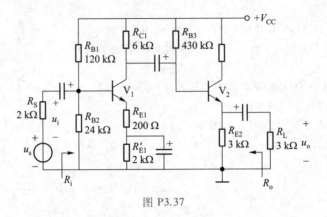

图 P3.37

3.38 两级放大电路如图 P3.38 所示,设晶体管参数相同,$\beta = 50$,$r_{bb'} = 200\ \Omega$,$U_{BEQ} = 0.6\ \text{V}$。试:(1) 估算各级静态工作点;(2) 画出交流通路和小信号等效电路,并求电压放大倍数 A_u。

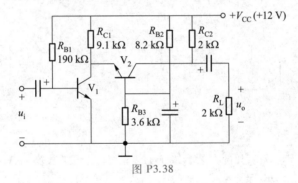

图 P3.38

3.39 两级放大电路如图 P3.39 所示,已知场效应管 $g_m = 1\ \text{mS}$,晶体管 $\beta = 99$,$r_{be} = 2\ \text{k}\Omega$。试:(1) 画出该电路的小信号等效电路;(2) 说明 R_{G3} 的作用,并求输入电阻 R_i;(3) 求电压放大倍数 A_u 及输出电阻 R_o。

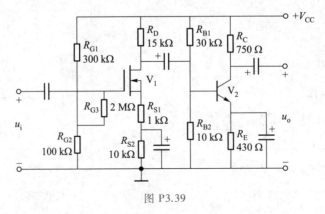

图 P3.39

3.40 多级放大电路如图 P3.40 所示,设各管的 $\beta = 150$, $r_{bb'} = 0$, $|U_{BEQ}| = 0.7$ V,试求:(1) 各管静态集电极电流 I_{CQ} 及静态输出电压 U_o(可略去各管静态基极电流 I_{BQ});(2) 电压放大倍数 A_u、输入电阻 R_i 和输出电阻 R_o。

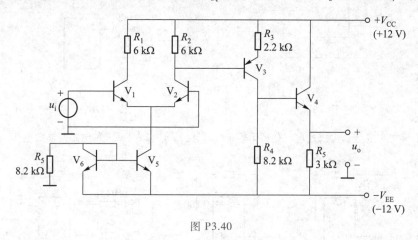

图 P3.40

3.41 共射-共基放大电路如图 P3.41 所示,已知两只晶体管的参数相同,$\beta = 100$, $r_{bb'} = 200$ Ω、$U_{BEQ} = 0.7$ V。试求:(1) 放大电路的静态工作点 I_{CQ1}、I_{CQ2}、U_{CEQ1}、U_{CEQ2};(2) 放大电路的电压放大倍数 $A_u = u_o/u_i$、输入电阻 R_i 和输出电阻 R_o。

3.42 镜像电流源负载 CMOS 差分放大电路如图 P3.42 所示,已知 $I_0 = 0.7$ mA,忽略 V_1、V_3 管的沟道长度调制效应,V_2、V_4 管的沟道长度调制系数 $\lambda = 0.02$ V^{-1},$V_1 \sim V_4$ 管的电导常数 $K = 1$ mA/V^2。试求该电路的差模电压增益 A_{ud} 以及理想情况下共模抑制比 K_{CMR}。

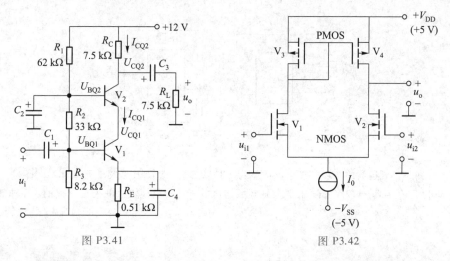

图 P3.41   图 P3.42

3.43 由集成运放构成的电路如图 P3.43 所示,已知集成运放最大输出电压 $U_{OM} = \pm 10$ V,当输入电压 $u_i = 1$ V 时,试求出电位器 R_P 滑动端分别处于最上端 C 点,最小端 B 点和中点时,输出电压 u_o 的大小。

3.44 由理想集成运放构成的电路如图 P3.44 所示,已知 $u_i = 1$ V,试用"虚短路"和"虚断路"概念求流过 R_3 的电流 i。

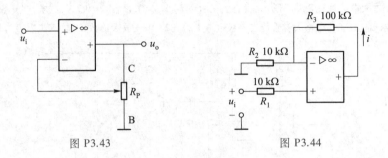

图 P3.43   图 P3.44

3.45 由理想集成运放构成的电路如图 P3.45 所示,已知 $u_i = 2$ V,试求各电路的输出电压 u_o 的值。

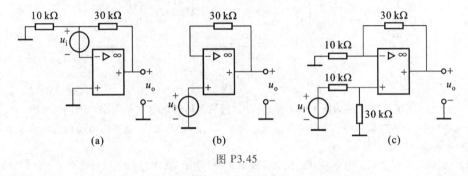

图 P3.45

3.46 由集成运放构成的 NPN 型晶体管 β 测量电路如图 P3.46 所示,当接入某晶体管后,输出电压表的读数为 200 mV,试求该晶体管的 β 值。

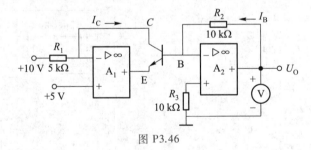

图 P3.46

3.47 已知一集成运放的开环差模电压增益为 100 dB,输出级管子的饱和压降为 2 V,零输入时零输出。现电源电压 $V_{CC} = V_{EE} = 12$ V,试作出该集成运放输出电压 u_o 与差模输入电压 u_{id} 之间的关系曲线。

第 4 章 负反馈放大电路

引言 将输出信号的一部分或全部通过某种电路(称为反馈网络)引回到输入端的过程称为反馈。反馈有正、负之分,负反馈能使放大电路的性能得到显著改善,而正反馈易造成放大电路的工作不稳定,因此实用放大电路中通常要引入负反馈,避免形成正反馈。正反馈也有其有用之处,它主要用以构成正弦波振荡电路(见第 7 章)。本章首先讨论反馈的概念、基本类型和分析方法,然后讨论负反馈对放大电路性能的影响和负反馈放大电路应用中的几个问题。

4.1 反馈放大电路的组成与基本类型

基本要求 (1)理解反馈放大电路的组成;(2)掌握反馈的基本概念和反馈类型的判断方法。

学习指导 **重点**:反馈的基本概念和反馈类型的判断。**难点**:反馈类型的判断。**提示**:通过多练习,掌握反馈极性、直流与交流反馈、反馈组态等的判断方法。

4.1.1 反馈放大电路的组成及基本关系式

一、反馈放大电路的组成

含反馈网络的放大电路称为反馈放大电路,其组成如图 4.1.1 所示,它由基本放大电路和反馈网络构成一个闭环系统,因此又称为闭环放大电路,而无反馈的放大电路则称为开环放大电路。图中,x_i、x_f、x_{id} 和 x_o 分别表示输入信号、反馈信号、净输入信号和输出信号,箭头表示信号的传输方向,由输入端到输出端称为正向传输;由输出端到输入端称反向传输。在实际放大电路中,输出信号 x_o 经由基本放大电路的内部反馈产生的反向传输作用很微弱,可略去,因此认为基本放大电路只有正向传输;输入信号 x_i 通过反馈网络产生的正向传输作用也很微弱,可略去,因此认为反馈网络只有反向传输。

二、反馈放大电路的基本关系式

通常用 A 表示基本放大电路,也表示基本放大电路的放大倍数(又称开环增益),由图可得

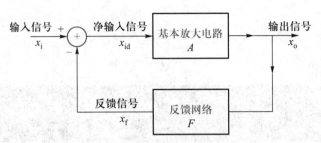

图 4.1.1　反馈放大电路的组成框图

$$A = x_o / x_{id} \tag{4.1.1}$$

用 F 表示反馈网络，也表示反馈系数，则

$$F = x_f / x_o \tag{4.1.2}$$

用 A_f 表示闭环放大电路的放大倍数（又称闭环增益），则

$$A_f = x_o / x_i \tag{4.1.3}$$

由于输入信号 x_i、反馈信号 x_f 和净输入信号 x_{id} 三者之间的关系为

$$x_{id} = x_i - x_f \tag{4.1.4}$$

综上四式可推得

$$A_f = \frac{A}{1 + AF} \tag{4.1.5}$$

　　式（4.1.5）称为反馈放大电路的基本关系式，它表明了闭环放大倍数与开环放大倍数、反馈系数之间的关系。（1+AF）称为反馈深度，AF 称为环路放大倍数（也称为环路增益），由式（4.1.1）和式（4.1.2）可推得

$$AF = x_f / x_{id} \tag{4.1.6}$$

讨论题 4.1.1

（1）简述开环增益、闭环增益、反馈系数、反馈深度、环路增益等概念。

（2）说明符号 x_i、x_{id}、x_o 和 x_f 的含义和它们之间的关系。

4.1.2　反馈的分类与判断

一、正反馈与负反馈

　　反馈有正、负极性之分。若引入反馈后使净输入信号 x_{id} 削弱，则称为负反馈，比较式（4.1.1）和式（4.1.3）可知，此时 $|A_f| < |A|$，故负反馈使放大电路的增益下降。根据式（4.1.5），由 $|A_f| < |A|$ 可推知，负反馈放大电路的反馈深度（1+AF）>1。若引入反馈后使净输入信号 x_{id} 增强，则称为正反馈，正反馈会使放大电路的增益提高，反馈深度（1+AF）<1。

正反馈虽能提高增益,但会使放大电路的工作稳定度、失真度、频率特性等性能变坏;负反馈虽然降低了放大电路增益,但却使放大电路许多方面的性能得到改善,所以,实际放大电路中常采用负反馈,而正反馈主要用于振荡电路。

二、直流反馈和交流反馈

反馈还有直流反馈和交流反馈之分。若反馈信号为直流量,则称为直流反馈;若反馈信号为交流量,则称为交流反馈。在很多放大电路中,常常是交、直流反馈兼而有之。直流负反馈影响放大电路的直流工作情况,常用以稳定静态工作点;交流负反馈影响放大电路的交流性能,常用以改善放大电路的性能。

【例 4.1.1】　试分析图 4.1.2 所示电路是否存在反馈,反馈元件是什么,是正反馈还是负反馈,是交流反馈还是直流反馈?

解:(1) 判断电路中有无反馈

判断一个电路是否存在反馈,要看该电路的输出回路与输入回路之间有无起联系作用的反馈网络。构成反馈网络的元件称为反馈元件。反馈元件通常为线性元器件。

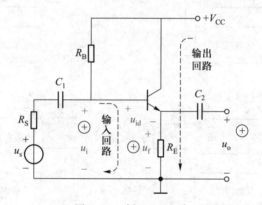

图 4.1.2　例 4.1.1 电路

图 4.1.2 所示电路中,电阻 R_E 既包含于输出回路又包含于输入回路,通过 R_E 把输出电压信号 u_o 全部反馈到输入回路中,因此存在反馈,反馈元件为 R_E。

(2) 判断反馈极性

判断反馈的正、负,通常采用瞬时极性法:先假定输入电压信号 u_i 在某一瞬时的极性为正(当电压、电流的实际极性与图中所标参考极性相同时称极性为正,相反时则称极性为负),并用 ⊕ 标记,然后顺着信号传输方向,逐步推出有关信号的瞬时极性,并用 ⊕ 或 ⊖ 标记,直到推出反馈信号 x_f 的瞬时极性,然后判断反馈信号是增强还是削弱净输入信号。若削弱,则为负反馈,若增强则为正反馈。

图 4.1.2 电路中,假定输入电压 u_i 的瞬时极性为 ⊕,根据共集电极放大电路输出电压与输入电压同相的原则,可知输出电压 u_o 的瞬时极性也为 ⊕。而由图可知,$u_f = u_o$,放大电路的净输入信号 $u_{id} = u_i - u_f$,因此 u_f 削弱了净输入信号 u_{id},所引入的是负反馈。

（3）判别直流反馈和交流反馈

如果反馈电路仅存在于直流通路中，则为直流反馈；如果反馈电路仅存在于交流通路中，则为交流反馈；如果反馈电路既存在于直流通路，又存在于交流通路中，则既有直流反馈又有交流反馈。

图 4.1.2 电路中，R_E 既通直流也通交流，反馈信号中既有直流又有交流，所以该电路同时存在直流反馈和交流反馈。

三、负反馈放大电路的基本类型

反馈网络与基本放大电路在输入、输出端有不同的连接方式，根据输入端连接方式的不同分为串联反馈和并联反馈；根据输出端连接方式的不同分为电压反馈和电流反馈。因此，负反馈放大电路有四种基本类型（又称组态），如图 4.1.3 所示。

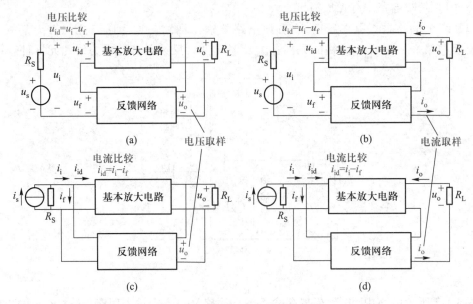

图 4.1.3　四种组态负反馈的框图

（a）电压串联负反馈　（b）电流串联负反馈　（c）电压并联负反馈　（d）电流并联负反馈

1. 电压反馈和电流反馈

反馈信号取样于输出电压的，称为电压反馈，取样于输出电流的，则称为电流反馈。它们仅取决于输出端连接方式的不同，而与输入端连接方式无关。在电压反馈电路的输出端，反馈网络与基本放大电路为并联连接，如图 4.1.3（a）、（c）所示；而电流反馈电路的输出端，反馈网络与基本放大电路为串联连接，如图 4.1.3（b）、（d）所示。由图可见，假设将输出负载 R_L 短路（即令 $u_o=0$），则电压负反馈电路就不能引入反馈，而电流负反馈电路仍然能引入反馈，利用上述规律可判断是电流反馈还是电压反馈。

电压负反馈能稳定输出电压。由图 4.1.3（a）可见，当输入电压不变时，如负载电阻 R_L 增大导致输出电压u_o增大,则通过反馈使u_f也增大,因此u_{id}下降,迫使u_o减小,从而稳定了输出电压,故电压负反馈放大电路具有恒压输出特性。电流负反馈则稳定输出电流,因而电流负反馈放大电路具有恒流输出特性。

2. 串联反馈和并联反馈

在输入端,反馈网络与基本放大电路为串联连接的,称为串联反馈,如图 4.1.3(a)、(b)所示;反馈网络与基本放大电路为并联连接的,则称为并联反馈,如图 4.1.3(c)、(d)所示。串联反馈时,输入信号和反馈信号从基本放大电路的不同输入端子加入;而并联反馈时,输入信号和反馈信号则从基本放大电路的相同输入端子加入,利用此规律可判断是串联反馈还是并联反馈。

由图 4.1.3 还可见,串联反馈以电压形式实现输入信号与反馈信号的比较,即实现了$u_{id}=u_i-u_f$。由于反馈电压u_f通过信号源内阻R_S去影响净输入电压u_{id},R_S越小对u_f的阻碍作用就越小,反馈效果越好,所以串联负反馈宜采用低内阻的恒压源作为输入信号源。并联反馈则以电流形式实现输入信号与反馈信号的比较,即实现了$i_{id}=i_i-i_f$。由于反馈电流i_f经过信号源内阻R_S的分流去影响净输入电流i_{id},R_S越大对i_f的分流就越小,反馈效果越好,所以并联负反馈宜采用高内阻的恒流源作为输入信号源。

四、反馈类型判断举例

【例 4.1.2】 分析图 4.1.4(a)所示的反馈放大电路。

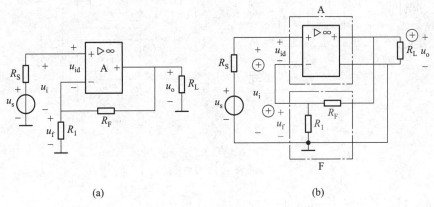

(a)   (b)

图 4.1.4 电压串联负反馈放大电路

(a) 电路 (b) 电路分析

解:图 4.1.4(a)所示为集成运放构成的反馈放大电路,将它改画成图 4.1.4(b),可见,集成运放 A 构成基本放大电路,电阻R_F跨接在输出回路与输入回路之间,通过与R_1的分压得$u_f=u_oR_1/(R_1+R_F)$,从而将输出电压u_o反馈到输入回路,因此R_F和R_1构成反馈网络,它们都是反馈元件。

在输入端,反馈网络与基本放大电路相串联,故构成串联反馈。在输出端,反馈网络与基本放大电路相并联，$u_f = u_o R_1/(R_1 + R_F)$，因此反馈电压 u_f 取样于输出电压 u_o，为电压反馈。

假设输入电压 u_i 的瞬时极性为 ⊕，如图 4.1.4(b) 所示，根据运放电路同相输入时输出电压与输入电压同相的原则，可确定输出电压 u_o 的瞬时极性也为 ⊕。而 $u_f = u_o R_1/(R_1 + R_F)$，故 u_f 的瞬时极性也为 ⊕。图中净输入电压 $u_{id} = u_i - u_f$，故 u_f 削弱了净输入电压 u_{id}，为负反馈。

综上所述，图 4.1.4(a) 所示为电压串联负反馈放大电路。

【例 4.1.3】 分析图 4.1.5(a) 所示的反馈放大电路。

解：将图 4.1.5(a) 改画成图 4.1.5(b)，可见，集成运放 A 构成基本放大电路，R_F 为输入回路和输出回路的公共电阻，故 R_F 构成反馈网络。

在输入端，反馈网络与基本放大电路相串联，故为串联反馈。在输出端，反馈网络与基本放大电路相串联，反馈信号 $u_f = i_o R_F$，因此反馈取样于输出电流 i_o，为电流反馈。

假设输入电压 u_i 的瞬时极性为 ⊕，则可确定运放输出端对地电压 u_o' 的瞬时极性为 ⊕，故输出电流 i_o 的瞬时流向如图 4.1.5(b) 所示，它流过电阻 R_F 产生反馈电压 u_f，u_f 的瞬时极性也为 ⊕。图中净输入电压 $u_{id} = u_i - u_f$，因此反馈电压 u_f 削弱了净输入电压 u_{id}，为负反馈。

综上所述，图 4.1.5(a) 所示为电流串联负反馈放大电路。

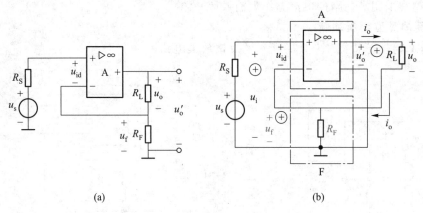

(a)　　　　　　　　　　　　　　　　(b)

图 4.1.5　电流串联负反馈放大电路
(a) 电路　(b) 电路分析

【例 4.1.4】 分析图 4.1.6(a) 所示的反馈放大电路。

解：将图 4.1.6(a) 改画成图 4.1.6(b)，可见，集成运放 A 构成基本放大电路，R_F 跨接在输入回路与输出回路之间构成反馈网络。

在输入端，反馈网络与基本放大电路相并联构成并联反馈。在输出端，反馈网络与基本放大电路相并联，反馈信号 i_f 取样于 u_o，故为电压反馈。

假定输入电压源 u_s 的瞬时极性为 ⊕，则得输入电流 i_i 的瞬时极性也为 ⊕；根据运放反相输入时输出电压与输入电压反相，可确定运放输出电压 u_o 的瞬时极性为 ⊖，故得反馈电流 i_f 的瞬时极性为 ⊕。由于图中净输入电流 $i_{id} = i_i - i_f$，故反馈电流 i_f 削弱了净输入电流 i_{id}，为负反馈。

综上所述,图 4.1.6(a)所示为电压并联负反馈放大电路。

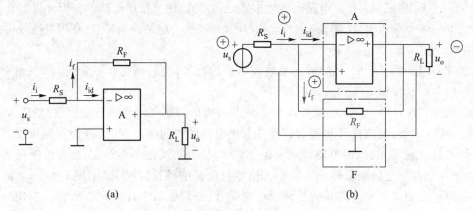

图 4.1.6 电压并联负反馈放大电路

(a) 电路 (b) 电路分析

【例 4.1.5】 试分析图 4.1.7(a)所示的反馈放大电路。

解:将图 4.1.7(a)改画成图 4.1.7(b),可见,集成运放 A 构成基本放大电路,R_F 跨接在输入回路与输出回路之间,与 R_1 共同构成反馈网络。

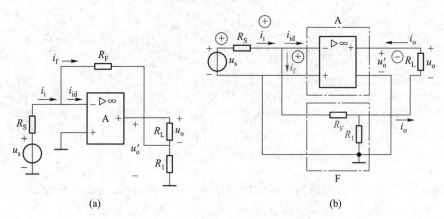

图 4.1.7 电流并联负反馈放大电路

(a) 电路 (b) 电路分析

在输入端,反馈网络与基本放大电路相并联,为并联反馈。在输出端,反馈网络与基本放大电路相串联,反馈信号 i_f 取样于 i_o,故为电流反馈。

假定输入电压源 u_s 的瞬时极性为 $\oplus$,则得输入电流 i_i 的瞬时极性为 $\oplus$,运放输出端对地电压 u'_o 的瞬时极性为 $\ominus$,所以运放输出电流 i_o 的瞬时流向如图 4.1.7(b)所示,由于 i_f 为 i_o 的分流电流,因此得 i_f 瞬时极性为 $\oplus$。而净输入电流 $i_{id} = i_i - i_f$,故反馈削弱了净输入电流 i_{id},为负反馈。

综上所述,图 4.1.7(a)所示为电流并联负反馈放大电路。

上面几个例题中,通过把原电路改画为框图结构形式,使负反馈电路的分析显得很直观,一目了然。但在实际分析中,改画电路未免麻烦,通常可观察电路的结构特点,直接进行分析,下面举例说明。

【例 4.1.6】 图 4.1.8(a)所示为某放大电路的交流通路,试指出反馈元件,在图中标出反馈信号,并判断反馈组态和反馈极性。

解:图 4.1.8(a)中,电阻 R_B 跨接在输入回路与输出回路之间构成反馈网络,所以 R_B 为反馈元件。在输入端,反馈信号和输入信号从放大电路的相同端子加入,故为并联反馈。在输出端,假设将 u_o 两端短路,则电路可画成图 4.1.8(c)所示,反馈不再存在,故为电压反馈。

由于并联反馈是以电流形式实现输入信号与反馈信号比较的,即实现 $i_{id} = i_i - i_f$,故此时的输入信号、反馈信号和净输入信号均为电流信号,分别如图 4.1.8(b)中所标。假定输入电压源 u_s 的瞬时极性为 $\oplus$,则基极对地电压的瞬时极性和输入电流 i_i 的瞬时极性也为 $\oplus$;根据共发射极放大电路输出电压与输入电压反相,可确定集电极对地电压的瞬时极性为 $\ominus$,故 i_f 的瞬时极性为 $\oplus$。由于 $i_{id} = i_i - i_f$,故反馈削弱了净输入电流 i_{id},为负反馈。

综上所述,图 4.1.8(a)所示为电压并联负反馈放大电路。

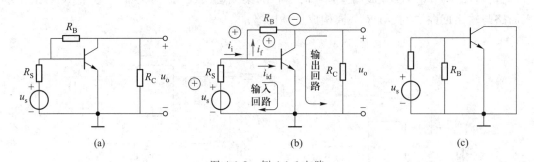

图 4.1.8 例 4.1.6 电路
(a)电路 (b)电路分析 (c)输出短路时的电路

【例 4.1.7】 由晶体管构成的两级放大电路如图 4.1.9(a)所示,试分析该电路中的交流反馈。要求指出反馈元件,在图中标出反馈信号,判断反馈组态和反馈极性。

解:由图 4.1.9(a)可见,R_F 跨接于两级放大电路的输出与输入之间,引入级间反馈;将 R_F 断开后可见,第一级电路因无反馈网络而不存在反馈,第二级中 R_E 为输入回路和输出回路的公共电阻,故而引入第二级的本级反馈。

先来分析本级交流反馈。断开 R_F 后,画出第二级的交流通路如图 4.1.9(b)所示。反馈元件 R_E 与晶体管在输入、输出回路中都是串联连接的,因此为串联电流反馈。此时的输入信号、反馈信号和净输入信号均为电压信号,分别如图 4.1.9(b)中所标。设 u_{o1} 瞬时极性为 $\oplus$,则输出电流 i_o 的瞬时流向如图所示,因此 u_{f2} 瞬时极性为 $\oplus$。由于 $u_{id2} = u_{o1} - u_{f2}$,故反馈电压 u_{f2} 削弱了净输入电压 u_{id2},为负反馈。综上所述,第二级的本级反馈为电流串联负反馈。

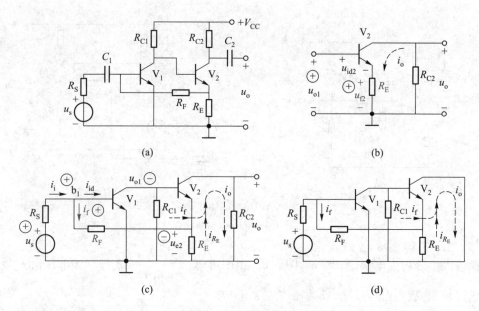

图 4.1.9　多级反馈放大电路

（a）两级反馈放大电路　（b）第二级电路的交流通路　（c）交流通路　（d）输出短路时的交流通路

再来分析级间交流反馈,画出图 4.1.9(a)的交流通路如图 4.1.9(c)所示。由图可见,反馈信号和输入信号加至放大电路的同一个输入端(b_1端),故为并联反馈,此时的反馈信号、输入信号和净输入信号均为电流,如图 4.1.9(c)中所标。由于 i_f 由 R_F、R_E 对 i_o 分流得到,因此 R_F 和 R_E 都是反馈元件,它们共同构成了反馈网络。假设将 u_o 两端短路,则电路如图 4.1.9(d)所示,输出电流 i_o 仍将分流产生反馈电流 i_f,反馈仍然存在,所以为电流反馈。假设输入电压源 u_s 的瞬时极性为 $\oplus$,则输入电流 i_i 的瞬时极性也为 $\oplus$;由于共发射极放大电路输出电压与输入电压反相,所以第一级输出电压 u_{o1} 的瞬时极性对地为 $\ominus$;由于发射极电位跟随基极电位,因此第二级的发射极电位 u_{e2} 的瞬时极性为 $\ominus$,故反馈电流 i_f 的瞬时极性为 $\oplus$。由于 $i_{id}=i_i-i_f$,故反馈削弱了净输入电流 i_{id},为负反馈。综上所述,图 4.1.9(a)所示电路的级间反馈为电流并联负反馈。

本级反馈只影响本级电路的性能,级间反馈则影响相应多级电路的性能。通常级间反馈的强度比本级反馈的强度大得多,所以多级放大电路中主要研究级间反馈。

【例 4.1.8】　试分析图 4.1.10(a)电路中的级间反馈。要求指出反馈元件、标出反馈信号,判断反馈的组态和极性。

解：图 4.1.10(a)所示是由单端输出差分放大电路和 PNP 管共发射极放大电路构成的两级反馈放大电路,为便于分析,将它改画为图 4.1.10(b)所示。

由图(b)可见,R_4 跨接于第二级输出与第一级输入之间,引入级间反馈。由于反馈信号加至 V_2 管的基极,而输入电压 u_i 加至 V_1 管的基极,故为串联反馈,此时的反馈信号、输入信

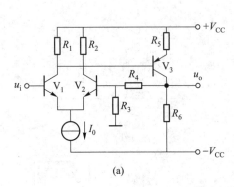 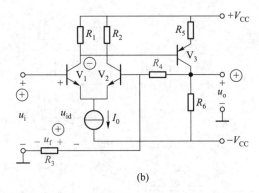

图 4.1.10 例 4.1.8 电路

(a) 电路 (b) 电路分析

号和净输入信号均为电压,如图(b)中所标。由图可得,$u_f = \dfrac{R_3}{R_3 + R_4} u_o$,即反馈电压由 u_o 经 R_3、R_4 分压后得到,故为电压反馈,反馈元件为 R_3 和 R_4。

假设 u_i 的瞬时极性为 ⊕,由于差分放大电路 V_1 管集电极单端输出电压与差模输入电压反相,故得 u_{o1} 对地的瞬时极性为 ⊖;由共发射极放大电路的输出电压与输入电压反相,得输出电压 u_o 的瞬时极性对地为 ⊕,故 u_f 的瞬时极性为 ⊕。由于 $u_{id} = u_i - u_f$,故反馈电压 u_f 削弱了净输入电压 u_{id},为负反馈。综上所述,图 4.1.10(a)所示电路的级间反馈为电压串联负反馈。

讨论题 4.1.2

（1）如何判断放大电路中是否存在反馈？如何确定反馈元件？

（2）什么是正反馈和负反馈,如何判别？

（3）什么是直流反馈和交流反馈,如何判别？

（4）什么是串联反馈和并联反馈,如何判别？它们对信号源内阻有何要求,为什么？

（5）什么是电压反馈和电流反馈,如何判别？它们对放大电路输出电压和输出电流的稳定性各有何影响？

知 识 拓 展

由图 4.1.3 可知,不同组态负反馈放大电路所涉及的输入信号、反馈信号、净输入信号和输出信号是不同的:串联反馈时,输入信号、反馈信号和净输入信号为电压,而并联反馈时,此三者为电流;电压反馈时输出信号为电压,而电流反馈时,输出信号为电流。因此,式(4.1.1)～式(4.1.6)及 4.2 节中的式(4.2.1)～式(4.2.6)中的 A、F 和 A_f 的含义和量纲,对不同组态负反馈是不同的,具体如表 4.1.1 所示。由表可见,唯有在电压串联反馈时,上述公式中的放大倍数才为电压放大倍数,A_{uf} 才能由基本关系式 $A_{uf} = A_u / (1 + A_u F_u)$ 直接求得,这点需特别加以注意。

表 4.1.1　不同组态反馈中 A、F 和 A_f 的含义和量纲

反馈组态		电压串联	电压并联	电流串联	电流并联
A	定义式	$A_u = u_o / u_{id}$	$A_r = u_o / i_{id}$	$A_g = i_o / u_{id}$	$A_i = i_o / i_{id}$
	名称	开环电压放大倍数	开环互阻放大倍数	开环互导放大倍数	开环电流放大倍数
	量纲	1	Ω	S	1
F	定义式	$F_u = u_f / u_o$	$F_g = i_f / u_o$	$F_r = u_f / i_o$	$F_i = i_f / i_o$
	量纲	1	S	Ω	1
A_f	定义式	$A_{uf} = u_o / u_i$	$A_{rf} = u_o / i_i$	$A_{gf} = i_o / u_i$	$A_{if} = i_o / i_i$
	名称	闭环电压放大倍数	闭环互阻放大倍数	闭环互导放大倍数	闭环电流放大倍数
	量纲	1	Ω	S	1
功能		电压放大器	电流控制电压源	电压控制电流源	电流放大器
基本关系式		$A_{uf} = A_u / (1 + A_u F_u)$	$A_{rf} = A_r / (1 + A_r F_g)$	$A_{gf} = A_g / (1 + A_g F_r)$	$A_{if} = A_i / (1 + A_i F_i)$

小　结

微视频 4.1：
4.1 小结

随 堂 测 验

4.1.1　填空题

1. 将反馈引入放大电路后，使净输入信号削弱的为＿＿＿＿＿＿＿＿反馈；使净输入信号增强的为＿＿＿＿＿＿＿＿反馈。

2. 反馈信号为直流量的为＿＿＿＿＿＿＿＿反馈；反馈信号为交流量的为＿＿＿＿＿＿＿＿反馈。

3. 反馈放大电路中，根据输出端接法不同，反馈信号取自输出电压的为＿＿＿＿＿＿＿＿反馈，反馈信号取自输出电流的为＿＿＿＿＿＿＿＿反馈；根据输入端接法不同，反馈信号与输入信号以电压方式进行比较的为＿＿＿＿＿＿＿＿反馈；反馈信号与输入信号以电流方式进行比较的为＿＿＿＿＿＿＿＿反馈。

4. 对于串联负反馈，信号源内阻＿＿＿＿＿＿＿＿反馈效果越好，宜采用恒＿＿＿＿＿＿＿＿源输入；对于并联负反馈，信号源内阻越＿＿＿＿＿＿＿＿反馈效果越好，宜采用恒＿＿＿＿＿＿＿＿源输入。

5. 负反馈放大电路有四种基本组态，分别为＿＿＿＿＿＿＿＿负反馈、＿＿＿＿＿＿＿＿负反馈、＿＿＿＿＿＿＿＿负反馈和＿＿＿＿＿＿＿＿负反馈。

第 4.1 节
随堂测验答案

6. A、F、A_f、AF、$1+AF$ 分别称为_____、_____、_____、_____和_____。

4.1.2 单选题

1. 负反馈放大电路中反馈信号_____。

A. 仅取自输出信号   B. 取自输入信号或输出信号

C. 仅取自输入信号   D. 取自输入信号和输出信号

2. 放大电路中有反馈的含义是_____。

A. 输入与输出之间有信号通路   B. 输出信号与输入信号成非线性关系

C. 电路中存在反向传输的信号通路   D. 电路中存在正向传输的信号通路

3. 直流负反馈在放大电路中的主要作用是_____。

A. 提高输入电阻   B. 降低输入电阻   C. 提高增益   D. 稳定静态工作点

4. 电流负反馈能稳定_____。

A. 输出电流   B. 输出电压   C. 输入电流   D. 输入电压

5. 图 4.1.11 中,属于电压并联负反馈的电路为_____。

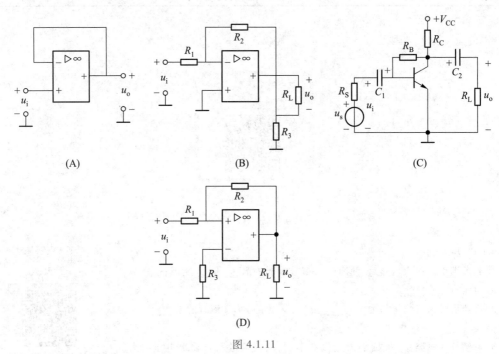

(A)   (B)   (C)

(D)

图 4.1.11

4.1.3 是非题(对打√;错打×)

1. 反馈网络是由影响反馈系数的所有元件组成的电路。(   )

2. 电压负反馈能稳定输出电压,由欧姆定律可知它必然也稳定输出电流。(   )

3. 反馈放大电路基本关系式 $A_f = \dfrac{A}{1+AF}$ 中的 A、A_f 是指电压放大倍数。(   )

4. 若放大电路的放大倍数 $A>0$,则接入的反馈一定是正反馈;若 $A<0$,则接入的反馈一定是负反馈。(   )

4.2　负反馈对放大电路性能的影响

基本要求　掌握负反馈对放大电路主要性能的影响。
学习指导　重点:关于对性能影响的定性结论。

负反馈使放大电路的增益下降,但可使放大电路很多方面的性能得到改善,下面讨论负反馈对放大电路主要性能的影响。

4.2.1　提高放大倍数的稳定性

由于电源电压的波动、器件老化、负载和环境温度的变化等因素,放大电路的放大倍数会发生变化。通常用放大倍数相对变化量的大小来表示放大倍数稳定性的优劣,相对变化量越小,则稳定性越好。

对通频带内的信号来说,式(4.1.5)中各参数均为实数。对式(4.1.5)求微分可得

$$\frac{\mathrm{d}A_\mathrm{f}}{A_\mathrm{f}} = \frac{1}{1+AF}\frac{\mathrm{d}A}{A} \tag{4.2.1}$$

可见,引入负反馈后放大倍数的相对变化量 $\mathrm{d}A_\mathrm{f}/A_\mathrm{f}$ 为未引入负反馈时相对变化量 $\mathrm{d}A/A$ 的 $1/(1+AF)$ 倍,即放大倍数的稳定性提高到未加负反馈时的 $(1+AF)$ 倍。

当反馈深度 $(1+AF)\gg1$ 时称为深度负反馈,这时 $A_\mathrm{f}\approx1/F$,说明深度负反馈时,放大倍数基本上由反馈网络决定。由于反馈网络一般由电阻等性能稳定的无源线性元件组成,基本不受外界因素变化的影响,因此深度负反馈放大电路的放大倍数很稳定。

【例 4.2.1】　某放大电路放大倍数 $A=10^3$,引入负反馈后放大倍数稳定性提高到原来的100 倍,求:(1) 反馈系数;(2) 闭环放大倍数;(3) A 变化±10%时的闭环放大倍数及其相对变化量。

解:(1) 根据式(4.2.1),引入负反馈后放大倍数稳定性提高到未加负反馈时的 $(1+AF)$倍,因此由题意可得

$$1+AF = 100$$

反馈系数为

$$F = \frac{100-1}{A} = \frac{99}{10^3} = 0.099$$

(2) 闭环放大倍数为

$$A_\mathrm{f} = \frac{A}{1+AF} = \frac{10^3}{100} = 10$$

（3）A 变化 ±10% 时，闭环放大倍数的相对变化量为

$$\frac{\mathrm{d}A_\mathrm{f}}{A_\mathrm{f}} = \frac{1}{100}\frac{\mathrm{d}A}{A} = \frac{1}{100}\times(\pm10\%) = \pm0.1\%$$

此时的闭环放大倍数为

$$A'_\mathrm{f} = A_\mathrm{f}\left(1 + \frac{\mathrm{d}A_\mathrm{f}}{A_\mathrm{f}}\right) = 10(1\pm0.1\%)$$

即 A 变化 +10% 时，A'_f 为 10.01；A 变化 −10% 时，A'_f 为 9.99。

可见，引入负反馈后放大电路的放大倍数受外界影响明显减小。

4.2.2　扩展通频带

图 4.2.1 所示为放大电路在无反馈和有负反馈时的幅频特性 $A(f)$ 和 $A_\mathrm{f}(f)$，图中 A_m、f_L、f_H、BW 和 A_mf、f_Lf、f_Hf、BW_f 分别为无、有负反馈时的中频放大倍数、下限频率、上限频率和通频带宽度，可见引入负反馈能扩展通频带宽度，原理如下：当输入幅值相同而频率不同的信号时，高频段和低频段的输出信号比中频段的小，因此反馈信号也小，对净输入信号的削弱作用小，所以高、低频段的放大倍数减小程度比中频段的小，从而扩展了通频带。可证明[①]

$$BW_\mathrm{f} = (1+AF)BW \tag{4.2.2}$$

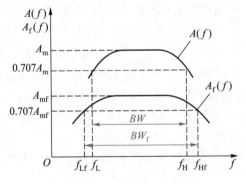

图 4.2.1　负反馈扩展通频带

4.2.3　减小非线性失真

晶体管、场效应管等有源器件伏安特性的非线性会造成输出信号非线性失真，引入负反馈后可以减小这种失真，其原理可用图 4.2.2 加以说明。

---

① 参阅王成华.电子线路基础［M］.北京:清华大学出版社,2008:180.

设输入信号 x_i 为正弦波,无反馈时放大电路的输出信号 x_o 为正半周幅值大、负半周幅值小的失真正弦波,如图 4.2.2(a)所示。引入负反馈后,这种失真被引回到输入端,x_f 也为正半周幅值大而负半周幅值小的波形,如图 4.2.2(b)所示。由于 $x_{id}=x_i-x_f$,因此 x_{id} 波形变为正半周幅值小而负半周幅值大的波形,即通过反馈使净输入信号产生预失真,这种预失真正好补偿了放大电路非线性引起的失真,使输出波形 x_o 接近正弦波。

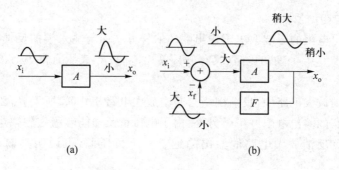

图 4.2.2 负反馈减小非线性失真
(a)无反馈时的信号波形 (b)引入负反馈时的信号波形

必须指出,负反馈只能减小放大电路内部引起的非线性失真,对于信号本身固有的失真则无能为力。此外,负反馈只能减小而不能消除非线性失真。

4.2.4 改变输入电阻和输出电阻

一、对输入电阻的影响

负反馈对输入电阻的影响取决于输入端的反馈类型,而与输出端的取样方式无关,故分析时只需画出输入端的连接方式,如图 4.2.3 所示。图中,R_i 为基本放大电路的输入电阻,又称开环输入电阻;R_{if} 为有反馈时输入电阻,又称闭环输入电阻。

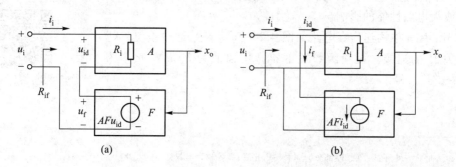

图 4.2.3 负反馈对输入电阻的影响
(a)串联负反馈 (b)并联负反馈

由图 4.2.3(a)可见,在串联负反馈放大电路中,反馈网络与基本放大电路相串联,所以 R_{if} 必大于 R_i,即串联负反馈使放大电路输入电阻增大。可证明[①]

$$R_{if} = (1+AF)R_i \tag{4.2.3}$$

由图 4.2.3(b)可见,在并联负反馈放大电路中,反馈网络与基本放大电路相并联,所以 R_{if} 必小于 R_i,即并联负反馈使放大电路输入电阻减小。可证明[②]

$$R_{if} = R_i/(1+AF) \tag{4.2.4}$$

二、对输出电阻的影响

负反馈对输出电阻的影响取决于输出端的取样方式而与输入端的反馈类型无关。通常用 R_o 表示基本放大电路的输出电阻,又称开环输出电阻;R_{of} 表示有反馈时的输出电阻,又称闭环输出电阻。

在电压负反馈放大电路中,反馈网络与基本放大电路相并联,所以 R_{of} 必小于 R_o,即电压负反馈使放大电路的输出电阻减小。另外,由于电压负反馈能够稳定输出电压,即在输入信号一定时,电压负反馈放大电路的输出趋近于一个恒压源,也说明其输出电阻很小。可证明[③]

$$R_{of} = R_o/(1+A'F) \tag{4.2.5}$$

式(4.2.5)中的 A' 是放大电路输出端开路时基本放大电路的源增益。

在电流负反馈放大电路中,反馈网络与基本放大电路相串联,所以 R_{of} 必大于 R_o,即电流负反馈使放大电路的输出电阻增大。另外,由于电流负反馈能够稳定输出电流,即在输入信号一定时,电流负反馈放大电路的输出趋于一个恒流源,也说明其输出电阻很大。可证明[④]

$$R_{of} = (1+A''F)R_o \tag{4.2.6}$$

式(4.2.6)中的 A'' 是放大电路输出端短路时基本放大电路的源增益。

4.2.5 负反馈对放大电路性能影响的仿真

微视频 4.2:
负反馈对放大电路
性能影响的仿真

本小节以两级电压串联负反馈放大电路为例,用仿真法观测负反馈对放大电路性能的影响。

在 Multisim 中构建仿真电路如图 4.2.4(a)所示,通过按键"A"切换开关 J1 的连接。设置函数发生器产生幅值为 30 mV、频率为 1 kHz 的正弦信号。

---

① 参阅谢嘉奎.电子线路(线性部分)[M].4 版.北京:高等教育出版社,1999:281.

② 参阅谢嘉奎.电子线路(线性部分)[M].4 版.北京:高等教育出版社,1999:281.

③ 参阅谢嘉奎.电子线路(线性部分)[M].4 版.北京:高等教育出版社,1999:282-283.

④ 参阅谢嘉奎.电子线路(线性部分)[M].4 版.北京:高等教育出版社,1999:282-283.

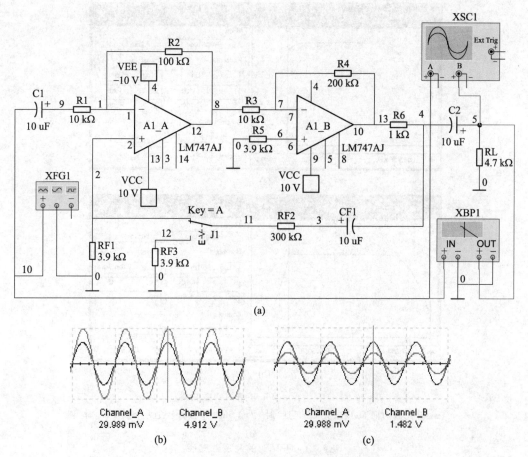

图 4.2.4 电压串联负反馈放大电路的仿真
（a）仿真电路 （b）开关 J1 打向下边（未加反馈）时的输入、输出波形
（c）开关 J1 打向上边（加反馈）时的输入、输出波形

1. 输入、输出波形的观测

切换开关 J1 的连接，运行仿真，示波器中输入、输出波形如图 4.2.4(b)、(c)所示，可见引入负反馈时放大电路的输出电压减小，放大倍数下降。

2. 幅频特性的观测

切换开关 J1 的连接，运行仿真，波特图示仪 XBP1 中的幅频特性曲线如图 4.2.5 所示，其中的光标置于上限频率处，可见引入负反馈时通频带展宽。

3. 级间开环时放大电路性能的测量

开关打向下边，使级间反馈断开。将万用表设为交流电压挡，测量节点 10、5、12 的对地电压，分别记为 U_i、U_o、U_f；断开负载 R_L，再次测节点 5 的电压，记作 U_{ot}，测量数据记录于表 4.2.1 中。由表 4.2.1 中数据可得

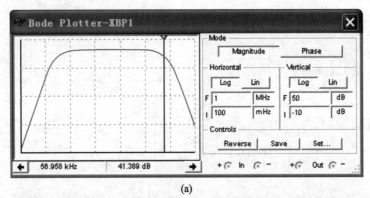

(a)

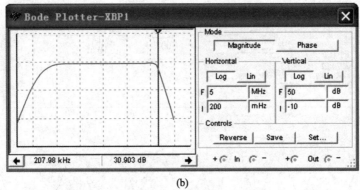

(b)

图 4.2.5　图 4.2.4 电路的幅频特性

(a) 开关 J1 打向下边(未引入负反馈)时　(b) 开关 J1 打向上边(引入负反馈)时

表 4.2.1　开环时的测量数据表

U_i/mV	U_o/V	U_{ot}/V	U_f/mV
21.2	3.49	4.23	44.8

开环电压放大倍数　　　　　$A_u = \dfrac{U_o}{U_i} = \dfrac{3.49\ \mathrm{V}}{21.2\ \mathrm{mV}} \approx 165$

反馈系数　　　　　　　　$F_u = \dfrac{U_f}{U_o} = \dfrac{44.8\ \mathrm{mV}}{3.49\ \mathrm{V}} \approx 0.013$

开环输出电阻　　　　　　$R_o = \left(\dfrac{U_{ot}}{U_o}-1\right)R_L = \left(\dfrac{4.23}{3.49}-1\right) \times 4.7\ \mathrm{k\Omega} \approx 1\ \mathrm{k\Omega}$

　　为测量输入电阻,在节点 10 和电容 C_1 之间串入一个 1 kΩ 电阻,记为 R_S,运行仿真,测得节点 10 和节点 9 的电压值为 21.2 mV 和 19.3 mV(记作 U_i'),则

开环输入电阻　　　　　　$R_i = \dfrac{U_i'}{U_i - U_i'}R_S = \dfrac{19.3}{21.2-19.3} \times 1\ \mathrm{k\Omega} \approx 10.2\ \mathrm{k\Omega}$

4. 级间闭环时放大电路性能的测量

开关打向上边,级间引入负反馈。运行仿真,测量节点 10、5、2 的对地电压,分别记为 U_i、U_o、U_f,断开负载 R_L,再次测节点 5 的电压,记为 U_{ot},测量数据记录于表 4.2.2 中。由表 4.2.2 中数据可得

表 4.2.2　闭环时的测量数据表

U_i/mV	U_o/V	U_{ot}/V	U_f/mV
21.2	1.05	1.11	13.5

闭环电压放大倍数
$$A_{uf} = \frac{U_o}{U_i} = \frac{1.05 \text{ V}}{21.2 \text{ mV}} \approx 50$$

反馈系数
$$F_u = \frac{U_f}{U_o} = \frac{13.5 \text{ mV}}{1.05 \text{ V}} \approx 0.013$$

闭环输出电阻
$$R_{of} = \left(\frac{U_{ot}}{U_o} - 1\right) R_L = \left(\frac{1.11}{1.05} - 1\right) \times 4.7 \text{ k}\Omega \approx 0.27 \text{ k}\Omega$$

在节点 10 和电容 C_1 之间串入 1 kΩ 电阻,记为 R_s,运行仿真,测得节点 10 和节点 9 的电压值为 21.2 mV 和 20.5 mV(记为 U_i'),则

闭环输入电阻
$$R_{if} = \frac{U_i'}{U_i - U_i'} R_s = \frac{20.5}{21.2 - 20.5} \times 1 \text{ k}\Omega \approx 29.3 \text{ k}\Omega$$

可见,引入电压串联负反馈后,放大倍数下降,输入电阻增加,输出电阻减小。由于反馈信号是由输出信号反向传输得来的,与闭环与否基本无关,所以闭环前后测得的反馈系数相等。

讨论题 4.2

(1) 比较四种基本类型负反馈对放大电路性能影响的异同。

(2) 如果输入信号是一个失真的正弦波,加入负反馈后能否减小失真?

(3) 某人在做放大电路实验时,用示波器观察到输出波形产生了非线性失真,然后引入负反馈,发现输出幅度明显变小,并且消除了失真,你认为这就是负反馈改善非线性失真的结果吗?

小　　结

微视频 4.3:
4.2 小结

随 堂 测 验

4.2.1 填空题

1. 负反馈虽然使放大器的增益_____,但能_____增益的稳定性,_____通频带,_____放大器引起的非线性失真,_____放大器的输入、输出电阻。

2. 负反馈放大电路中,开环电压放大倍数 $A_u = 90$,电压反馈系数 $F_u = 0.1$,则反馈深度为_____,闭环放大倍数为_____。

第 4.2 节
随堂测验答案

4.2.2 单选题

1. 电压串联负反馈可_____。

A. 增大输入电阻,减小输出电阻   B. 增大输入电阻,增大输出电阻

C. 减小输入电阻,减小输出电阻   D. 减小输入电阻,增大输出电阻

2. 引入交流_____反馈,可稳定电路的增益。

A. 电压   B. 负   C. 电流   D. 正

4.2.3 是非题(对打√;错打×)

1. 在放大电路中引入反馈能改善其性能。(　　)

2. 输入信号受干扰而失真,引入负反馈后,在输出端可减小失真。(　　)

4.3 负反馈放大电路应用中的几个问题

基本要求 掌握放大电路中引入负反馈的一般原则,掌握深度负反馈放大电路的特点和性能估算。

学习指导 重点:深度负反馈放大电路的特点和闭环电压放大倍数的估算;"虚短""虚断"的概念。

负反馈放大电路应用中常遇到下面几个问题:(1) 如何根据使用要求选择合适的负反馈类型;(2) 如何估算深度负反馈放大电路的性能;(3) 如何防止负反馈放大电路产生自激振荡,以保证放大电路工作的稳定性。本节就上述问题进行讨论。

4.3.1 放大电路引入负反馈的一般原则

根据不同形式负反馈对放大电路影响的不同,引入负反馈时一般考虑以下几点:

(1) 要稳定放大电路的某个量,就引入该量的负反馈。例如,要想稳定直流量,应引入直流负反馈;要想稳定交流量,应引入交流负反馈;要想稳定输出电压,应引入电压负反馈;要想稳定输出电流,应引入电流负反馈。

(2) 根据电路对输入、输出电阻的要求来选择反馈类型。放大电路引入负反馈后,不管反馈类型如何都会使放大电路的增益稳定性提高、非线性失真减小、频带展宽,但不同类型反馈对输入、输出电阻的影响却不同,所以实际放大电路引入负反馈时主要根据对输

入、输出电阻的要求来确定反馈的类型。若要求减小输入电阻，则应引入并联负反馈；要求提高输入电阻，则应引入串联负反馈。若要求高内阻输出，则应采用电流负反馈；要求低内阻输出，则应采用电压负反馈。

（3）根据信号源及负载来确定反馈类型。若放大电路输入信号源已确定，为了使反馈效果显著，就要根据输入信号源内阻的大小来确定输入端反馈类型，当输入信号源为恒压源时，应采用串联反馈；当输入信号源为恒流源时，则应采用并联反馈。当要求放大电路负载能力强时，应采用电压负反馈，要求恒流源输出时，则应采用电流负反馈。

4.3.2 深度负反馈放大电路的特点与性能估算

一、深度负反馈放大电路的特点

$(1+AF) \gg 1$ 时的负反馈放大电路称为深度负反馈放大电路。由于 $(1+AF) \gg 1$，故可得

$$A_f = \frac{A}{1+AF} \approx \frac{A}{AF} = \frac{1}{F} \tag{4.3.1}$$

由于

$$A_f = x_o / x_i, \qquad F = x_f / x_o$$

所以，深度负反馈放大电路中有

$$x_f \approx x_i \tag{4.3.2}$$

即

$$x_{id} \approx 0 \tag{4.3.3}$$

式（4.3.1）～式（4.3.3）说明：在深度负反馈放大电路中，闭环放大倍数主要由反馈网络决定；反馈信号 x_f 近似等于输入信号 x_i；净输入信号 x_{id} 近似为零。这是深度负反馈放大电路的重要特点。此外，根据负反馈对输入、输出电阻的影响可知，深度负反馈放大电路还有以下特点：串联负反馈电路的输入电阻 R_{if} 非常大，并联负反馈电路的 R_{if} 非常小；电压负反馈电路的输出电阻 R_{of} 非常小，电流负反馈电路的 R_{of} 非常大。工程估算时，常把深度负反馈放大电路的输入、输出电阻理想化，即认为：深度串联负反馈的输入电阻 $R_{if} \to \infty$，深度并联负反馈的 $R_{if} \to 0$，深度电压负反馈的输出电阻 $R_{of} \to 0$，深度电流负反馈的 $R_{of} \to \infty$。

根据深度负反馈放大电路的上述特点，对深度串联负反馈，由图 4.3.1（a）可得：

（1）净输入信号 u_{id} 近似为零，即基本放大电路两输入端 P、N 电位近似相等，从电位近似相等的角度看，两输入端之间好像短路了，但并没有真的短路，故称为"虚短"。

（2）闭环输入电阻 $R_{if} \to \infty$，说明闭环放大电路的输入电流近似为零，也即流过基本放大电路两输入端 P、N 的电流 $i_p = i_n \approx 0$，从电流为零的角度看，两输入端之间似乎开路了，但并没有真的开路，故称为"虚断"。

对深度并联负反馈，由图 4.3.1（b）可得：

（1）净输入信号 i_{id} 近似为零，即基本放大电路两输入端之间"虚断"。

（2）闭环输入电阻 $R_{if} \to 0$，说明基本放大电路两输入端之间"虚短"。

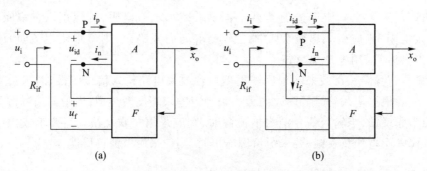

图 4.3.1 深度负反馈放大电路中的"虚短"与"虚断"

(a) 深度串联负反馈放大电路简化框图 (b) 深度并联负反馈放大电路简化框图

综上可得出结论:深度负反馈放大电路中基本放大电路的两输入端既"虚短"又"虚断"。

二、深度负反馈放大电路性能的估算

利用"虚短""虚断"的概念,可以方便地估算深度负反馈放大电路的性能,下面通过例题来说明估算方法。

【例 4.3.1】 估算图 4.3.2 所示负反馈放大电路的电压放大倍数 $A_{uf}=u_o/u_i$

解: 这是一个电流串联负反馈放大电路,反馈元件为 R_F,基本放大电路由集成运放构成,由于集成运放的开环放大倍数很大,故为深度负反馈。

根据深度负反馈时基本放大电路的输入端"虚短"和"虚断"可得,$u_f \approx u_i$,$i_n \approx 0$,则

$$u_f \approx i_o R_F = \frac{u_o}{R_L} R_F$$

闭环电压放大倍数为

$$A_{uf} = \frac{u_o}{u_i} \approx \frac{u_o}{u_f} \approx \frac{R_L}{R_F}$$

【例 4.3.2】 估算图 4.3.3 所示电路的电压放大倍数 $A_{uf}=u_o/u_i$。

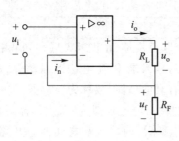

图 4.3.2 电流串联负反馈放大电路
放大倍数的估算

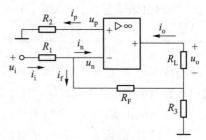

图 4.3.3 电流并联负反馈放大电路
放大倍数的估算

解: 这是一个电流并联负反馈放大电路,反馈元件为 R_3、R_F,基本放大电路由集成运放构成,由于集成运放开环放大倍数很大,故为深度负反馈。

根据深度负反馈时基本放大电路输入端"虚断"和"虚短"可得，$u_n \approx u_p \approx 0$，故

$$i_i = \frac{u_i - u_n}{R_1} \approx \frac{u_i}{R_1}$$

$$i_f \approx \frac{R_3}{R_F + R_3} i_o = \frac{R_3}{R_F + R_3} \frac{-u_o}{R_L}$$

而由"虚断"可得 $i_i \approx i_f$，故

$$\frac{u_i}{R_1} \approx \frac{R_3}{R_F + R_3} \frac{-u_o}{R_L}$$

因此该放大电路的闭环电压放大倍数为

$$A_{uf} = \frac{u_o}{u_i} \approx -\frac{R_L}{R_1} \frac{R_F + R_3}{R_3}$$

【例 4.3.3】 估算图 4.3.4 所示电路的电压放大倍数、输入电阻和输出电阻。

解：这是一个由集成运放 CF741 构成的交流放大电路，C_1 和 C_2 为交流耦合电容，它们对交流的容抗可以略去。反馈元件为 R_1、R_F，引入深度电压串联负反馈。

由基本放大电路输入端"虚短"和"虚断"可得，$u_f \approx u_i$，$i_n \approx 0$，故

$$u_i \approx u_f = \frac{u_o R_1}{R_1 + R_F}$$

该放大电路的闭环电压放大倍数为

$$A_{uf} = \frac{u_o}{u_i} \approx \frac{R_1 + R_F}{R_1} = \frac{1 + 10}{1} = 11$$

由于是深度串联负反馈，故闭环输入电阻 $R_{if} \to \infty$。需注意的是，闭环输入电阻 R_{if} 是指反馈环路输入端呈现的电阻，而图 4.3.4 中的 R_2 与反馈环路无关，是环外电阻，所以该放大电路的输入电阻应为

$$R'_{if} = R_2 /\!/ R_{if} \approx R_2 = 1 \text{ k}\Omega$$

该放大电路输出电阻即为闭环输出电阻 R_{of}，由于是深度电压负反馈，故输出电阻近似为零。

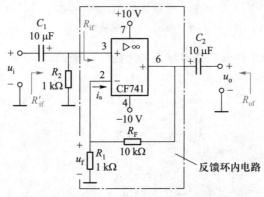

图 4.3.4 电压串联负反馈放大电路实例

【例 4.3.4】 若图 4.3.5 所示电路为深度负反馈放大电路,试估算其电压放大倍数。

解: 图 4.3.5 所示为一个实用的晶体管共发射极

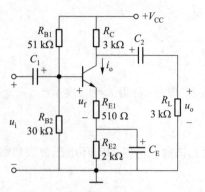

放大电路,R_{E1} 引入深度交流电流串联负反馈,所以反馈信号为电压 u_f,且 $u_f \approx u_i$。

由于

$$u_f \approx i_o R_{E1}$$

$$u_o = -i_o (R_C /\!/ R_L)$$

因此该放大电路的闭环电压放大倍数为

$$A_{uf} = \frac{u_o}{u_i} = \frac{u_o}{u_f} = -\frac{R_C /\!/ R_L}{R_{E1}}$$

$$= -\frac{\dfrac{3 \times 3}{3+3}}{0.51} = -2.94$$

图 4.3.5 晶体管共发射极放大电路实例

【例 4.3.5】 若图 4.3.6(a) 所示电路为深度负反馈放大电路,试估算其源电压放大倍数、输入电阻和输出电阻。

解: 图 4.3.6(a) 所示为共发射极和共集电极两级组合放大电路,R_F 跨接于两级之间,引入电压并联负反馈。标出输入端的电压和电流信号如图 4.3.6(b) 所示。

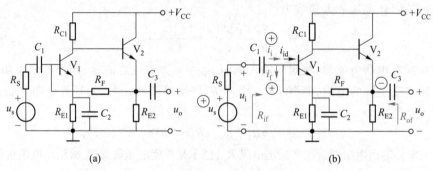

图 4.3.6 电压并联负反馈放大电路

(a) 电路 (b) 电路分析

由图(b)可见,V_1 管的基极为基本放大电路的输入端,所以根据"虚断"可得 $i_f \approx i_i$,根据"虚短"可得 $u_i \approx 0$,则

$$i_f \approx i_i \approx \frac{u_s}{R_S}$$

$$u_o = -i_f R_F$$

故该放大电路的源电压放大倍数为

$$A_{usf} = \frac{u_o}{u_s} = \frac{-i_f R_F}{i_f R_S} = -\frac{R_F}{R_S}$$

该放大电路的输入电阻即为闭环输入电阻 R_{if},输出电阻即为闭环输出电阻 R_{of},由于是深度并联电压负反馈,故输入电阻和输出电阻均近似为零。

4.3.3 负反馈放大电路的稳定性

负反馈可改善放大电路的性能,改善程度与反馈深度 $(1+AF)$ 有关,$(1+AF)$ 越大,反馈越深,改善程度越显著。但反馈深度很大时,有可能产生自激振荡(指电路在无外加输入信号时也能输出具有一定频率和幅度的信号的现象),导致放大电路工作不稳定。

负反馈放大电路产生自激振荡的主要原因,是由于放大管中的 PN 结结电容在高频段起作用,使基本放大电路在高频段产生附加相移,将负反馈变成正反馈,当正反馈强度足够大时就会产生高频自激振荡。关于高频自激振荡的原理与对策将在本书 5.3 节介绍。

顺便指出:(1)由于电路中分布参数的作用,也可以形成正反馈而自激。(2)放大电路也有可能产生低频自激振荡,其因有二:一是由于隔直耦合电容和旁路电容取值不合适,导致低频段产生的附加相移把负反馈变成了正反馈;二是(也是最常见原因)由于直流电源的内阻耦合引起。由于电源对各级供电,各级的交流电流在电源内阻上产生的压降就会随电源而相互影响,能使级间形成正反馈而产生自激振荡。消除这种自激的方法有两种:一是采用低内阻(零点几欧以下)的稳压电源;另一是在电路的电源进线处加去耦电路,如图 4.3.7 所示,图中 R 一般选几百到几千欧电阻,C 选几十到几百微法的电解电容,用以滤除低频,C' 选小容量的无感电容(通常 $0.001 \sim 0.1\ \mu F$),用以滤除高频。

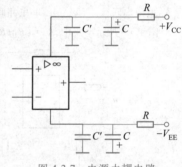

图 4.3.7 电源去耦电路

讨论题 4.3

(1)在放大电路中,如何选用合适的反馈?

(2)什么叫"虚短""虚断"?负反馈放大电路的基本放大电路输入端是否一定满足"虚短"和"虚断"?

(3)深度负反馈放大电路有何特点?其闭环电压放大倍数如何估算?

小 结

微视频 4.4:
4.3 小结

随 堂 测 验

4.3.1　填空题

1. 在深度负反馈放大电路中,基本放大电路的两输入端具有_____和_____的特点。

2. 选择负反馈四种基本类型之一填空:(1) 需要一个电流控制的电压源,应选择_____负反馈;(2) 某仪表放大电路要求 R_i 大,输出电流稳定,应选择_____负反馈;(3) 为减小从信号源索取的电流并增强带负载能力,应引入_____负反馈。

3. 深度负反馈放大电路有:$A_f \approx$ _____,$x_f \approx$ _____,$x_{id} \approx$ _____。

第 4.3 节
随堂测验答案

4.3.2　单选题

1. 为了实现电流放大,输出稳定的信号电流,应引入_____负反馈。

A. 电压并联　　　　　B. 电流串联　　　　　C. 电压串联　　　　　D. 电流并联

2. 需要一个阻抗变换电路,要求输入电阻大,输出电阻小,应选用_____负反馈。

A. 电压串联　　　　　B. 电压并联　　　　　C. 电流串联　　　　　D. 电流并联

3. 图 4.3.8 所示电路中,$A_{uf} = (R_1 + R_2)/R_1$ 的电路为_____。

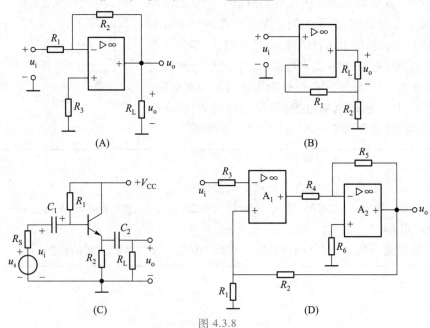

图 4.3.8

4.3.3　是非题(对打√;错打×)

1. 负反馈只能改善反馈环路内电路的放大性能,对反馈环路之外电路无效。　　　　　　　　　　　　(　　)

2. 若要稳定静态工作点,应引入直流负反馈。　　　　　　　　　　　　　　　　　　　　　　　　　(　　)

3. 在深度负反馈条件下,$A_f \approx 1/F$,因此不需要选择稳定的电路参数,闭环增益与电源电压、所用器件参数、开环增益均无关。　　　　　　　　　　　　　　　　　　　　　　　　　　　　　　　　　　　(　　)

本章知识结构图

反馈放大电路
- 反馈放大电路的组成、基本概念与基本关系式
- 分类与判断
  - 判断有无反馈
  - 分析反馈元件与反馈网络
  - 判断反馈性质（又称反馈极性）
  - 判断直流反馈与交流反馈
  - 判断反馈基本类型（又称反馈组态）
- 负反馈对放大电路性能的影响
  - 直流负反馈用以稳定静态工作点
  - 交流负反馈用以改善放大电路性能
    - 提高放大倍数的稳定性
    - 扩展通频带
    - 减小非线性失真
    - 改变输入电阻和输出电阻
- 负反馈放大电路应用中的几个问题
  - 放大电路引入负反馈的一般原则
  - 深度负反馈放大电路的特点与性能估算
  - 负反馈放大电路的稳定性

小 课 题

微视频 4.5：
第 4 章小课题

习 题

4.1 某放大电路输入的正弦波电压有效值为 10 mV，开环时输出正弦波电压有效值为 10 V，试求引入反馈系数为 0.01 的电压串联负反馈后输出电压的有效值。

4.2 某电流并联负反馈放大电路中，输出电流为 $i_o = 5\sin \omega t$ mA，已知开环电流放大倍数为 $A_i = 200$，电流反馈系数为 $F_i = 0.05$，试求输入电流 i_i、反馈电流 i_f 和净输入电流 i_{id}。

第 4 章
部分习题答案

4.3 图 P4.3 所示各电路中,设电容对交流可视为短路,试分析:(1)反馈元件是什么?(2)是正反馈还是负反馈?(3)是直流反馈还是交流反馈?

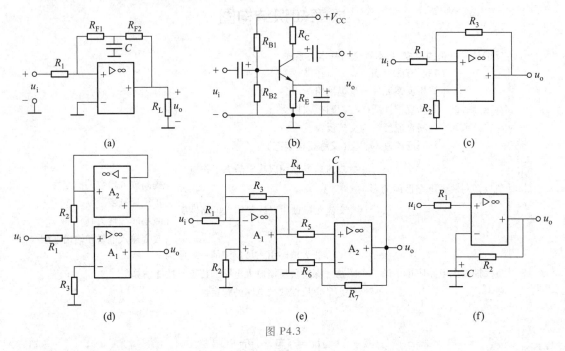

图 P4.3

4.4 分析图 P4.4 所示各电路中的交流反馈(若为多级电路,只要求分析级间反馈):(1)是正反馈还是负反馈?(2)对负反馈电路,判断其反馈组态。

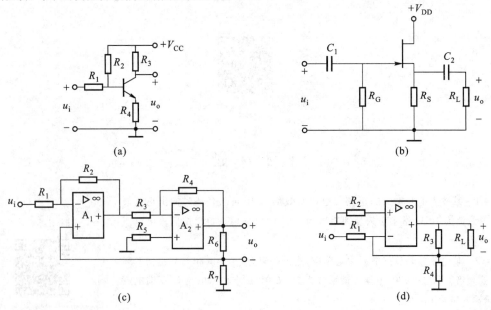

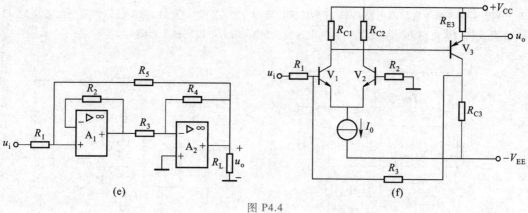

图 P4.4

4.5 某负反馈放大电路的闭环增益为 40 dB,当开环增益变化 10%时闭环增益的变化为 1%,试求开环增益和反馈系数。

4.6 图 P4.6 所示各电路中,希望降低输入电阻,稳定输出电压,试在各图中接入相应的反馈网络。

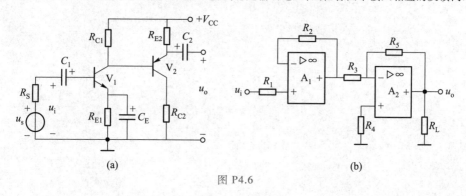

图 P4.6

4.7 分析图 P4.7 所示各深度负反馈放大电路:(1) 判断反馈组态;(2) 写出电压增益 $A_{uf} = \dfrac{u_o}{u_i}$ 的表达式。

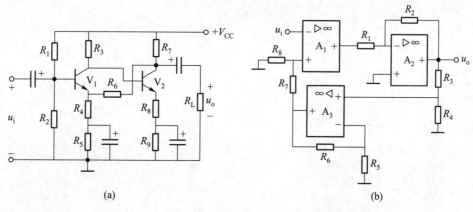

图 P4.7

4.8 分析图 P4.8 所示各反馈电路:(1) 标出反馈信号和有关点的瞬时极性,判断反馈性质与组态;(2) 设其中的负反馈放大电路为深度负反馈,估算电压放大倍数、输入电阻和输出电阻。

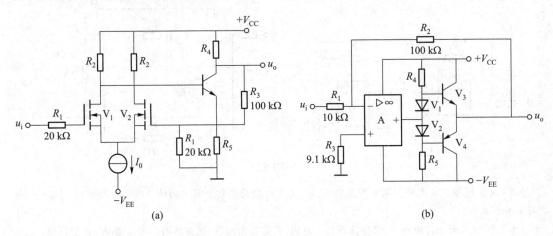

图 P4.8

第 5 章　放大电路的频率响应

引言　前面分析各种放大电路性能指标时,为了简化问题,都忽略了管子的结电容及电路中电抗元件的影响,作为纯电阻电路来讨论。考虑到这些电抗元件的影响,放大电路的性能指标将会随输入信号频率的变化而变化。将放大倍数随频率而变化的函数关系称为频率响应或频率特性。有关放大电路频率响应的若干基本概念,已在第 3 章中做了介绍,本章将对放大电路的频率响应进行深入的讨论。由于 RC 高、低通电路频率响应是分析放大电路频率响应的基础,所以,本章先对简单 RC 低通和高通电路的频率响应进行讨论,然后对晶体管放大电路、场效应管放大电路以及多级放大电路频率响应进行分析,最后介绍负反馈放大电路的稳定性,重点对放大电路的高频响应、集成运放的频率响应及其高频参数的应用进行讨论。

考虑到电抗元件的影响,放大电路中的电压、电流均采用相量表示。

5.1　简单 RC 低通和高通电路的频率响应

基本要求　(1)掌握 RC 低通和高通电路的频率响应的特点;(2)掌握渐近波特图的概念与画法。

学习指导　重点:RC 低通电路的频率响应的分析。难点:渐近波特图的画法。提示:本节实际上是复习"电路分析"课程的内容。由于简单 RC 电路的频率响应是分析放大电路频率响应的基础,所以掌握 RC 电路频率响应的分析方法及渐近波特图的画法,可为后续内容的学习打下基础。

5.1.1　一阶 RC 低通电路的频率响应

用电阻 R 和电容 C 构成的最简单低通电路,如图 5.1.1(a)所示,由图可写出其电压传输系数为

$$\dot{A}_u = \frac{\dot{U}_o}{\dot{U}_i} = \frac{\dfrac{1}{j\omega C}}{\dfrac{1}{j\omega C}+R} = \frac{1}{1+j\omega CR} \tag{5.1.1}$$

令

$$\omega_H = \frac{1}{RC}, \quad f_H = \frac{1}{2\pi RC} \tag{5.1.2}$$

则式(5.1.1)可写成

$$\dot{A}_u = \frac{1}{1+j\dfrac{\omega}{\omega_H}} = \frac{1}{1+j\dfrac{f}{f_H}} \tag{5.1.3}$$

其幅频特性和相频特性分别为

$$|\dot{A}_u| = \frac{1}{\sqrt{1+\left(\dfrac{\omega}{\omega_H}\right)^2}} = \frac{1}{\sqrt{1+\left(\dfrac{f}{f_H}\right)^2}} \tag{5.1.4}$$

$$\varphi = -\arctan\frac{\omega}{\omega_H} = -\arctan\frac{f}{f_H} \tag{5.1.5}$$

由式(5.1.4)可知,当信号频率 f 由零逐渐升高时, $|\dot{A}_u|$ 将逐渐下降,其幅频特性曲线如图 5.1.1(b)所示。当 $f=f_H$ 时, $|\dot{A}_u| = \dfrac{1}{\sqrt{2}} = 0.707$,所以 f_H 称为低通滤波电路的上限截止频率,简称上限频率或转折频率,其通带范围为 $0 \sim f_H$ 。由于电路中只有一个独立的储能元件 C ,故称为一阶低通滤波电路。

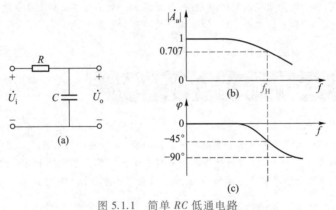

图 5.1.1　简单 RC 低通电路

(a) 电路图　(b) 幅频特性曲线　(c) 相频特性曲线

由式(5.1.5)可作出 RC 低通电路的相频特性曲线,如图 5.1.1(c)所示,在 $f=f_H$ 时, $\varphi = -45°$ 。

工程上为了作图简便起见,对图 5.1.1 的频率特性采用下述的渐近折线来表示,所得的曲线称为渐近波特图,简称波特图。

1. 幅频特性波特图

当 $f \leqslant 0.1f_H$ 时,式(5.1.4)可近似为

$$|\dot{A}_u| \approx 1, \text{即 } 20\lg|\dot{A}_u| = 0 \text{ dB} \tag{5.1.6}$$

当 $f \geqslant 10f_H$ 时,式(5.1.4)可近似为

$$|\dot{A}_u| \approx \frac{1}{f/f_H}, \text{即 } 20\lg|\dot{A}_u| = 20\lg\frac{f_H}{f} \tag{5.1.7}$$

根据以上近似,可得幅频特性的渐近波特图,如图5.1.2(a)所示。图中,横坐标用对数频率刻度,以 Hz 为单位;纵坐标为 $20\lg|\dot{A}_u|$,用分贝作单位。所以,在 $f \leqslant 0.1f_H$ 时是一条 0 dB 的水平线,$f \geqslant 10f_H$ 时是一条自 f_H 出发、斜率为 -20 dB/十倍频的斜线,两条渐近线在 $f=f_H$ 处相交。如果只要对幅频特性进行粗略估算,则用渐近线来表示已经可以。用渐近线代表实际幅频特性最大误差发生在转折频率 f_H 处。由式(5.1.4)可见,在 $f=f_H$ 处偏差为 3 dB。

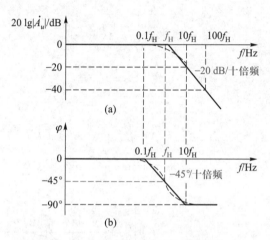

图 5.1.2 简单 RC 低通电路波特图
（a）幅频波特图 （b）相频波特图

2. 相频特性波特图

相频特性波特图的横坐标也用对数频率刻度,以 Hz 为单位,纵坐标为相位值。当 $f \leqslant 0.1f_H$ 时,式(5.1.5)可近似为 $\varphi \approx 0°$ 的渐近线;当 $f \geqslant 10f_H$ 时,式(5.1.5)可近似为 $\varphi \approx -90°$,可得一条 $\varphi \approx -90°$ 的渐近线。在 $f=f_H$ 时,$\varphi = -45°$,所以在 $0.1f_H$ 到 $10f_H$ 区域内相频特性可用一条斜率为 $-45°$/十倍频的直线代替。由上述三条渐近线构成的相频特性曲线如图5.1.2(b)所示。图中虚线为实际相频特性曲线,在 $f=0.1f_H$ 及 $f=10f_H$ 处两者误差为最大,其值为 5.7°。

> **讨论题 5.1.1**
>
> （1）一阶 RC 低通电路频率响应有何特点？其上限频率如何计算？
>
> （2）何谓频率响应渐近波特图？说明如何作出一阶 RC 低通电路幅频和相频波特图？

5.1.2 一阶 RC 高通电路的频率响应

图5.1.3(a)所示为由 RC 构成的最简单高通电路。由图可写出其电压传输系数为

$$\dot{A}_u = \frac{\dot{U}_o}{\dot{U}_i} = \frac{R}{R + \dfrac{1}{j\omega C}} = \frac{1}{1 + \dfrac{1}{j\omega CR}} \tag{5.1.8}$$

令

$$\omega_L = \frac{1}{RC}, \qquad f_L = \frac{1}{2\pi RC} \tag{5.1.9}$$

则式(5.1.8)可写成

$$\dot{A}_u = \frac{1}{1 - j\dfrac{\omega_L}{\omega}} = \frac{1}{1 - j\dfrac{f_L}{f}} \tag{5.1.10}$$

其幅频特性和相频特性分别为

$$|\dot{A}_u| = \frac{1}{\sqrt{1 + \left(\dfrac{\omega_L}{\omega}\right)^2}} = \frac{1}{\sqrt{1 + \left(\dfrac{f_L}{f}\right)^2}} \tag{5.1.11}$$

$$\varphi = \arctan\frac{f_L}{f} \tag{5.1.12}$$

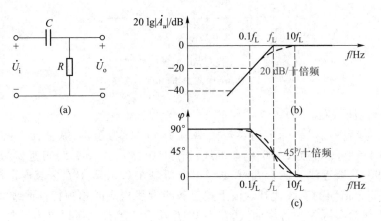

图 5.1.3 简单 RC 高通电路波特图

(a) 电路图 (b) 幅频波特图 (c) 相频波特图

由式(5.1.11)和式(5.1.12)并依照 RC 低通电路波特图的绘制方法,即可画出 RC 高通电路的波特图,如图 5.1.3(b)、(c)所示。由图可知,高通电路的下限截止频率(或称转折频率)为 f_L,0~f_L 为阻带,f_L~∞ 为通带,所以它为一阶 RC 高通滤波电路。

上述低通和高通滤波电路对输入信号只有衰减作用,而没有放大作用,因此称为无源滤波电路。

讨论题 5.1.2

（1）说明一阶 *RC* 高通电路幅频和相频波特图的特点及下限频率的计算。

（2）*RC* 高通电路与低通电路有何不同？试总结绘制 *RC* 高通和低通电路波特图的要点。

小　　结

微视频 5.1：
5.1 小结

随 堂 测 验

5.1.1　填空题

1. 一阶 *RC* 低通和高通电路中，在截止频率处，输出电压是输入电压的_____倍，即衰减_____ dB。

2. 在截止频率处，一阶 *RC* 低通电路的相移为_____；一阶高通电路的相移为_____。

3. 一阶 *RC* 低通电路的最大相移趋于_____，一阶 *RC* 高通电路的最大相移趋于_____。

4. 通带外对数幅频特性的斜率，对于一阶 *RC* 低通电路为_____，对于一阶高通电路为_____。

5.1.2　单选题

1. 一阶 *RC* 低通电路的截止频率为 f_H，则其频率响应表达式为_____。

A. $\dot{A}_u = \dfrac{1}{1+j(f/f_H)}$　　B. $\dot{A}_u = \dfrac{1}{1+j(f_H/f)}$　　C. $\dot{A}_u = \dfrac{1}{1-j(f/f_H)}$　　D. $\dot{A}_u = \dfrac{1}{1-j(f_H/f)}$

2. 一阶 *RC* 高通电路的截止频率为 f_L，则其频率响应表达式为_____。

A. $\dot{A}_u = \dfrac{1}{1-j(f_L/f)}$　　B. $\dot{A}_u = \dfrac{1}{1-j(f/f_L)}$　　C. $\dot{A}_u = \dfrac{1}{1+j(f_L/f)}$　　D. $\dot{A}_u = \dfrac{1}{1+j(f/f_L)}$

3. 一阶 *RC* 低通和高通电路对数相频特性在（0.1～10）倍截止频率范围的斜率为_____。

A. −90°/十倍频　　B. −45°/十倍频　　C. 45°/十倍频　　D. 90°/十倍频

5.1.3　是非题（对打√；错打×）

1. *RC* 低通和高通电路的截止角频率都等于电容所在回路时间常数的倒数。（　　）

2. 由于 *RC* 低通和高通电路对数相频特性在（0.1～10）倍截止频率范围的斜率相同，故在截止频率处两者的相移也相同。（　　）

第 5.1 节
随堂测验答案

5.2 三极管放大电路的频率响应

基本要求 (1)理解晶体管的混合 π 型高频等效电路,了解晶体管的频率参数;(2)理解单管共发射极放大电路频率响应分频段分析法及其波特图的特点,理解影响共发射极放大电路上限频率和下限频率的主要因素;(3)了解场效应管的高频小信号模型,理解影响共源极放大电路上限频率的因素;(4)理解多级放大电路频率响应的特点。

学习指导 重点:晶体管的混合 π 型高频等效电路,单管共发射极放大电路的频率响应及其波特图,多级放大电路频率响应的特点。难点:高频段小信号等效电路的化简及高频段频率响应的分析、多级放大电路波特图的分析。提示:放大电路频率响应分析公式较多且多为复数运算,这给学习带来较大的难度,学习时应注意方法,主要着眼于学会放大电路分频段等效电路的简化,掌握中频增益,上、下限频率的计算以及波特图的画法。

5.2.1 晶体管放大电路的频率响应

一、晶体管的高频特性

1. 晶体管高频小信号模型

由于晶体管 PN 结存在结电容,在高频应用时,考虑到它们的影响,晶体管可用混合 π 形高频等效电路来等效,如图 5.2.1 所示。图中,b、e、c 点分别是晶体管的基极、发射极和集电极,b′点是基区内的一个等效端点,它是为了分析方便而引出来的。

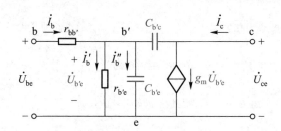

图 5.2.1 晶体管混合 π 形高频等效电路

$r_{bb'}$ 表示从基极 b 到内部端点 b′ 之间的等效电阻,为基区体电阻。它是影响晶体管高频特性的重要参数,高频管中其值比较小,约为几十欧。

$r_{b'e}$ 为发射结交流等效电阻,其值与晶体管静态工作点电流 I_{EQ}、低频电流放大系数 β_0[1]有关,它们有如下的关系

---

[1] β_0 为不计结电容效应时晶体管共发射极电流的放大系数。

$$r_{b'e} = (1 + \beta_0) r_e = (1 + \beta_0) \frac{U_T}{I_{EQ}} \quad\quad (5.2.1)$$

$C_{b'e}$ 为发射结电容,它是一个不恒定的电容,其值与工作状态有关。$C_{b'e} = \frac{g_m}{2\pi f_T} - C_{b'c}$[见式(5.2.7)]。

$C_{b'c}$ 为集电结电容,其值约为几个皮法。由于 $C_{b'c}$ 跨接于输出和输入端之间,对放大器频带的展宽也起着极大的限制作用。

$g_m \dot{U}_{b'e}$ 为受控电流源。$\dot{U}_{b'e}$ 为作用到发射结上的交流电压;g_m 为晶体管的跨导,它表示晶体管有效输入电压 $\dot{U}_{b'e}$ 对集电极输出电流 $\dot{i}_c$ 的控制作用,即 g_m 定义为

$$g_m = \frac{\dot{i}_c}{\dot{U}_{b'e}}\bigg|_{\dot{U}_{ce}=0} \quad\quad (5.2.2)$$

由于 $\dot{U}_{b'e} = \dot{i}'_b r_{b'e}$,而晶体管的低频电流放大系数 $\beta_0 = \dot{i}_c / \dot{i}'_b$,所以

$$g_m = \frac{\beta_0 \dot{i}'_b}{\dot{i}'_b r_{b'e}} = \frac{\beta_0}{r_{b'e}} \approx \frac{I_{EQ}}{U_T} \qu\quad (5.2.3)$$

上式说明跨导 g_m 正比于静态工作点电流 I_{EQ}。

混合 π 形等效电路中各参数与频率无关,故适用于放大电路的高频特性分析。

2. 晶体管的频率参数

在高频运用时,由图 5.2.1 可见,晶体管的结电容对信号电流产生分流作用,使得输出电流 $\dot{i}_c$ 减小,即导致晶体管的电流放大系数 $\dot{\beta}$ 随频率升高而下降,电流放大系数是频率的函数。

令图 5.2.1 输出端 $\dot{U}_{ce} = 0$,即可求得共发射极短路电流放大系数为

$$\dot{\beta} = \frac{\dot{i}_c}{\dot{i}_b}\bigg|_{\dot{U}_{ce}=0} = \frac{\beta_0}{1 + j\dfrac{f}{f_\beta}} \qu\quad (5.2.4)$$

式中

$$\beta_0 = g_m r_{b'e}$$

$$f_\beta = \frac{1}{2\pi r_{b'e}(C_{b'e} + C_{b'c})} \qu\quad (5.2.5)$$

式(5.2.4)的幅频特性为

$$|\dot{\beta}| = \frac{\beta_0}{\sqrt{1 + \left(\dfrac{f}{f_\beta}\right)^2}} \qu\quad (5.2.6)$$

其幅频特性如图 5.2.2 所示,当 $f = f_\beta$ 时, $|\dot{\beta}| = 0.707\beta_0$,即 f_β 为 $|\dot{\beta}|$ 下降为 $0.707\beta_0$ 时的频率,所以将 f_β 称为共发射极短路电流放大系数的截止频率。当频率升高到 f_T 时, $|\dot{\beta}|$ 值将下降到等于 1,晶体管将失去电流放大能力,将 f_T 称为特征频率。由图 5.2.1 可求得

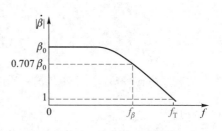

图 5.2.2 β 与频率 f 的关系曲线

$$f_T = \frac{g_m}{2\pi(C_{b'e} + C_{b'c})} = \beta_0 f_\beta \qquad (5.2.7)$$

当晶体管接成共基电路时,同样,其短路电流放大系数 α 也将会受结电容的影响,随着工作频率的升高而下降,当下降到低频值 α_0 的 0.707 倍时的频率,称为共基极短路电流放大系数截止频率 f_α,可证明

$$f_\alpha = \frac{1}{2\pi r_e(C_{b'e} + C_{b'c})} = (1 + \beta_0)f_\beta \qquad (5.2.8)$$

f_β、f_T、f_α 称为晶体管的频率参数,由式(5.2.5)、式(5.2.7)和式(5.2.8)可知: $f_\alpha \approx f_T \gg f_\beta$。

讨论题 5.2.1(1)

(1) 晶体管混合 π 形高频等效电路有什么特点?

(2) 试说明 f_α、f_β、f_T 各频率参数的物理意义及它们之间的相互关系。

二、单管共发射极放大电路的频率响应

现以图 5.2.3(a)所示共发射极放大电路为例进行讨论。考虑到耦合电容和晶体管结电容的影响,放大电路的混合 π 形等效电路如图 5.2.3(b)所示。在分析放大电路频率响应时,为方便起见,一般将输入信号频率范围分为中频、低频和高频三个频段,根据各个频段的特点对图 5.2.3(b)所示电路进行简化,得到各频段的等效电路,求得各频段的频率响应,最后把它们综合起来,就得到放大电路全频段的频率响应。

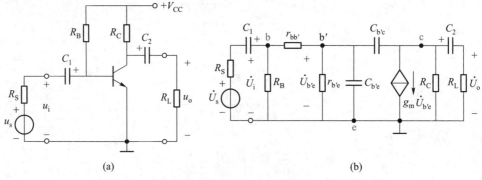

(a)   (b)

图 5.2.3 单管共发射极放大电路及其混合 π 形等效电路

(a) 电路图 (b) 混合 π 形等效电路

1. 中频段频率响应

在中频段,由于耦合电容容抗很小而视为短路,晶体管的结电容容抗很大而视为开路,因此可将图 5.2.3(b)所示电路简化为图 5.2.4 所示没有电抗元件的电路,它与前面讨论的低频 H 参数等效电路相同,为了简化分析,因基极偏置电阻 R_B 一般远大于 r_{be},可将其断开,另图中 $R'_L = R_C /\!/ R_L$。由图可得放大电路中频段源电压放大倍数为

$$\dot{A}_{usm} = \frac{\dot{U}_o}{\dot{U}_s} = \frac{\dot{U}_{b'e}}{\dot{U}_s} \cdot \frac{\dot{U}_o}{\dot{U}_{b'e}} = \frac{r_{b'e}}{R_S + r_{bb'} + r_{b'e}} \cdot \frac{- g_m \dot{U}_{b'e} R'_L}{\dot{U}_{b'e}}$$

$$= \frac{- g_m r_{b'e} R'_L}{R_S + r_{bb'} + r_{b'e}} = \frac{-\beta_0 R'_L}{R_S + r_{be}} \tag{5.2.9}$$

上式表明,放大电路工作在中频段时电压增益 $|\dot{A}_{usm}| = \dfrac{\beta_0 R'_L}{R_S + r_{be}}$,相位 $\varphi = -180°$,均与信号频率无关。

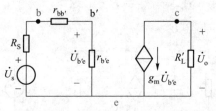

图 5.2.4　中频段小信号等效电路

2. 高频段频率响应

(1) 高频段小信号等效电路的化简

在高频段,因耦合电容的容抗更小仍可视为短路,但晶体管的结电容容抗随着信号频率的升高而减小,其影响不能再按开路处理。由此可将图 5.2.3(b)所示电路简化为图 5.2.5(a)所示。由于 $C_{b'c}$ 跨接在输入和输出回路之间,使电路分析很不方便,通常可采用密勒定理进行简化,将 $C_{b'c}$ 折算到输入回路(其等效电容为 C_{M1})和输出回路(其等效电容为 C_{M2}),如图 5.2.5(b)所示。由密勒定理得

$$C_{M1} = (1 - \dot{K}) C_{b'c} \tag{5.2.10}$$

$$C_{M2} = \left(1 - \frac{1}{\dot{K}}\right) C_{b'c} \tag{5.2.11}$$

式中,$\dot{K}$ 为 $C_{b'c}$ 输出端电压 $\dot{U}_o$ 与输入端电压 $\dot{U}_{b'e}$ 之比,即 $\dot{K} = \dot{U}_o / \dot{U}_{b'e}$。

由图 5.2.5(a)可得

$$C_{M1} = \left(1 + \frac{g_m \dot{U}_{b'e} R'_L}{\dot{U}_{b'e}}\right) C_{b'c} = (1 + g_m R'_L) C_{b'c} \tag{5.2.12}$$

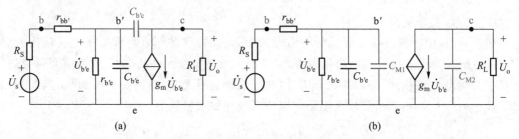

图 5.2.5 高频段小信号等效电路

（a）高频段等效电路 （b）单向化处理后高频段等效电路

$$C_{M2} = \left(1 + \frac{1}{g_m R'_L} \right) C_{b'c} \tag{5.2.13}$$

由于 $g_m R'_L \gg 1$，因此有 $C_{M1} \gg C_{b'c}$、$C_{M2} \approx C_{b'c}$，可见 C_{M2} 数值很小，工程计算时常可以忽略，由此可得到放大电路简化后高频小信号等效电路如图 5.2.6（a）所示，图中

$$C_i = C_{b'e} + C_{M1} = C_{b'e} + (1 + g_m R'_L) C_{b'c} \tag{5.2.14}$$

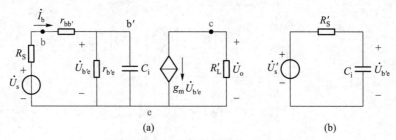

图 5.2.6 高频段小信号简化等效电路

（a）简化等效电路 （b）输入回路低通等效电路

由于图 5.2.6（a）中，R_S、$r_{bb'}$、$r_{b'e}$ 及 C_i 构成低通电路，用戴维宁定理可得其等效电路，如图 5.2.6（b）所示，图中

$$\dot{U}'_s = \frac{r_{b'e}}{R_S + r_{bb'} + r_{b'e}} \dot{U}_s \tag{5.2.15}$$

$$R'_S = (R_S + r_{bb'}) \mathbin{/\mkern-5mu/} r_{b'e} \tag{5.2.16}$$

由此不难得到低通电路的上限频率和电压传输系数为

$$f_H = \frac{1}{2\pi R'_S C_i} \tag{5.2.17}$$

$$\frac{\dot{U}_{b'e}}{\dot{U}'_s} = \frac{1}{1 + j\dfrac{f}{f_H}} \tag{5.2.18}$$

（2）高频响应

由于放大电路高频段的源电压放大倍数为

$$\dot{A}_{us} = \frac{\dot{U}_o}{\dot{U}_s} = \frac{\dot{U}_s'}{\dot{U}_s} \cdot \frac{\dot{U}_{b'e}}{\dot{U}_s'} \cdot \frac{\dot{U}_o}{\dot{U}_{b'e}} \tag{5.2.19}$$

所以,将式(5.2.15)、(5.2.18)及 $\dot{U}_o = -g_m \dot{U}_{b'e} R_L'$ 代入式(5.2.19),则得

$$\dot{A}_{us} = \frac{-g_m r_{b'e} R_L'}{R_S + r_{bb'} + r_{b'e}} \cdot \frac{1}{1 + \mathrm{j}\dfrac{f}{f_H}} = \frac{\dot{A}_{usm}}{1 + \mathrm{j}\dfrac{f}{f_H}} = \frac{|\dot{A}_{usm}|}{\sqrt{1 + \left(\dfrac{f}{f_H}\right)^2}} \angle -180° + \Delta\varphi \tag{5.2.20}$$

式中

$$\Delta\varphi = -\arctan\frac{f}{f_H} \tag{5.2.21}$$

$\Delta\varphi$ 是晶体管结电容引起的附加相移。当 $f = f_H$ 时, $\Delta\varphi = -45°$ 、 $|\dot{A}_{us}| = |\dot{A}_{usm}|/\sqrt{2}$,所以 f_H 即为放大电路的上限频率。

(3)增益带宽积

由上述分析可以看出,影响放大电路上限频率的主要元件及参数是 R_S 、 $r_{bb'}$ 、 $C_{b'e}$ 和 $C_{M1} = (1+g_m R_L') C_{b'c}$ 。因此要提高 f_H ,需选择 $r_{bb'}$ 、 $C_{b'e}$ 小而 f_T 高($C_{b'e}$ 小)的晶体管,同时应选用内阻 R_S 小的信号源;此外,还必须减小 $g_m R_L'$,以减小 $C_{b'c}$ 的密勒效应。然而由式(5.2.20)知,减小 $g_m R_L'$,必然会使中频增益 $\dot{A}_{usm}$ 减小,可见, f_H 提高与 $\dot{A}_{usm}$ 的增大是相互矛盾的。对于大多数放大电路而言,都有 $f_H \gg f_L$,即通频带 $BW = f_H - f_L \approx f_H$ 。因此可以说带宽与增益是互相制约的。为了综合考虑两方面性能,引出增益带宽积这一参数,定义为中频增益与带宽的乘积。因此图5.2.3(a)所示共发射极放大电路的增益带宽积由式(5.2.17)和式(5.2.20)可得

$$|\dot{A}_{usm} \cdot f_H| = \frac{g_m r_{b'e} R_L'}{R_S + r_{bb'} + r_{b'e}} \cdot \frac{1}{2\pi R_S' C_i} = \frac{g_m R_L'}{2\pi (R_S + r_{bb'}) C_i} \tag{5.2.22}$$

当 $(1+g_m R_L') \gg 1$ 、 $(1+g_m R_L') C_{b'c} \gg C_{b'e}$,则 $C_i \approx g_m R_L' C_{b'c}$,所以式(5.2.22)可近似为

$$|\dot{A}_{usm} \cdot f_H| \approx \frac{1}{2\pi (R_S + r_{bb'}) C_{b'c}} \tag{5.2.23}$$

由上式可见,当晶体管和信号源内阻确定后,增益带宽积基本上是一个常数,这意味着带宽增大多少倍,则中频电压放大倍数将要相应地缩小多少倍。若要改善放大电路的高频特性,首要是选用 $r_{bb'}$ 和 $C_{b'c}$ 均小的晶体管。

讨论题 5.2.1(2)

(3)试说明共发射极放大电路高频段增益下降的原因?其上限频率如何计算?写出高频段频率响应表达式。

(4)为了提高共发射极放大电路的上限频率,试说明如何选择晶体管?

(5)共发射极放大电路增益带宽积有什么特点?它主要与哪些参数有关?

3. 低频段频率响应

在低频段,晶体管结电容的容抗更大,仍视为开路,而耦合电容的容抗随频率的下降而增大,所以不能视为短路,当 C_2 很大时,只考虑 C_1 对低频特性的影响,仍可视 C_2 为短路,于是可作出放大电路低频段小信号等效电路如图 5.2.7 所示,可见输入回路由 C_1 构成高通电路,它的下限频率为

$$f_L = \frac{1}{2\pi(R_S + r_{bb'} + r_{b'e})C_1} \tag{5.2.24}$$

因此,放大电路低频段源电压放大倍数可写成

$$\dot{A}_{us} = \frac{\dot{U}_o}{\dot{U}_s} = \frac{\dot{U}_{b'e}}{\dot{U}_s} \cdot \frac{\dot{U}_o}{\dot{U}_{b'e}} = \frac{r_{b'e}}{R_S + r_{bb'} + r_{b'e}} \cdot \frac{1}{1 - j\dfrac{f_L}{f}} \cdot (-g_m R'_L)$$

$$= \frac{\dot{A}_{usm}}{1 - j\dfrac{f_L}{f}} = \frac{|\dot{A}_{usm}|}{\sqrt{1 + \left(\dfrac{f_L}{f}\right)^2}} \underline{/-180° + \Delta\varphi} \tag{5.2.25}$$

$$\Delta\varphi = \arctan(f_L/f) \tag{5.2.26}$$

式中,$\Delta\varphi$ 是由耦合电容 C_1 引起的附加相位。当 $f=f_L$ 时,$\Delta\varphi = 45°$、$|\dot{A}_{us}| = |\dot{A}_{usm}|/\sqrt{2}$,所以 f_L 就是放大电路只考虑电容 C_1 影响时的下限频率。

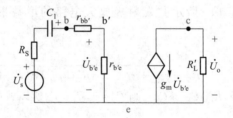

图 5.2.7 低频段小信号等效电路

讨论题 5.2.1(3)

(6) 试说明共发射极放大电路低频段增益下降的原因? 其下限频率如何计算? 写出低频段频率响应表达式。

4. 全频段频率响应

将上述分频段分析的结果加以综合,就可以得到信号频率从零到无穷大变化时,共发射极放大电路全频段的频率响应。由式(5.2.9)、式(5.2.20)和式(5.2.25)可得到放大电路全频段源电压放大倍数近似表达式为

$$\dot{A}_{us} = \frac{\dot{A}_{usm}}{\left(1 - j\dfrac{f_L}{f}\right)\left(1 + j\dfrac{f}{f_H}\right)} \tag{5.2.27}$$

由于在中频段,因 $f_H \gg f \gg f_L$,式(5.2.27)可近似为 $\dot{A}_{us} \approx \dot{A}_{usm}$;在高频段,因 $f \gg f_L$,式

(5.2.27)可近似为 $\dot{A}_{us} \approx \dfrac{\dot{A}_{usm}}{1 + j\dfrac{f}{f_H}}$;在低频段,因 $f \ll f_H$,式(5.2.27)可近似为 $\dot{A}_{us} \approx \dfrac{\dot{A}_{usm}}{1 - j\dfrac{f_L}{f}}$。这

样,根据 5.1 节所述波特图画法,可以画出共发射极放大电路的波特图,如图 5.2.8 所示。
图(a)为幅频特性,纵坐标为电压增益 $20\ \lg|\dot{A}_{us}|$,用分贝作单位;图(b)为相频特性,纵
坐标为相位 φ,用度作单位。两者横坐标均用对数频率刻度,以 Hz 作单位。转折频率 f_L
和 f_H 分别为放大电路的下限和上限频率,通频带 $BW = f_H - f_L$。低频段幅频特性曲线按
$20\ \mathrm{dB}/$十倍频斜率变化,相移曲线在 $0.1f_L \sim 10f_L$ 范围内按 $-45°/$十倍频斜率变化。高频段
幅频特性曲线按 $-20\ \mathrm{dB}/$十倍频斜率变化,相移曲线在 $0.1f_H \sim 10f_H$ 范围内按 $-45°/$十倍频
斜率变化。

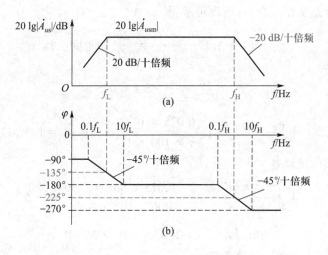

图 5.2.8 单管共发射极放大电路的波特图
(a)幅频特性 (b)相频特性

【例 5.2.1】 放大电路如图 5.2.9 所示,已知晶体管的 $U_{BEQ} = 0.7\ \mathrm{V}$,$\beta_0 = 65$,$r_{bb'} = 100\ \Omega$,
$C_{b'c} = 5\ \mathrm{pF}$,$f_T = 100\ \mathrm{MHz}$,设 C_2 容量很大时,试估算该电路的中频电压增益、上限频率、下限
频率和通频带,并画出波特图。

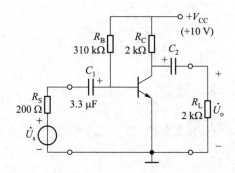

图 5.2.9 例 5.2.1 共发射极放大电路

解:(1)计算晶体管高频混合 π 模型中的参数

$$I_{BQ} = \frac{V_{CC} - U_{BEQ}}{R_B} = \frac{10 - 0.7}{310} \text{ mA} = 0.03 \text{ mA}$$

$$I_{CQ} = \beta_0 I_{BQ} = 65 \times 0.03 \text{ mA} = 1.95 \text{ mA}$$

$$U_{CEQ} = V_{CC} - I_{CQ} R_C = (10 - 1.95 \times 2) \text{ V} = 6.1 \text{ V}$$

可见放大电路的静态工作点合适,所以可求得

$$r_{b'e} = (1 + \beta_0)\frac{U_T}{I_{EQ}} = \frac{U_T}{I_{BQ}} = \frac{26}{0.03} \text{ Ω} = 867 \text{ Ω}$$

$$g_m = \frac{I_{EQ}}{U_T} \approx \frac{1.95}{26} \text{ S} = 0.075 \text{ S}$$

$$C_{b'e} = \frac{g_m}{2\pi f_T} - C_{b'c} = \left(\frac{0.075 \times 10^{12}}{2\pi \times 100 \times 10^6} - 5 \right) \text{ pF} = 114 \text{ pF}$$

(2)计算中频电压增益

$$\dot{A}_{usm} = \frac{-g_m r_{b'e} R_L'}{R_S + r_{bb'} + r_{b'e}} = \frac{-0.075 \times 867 \times 1\,000}{200 + 100 + 867} = -55.7$$

$$20\lg |\dot{A}_{usm}| = 20\lg 55.7 \text{ dB} = 35 \text{ dB}$$

(3)计算上限、下限频率及通频带

$$R_S' = (R_S + r_{bb'}) // r_{b'e} = 223 \text{ Ω}$$

$$C_i = C_{b'e} + C_{b'c}(1 + g_m R_L') = [114 + 5(1 + 0.075 \times 1\,000)] \text{ pF} = 494 \text{ pF}$$

$$f_H = \frac{1}{2\pi R_S' C_i} = \frac{1}{2\pi \times 223 \times 494 \times 10^{-12}} \text{ Hz} = 1.45 \text{ MHz}$$

$$f_L \approx \frac{1}{2\pi(R_S + r_{b'b} + r_{b'e})C_1}$$

$$= \frac{1}{2\pi(0.2 + 0.1 + 0.867) \times 10^3 \times 3.3 \times 10^{-6}} \text{Hz} = 41 \text{ Hz}$$

$$BW = f_\text{H} - f_\text{L} \approx f_\text{H} = 1.45 \text{ MHz}$$

（4）作放大电路的波特图

先作幅频波特图。已求得 $20\lg|\dot{A}_{usm}| = 35$ dB，而下限和上限频率的对数值分别为

$$\lg f_\text{L} = \lg 41 = 1.61$$

$$\lg f_\text{H} = \lg 1.45 \times 10^6 = 6.16$$

所以，对应于对数频率坐标 1.61~6.16 范围为中频段，可画出一条 $20\lg|\dot{A}_{usm}| = 35$ dB 与横坐标平行的直线，然后自对数频率 $\lg f_\text{L} = 1.61$ 处向低频作一条斜率为 20 dB/十倍频的直线，自对数频率 $\lg f_\text{H} = 6.16$ 处作一条斜率为 -20 dB/十倍频的直线，这样就可以得到放大电路全频段幅频波特图，如图 5.2.10（a）所示。

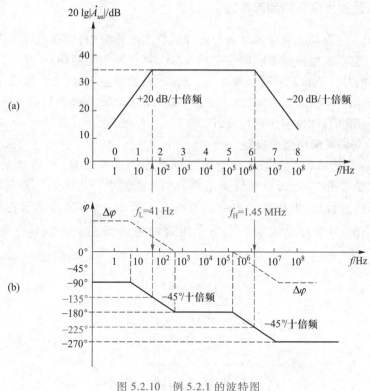

图 5.2.10　例 5.2.1 的波特图

（a）幅频特性　（b）相频特性

相频波特图绘制时，横坐标仍采用对数频率刻度，而纵坐标为放大电路的相移值。在中频段，共发射极放大电路的相移 φ 为固定的 $-180°$，如图 5.2.10（b）所示。在低频段，由于耦

合电容 C_1 形成了高通电路, $f \leqslant 0.1 f_L$ 时, 附加相移 $\Delta\varphi = 90°$, 所以 $\varphi = -180° + 90° = -90°$; $f = f_L$ 时, $\Delta\varphi = 45°$, 所以 $\varphi = -180° + 45° = -135°$; $f \geqslant 10 f_L$ 时, $\Delta\varphi \approx 0°$, 则 $\varphi = -180°$, 故频率在 $0.1 f_L \sim 10 f_L$ 范围内, 相移 φ 是一条以 $-45°/$十倍频斜率变化的直线, 如图 5.2.10(b)所示。在高频段, 由于晶体管结电容形成低通电路, $f \leqslant 0.1 f_H$ 时, $\Delta\varphi \approx 0°$, 则 $\varphi = -180°$; $f = f_H$ 时, $\Delta\varphi = -45°$, 则 $\varphi = -180° - 45° = -225°$; $f \geqslant 10 f_H$ 时, $\Delta\varphi \approx -90°$, 则 $\varphi = -180° - 90° = -270°$, 故频率在 $0.1 f_H \sim 10 f_H$ 范围内, 相移 φ 是一条以 $-45°/$十倍频斜率而变化的直线, 如图 5.2.10(b)所示。

讨论题 5.2.1(4)

（7）写出单管共发射极放大电路全频段频率响应表达式, 说明放大电路上、下限频率处相移各为多少？

（8）说明绘制放大电路全频段幅频和相频波特图的要点。

5.2.2 场效应管放大电路的频率响应

场效应管放大电路频率响应的分析与晶体管放大电路类似, 同样也可采用分频段分析法进行。场效应管放大电路频率响应变化规律与晶体管放大电路相同, 在低频段由于耦合电容、旁路电容的容抗随频率下降而增大, 使放大电路的增益下降, 在高频段由于场效应管极间电容的容抗随频率升高而下降, 致使增益下降。本节以单管共源极放大电路为例, 对场效应管放大电路高频段频率响应进行分析。

一、场效应管的高频小信号模型

根据场效应管的结构并考虑到各电极之间存在的极间电容, 可得到图 5.2.11 所示高频小信号模型[①], 图中 C_{gs} 为栅源极间电容, C_{gd} 为栅漏极间电容, C_{ds} 为漏源极间电容, C_{ds} 容量很小, 在分析放大电路频率响应时可略去其影响; r_{ds} 为漏源动态电阻, 一般在几十千欧以上; $g_m \dot{U}_{gs}$ 为受控电流源, $\dot{U}_{gs}$ 为作用到栅源极间交流电压, g_m 为场效应管的跨导。

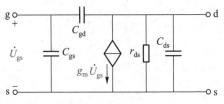

图 5.2.11 场效应管的高频小信号模型

---

① 对于 MOS 管假设源极与衬底相连。

二、单管共源极放大电路高频段频率响应

1. 高频段小信号等效电路及其化简

图 5.2.12(a)所示由耗尽型 MOS 管构成的共源极放大电路,在高频段,电路中耦合电容 C_1、C_2 和旁路电容 C_S 的容抗都很小,可视为短路,将场效应管用图 5.2.11 所示高频小信号模型代入,则得图 5.2.12(b)所示共源极放大电路的高频段小信号等效电路。图中,$R'_L = R_D // R_L$,由于通常有 $r_{ds} \gg R'_L$,故图中将其开路略去,另外,电容 C_{ds} 很小,在所应用的频率范围内其容抗远大于 R'_L,所以图中也将其断开而略去。

利用密勒定理将跨接于 g、d 之间的电容 C_{gd} 折算到输入和输出回路,分别为 C_{M1}、C_{M2},如图 5.2.12(c)所示。C_{M1}、C_{M2} 分别等于

$$\left.\begin{aligned} C_{M1} &= (1 - \dot{K}) C_{gd} = \left(1 - \frac{\dot{U}_o}{\dot{U}_{gs}}\right) C_{gd} = (1 + g_m R'_L) C_{gd} \\ C_{M2} &= \left(1 - \frac{1}{\dot{K}}\right) C_{gd} = \left(1 + \frac{1}{g_m R'_L}\right) C_{gd} \end{aligned}\right\} \qquad (5.2.28)$$

当 $g_m R'_L \gg 1$ 时,$C_{M1} \gg C_{gd}$、$C_{M2} \approx C_{gd}$,分析时可忽略 C_{M2} 的影响。可见放大电路输入回路由 R_S、R_G、C_{gs}、C_{M1} 构成低通电路,用戴维宁定理进行变换,得图 5.2.12(d)所示简化等效电路。图中

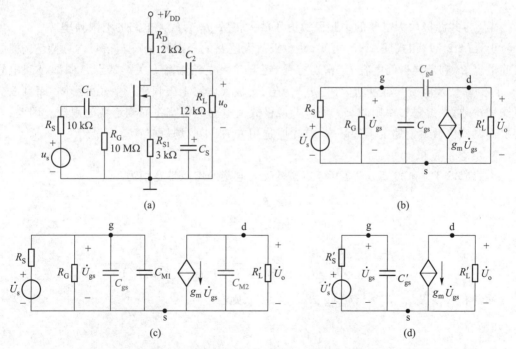

图 5.2.12 共源极放大电路及其高频段小信号等效电路

(a) 电路 (b) 高频段小信号等效电路 (c) 密勒等效电路 (d) 简化等效电路

$$\left.\begin{array}{l} \dot{U}'_S = \dfrac{R_G}{R_S+R_G}\dot{U}_S, \quad R'_S = R_S/\!/R_G \\[3mm] C'_{gs} = C_{gs} + (1+g_m R'_L) C_{gd} \end{array}\right\} \tag{5.2.29}$$

2. 高频段频率响应表达式及上限频率

由图 5.2.12(d)可以看出高频段小信号简化等效电路中只有一个 RC 低通电路,所以,可得共源极放大电路的高频段源电压放大倍数为

$$\dot{A}_{us} = \frac{\dot{U}_o}{\dot{U}_S} = \frac{\dot{U}'_S}{\dot{U}_S} \cdot \frac{\dot{U}_{gs}}{\dot{U}'_S} \cdot \frac{\dot{U}_o}{\dot{U}_{gs}} = \frac{R_G}{R_S+R_G} \cdot \frac{1}{1+\mathrm{j}\dfrac{f}{f_H}} \cdot (-g_m R'_L) \tag{5.2.30}$$

$$= \frac{\dot{A}_{usm}}{1+\mathrm{j}\dfrac{f}{f_H}}$$

式中,

$$\dot{A}_{usm} = -\frac{R_G}{R_S+R_G} g_m R'_L \tag{5.2.31}$$

$$f_H = \frac{1}{2\pi R'_S \cdot C'_{gs}} \tag{5.2.32}$$

$\dot{A}_{usm}$ 为共源极放大电路的中频段源电压放大倍数,f_H 为放大电路的上限频率。

由式(5.2.29)和式(5.2.32)可知,共源极放大电路的上限频率 f_H 与信号源内阻 R_S、栅源极间电容 C_{gs} 和栅漏极间电容 C_{gd} 密切有关,还与放大电路增益有关。特别是栅漏极间电容 C_{gd},由于密勒效应使其容量增大 $(1+g_m R'_L)$ 倍,对放大电路上限频率产生显著影响,而且放大电路增益越大,上限频率则越小。所以共源极放大电路的带宽将受到增益的限制。因此,若要提高共源极放大电路的上限频率,首先应选用 C_{gd} 很小的场效应管。

3. 增益带宽积

由式(5.2.31)和式(5.2.32)可得共源极放大电路的增益带宽积为

$$|\dot{A}_{usm} \cdot f_H| = \frac{R_G}{R_S+R_G} \cdot \frac{g_m R'_L}{2\pi R'_S C'_{gs}}$$

$$= \frac{R_G g_m R'_L}{R_S+R_G} \cdot \frac{1}{2\pi (R_S/\!/R_G) [C_{gs} + (1+g_m R'_L) C_{gd}]}$$

通常有 $R_G \gg R_S$,$g_m R'_L \gg 1$,$(1+g_m R'_L) C_{gd} \gg C_{gs}$,则有

$$|\dot{A}_{usm} \cdot f_H| \approx \frac{1}{2\pi R_S C_{gd}} \tag{5.2.33}$$

式(5.2.33)说明,在场效应管及信号源确定后,共源极放大电路的增益带宽积近似为常

数,它近似由信号源内阻 R_S 和管子的极间电容 C_{gd} 决定,R_S、C_{gd} 越小,增益带宽积则越大。

【例 5.2.2】 图 5.2.12(a)电路中,已知 MOS 管的 $g_m = 1$ mS、$C_{gs} = 1$ pF、$C_{gd} = 0.5$ pF,试求该放大电路的中频源电压放大倍数、上限频率及增益带宽积。

解: 由于 $R_G = 10$ MΩ,$R_L' = R_D /\!/ R_L = 6$ kΩ,因此,式(5.2.31)可得

$$\dot{A}_{usm} = -\frac{R_G}{R_S + R_G} g_m R_L' = -1 \times 10^{-3} \times 6 \times 10^3 = -6$$

由于

$$C_{gs}' = C_{gs} + (1 + g_m R_L') C_{gd} = 1 \text{ pF} + (1 + 10^{-3} \times 6 \times 10^3) \times 0.5 \text{ pF} = 4.5 \text{ pF}$$

$$R_S' = R_S /\!/ R_G \approx 10 \text{ k}\Omega$$

所以,由式(5.2.32)可得

$$f_H = \frac{1}{2\pi R_S' C_{gs}'} = \frac{1}{2\pi \times 10 \times 10^3 \times 4.5 \times 10^{-12}} \text{ Hz} = 3.54 \text{ MHz}$$

放大电路的增益带宽积为

$$|\dot{A}_{usm} \cdot f_H| = 6 \times 3.54 \text{ MHz} = 21.24 \text{ MHz}$$

场效应管放大电路的低频段频率响应分析方法与晶体管放大电路类似,且低频响应主要取决于电路中的耦合电容和旁路电容的影响,故本书不再赘述,读者可参考其他有关资料。

讨论题 5.2.2

(1)画出场效应管高频小信号模型,其中各参数的物理意义如何?

(2)影响共源极放大电路上限频率的因素主要有哪些?为什么说极间电容 C_{gd} 影响最为严重?

(3)共源极放大电路的增益带宽积主要与哪些因素有关?

5.2.3 多级放大电路的频率响应

一、多级放大电路的幅频特性和相频特性

已知多级放大电路的总电压放大倍数是各个单级放大电路电压放大倍数的乘积。假设多级放大电路由 n 个单级放大电路组成,则总的电压放大倍数可表示为

$$\dot{A}_u = \dot{A}_{u1} \cdot \dot{A}_{u2} \cdot \cdots \cdot \dot{A}_{un} = \prod_{k=1}^{n} \dot{A}_{uk} \tag{5.2.34}$$

由于各级放大电路的电压放大倍数是频率的函数,因而多级放大电路电压放大倍数必然也是频率的函数,多级放大电路频率特性的表达式与单级频率特性的表达式有相似的形式。由于多级放大电路中每级电路中均可能存在耦合电容、旁路电容和晶体管极间电容,因而多级放大电路低频段和高频段就会存在多个转折频率,这样,多级放大电路电压放大倍数

的频率响应通常可以表示为

$$\dot{A}_u \approx \dot{A}_{um} \prod_k \frac{1}{1 - j\frac{f_{Lk}}{f}} \prod_i \frac{1}{1 + j\frac{f}{f_{Hi}}} \tag{5.2.35}$$

式中,低频和高频转折频率的个数 k 和 i 由放大电路中的独立电容个数决定,其数值决定于每个电容所在电路的时间常数。

多级放大电路的幅频特性和相频特性分别为

$$20\lg |\dot{A}_u| = 20\lg |\dot{A}_{u1}| + 20\lg |\dot{A}_{u2}| + \cdots + 20\lg |\dot{A}_{un}| \tag{5.2.36}$$

$$= \sum_{k=1}^{n} 20\lg |\dot{A}_{uk}|$$

$$\varphi = \varphi_1 + \varphi_2 + \cdots + \varphi_n = \sum_{k=1}^{n} \varphi_k \tag{5.2.37}$$

式(5.2.36)和式(5.2.37)说明多级放大电路的增益分贝数等于各级增益分贝数之代数和,总相移也等于各级相移之代数和。因此,只要把各单级放大电路在同一横坐标下的增益和相移分别叠加起来,就可以得到多级放大电路的幅频和相频波特图。

【例 5.2.3】 已知多级放大电路由三级直接耦合放大电路组成,已知各单级频率响应表达式分别为: $\dot{A}_{u1} = \dfrac{25}{1 + \dfrac{jf}{10^7}}$、$\dot{A}_{u2} = \dfrac{-40}{1 + \dfrac{jf}{10^5}}$、$\dot{A}_{u3} = \dfrac{-10}{1 + \dfrac{jf}{10^6}}$,式中 f 的单位为 Hz,试写出多级放大电路频率响应表达式,画出幅频和相频波特图。

解:(1) 多级频率响应表达式

由于多级放大电路总电压放大倍数 $\dot{A}_u$ 等于各个单级电压放大倍数的乘积,所以

$$\dot{A}_u = \dot{A}_{u1} \cdot \dot{A}_{u2} \cdot \dot{A}_{u3} = \frac{25}{1 + \dfrac{jf}{10^7}} \cdot \frac{-40}{1 + \dfrac{jf}{10^5}} \cdot \frac{-10}{1 + \dfrac{jf}{10^6}} \tag{5.2.38}$$

可见,多级放大电路低频段没有转折频率,所以其下限频率 $f_L = 0$,而高频段有三个转折频率,分别为 $f_{H1} = 10^5$ Hz、$f_{H2} = 10^6$ Hz、$f_{H3} = 10^7$ Hz。

(2) 画出幅频和相频波特图

由式(5.2.38)可得多级放大电路的对数幅频特性为

$$20\lg |\dot{A}_u| = 20\lg |\dot{A}_{u1}| + 20\lg |\dot{A}_{u2}| + 20\lg |\dot{A}_{u3}|$$

$$= \left[28 - 20\lg \sqrt{1 + \left(\frac{f}{10^7}\right)^2} \right] + \left[32 - 20\lg \sqrt{1 + \left(\frac{f}{10^5}\right)^2} \right] + \left[20 - 20\lg \sqrt{1 + \left(\frac{f}{10^6}\right)^2} \right] \tag{5.2.39}$$

可见,幅频特性取对数后,三项乘积变为三项之和。

先画出每级幅频波特图如图 5.2.13(a)虚线所示。将三级幅频特性曲线在同一横坐标

叠加起来,则得多级放大电路总幅频特性波特图如图 5.2.13(a)实线所示。由于每个转折频率产生-20 dB/十倍频的衰减,所以在 f_{H1}、f_{H2} 和 f_{H3} 转折频率处,曲线分别以-20 dB/十倍频、-40 dB/十倍频、-60 dB/十倍频的斜率转折。

由于多级放大电路相频特性等于各级相移特性之和,即

$$\varphi = \varphi_1 + \varphi_2 + \varphi_3 = -\arctan\frac{f}{f_{H1}} - \left(180° + \arctan\frac{f}{f_{H2}}\right) - \left(180° + \arctan\frac{f}{f_{H3}}\right) \tag{5.2.40}$$

在图 5.2.13(b)中用虚线分别画出各级相频特性的波特图。由于每级最大附加相移为$-90°$,覆盖转折频率前、后各十倍频,相移斜率为$-45°$/十倍频,转折频率点 f_{H1} 和 f_{H2} 产生的相移在 f_{H1} 到 f_{H2} 之间有重叠,而转折频率点 f_{H2} 和 f_{H3} 产生的相移在 f_{H2} 到 f_{H3} 之间也有重叠,这两处重叠的相移叠加后,斜率变为$-90°$/十倍频。三级相频特性叠加后总相移特性如图 5.2.13(b)实线所示。

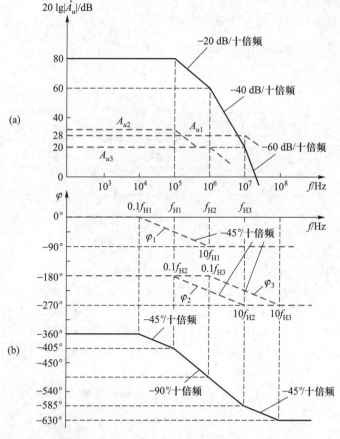

图 5.2.13 多级放大电路频率响应的波特图

(a) 幅频特性 (b) 相频特性

二、多级放大电路的下限频率和上限频率

可以证明,多级放大电路下限频率 f_L 和上限频率 f_H 可用下列公式估算

$$f_L \approx 1.1 \sqrt{f_{L1}^2 + f_{L2}^2 + \cdots + f_{Lk}^2} \tag{5.2.41}$$

$$\frac{1}{f_H} \approx 1.1 \sqrt{\frac{1}{f_{H1}^2} + \frac{1}{f_{H2}^2} + \cdots + \frac{1}{f_{Hi}^2}} \tag{5.2.42}$$

若某一级的下限频率远高于其他各级的下限频率(工程上大于 5 倍即可),则可认为整个电路的下限频率就是该级的下限频率。同理,若某级的上限频率远低于其他各级的上限频率(工程上低于 5 倍即可),则整个电路的上限频率就是该级的上限频率。式(5.2.41)和式(5.2.42)多用于各级截止频率相差不多的情况下进行下限和上限频率的估算。

由式(5.2.41)和式(5.2.42)可见,增加多级放大电路的级数以获得更高的增益时,多级放大电路的通频带将会变窄。

【**例 5.2.4**】 已知一多级放大电路幅频波特图如图 5.2.14 所示,试求该电路的下限频率 f_L 和上限频率 f_H,并写出电路电压放大倍数 $\dot{A}_{us}$ 的表达式。

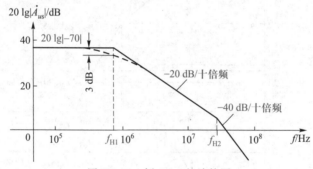

图 5.2.14　例 5.2.4 的波特图

解:由图 5.2.14 可知:

(1) 低频段没有转折频率,所以为直接耦合放大电路,其下限频率 $f_L = 0$。

(2) 高频段有两个转折频率 f_{H1} 和 f_{H2},由于在 $f_{H1} \sim f_{H2}$ 间频率特性曲线斜率为 -20 dB/十倍频,$f > f_{H2}$ 后曲线斜率为 -40 dB/十倍频,说明影响高频特性有两个电容。由图可得:$f_{H1} \approx 7.7 \times 10^5$ Hz,$f_{H2} \approx 2.8 \times 10^7$ Hz,可见 $f_{H2} > 10 f_{H1}$,所以放大电路的上限频率 $f_H = f_{H1} = 770$ kHz。

(3) 由于中频段电压放大倍数为 -70 倍,高频段有两个转折频率,所以放大电路的电压放大倍数表达式可写成

$$\dot{A}_{us} = -70 \frac{1}{1 + j\dfrac{f}{7.7 \times 10^5 \text{ Hz}}} \cdot \frac{1}{1 + j\dfrac{f}{2.8 \times 10^7 \text{ Hz}}}$$

讨论题 5.2.3

（1）已知各单级频率响应，试说明画出多级放大电路频率响应波特图的要点。

（2）多级放大电路具有多个低频和高频转折频率，试说明如何估算多级放大电路的上限频率和下限频率？

（3）多级放大电路的通频带比各单级的通频带增大还是减小？

5.2.4 共发射极放大电路频率响应仿真

在 Multisim 中构建电路如图 5.2.15 所示。其中函数发生器设置为正弦信号，其幅度和频率对频率特性分析结果无影响。

微视频 5.2：
共发射极放大电路
频率响应仿真

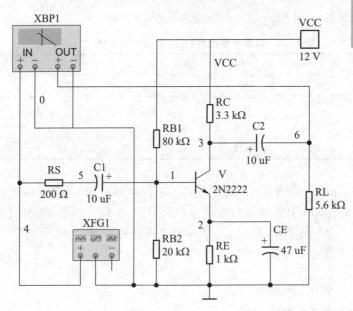

图 5.2.15 共发射极放大电路仿真电路

1. 幅频特性

双击频率特性测试仪 XBP1，按图 5.2.16 设置参数，运行仿真。幅频特性如图 5.2.16 所示，由光标处可读得其中频电压增益为 39.792 dB。分别向左、向右移动光标至增益下降 3 dB 处，读出其下限频率和上限频率分别约为 173 Hz 和 1.32 MHz。

2. C_1、C_2、C_E 对频率特性的影响

改变电容 C_1、C_2 和 C_E 的值，观测放大电路的上限和下限频率，记录于表 5.2.1 中。

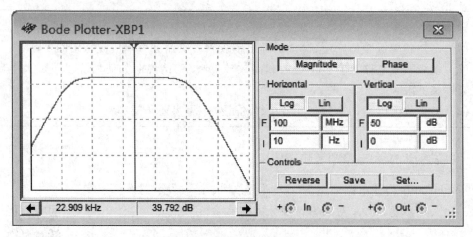

图 5.2.16 共发射极放大电路幅频特性

表 5.2.1 改变电容值时的上、下限频率测试

$C_1/\mu F$	1	4.7	10	47	47	47	47
$C_2/\mu F$	1	4.7	10	47	47	47	47
$C_E/\mu F$	47	47	47	47	100	10	1
f_L/Hz	230	180	173	168	79	785	7 800
f_H/MHz	1.32	1.32	1.32	1.32	1.32	1.32	1.32

表 5.2.1 中数据显示,C_1、C_2、C_E 只对放大电路的下限频率有影响,而对电路的上限频率无影响(是因为上限频率取决于晶体管的极间电容),且其中 C_E 对下限频率的影响比较明显。在本例中,当 C_1、$C_2 > 4.7\ \mu F$ 后,C_1、C_2 对下限频率的影响就很小,此时下限频率 f_L 随 C_E 的容值大小基本成反比变化。

知 识 拓 展

一、放大电路耦合电容和旁路电容的选择

图 5.2.17(a)所示为常用共发射极放大电路,它含有输入、输出耦合电容 C_1、C_2 和发射极旁路电容 C_E,这些电容都对放大电路的低频特性产生影响。作出图 5.2.17(a)的低频段小信号等效电路如图 5.2.17(b)所示,由图可见,放大电路由 C_1、C_2、C_E 构成三个 RC 高通电路环节,分别只考虑 C_1、C_2、C_E 对低频特性的影响,将其他两个电容视为短路,可得三个高通电路环节的转折频率为

$$f_{L1} = \frac{1}{2\pi(R_S + R_B // r_{be})C_1} \approx \frac{1}{2\pi(R_S + r_{be})C_1} \tag{5.2.43a}$$

$$f_{L2} = \frac{1}{2\pi(R_C + R_L)C_2} \tag{5.2.43b}$$

$$f_{L3} = \frac{1}{2\pi\left(R_E // \dfrac{R_S // R_B + r_{be}}{1 + \beta_0}\right)C_E} \approx \frac{1}{2\pi \dfrac{R_S + r_{be}}{1 + \beta_0}C_E} \tag{5.2.43c}$$

式中,$R_B = R_{B1} /\!/ R_{B2}$,$r_{be} = r_{bb'} + r_{b'e}$;因 $R_B \gg r_{be}$、$R_B \gg R_S$,所以有 $R_B /\!/ r_{be} \approx r_{be}$,$R_S /\!/ R_B \approx R_S$;又 $R_E \gg \dfrac{R_S + r_{be}}{1 + \beta_0}$,故

$$R_E /\!/ \frac{R_S + r_{be}}{1 + \beta_0} \approx \frac{R_S + r_{be}}{1 + \beta_0}。$$

由此可得放大电路低频段源电压放大倍数表达式为

$$\dot{A}_{us} = \dot{A}_{usm} \frac{1}{\left(1 - j\dfrac{f_{L1}}{f}\right)\left(1 - j\dfrac{f_{L2}}{f}\right)\left(1 - j\dfrac{f_{L3}}{f}\right)} \tag{5.2.44}$$

式中,$\dot{A}_{usm} = \dfrac{R_B /\!/ r_{be}}{R_S + R_B /\!/ r_{be}} \cdot \dfrac{-g_m r_{b'e} R_L'}{r_{be}} \approx \dfrac{-g_m r_{b'e} R_L'}{R_S + r_{be}}$ 为放大电路中频源电压放大倍数。

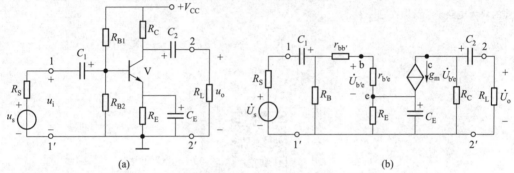

图 5.2.17　常用共发射极放大电路及其低频段小信号等效电路
(a) 放大电路　(b) 低频段小信号等效电路

由此可见,图 5.2.17(a) 所示共发射极放大电路低频段有三个转折频率,放大电路的下限频 f_L 可用式 (5.2.41) 进行计算。但由式 (5.2.43) 可见,一般情况下 C_E 所在的 RC 高通电路环节等效电阻远小于 C_1、C_2 所在 RC 高通电路环节等效电阻,故有 f_{L3} 远大于 f_{L1} 和 f_{L2},此时放大电路的下限频率 f_L 可近似等于 f_{L3},也就是 C_E 对低频特性影响很大,若要获得较低的下限频率,通常要选用较大容量的旁路电容 C_E。

由上分析可知,放大电路的耦合电容和旁路电容容量可按通频带下限频率 f_L 来确定,根据式 (5.2.43) 并留有一定的裕量,C_1、C_2、C_E 可按下列各式估算:

$$C_1 \geqslant \frac{3 \sim 10}{2\pi (R_S + r_{be}) f_L} \tag{5.2.45a}$$

$$C_2 \geqslant \frac{3 \sim 10}{2\pi (R_C + R_L) f_L} \tag{5.2.45b}$$

$$C_E \geqslant \frac{1 \sim 3}{2\pi \left(\dfrac{R_S + r_{be}}{1 + \beta_0}\right) f_L} \tag{5.2.45c}$$

二、半导体三极管基本放大电路频率响应的比较

晶体管与场效应管各有三种基本组态放大电路,共基(共栅)极、共集(共)极放大电路的频率响应与共发射(共源)极放大电路类似,也可采用三极管的小信号模型进行分析。因篇幅关系,本书不再对共基(共栅)极、共集(共漏)极放大电路进行详细分析,这里仅对三种组态电路频率响应进行比较,说明各组态放大电路的主要特点。

（1）共发射极（共源极）放大电路中，由于存在密勒效应，且密勒等效电容比较大，故其上限频率比较低。

（2）共基极（共栅极）放大电路中，不存在密勒效应，因此，它们的上限频率高于共发射极（共源极）放大电路的上限频率，但希望 R'_L 不要太大，另外，负载电容对上限频率影响较大。

（3）共集电极（共漏极）放大电路中，虽有密勒效应，由于放大电路的电压增益 $A_u \leqslant 1$，密勒等效电容小于原电容，因此，它们的上限频率远高于共发射极（共源极）放大电路的上限频率，同时负载电容对上限频率的影响较小。

（4）各种类型放大电路下限频率都与耦合电容和旁路电容有关。若要低频特性好，可采用直接耦合方式。

（5）实际应用中常把上述放大电路进行适当的组合，以便发挥其各自的优点，可构成增益、带宽等性能俱佳的放大电路。

小　　结

微视频 **5.3**：
5.2 小结

随 堂 测 验

5.2.1　填空题

1. 晶体管有三个频率参数，其中 f_β 称为 _____，f_α 称为 _____，f_T 称为 _____。

第 5.2 节
随堂测验答案

2. 共发射极放大电路中，为了提高上限频率，需选择 _____ 小、_____ 小和 _____ 高的晶体管。

3. 由于场效应管的 _____ 在高频段小信号等效电路中形成 _____ 电路，从而使放大倍数随频率升高而 _____。

4. 场效应管极间电容 _____ 虽然很小，但由于电路的 _____ 效应，所以，它对共源极放大电路高频段频率响应影响 _____，其负载 R'_L 越大，影响越 _____。

5. 多级阻容耦合放大电路的通频带总比构成它的任一单级电路通频带都 _____，级数越多，上限频率越 _____，下限频率越 _____，通频带越 _____。

6. 已知第 1 级增益为 40 dB，上限频率 $f_{H1} = 20$ kHz，下限频率 $f_{L1} = 10$ Hz；第 2 级增益为 30 dB，上限频率 $f_{H2} = 200$ kHz，下限频率 $f_{L2} = 400$ Hz，则两级放大电路的增益为 _____ dB，上限频率 $f_H \approx$ _____ Hz，下限频率 $f_L \approx$ _____ Hz。

7. 已知两级共发射极放大电路的幅频波特图如图 5.2.18 所示，则该两级放大电路的中频增益为 _____ dB，下限频率 f_L 为 _____ Hz，上限频率 $f_H \approx$ _____ Hz。

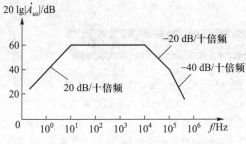

图 5.2.18 两级共发射极电路幅频波特图

5.2.2 单选题

1. 晶体管三个频率参数 f_β、f_α、f_T 三者大小关系为_____。

A. $f_\alpha > f_T > f_\beta$ B. $f_T > f_\alpha > f_\beta$ C. $f_\alpha \approx f_T < f_\beta$ D. $f_\beta > f_T > f_\alpha$

2. 单级共发射极放大电路中,在上限频率处产生的附加相移为_____。

A. $-45°$ B. $0°$ C. $45°$ D. $180°$

3. 共源放大电路中,为了提高上限频率可采用如下措施,试指出其中不当的措施是_____。

A. 选用小的信号源内阻 R_S B. 选用极间电容小的管子

C. 选用小的负载电阻 R'_L D. 选用小的耦合电容和旁路电容

4. 多级放大电路与组成它的单级放大电路相比,其_____。

A. 通频带变窄、增益增大   B. 通频带变宽、增益增大

C. 通频带变窄、增益减小   D. 通频带变宽、增益减小

5. 图 5.2.18 所示幅频波特图的增益频率响应的表达式为_____,式中 f 的单位为 Hz。

A. $\dot{A}_u = \dfrac{60}{\left(1-\mathrm{j}\dfrac{10}{f}\right)\left(1+\mathrm{j}\dfrac{f}{10^4}\right)\left(1+\mathrm{j}\dfrac{f}{10^5}\right)}$ B. $\dot{A}_u = \dfrac{1\,000}{\left(1-\mathrm{j}\dfrac{10}{f}\right)\left(1+\mathrm{j}\dfrac{f}{10^4}\right)\left(1+\mathrm{j}\dfrac{f}{10^5}\right)}$

C. $\dot{A}_u = \dfrac{1\,000}{\left(1+\mathrm{j}\dfrac{f}{10}\right)\left(1-\mathrm{j}\dfrac{10^4}{f}\right)\left(1-\mathrm{j}\dfrac{10^5}{f}\right)}$ D. $\dot{A}_u = \dfrac{1\,000}{\left(1+\mathrm{j}\dfrac{10}{f}\right)\left(1-\mathrm{j}\dfrac{f}{10^4}\right)\left(1-\mathrm{j}\dfrac{f}{10^5}\right)}$

5.2.3 是非题(对打√;错打×)

1. 在分析放大电路频率响应时,通过等效 RC 高通电路求得上限频率,而通过等效 RC 低通电路求得下限频率。(　　)

2. 共发射极放大电路中,由于晶体管集电结电容 $c_{b'c}$ 很小,所以分析放大电路高频特性时可将其略去。(　　)

3. 可以通过降低放大电路的增益来增大带宽。(　　)

4. 共源极放大电路中,增大负载电阻 R'_L 可使增益提高,但因密勒效应会使上限频率下降,所以提高增益与上限频率是相互矛盾的。(　　)

5. 多级放大电路的通频带必然小于单级放大电路的带宽。(　　)

6. 放大电路幅频特性在低频段没有转折频率,则说明该电路采用了直接耦合方式。(　　)

5.3 负反馈放大电路的自激与相位补偿

基本要求 （1）了解负反馈放大电路产生自激振荡的条件；（2）了解负反馈放大电路的稳定性及自激振荡的消除方法；（3）理解集成运放频率响应的特点及其高频参数。

学习指导 **重点**：负反馈放大电路的稳定性分析及相位补偿，集成运放的频率响应及其高频参数的应用。**难点**：利用波特图判断负反馈放大电路的稳定性。**提示**：消除自激振荡，保证放大电路工作的稳定，是负反馈应用中不可忽视的问题，学习时应认真对待。负反馈放大电路稳定性，相位补偿网络如何消除自激振荡等内容的分析，虽然较为复杂，但只要掌握多级放大电路频率响应波特图的特点，学习就会比较容易。集成运放是高增益多级放大电路集成器件，其内部或外部必须插入相位补偿网络，才能实现集成运放负反馈放大电路工作稳定，所以通过学习，要熟知集成运放开环增益频率响应特点及其高频参数，以便今后更好地应用集成运放。

由第 4 章讨论已知，放大电路中引入负反馈可改善多方面的性能，而且改善的程度与反馈深度（$1+\dot{A}\dot{F}$）有关，反馈深度（$1+\dot{A}\dot{F}$）越大，反馈的效果就越好。但是有时反馈过深，会产生自激振荡，使电路不能正常工作。所谓自激振荡是指即使没有任何输入信号时，放大电路也会产生一定频率和幅度输出信号的现象。本节将利用放大电路频率响应对负反馈放大电路的稳定性进行分析。下面先介绍负反馈放大电路产生自激振荡的原因和条件。

5.3.1 负反馈放大电路产生自激振荡的原因与条件

由放大电路频率响应分析可知，放大电路的中频段范围是有限的，前面对负反馈放大电路的讨论都是假定其工作在中频段内，但在信号频率的高频段或低频段随着频率的升高或下降，放大电路不仅增益显著下降，而且相移也会明显增大，当在某个频率上基本放大电路和反馈网络的附加相移之和达到 180° 时，则在该频率上的反馈信号与中频时反相而与输入信号同相，变成正反馈，当正反馈量足够大时就会产生自激振荡。就是说负反馈放大电路产生自激振荡的根本原因是其基本放大电路和反馈网络在高频段和低频段会产生附加相移。

由于负反馈放大电路中有

$$\dot{A}_{\mathrm{f}} = \frac{\dot{A}}{1 + \dot{A}\dot{F}}$$

式中，$1+\dot{A}\dot{F}=0$ 时，$\dot{A}_{\mathrm{f}}=\infty$，则在输入信号 $\dot{X}_{\mathrm{i}}=0$ 的情况下，也会有输出信号 $\dot{X}_{\mathrm{o}}$，这就是自激振荡，因此 $1+\dot{A}\dot{F}=0$ 就是负反馈放大电路的自激振荡条件，可把自激振荡条件改写为

$$\dot{A}\dot{F} = -1 \tag{5.3.1}$$

则自激振荡的幅度平衡条件为

$$|\dot{A}\dot{F}| = 1 \tag{5.3.2}$$

自激振荡的相位平衡条件为

$$|\Delta\varphi_{\mathrm{a}} + \Delta\varphi_{\mathrm{f}}| = 180° \tag{5.3.3}$$

式(5.3.3)中，$\Delta\varphi_a$ 是放大电路频率响应在高频段和低频段产生的附加相移，$\Delta\varphi_f$ 为反馈网络产生的附加相移，如果反馈网络由纯电阻组成，则 $\Delta\varphi_f = 0$，所以通常式(5.3.3)可改成 $|\Delta\varphi_a| = 180°$。

负反馈放大电路中，只有同时满足式(5.3.2)和式(5.3.3)时才会产生自激振荡，而且振荡频率必须在电路的低频段和高频段。由于自激振荡有一个从小到大的起振过程，所以，刚起振时 $|\dot{A}\dot{F}| > 1$。

此外，还需指出，由于深度负反馈放大电路开环增益很大，通过电路中的分布参数也可形成正反馈，满足自激振荡条件而产生自激振荡。其次，由于直流电源对各级供电，各级交流电流在电源内阻上产生的压降就会随电源而相互影响，能使级间形成正反馈而产生低频自激振荡。这种自激振荡可采用低内阻(零点几欧以下)的稳压电源和在电路的电源进线处加 RC 去耦合电路来消除。

讨论题 5.3.1
（1）何谓自激振荡？负反馈放大电路为什么会产生自激振荡？
（2）只要放大电路由负反馈变成正反馈，就一定会产生自激振荡吗？

5.3.2　负反馈放大电路稳定性的判断

一、判断方法

利用负反馈放大电路环路增益 $\dot{A}\dot{F}$ 的频率特性可以判断放大电路是否会产生自激振荡。现用图 5.3.1 所示的两个负反馈放大电路的环路增益频率特性来说明。

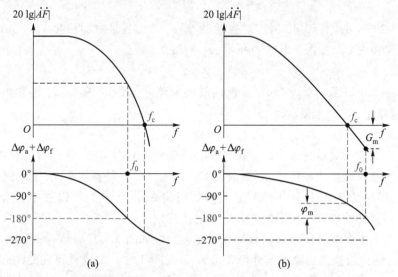

图 5.3.1　两个负反馈放大电路环路增益的频率特性
（a）产生自激振荡　（b）不产生自激振荡

在图 5.3.1(a)中,从相位条件看幅度条件,当 $f=f_0$ 时,$\Delta\varphi_a+\Delta\varphi_f=-180°$,与之对应的幅频特性表明 $20\lg|\dot{A}\dot{F}|>0$,即 $|\dot{A}\dot{F}|>1$,满足自激条件。若从幅度条件看相位条件,当 $f=f_c$ 时,$20\lg|\dot{A}\dot{F}|=0$,即 $|\dot{A}\dot{F}|=1$,与之对应的附加相移 $|\Delta\varphi_a+\Delta\varphi_f|>180°$,可见必有 $f<f_c$ 的频率满足 $|\Delta\varphi_a+\Delta\varphi_f|=180°$ 的条件,也说明图 5.3.1(a)会产生自激振荡。

在图 5.3.1(b)中,当 $f=f_0$ 时,$\Delta\varphi_a+\Delta\varphi_f=-180°$,但与之对应的幅频特性 $20\lg|\dot{A}\dot{F}|<0$,即 $|\dot{A}\dot{F}|<1$,不满足自激条件;同样,当 $f=f_c$ 时,$20\lg|\dot{A}\dot{F}|=0$,即 $|\dot{A}\dot{F}|=1$,但与之对应的附加相移 $|\Delta\varphi_a+\Delta\varphi_f|<180°$,也不满足自激条件,可见图 5.3.1(b)所对应的负反馈放大电路不会产生自激振荡。

二、稳定裕度

在实际电路中,由于环境温度、电源电压、电路元器件参数及外界电磁场干扰等不稳定因素都会使放大电路工作状态发生变化,为使负反馈放大电路有更可靠的稳定性,要求电路应具有一定的增益和相位稳定裕度。

1. 增益裕度 G_m

定义 1 $|\Delta\varphi_a+\Delta\varphi_f|=180°$ 时所对应的频率(f_0)处,$20\lg|\dot{A}\dot{F}|$ 的值为增益裕度 G_m,如图5.3.1(b)所示。G_m 的表达式为

$$G_m = 20\lg|\dot{A}\dot{F}|\big|_{f=f_0} \qquad (5.3.4)$$

由上面分析可知,只有 G_m 为负值,电路才能稳定,且 G_m 绝对值越大,电路越稳定,通常要求 $G_m \leqslant -10$ dB。

2. 相位裕度 φ_m

定义 2 $20\lg|\dot{A}\dot{F}|=0$ dB 时所对应的频率(f_c)处,电路附加相移 $|\Delta\varphi_a+\Delta\varphi_f|$ 与 $180°$ 的差值为相位裕度 φ_m,如图 5.3.1(b)所示,φ_m 的表达式为

$$\varphi_m = 180° - |\Delta\varphi_a + \Delta\varphi_f|\big|_{f=f_c} \qquad (5.3.5)$$

由于只有 $|\Delta\varphi_a+\Delta\varphi_f|_{f=f_c}<180°$,负反馈放大电路才能稳定,所以 φ_m 必须为正值,且 φ_m 越大,电路越稳定,通常要求 $\varphi_m \geqslant 45°$。

三、稳定性分析

考察负反馈放大电路是否稳定工作,判断依据就是通过作出环路增益的频率响应曲线,观察是否满足幅值裕度或相位裕度(只需满足一项)。对于大多数情况,反馈网络是由纯电阻组成的,反馈系数 $\dot{F}$ 的大小为一常数,其附加相移 $\Delta\varphi_f=0$,这时可以直接利用开环增益的幅频特性和相频特性来分析负反馈放大电路的稳定性。

负反馈放大电路的开环增益幅频特性和相频特性如图 5.3.2(a)、(b)所示。由于反馈系数 $\dot{F}$ 为常数,则自激振荡的幅值条件可表示为:$|\dot{A}|=1/|\dot{F}|$,这样可在图 5.3.2(a)中画出高度为 $20\lg|1/\dot{F}|$ 的一条水平线(称为反馈线),它与开环幅频特性 $20\lg|\dot{A}|$ 的交点 D,正好满足 $20\lg|\dot{A}|-20\lg|1/\dot{F}|=20\lg|\dot{A}\dot{F}|=0$ dB 的幅值条件,D 点所对应的频率即为

f_c。如果这时由图 5.3.2(b)相频特性 f_c 所对应的 $|\Delta\varphi_a| \leqslant 135°$,则放大电路不自激;若反馈系数 $|\dot{F}|$ 增大为 $|\dot{F}'|$,反馈线与开环增益幅频特性相交于 D' 点,如图 5.3.2(a)所示,此时由图 5.3.2(b)所示相频特性得到对应的 $|\Delta\varphi_a| \geqslant 180°$,则会产生自激。

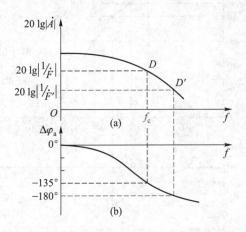

图 5.3.2 用开环增益幅频和相频特性分析负反馈放大电路的稳定性
(a) 幅频特性 (b) 相频特性

【例 5.3.1】 某负反馈放大电路中,其开环幅频特性和相频特性曲线如图 5.3.3 所示,设反馈网络由纯电阻组成,试分析为防止产生自激振荡,$|\dot{F}|$ 必须小于多少?

解:在图 5.3.3 开环幅频特性图中画出 $20\lg\left|\dfrac{1}{\dot{F}_1}\right|$、$20\lg\left|\dfrac{1}{\dot{F}_2}\right|$ 和 $20\lg\left|\dfrac{1}{\dot{F}_3}\right|$ 三根反馈线,它与幅频特性 $20\lg|\dot{A}|$ 的交点分别为 M、N 和 L。由 M、N 和 L 点所对应的附加相移 $|\Delta\varphi_a|$ 分别为 $90°$、$135°$ 和 $180°$,可见 M 和 N 点对应附加相移 $|\Delta\varphi_a| \leqslant 135°$,负反馈放大电路不会产生自激,$L$ 点对应附加相移 $|\Delta\varphi_a| = 180°$,负反馈放大电路会产生自激。由 $20\lg\left|\dfrac{1}{\dot{F}_2}\right| = 80\ dB$,可得 $|\dot{F}_2| = 10^{-4}$,即该负反馈放大电路的 $|\dot{F}|$ 必须小于 10^{-4} 方可防止自激振荡。

以上分析说明,$\dot{F}$ 越大即反馈越深,电路越容易产生自激振荡。一般应使反馈线 $20\lg\left|\dfrac{1}{\dot{F}}\right|$ 与曲线 $20\lg|\dot{A}|$ 相交于 $-20\ dB/$十倍频的线段上,这时一般有 $|\Delta\varphi_a| \leqslant 135°$,即能使负反馈放大电路稳定地工作。可见,当开环增益频率特性第一转折频率与第二转折频率之间的频率间隔越大,即开环幅频特性以 $-20\ dB/$十倍频速率下降的一段越长,越不容易自激。如果开环幅频特性在 $0\ dB$ 以上,其下降速率都为 $-20\ dB/$十倍频,反馈网络由纯电阻构成,则无论取多大反馈系数,负反馈放大电路一般不会产生自激振荡。

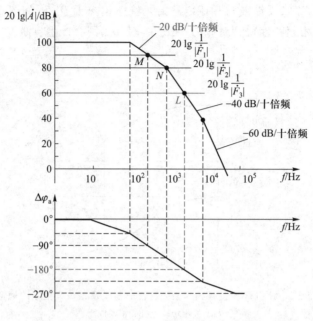

图 5.3.3 负反馈放大电路稳定性的判别

讨论题 5.3.2

（1）什么是负反馈放大电路的增益裕度和相位裕度？

（2）如何用负反馈放大电路开环幅频和相频波特图判断电路的稳定性？

5.3.3 负反馈放大电路的相位补偿

在放大电路中引入负反馈是为了改善放大电路的性能，反馈越深，放大电路的性能越好，但是也越容易产生自激。可见改善放大器的性能和放大电路的稳定性二者之间存在着矛盾，工程上，可采用相位补偿技术来解决这一矛盾。所谓相位补偿（也称频率补偿），就是在放大电路的适当位置加入 C 或 RC 相位补偿网络，用以改变 $\dot{A}\dot{F}$ 的频率特性，使得负反馈放大电路在较深的反馈深度下，仍能满足稳定裕度的要求。

相位补偿有多种形式，如滞后补偿、超前补偿。下面主要介绍相位滞后补偿电路。

设某负反馈放大电路开环增益的幅频特性如图 5.3.4(a) 中虚线所示。先在电路中找出上限频率最低一级电路加入补偿电容 C，如图 5.3.4(b) 所示，图中 R_{i2}、C_{i2} 分别为本级等效输入电阻和输入电容，R_{o1} 为前级输出电阻。根据低通电路截止频率的求法，可得补偿前和补偿后该级的上限频率分别为

$$f_{H1} = \frac{1}{2\pi (R_{o1} /\!/ R_{i2}) C_{i2}}$$

$$f'_{H1} = \frac{1}{2\pi (R_{o1} /\!/ R_{i2})(C_{i2}+C)}$$

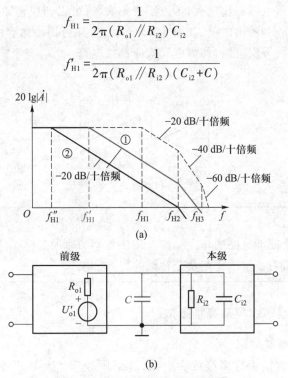

图 5.3.4 简单电容补偿

（a）补偿前后幅频特性 （b）补偿电路

可见电路中接入补偿电容 C 后，把原上限频率 f_{H1} 压低到 f'_{H1}，如图 5.3.4（a）曲线①所示，由于补偿前后 f_{H2} 是不变的，所以，幅频特性的第 1 转折频率 f'_{H1} 与第 2 转折频率 f_{H2} 之间的间距加大了，即加长了斜率为 $-20\ \text{dB}$/十倍频的线段长度，所以在保证满足相位裕度的条件下，可以加大反馈系数。

对于纯电阻性反馈网络，反馈系数 $\dot{F}$ 的最大值为 1，此时反馈线 $\left(20\ \lg \left|\dfrac{1}{\dot{F}}\right|\right)$ 与横轴重

合。为了保证 $\dot{F} = 1$ 时也能满足相位裕度的要求，应使接入补偿电容 C 后幅频特性曲线如图 5.3.4（a）曲线②所示，它在横轴之上只有一个转折点，经转折点后曲线在整个横轴之上均以 $-20\ \text{dB}$/十倍频的斜率下降，与横轴正好相交于 f_{H2}，在该点处，$20\ \lg |\dot{A}| = 0\ \text{dB}$、附加相移 $\Delta\varphi_a = -135°$（即 $\varphi_m = 45°$）。所以采用这样的补偿，不管反馈系数等于 1 或小于 1 的任何值，一般均能保证负反馈放大电路稳定地工作，通常把这种补偿方式称为全补偿。由曲线②可见，第 1 转折频率 f''_{H1} 下降很多，这说明采用电容补偿后，放大电路开环频带变得很窄。若将补偿电容 C 改用 RC 串联网络，称为 RC 滞后补偿，这种补偿可使补偿后的频带损失减小，但调整比较困难。

以上两种补偿所需电容都比较大,难以实现集成,故可以利用密勒效应将补偿元件跨接于反相放大电路的输入和输出之间,如图 5.3.5 所示,这样可用小电容(几到几十皮法)获得满意的补偿效果。这种补偿电路,称为密勒效应补偿电路。

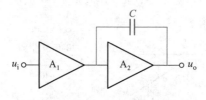

图 5.3.5 密勒效应补偿电路

讨论题 5.3.3

(1)何谓负反馈放大电路的相位补偿?相位补偿的目的是什么?

(2)说明相位滞后补偿的作用及全补偿的特点。

5.3.4 集成运放的频率响应及高频参数

一、集成运放的频率响应

集成运放是一个直接耦合多级放大电路,其下限频率 $f_L = 0$,开环差模电压增益很高。但由于集成运放内部三极管数目很多,各管极间电容的影响,使其高频响应由内部多级放大电路决定而具有多个转折频率。如果在这样具有多个转折频率而没有补偿的集成运放中引入负反馈时,就有可能产生自激振荡,使电路工作不稳定。所以,为了避免闭环时产生自激,没有补偿的集成运放中必须接入补偿网络。对于大多数集成运放内部采用全补偿,即在其内部电路中加接一个起决定作用的相位补偿电容(如第 3 章图 3.5.9 和图 3.5.17 中补偿电容 C),使其高频幅频特性在 0 dB 以上,只有一个转折频率,增益从 f_H 到 f_T 的衰减斜率为 -20 dB/十倍频,如图 5.3.6(a)所示。图中 A_{ud} 为直流差模电压增益,f_H 为上限频率,f_T 处增益为 0 dB,称为单位增益频率。由于集成运放采用了全补偿,故 f_H 很小,例如集成运放 741,f_H 只有几个 Hz。图 5.3.6(b)画出了全补偿集成运放的相频特性,其高频区的最大相移为 $-90°$,在 $0.1 \sim 10 f_H$ 之间相移变化率为 $-45°$/十倍频。

根据图 5.3.6 所示集成运放频率特性曲线,集成运放可用图 5.3.7 所示电路模型来等效,因此可写出它的增益表达式为

$$\dot{A}_u = \frac{\dot{U}_o}{\dot{U}_{id}} = \frac{A_{ud}}{1 + \mathrm{j} f/f_H}$$

式中,$f_H = \dfrac{1}{2\pi RC}$。

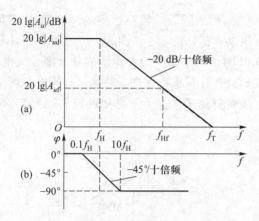

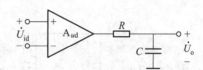

图 5.3.6 全补偿集成运放开环与闭环频率响应
(a) 幅频响应 (b) 相频响应

图 5.3.7 集成运放的等效模型

　　用集成运放构成负反馈放大电路,闭环增益减小而带宽增大。由于集成运放开环幅频特性曲线自 f_H 开始在 0 dB 以上,斜率始终保持为 -20 dB/十倍频,即频率升高 10 倍,增益即衰减 10 倍(即下降 20 dB),增益(倍数)与对应频率的乘积为常数,即 $f_T = A_{ud}f_H$。若反馈网络由纯电阻元件组成,反馈系数 F 为常数,负反馈放大电路的闭环幅频特性将如图 5.3.6(a)虚线所示。可见,闭环放大电路的电压增益 A_{uf} 缩小的倍数与上限频率 f_{Hf} 扩展的倍数相同,闭环增益 A_{uf} 与上限频率 f_{Hf} 的乘积为常数并等于 f_T,即 $A_{uf}f_{Hf} = f_T = A_{ud}f_H$。集成运放闭环增益带宽积与开环增益带宽积相等。

　　【例 5.3.2】 集成运放负反馈放大电路如图 5.3.8 所示,已知集成运放的开环增益 $A_{ud} = 100$ dB,单位增益带宽 $f_T = 3$ MHz,试求电路的上限频率 f_{Hf}。

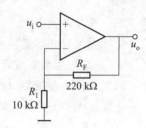

　　解:由于负反馈放大电路闭环增益为

$$A_{uf} = 1 + \frac{R_F}{R_1} = 1 + \frac{220}{10} = 23$$

所以电路的闭环上限频率为

图 5.3.8 集成运放负
反馈放大电路

$$f_{Hf} = \frac{f_T}{A_{uf}} = \frac{3 \text{ MHz}}{23} = 0.13 \text{ MHz}$$

　　【例 5.3.3】 已知集成运放同相放大电路闭环增益 $A_{uf} = 20$ dB,上限频率 $f_{Hf} = 100$ kHz,若调整反馈电阻使 $A'_{uf} = 60$ dB,求此时放大电路的上限频率 f'_{Hf}。

　　解:当 $A_{uf} = 20$ dB,即 $A_{uf} = 10$ 倍,所以由此可求得

$$f_T = A_{uf}f_{Hf} = 10 \times 100 \text{ kHz} = 1\ 000 \text{ kHz}$$

当 $A'_{uf} = 60$ dB,即 $A'_{uf} = 1\ 000$ 倍,则可求得

$$f'_{Hf} = \frac{f_T}{A'_{uf}} = \frac{1\ 000 \text{ kHz}}{1\ 000} = 1 \text{ kHz}$$

内部全补偿的集成运放的缺点是牺牲了带宽,因而降低了转换速率,所以也有许多集成运放(如宽带运放)没有在内部加补偿网络,会提供外部补偿端子。图 5.3.9(a)所示为具有外部补偿端子集成运放 LM101A 封装图,图 5.3.9(b)给出了 LM101A 构成的负反馈放大电路,通过外补偿引脚 1 和 8 接入小电容 C,对集成运放开环频率特性进行补偿。补偿电容可根据特定的应用需要选定,提供刚好够用的补偿,从而避免了性能上不必要的损失,使闭环频带扩大。

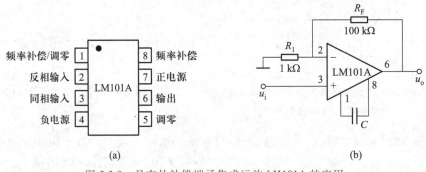

图 5.3.9 具有外补偿端子集成运放 LM101A 的应用

(a) 8 脚双列直插式封装 (b) 负反馈放大电路

二、集成运放的高频参数

1. 小信号频率参数

根据图 5.3.6 可得集成运放两个小信号频率数,它们分别为开环带宽 BW 和单位增益带宽 BW_G。

(1)开环带宽 BW

运算放大器开环差模电压增益值比直流增益下降 3 dB 所对应的信号频率称为开环带宽,$BW = f_H$。通用型集成运放的开环带宽较窄,例如 741 型运放的 BW 约为 7 Hz。

(2)单位增益带宽 BW_G

运算放大器开环差模电压增益下降到 0 dB 时的信号频率,称为单位增益带宽,即

$$BW_G = f_T = A_{ud}BW \tag{5.3.6}$$

集成运放在闭环应用中,BW_G 就是反馈放大电路的增益带宽积,可以直接显示闭环增益 A_{uf} 与闭环带宽 BW_f 之间的关系,即

$$BW_G = A_{uf}BW_f \tag{5.3.7}$$

因此,BW_G 比 BW 应用更为广泛。

2. 大信号动态参数

集成运放大信号动态参数有转换速率 S_R、全功率带宽 BW_P 等,是集成运放大信号和高频信号工作时的重要指标。

(1)转换速率 S_R

转换速率又称压摆率,是指集成运放在闭环状态下,输入大信号时输出电压对时间的最

大变化速率,即

$$S_R = \left| \frac{\mathrm{d}u_o}{\mathrm{d}t} \right|_{max} \tag{5.3.8}$$

其单位为 V/μs。通用型运放 S_R 在 1 V/μs 以下,高速型运放 S_R 大于 10 V/μs。由于转换速率与闭环电压增益有关,因此一般规定用集成运放在单位电压增益、单位时间内输出电压的变化值,来标定转换速率。

集成运放在大信号输入时,特别是大的阶跃信号输入时,运放将工作到非线性区域,使运放输出电压不能即时跟随阶跃输入电压变化,通常要求 S_R 大于信号变化斜率的绝对值。若要求输出信号幅值大,频率高,则应采用高速型集成运放。

如果在运放输入端加入一正弦电压,设输出电压 $u_o = U_{om} \sin \omega t$,$u_o$ 随时间的最大变化速率为

$$\left| \frac{\mathrm{d}u_o}{\mathrm{d}t} \right|_{max} = \left| \frac{\mathrm{d}u_o}{\mathrm{d}t} \right|_{t=0} = \omega U_{om} \tag{5.3.9}$$

为使输出电压波形不因 S_R 的限制而产生失真,必须使运放的 S_R 满足

$$S_R \geqslant 2\pi f U_{om} \tag{5.3.10}$$

(2) 全功率带宽 BW_P

全功率带宽与转换速率相对应,用来表征集成运放在频域中的大信号特性,是指集成运放输出为最大峰值电压时,波形不产生失真所允许的最高工作频率。

由式(5.3.10)可见,当 S_R 一定时,提高 f,不失真输出电压峰值 U_{om} 将成比例地减小;即 U_{om} 越小,保证不失真输出信号的频率就相应成比例地增大。因此,由式(5.3.10)可得全功率带宽为

$$BW_P = \frac{S_R}{2\pi U_{om}} \tag{5.3.11}$$

例如 741 型集成运放的 $S_R = 0.5$ V/μs,若输出电压幅值 $U_{om} = 10$ V,可求得最高不失真频率只有 8 kHz。

图 5.3.10 画出了由于 S_R 太小而造成输出波形产生失真的情况,图中实线所示为不失真输出电压波形。图(a)是输入信号电压的频率 f 稍大于全功率带宽,输出电压已经来不及跟随输入电压而变化,使正弦波产生失真(图中虚线所示);图(b)是当 $f \gg BW_P$ 时,使得输出电压根本来不及达到额定输出电压值,致使正弦波变成了三角波(图中虚线所示)。

【例 5.3.4】 已知集成运放的开环带宽 $BW = 7$ Hz,开环差模增益 $A_{ud} = 2 \times 10^5$,转换速率 $S_R = 0.5$ V/μs。试求单位增益带宽 BW_G;若闭环增益 $A_{uf} = 20$,试求运算放大器小信号最高工作频率 f_{max};若集成运算放大器最大不失真输出电压幅度 $U_{om} = 13$ V,试求全功率带宽 BW_P。

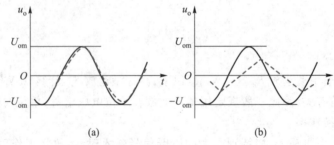

图 5.3.10 S_R 太小造成输出波形的失真

(a) $f > BW_P$ (b) $f \gg BW_R$

解: 由式(5.3.6)可得单位增益带宽为

$$BW_G = A_{ud}BW = 2 \times 10^5 \times 7 \text{ Hz} = 1.4 \text{ MHz}$$

由式(5.3.7)可得小信号最高工作频率为

$$f_{\max} = \frac{BW_G}{A_{uf}} = \frac{1.4 \times 10^6}{20} \text{ Hz} = 70 \text{ kHz}$$

由式(5.3.11)可得全功率带宽为

$$BW_P = \frac{S_R}{2\pi U_{om}} = \frac{0.5 \text{ V/}\mu\text{s}}{2 \times 3.14 \times 13 \text{ V}} = 6.12 \text{ kHz}$$

讨论题 5.3.4

(1) 采用全补偿的集成运放频率响应有何特点?

(2) 何谓集成运放的转换速率 S_R? 它的大小对集成运放的应用有何影响?

5.3.5 集成运放构成的放大电路频率响应仿真

微视频 5.4:
集成运放构成的放大电路频率响应仿真

在 Multisim 中构建电路如图 5.3.11 所示。

1. 频率特性分析

设置函数发生器产生正弦信号,运行仿真,幅频特性如图 5.3.12 (a)所示,由光标处可读得中频电压增益为 19.998 dB(即放大倍数约为 10)。分别向左、向右移动光标至增益下降3 dB处,读出其下限频率和上限频率分别约为 16 Hz 和 99 kHz。选择面板中的按钮"Phase",即得相频特性曲线,如图 5.3.12(b)所示。移动光标可得中频段相移为 0°,低频段产生正相移,最大相移趋于 90°,而高频段产生负相移,最大负相移趋于 -90°。

2. 小信号放大特性研究

设置函数发生器产生幅值为 0.1 V、频率为 10 kHz 的正弦信号,运行仿真,得输入、输出波形如图 5.3.13(a)所示。输出与输入信号同相,电压放大了约 9.93 倍。

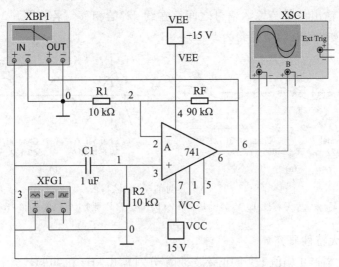

图 5.3.11　集成运放同相放大电路仿真电路

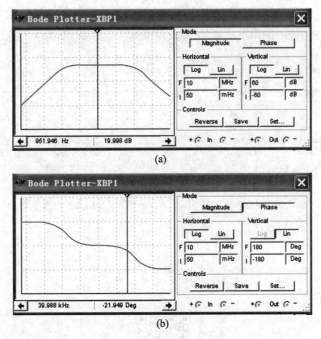

图 5.3.12　集成运放同相放大电路频率特性
（a）幅频特性　（b）相频特性

保持幅值 0.1 V 不变,将频率改为 40 kHz,运行仿真,得输入、输出波形如图 5.3.13(b)所示。输出波形为正弦波,没有失真,但输出信号与输入信号之间产生了相移。由图 5.3.12(b)可知,在 40 kHz 处,输出信号与输入信号之间存在约 22°的相移。若将图 5.3.12(a)中光标移至 40 kHz 处,可读出此时的增益约为 19.344 dB。

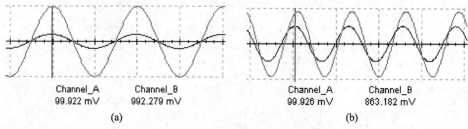

图 5.3.13 小信号时的输入、输出波形

(a)输入信号幅度 0.1 V,频率 10 kHz (b)输入信号幅度 0.1 V,频率 40 kHz

3. 大信号放大特性研究

设置函数发生器产生幅值 1 V 的正弦波,频率分别为 10 kHz 和 40 kHz,运行仿真,得输入、输出波形如图 5.3.14(a)、(b)所示,输出波形都产生了失真。这是由于运放在大信号输出时,其转换速率 S_R 偏小所造成的。当输入信号的频率稍大于全功率带宽,输出电压来不及跟随输入电压变化,输出波形即产生"尖顶形"畸变,如图 5.3.14(a)所示;当输入信号的频率远大于全功率带宽,输出电压根本来不及达到额定输出电压值,使正弦波变成了三角波,如图 5.3.14(b)所示。

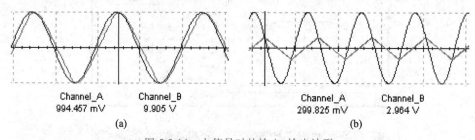

图 5.3.14 大信号时的输入、输出波形

(a)输入信号幅值 1 V,频率 10 kHz (b)输入信号幅值 1 V,频率 40 kHz

小　结

微视频 5.5:
5.3 小结

随 堂 测 验

5.3.1 填空题

1. 负反馈放大电路中产生自激振荡的条件是_____和_____。

2. 保证负反馈放大电路稳定所要求的增益裕度为_____，相位裕度为_____。

3. 集成运放开环差模电压增益比直流增益下降 3 dB，所对应的信号频率称为_____，开环差模电压增益下降到 0 dB 所对应的信号频率称为_____。

4. 集成运放的转换速率 S_R 是指集成运放在_____状态下，输入_____时，输出电压对时间的_____变化速率。

5. 已知集成运放 741 的开环带宽 $BW = 7$ Hz，开环差模电压增益 $A_{ud} = 2 \times 10^5$，转换速率 $S_R = 0.5/\mu s$，则其单位增益带宽 $BW_G =$ _____ Hz。若用其构成闭环增益 $A_{uf} = 20$ 的负反馈小信号放大电路，则该电路的最高工作频率 $f_{max} =$ _____ Hz；若输入信号频率为 10 kHz，则集成运放最大不失真输出电压幅度 $U_{om} \approx$ _____ V。

5.3.2 单选题

1. 设负反馈放大电路的环路增益 $\dot{A}\dot{F}$ 在附加相移 $\Delta\varphi_a + \Delta\varphi_f = \pm 180°$ 时对应的频率为 f_0，在 $20 \lg |\dot{A}\dot{F}| = 0$ dB 时对应的频率为 f_c，则保证电路不产生自激振荡的条件是_____。

A. $f_0 < f_c$ B. $f_0 > f_c$

C. $f_0 = f_c/2$ D. 不能确定

2. 负反馈放大电路中，当环路增益 $20 \lg |\dot{A}\dot{F}| = 0$ dB 时，附加相移 $\Delta\varphi_a + \Delta\varphi_f = -225°$，由此可知该电路可能处于_____状态。

A. 自激   B. 稳定   C. 临界   D. 无法确定

3. 集成运放幅频波特图在 0 dB 以上，只有一个转折频率，即在 0 dB 以上，增益衰减的斜率始终保持为_____。

A. 20 dB/十倍频   B. 3 dB/十倍频

C. −20 dB/十倍频   D. −40dB/十倍频

4. 集成运放开环电压放大倍数等于 1 的频率称为_____。

A. 上限频率   B. 下限频率

C. 单位增益频率   D. 转折频率

5. 某集成运放开环电压增益为 10^6，开环带宽 $BW = 5$ Hz，若用它构成闭环增益为 50 倍的小信号同相放大电路，则其闭环带宽 BW_f 为_____ Hz。

A. 5×10^6 B. 10^5 C. 250   D. 5

5.3.3 是非题（对打√；错打×）

1. 负反馈放大电路中，只要开环增益的附加相移达到±180°，就一定会产生自激振荡。（   ）

2. 负反馈放大电路中，只要加接相位补偿网络就一定能消除自激振荡。（   ）

3. 某集成运放的开环带宽为 5 Hz，由于其非常低，所以该集成运放只能用以构成直流放大电路。（   ）

本章知识结构图

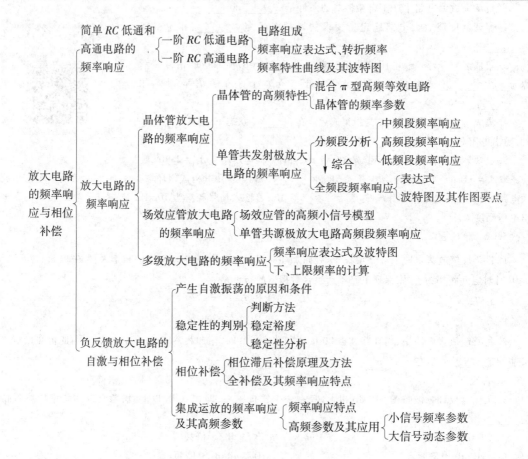

小　课　题

微视频 5.6：
第 5 章小课题

习　　题

5.1　RC 电路如图 P5.1 所示,试求出各电路的转折频率,并画出电路的波特图。

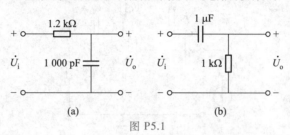

第 5 章
部分习题答案

(a)　　　　　　　　　(b)

图 P5.1

5.2　RC 电路如图 P5.2 所示,试求出各电路的转折频率,并作出幅频波特图。

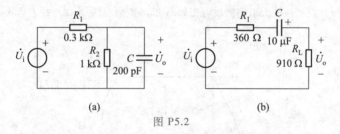

(a)　　　　　　　　　(b)

图 P5.2

5.3　晶体管的参数 $\beta_0 = 79$、$C_{b'c} = 2.5$ pF、$r_{bb'} = 30$ Ω、$f_T = 750$ MHz,如工作点电流 $I_{EQ} = 5$ mA,试画出该管的混合 π 形高频等效电路,并求出各参数。

5.4　已知晶体管的 $\beta_0 = 50$、$f_T = 500$ MHz,试求该管的 f_α 和 f_β。若 $r_e = 5$ Ω,设 $C_{b'c}$ 可忽略,试问 $C_{b'e}$ 等于多少?

5.5　单级晶体管共发射极放大电路如图 5.2.3(a) 所示。已知晶体管的参数 $\beta_0 = 80$、$C_{b'c} = 4$ pF、$r_{bb'} = 30$ Ω、$f_T = 300$ MHz,放大器的工作点电流 $I_{EQ} = 4$ mA,试计算 $R_S = 0.5$ kΩ、$R'_L = 0.82$ kΩ、$R_B \gg r_{be}$ 时,放大电路的 $\dot{A}_{usm}$、f_H。

5.6　共发射极放大电路如图 P5.6 所示,已知晶体管的 $\beta_0 = 100$,$r_{b'e} = 1.5$ kΩ,试分别求出它们的下限频率 f_L 并作出幅频特性波特图。

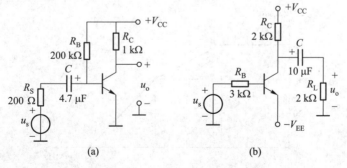

(a)　　　　　　　　　(b)

图 P5.6

5.7 放大电路如图 P5.7 所示,已知 $V_{CC} = 15$ V、$R_S = 1$ kΩ、$R_B = 560$ kΩ、$R_C = R_L = 3$ kΩ、$C_1 = 1$ μF、$C_2 = 4.7$ μF;晶体管的 $U_{BEQ} = 0.7$ V、$r_{bb'} = 100$ Ω、$\beta_0 = 100$、$f_\beta = 0.5$ MHz、$C_{ob} = 5$ pF(共基输出电容 $\approx C_{b'c}$)。试估算电路的上限和下限频率 f_H 和 f_L,并画出 $\dot{A}_{us}$ 的波特图。

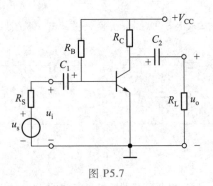

图 P5.7

5.8 已知某两级共发射极放大电路的波特图如图 P5.8 所示,试写出 $\dot{A}_{us}$ 的表达式。

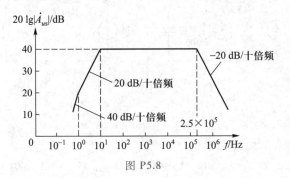

图 P5.8

5.9 已知某放大电路的幅频波特图如图 P5.9 所示,试问:(1) 该放大电路的耦合方式?(2) 该电路由几级放大电路组成?(3) 中频电压放大倍数和上限频率为多少?(4) 画出相频波特图,指出 $f = 1$ MHz、10 MHz 时附加相移为多大?

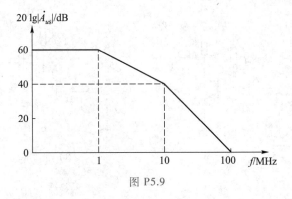

图 P5.9

5.10 已知某放大电路的频率特性表达式为

$$\dot{A}_{us} = \frac{200 \times 10^6}{10^6 + j\omega}$$

试问该放大电路的中频增益、上限和下限频率各为多大？

5.11 已知负反馈放大电路的环路增益幅频波特图如图 P5.11 所示,试判断该反馈放大电路是否稳定。

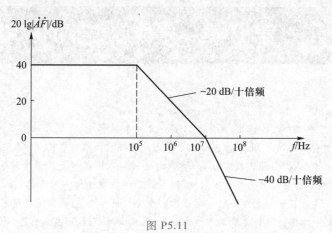

图 P5.11

5.12 由集成运放构成的小信号放大电路如图 P5.12 所示,已知集成运放 741 的 $BW_G = 1$ MHz,试求出该电路的中频增益、上限和下限频率。

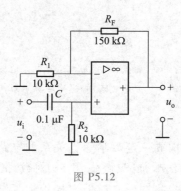

图 P5.12

第 6 章 集成放大器的应用

引言 与分立元件放大电路相比,集成放大器不但具有体积小、性能好的优点,而且外围电路简单,电路设计、调试和维护都比较简便,因此通常被优先采用。集成放大器中最常用的是通用集成运放,其应用极为广泛,除用作放大电路以外,还构成信号的产生、运算、滤波、比较和变换等电路。本章介绍其中的运算、滤波和放大电路,它们都是运放的线性应用电路,可依据运放两个输入端之间"虚短"和"虚断"的特点加以分析;而信号的产生和比较等电路多数为运放的非线性应用电路,分析方法有所不同,将在第 7 章信号发生电路中介绍。此外,本章还讨论集成功率放大器、仪用放大器、程控增益放大器、跨导型放大器、隔离放大器和电流反馈型集成运放等,它们是以通用运放为基础构成的集成放大器,在检测、控制与驱动电路中得到广泛应用。

6.1 基本运算电路

基本要求 理解基本运算电路的组成、特点,掌握基本运算电路的分析方法。

学习指导 **重点**:基本运算电路的分析方法。**提示**:基本运算电路的功能与分析方法,是分析各种运放线性应用电路的基础,所以要熟练掌握。

输出信号与输入信号之间构成一定数学运算关系的电路称为运算电路。采用集成运放,引入适当的负反馈,可构成比例、加减、微分、积分、对数、指数等基本运算电路;采用集成运放和模拟乘法器,可构成乘法、除法、平方、平方根等运算电路。本节讨论这些电路的组成、分析方法和工作特点。

6.1.1 比例运算电路

比例运算电路是最基本的运算电路,也是组成其他各种运算电路的基础,它有反相比例运算和同相比例运算两种。

一、反相比例运算电路

反相比例运算电路如图 6.1.1 所示,它就是 3.5 节讨论过的反相放大电路。输入信号 u_i

通过电阻 R_1 加到集成运放的反相输入端,而输出信号 u_o 通过电阻 R_F 也回送到反相输入端,R_F 为反馈电阻,构成深度电压并联负反馈。同相端通过电阻 R_2 接地,R_2 称为直流平衡电阻,其作用是使集成运算放大器两输入端的对地直流电阻相等,从而避免运算放大器输入偏置电流在两输入端之间产生附加的差模输入电压,故要求 $R_2 = R_1 /\!/ R_F$。

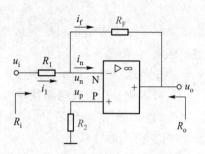

图 6.1.1 反相比例运算电路

根据 3.5 节分析得,输出电压与输入电压的关系为

$$u_o = -\frac{R_F}{R_1} u_i \tag{6.1.1}$$

可见 u_o 与 u_i 反相且成正比,故称为反相比例运算电路,其比例系数为

$$A_{uf} = \frac{u_o}{u_i} = -\frac{R_F}{R_1} \tag{6.1.2}$$

反相比例运算具有以下特点:

(1) 信号从运放反相端输入,所以输出电压与输入电压反相。电路引入了深度负反馈,所以集成运放工作于线性状态,其两个输入端之间具有"虚短"和"虚断"的特点。

(2) 调节外接电阻 R_F、R_1 的比值可调节比例系数。可用作反相放大器,能放大也能衰减信号。

(3) 输入电阻 $R_i \approx R_1$,较小;输出电阻 $R_o \approx 0$,因此带负载能力强,带负载前后的运算关系不变。

(4) $u_n \approx u_p \approx 0$,说明运放的共模输入电压约为零,因此对运放共模抑制比的要求较低,这也是所有反相运算电路的特点。反相端电位约等于零这种情况,称为"虚地",反相运算电路一般都具有"虚地"这个特点。

二、同相比例运算电路

同相比例运算电路如图 6.1.2 所示,它就是 3.5 节讨论过的同相放大电路。输入信号 u_i 通过电阻 R_2 加到集成运放的同相输入端,而输出信号 u_o 通过反馈电阻 R_F 回送到反相输入端,构成深度电压串联负反馈,反相端则通过电阻 R_1 接地。R_2 同样是直流平衡电阻,应满足 $R_2 = R_1 /\!/ R_F$。

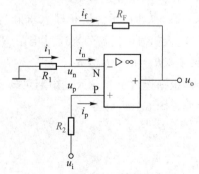

根据 3.5 节分析得,输出电压与输入电压的关系为

$$u_o = \left(1 + \frac{R_F}{R_1}\right) u_p = \left(1 + \frac{R_F}{R_1}\right) u_i \tag{6.1.3}$$

可见 u_o 与 u_i 同相且成正比,故为同相比例运算电路,其比例系数为

图 6.1.2 同相比例运算电路

$$A_{uf} = 1 + \frac{R_F}{R_1} \qquad (6.1.4)$$

若取 $R_1 = \infty$（即 R_1 断开）或 $R_F = 0$（即 R_F 短路），则得 $A_{uf} = 1$，电路成

为电压跟随器，如图 6.1.3 所示。

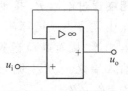

图 6.1.3　电压跟随器

同相比例运算具有以下特点：

（1）输入信号从运放同相端输入，所以输出电压与输入电压同

相。电路引入了深度负反馈，所以集成运放工作于线性状态，具有

"虚短"和"虚断"的特点。

（2）调节外接电阻 R_F、R_1 的比值可调节比例系数。可用作同相放大器，$A_{uf} \geqslant 1$。

（3）输入电阻趋于无穷大，输出电阻趋于零。

（4）$u_n \approx u_p \approx u_i$，说明共模输入不为零，这也是所有同相运算电路的特点。因此在

构成同相运算电路时，要求集成运放具有较大的最大共模输入电压和较高的共模抑

制比。

讨论题 6.1.1

（1）对比反相比例运算电路与同相比例运算电路的异同点。

（2）由于集成运放输出电压的最大值必然小于电源电压，因此输入信号过大时将使

输出电压饱和，运放工作于非线性状态。设集成运放的正、负饱和电压为 $\pm U_{OM}$，试分别画

出反相、同相比例运算电路的电压传输特性曲线。

6.1.2　加减运算电路

一、求和运算电路

求和运算即对多个输入信号进行加法运算，根据输出信号与求和信号反相还是同相分

为反相求和运算和同相求和运算两种方式。

1. 反相求和运算电路

图 6.1.4 所示为反相输入求和运算电路，它是在反相比例运算电路基础上实现的。图

中，输入信号 u_{i1}、u_{i2} 分别通过电阻 R_1、R_2 加至运算放大器的反相输入端，R_3 为直流平衡电

阻，要求 $R_3 = R_1 \parallel R_2 \parallel R_F$。

根据运放反相输入端虚断可知 $i_f = i_1 + i_2$，而根据反相运算时运放输入端虚地可得 $u_n \approx 0$，

因此由图 6.1.4，可得

$$-\frac{u_o}{R_F} = \frac{u_{i1}}{R_1} + \frac{u_{i2}}{R_2}$$

故可求得输出电压为

$$u_{o} = -R_{F}\left(\frac{u_{i1}}{R_{1}} + \frac{u_{i2}}{R_{2}}\right) \tag{6.1.5}$$

可见实现了反相加法运算。若 $R_F = R_1 = R_2$，则 $u_o = -(u_{i1}+u_{i2})$。

由式(6.1.5)可见，这种电路在调一路输入端电阻时并不影响其他路信号产生的输出值，因而调节方便，使用比较多。

2. 同相求和运算电路

图 6.1.5 所示为同相输入求和运算电路，它是在同相比例运算电路基础上实现的。图中，输入信号 u_{i1}、u_{i2} 均加至运放同相输入端。为使直流电阻平衡，要求 $R_2 /\!/ R_3 = R_1 /\!/ R_F$。

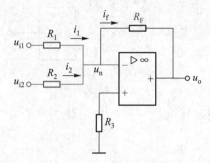
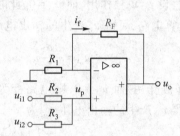

图 6.1.4　反相输入求和运算电路　　　图 6.1.5　同相输入求和运算电路

根据运放同相端虚断，对 u_{i1}、u_{i2} 应用叠加定理可求得

$$u_{p} = \frac{R_3}{R_2+R_3}u_{i1} + \frac{R_2}{R_2+R_3}u_{i2}$$

$$= \frac{R_2 R_3}{R_2+R_3} \cdot \frac{u_{i1}}{R_2} + \frac{R_2 R_3}{R_2+R_3} \cdot \frac{u_{i2}}{R_3}$$

$$= (R_2 /\!/ R_3)\left(\frac{u_{i1}}{R_2} + \frac{u_{i2}}{R_3}\right) \tag{6.1.6}$$

根据同相输入时输出电压与运放同相端电压 u_P 的关系式，可得

$$u_{o} = \left(1+\frac{R_F}{R_1}\right)u_{p} = \left(1+\frac{R_F}{R_1}\right)(R_2 /\!/ R_3)\left(\frac{u_{i1}}{R_2} + \frac{u_{i2}}{R_3}\right) \tag{6.1.7}$$

将式(6.1.7)进行变换，得

$$u_{o} = \frac{R_1+R_F}{R_1 R_F}R_F(R_2 /\!/ R_3)\left(\frac{u_{i1}}{R_2} + \frac{u_{i2}}{R_3}\right)$$

$$= \frac{R_2 /\!/ R_3}{R_1 /\!/ R_F}R_F\left(\frac{u_{i1}}{R_2} + \frac{u_{i2}}{R_3}\right)$$

因 $R_2 /\!/ R_3 = R_1 /\!/ R_F$，所以

$$u_{o} = R_F\left(\frac{u_{i1}}{R_2} + \frac{u_{i2}}{R_3}\right) \tag{6.1.8}$$

可见实现了同相加法运算。若 $R_2 = R_3 = R_F$，则 $u_o = u_{i1} + u_{i2}$。应当指出，只有在 $R_2 /\!/ R_3 = R_1 /\!/ R_F$ 的条件下，式(6.1.8)才成立，否则应利用式(6.1.7)求解。与反相求和运算比较，同相求和运算电路共模输入电压较高，且调节不大方便，但其输入电阻大，常用于要求输入电阻较大的场合。

二、减法运算电路

图6.1.6所示为减法运算电路，图中，输入信号 u_{i1} 和 u_{i2} 分别加至反相输入端和同相输入端，这种形式的电路也称为差分运算电路。对该电路也可用"虚短"和"虚断"来分析，下面应用叠加定理根据同、反相比例运算电路已有的结论进行分析，这样可使分析更简便。

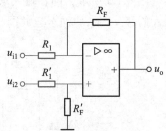

图6.1.6 减法运算电路

首先，设 u_{i1} 单独作用，而 $u_{i2} = 0$，此时电路相当于一个反相比例运算电路，可得 u_{i1} 产生的输出电压 u_{o1} 为

$$u_{o1} = -\frac{R_F}{R_1} u_{i1}$$

再设 u_{i2} 单独作用，而 $u_{i1} = 0$，则电路变为一同相比例运算电路，可求得 u_{i2} 产生的输出电压 u_{o2} 为

$$u_{o2} = \left(1 + \frac{R_F}{R_1}\right) u_p = \left(1 + \frac{R_F}{R_1}\right) \frac{R_F'}{R_1' + R_F'} u_{i2}$$

由此可求得总输出电压为

$$u_o = u_{o1} + u_{o2} = -\frac{R_F}{R_1} u_{i1} + \left(1 + \frac{R_F}{R_1}\right) \frac{R_F'}{R_1' + R_F'} u_{i2} \tag{6.1.9}$$

当 $R_1 = R_1'$，$R_F = R_F'$ 时，则

$$u_o = \frac{R_F}{R_1} (u_{i2} - u_{i1}) \tag{6.1.10}$$

假如式(6.1.10)中 $R_F = R_1$，则 $u_o = u_{i2} - u_{i1}$。

【例6.1.1】 使用两个集成运放构成的减法运算电路如图6.1.7所示，试求出输出电压与输入电压的运算关系。

解： 在多个运算电路相连接时，由于前级电路的输出电阻趋于零，其输出电压仅受控于它自己的输入电压，后级电路并不影响前级电路的运算关系。所以在分析多级运算电路运算关系时，只需逐级将前级电路的输出电压作为后级电路的输入电压代入后级电路的运算关系式，就可以得到整个电路的运算关系式。

由图6.1.7可见，A_1 构成同相比例运算电路，因而有

$$u_{o1} = \left(1 + \frac{R_3}{R_1}\right) u_{i1}$$

利用叠加定理可得 A_2 的输出电压为

$$u_o = \left(1 + \frac{R_1}{R_3}\right)u_{i2} - \frac{R_1}{R_3}u_{o1}$$

将 u_{o1} 代入 u_o 的表达式,即可得到图 6.1.7 所示电路的运算关系式为

$$u_o = \left(1 + \frac{R_1}{R_3}\right)u_{i2} - \frac{R_1}{R_3} \cdot \frac{R_1 + R_3}{R_1}u_{i1} = \left(1 + \frac{R_1}{R_3}\right)(u_{i2} - u_{i1})$$

可见,电路输出电压与两输入电压之差成正比例。由图 6.1.7 可以看出,无论对于 u_{i1},还是 u_{i2},均可认为输入电阻为无穷大。

【例 6.1.2】 给定反馈电阻为 100 kΩ,试设计一个加减运算电路,实现 $u_o = -(4u_{i1} + 5u_{i2}) + 8u_{i3}$。

解:由于运算关系式中 u_o 与 u_{i1}、u_{i2} 呈反相比例关系,与 u_{i3} 呈同相比例关系,因此可采用图 6.1.8 所示电路,或采用反相求和电路与同相求和电路相级联来实现,这里采用电路较为简单的第一方案。

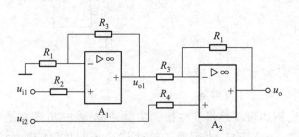

图 6.1.7 高输入电阻减法运算电路

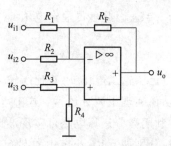

图 6.1.8 加减运算电路

利用叠加定理分析图 6.1.8 电路,可得输出电压 u_o 的表达式为

$$u_o = -R_F\left(\frac{u_{i1}}{R_1} + \frac{u_{i2}}{R_2}\right) + \left(1 + \frac{R_F}{R_1 \parallel R_2}\right)\frac{R_4}{R_3 + R_4}u_{i3} \tag{6.1.11}$$

将式(6.1.11)与运算关系式 $u_o = -(4u_{i1} + 5u_{i2}) + 8u_{i3}$ 进行比较,可得

$$R_1 = \frac{R_F}{4} = 25 \text{ k}\Omega \qquad R_2 = \frac{R_F}{5} = 20 \text{ k}\Omega$$

$$\left(1 + \frac{R_F}{R_1 \parallel R_2}\right)\frac{R_4}{R_3 + R_4} = 8 \tag{6.1.12}$$

将已知阻值代入式(6.1.12)可得

$$R_4 = 4R_3 \tag{6.1.13}$$

而根据运放输入端直流电阻平衡的要求,可得

$$R_3 \parallel R_4 = R_1 \parallel R_2 \parallel R_F = 10 \text{ k}\Omega \tag{6.1.14}$$

联列求解式(6.1.13)和式(6.1.14)得

$$R_3 = 12.5 \text{ k}\Omega \qquad R_4 = 50 \text{ k}\Omega$$

讨论题 6.1.2

（1）仿照图 6.1.4，画出一个三输入的反相加法器，并写出 u_o 与 u_{i1}、u_{i2}、u_{i3} 的关系式。

（2）图 6.1.8 中，将 R_4 断开，能否设计出例 6.1.2 中的加减运算电路。

6.1.3 微分与积分运算电路

一、微分运算电路

图 6.1.9 所示为微分运算电路，它和反相比例运算电路的差别是用电容 C_1 代替电阻 R_1。为使直流电阻平衡，要求 $R_2 = R_F$。

根据运放反相端虚地可得

$$i_1 = C_1 \frac{\mathrm{d}u_I}{\mathrm{d}t}, \quad i_F = -\frac{u_o}{R_F}$$

由于 $i_1 = i_F$，因此可得输出电压 u_o 为

$$u_o = -R_F C_1 \frac{\mathrm{d}u_I}{\mathrm{d}t} \tag{6.1.15}$$

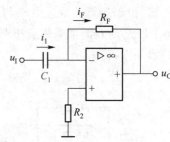

图 6.1.9 微分运算电路

可见，输出电压 u_o 正比于输入电压 u_I 对时间 t 的微分值，从而实现了微分运算。式中 $R_F C_1$ 为电路的时间常数。

利用微分运算电路可实现波形变换，例如可将矩形波变换为尖脉冲波，将三角波变换为方波，分别如 6.1.6 小节中的图 6.1.25（a）、（c）所示，也可对正弦波信号产生 90° 相移，如图 6.1.25（b）所示。

二、积分运算电路

将微分运算电路中的电阻和电容位置互换，即构成积分运算电路，如图 6.1.10 所示。由图可得

$$i_1 = \frac{u_I}{R_1}, \quad i_F = -C_F \frac{\mathrm{d}u_o}{\mathrm{d}t}$$

由于 $i_1 = i_F$，因此可得输出电压 u_o 为

$$u_o = -\frac{1}{R_1 C_F} \int u_I \mathrm{d}t \tag{6.1.16}$$

可见，输出电压 u_o 正比于输入电压 u_I 对时间 t 的积分值，从而实现了积分运算。式中 $R_1 C_F$ 为电路的时间常数。

当输入端加入阶跃信号，如图 6.1.11（a）所示，若 $t = 0$ 时电容器上的电压为零，则可得

$$u_o = -\frac{1}{R_1 C_F} \int_0^t u_I \mathrm{d}t + u_o(0) = -\frac{U_I}{R_1 C_F} t \tag{6.1.17}$$

u_0 的波形如图 6.1.11(b)所示,为一线性变化的斜坡电压,其最大值受运放最大输出电压 U_{OM} 的限制。

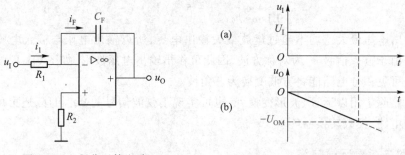

图 6.1.10 积分运算电路

图 6.1.11 积分运算电路输入
阶跃信号时的输出波形

【例 6.1.3】 基本积分电路如图 6.1.12(a)所示,输入信号 u_1 为一对称方波,如图 6.1.12(b)所示,运放最大输出电压为 ±10 V,$t=0$ 时电容电压为零,试画出输出电压波形。

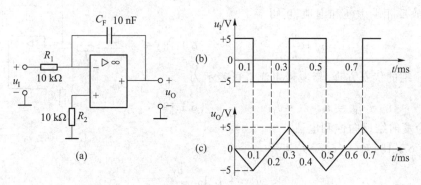

图 6.1.12 积分电路应用举例

(a)积分电路 (b)输入电压波形 (c)输出电压波形

解: 由图 6.1.12(a)可求得电路时间常数为

$$\tau = R_1 C_F = 10 \text{ k}\Omega \times 10 \text{ nF} = 0.1 \text{ ms}$$

根据运放输入端虚地可知,输出电压等于电容电压,故 $u_0(0)=0$。因为在 0~0.1 ms 时间段内 u_1 为 +5 V,所以根据积分电路的工作原理,输出电压 u_0 从零开始线性减小,在 $t=0.1$ ms 时达到负峰值,其值为

$$u_0 \bigg|_{t=0.1 \text{ ms}} = -\frac{1}{R_1 C_F} \int_0^{0.1 \text{ ms}} u_1 \mathrm{d}t + u_0(0) = -\frac{1}{0.1 \text{ ms}} \int_0^{0.1 \text{ ms}} 5 \text{ V} \mathrm{d}t = -5 \text{ V}$$

而在 0.1~0.3 ms 时间段内 u_1 为 −5 V,所以输出电压 u_0 开始线性增大,在 $t=0.3$ ms 时达到正峰值,其值为

$$u_0 \Big|_{t=0.3\text{ ms}} = -\frac{1}{R_1 C_F} \int_{0.1\text{ ms}}^{0.3\text{ ms}} u_1 \mathrm{d}t + u_0 \Big|_{t=0.1\text{ ms}}$$

$$= -\frac{1}{0.1\text{ ms}} \int_{0.1\text{ ms}}^{0.3\text{ ms}} (-5\text{ V})\mathrm{d}t + (-5\text{ V}) = +5\text{ V}$$

上述输出电压最大值均不超过运放最大输出电压,所以输出电压与输入电压间为线性积分关系。由于输入信号 u_1 为对称方波,因此可作出输出电压波形,如图 6.1.12(c)所示,为三角形波。可见积分电路能将方波变换为三角波。

积分电路除了用以运算、波形变换外,也可实现正弦波信号的 90°相移,还可用以构成显示器的扫描电路、模数转换器等。

6.1.4 对数与指数运算电路

一、对数运算电路

将反相比例运算电路中的反馈电阻用晶体管取代,可得对数运算电路如图 6.1.13 所示,输出电压经共基极电路放大后回送到反相输入端,构成深度电压并联负反馈,因此运放线性工作。

由运放反相端虚断和虚地,可得

$$i_C = i_R = \frac{u_1}{R_1} \tag{6.1.18}$$

而根据 PN 结的伏安方程,集电极电流 i_C 可表示为

$$i_C \approx i_E \approx I_{ES} e^{\frac{u_{BE}}{U_T}} = I_{ES} e^{-\frac{u_0}{U_T}} \tag{6.1.19}$$

式中,I_{ES} 为发射结反向饱和电流。

由式(6.1.18)和式(6.1.19)可得

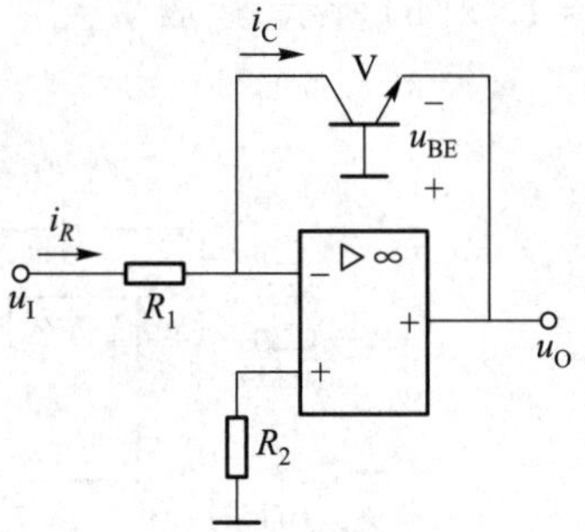

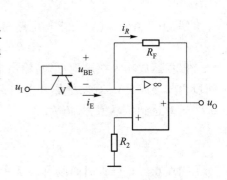

图 6.1.13 对数运算电路

$$u_0 = -U_T \ln \frac{u_1}{R_1 I_{ES}} \tag{6.1.20}$$

所以实现了对数运算。

二、指数运算电路

将反相比例运算电路中的输入端电阻用晶体管取代,可得指数运算电路如图 6.1.14 所示,反馈电阻 R_F 将输出电压回送到反相输入端,构成深度电压并联负反馈。

由运放反相端虚断和虚地,可得

$$u_0 = -i_R R_F = -i_E R_F$$

而

$$i_E \approx I_{ES} e^{\frac{u_{BE}}{U_T}} = I_{ES} e^{\frac{u_1}{U_T}}$$

故得

$$u_0 = -R_F I_{ES} e^{\frac{u_1}{U_T}} \tag{6.1.21}$$

图 6.1.14 指数运算电路

所以实现了指数运算。

需指出,式(6.1.20)和式(6.1.21)中均含有 I_{ES} 和 U_T,它们受温度影响较大,因此实用中常需对上述基本对数与指数电路作很多改进,目前已可选用现成的集成电路。

6.1.5 模拟乘法器在运算电路中的应用

模拟乘法器是实现两个模拟信号相乘的器件,在检测、控制和通信系统中得到广泛应用。本节首先讨论模拟乘法器的基本特性、基本电路及其工作原理,然后讨论由模拟乘法器和集成运放所构成的乘法、除法、乘方和开方等运算电路及其分析。

一、模拟乘法器的基本特性

模拟乘法器的图形符号如图 6.1.15 所示,它有两个输入端、一个输出端。若输入信号为 u_X、u_Y,则输出信号 u_O 为

$$u_O = Ku_X u_Y \qquad (6.1.22)$$

式中,K 称为乘法器的增益系数,单位为 V^{-1}。

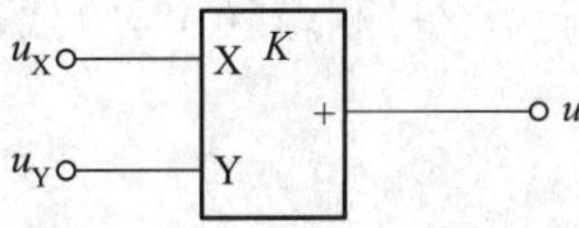

根据乘法运算的代数性质,乘法器有四个工作区域,由它的两个输入电压的极性来确定,并可用 X-Y 平面中的四

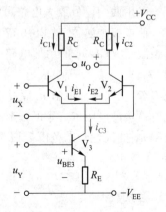

图 6.1.15 模拟乘法器图形符号

个象限表示。能够适应两个输入电压四种极性组合的乘法器称为四象限乘法器;若只对一个输入电压能适应正、负极性,而对另一个输入电压只能适应一种极性,则称为二象限乘法器;若对两个输入电压都只能适应一种极性,则称为单象限乘法器。

式(6.1.22)表示一个理想的乘法器其输出电压与同一时刻两个输入电压瞬时值的乘积成正比,而且输入电压波形、幅度、极性和频率可以是任意的。

对于一个理想的乘法器,当 u_X、u_Y 中有一个或两个都为零时,输出均为零。但在实际乘法器中,由于工作环境、制造工艺及元件特性的非理想性,当 $u_X = 0$,$u_Y = 0$ 时,$u_O \neq 0$,通常把这时的输出电压称为输出失调电压;当 $u_X = 0$,$u_Y \neq 0$(或 $u_Y = 0$,$u_X \neq 0$)时,$u_O \neq 0$,这是由于 u_Y(或 u_X)信号直接流通到输出端而形成的,称这时的输出电压为 u_Y(或 u_X)的输出馈通电压。要求输出失调电压和输出馈通电压越小越好。此外,实际乘法器中增益系数 K 并不能完全保持不变,这将引起输出信号的非线性失真,在应用时需加以注意。

二、变跨导模拟乘法器的基本工作原理

实现模拟量相乘可以有多种方案,但就集成电路而言,多采用变跨导型电路。变跨导模拟乘法器是在带电流源差分放大电路的基础上发展起来的,它的基本原理电路如图 6.1.16 所示。图中,V_1、V_2 为特性相同的晶体管,其 $\beta_1 = \beta_2 = \beta$,$r_{be1} = r_{be2} = r_{be}$,$V_3$ 为恒流管,当 $u_Y \gg u_{BE3}$ 时,其集电极电流 $i_{C3} \approx u_Y / R_E$,当输入电压 $u_X = 0$ 时,$i_{E1} = i_{E2} = i_{C3}/2$,输出电

图 6.1.16 变跨导模拟乘法器原理电路

压 $u_0 = 0$。当 $u_X \neq 0$ 时，由图可得 u_0 为

$$u_0 = \frac{\beta R_C}{r_{be}} u_X \tag{6.1.23}$$

当 i_{E1}、i_{E2} 较小时，V_1、V_2 管的输入电阻 r_{be} 可近似为

$$r_{be} = r_{bb'} + (1 + \beta) \frac{U_T}{i_{E1}}$$

$$\approx (1 + \beta) \frac{U_T}{i_{E1}} \approx \frac{\beta}{g_m} \tag{6.1.24}$$

式中 g_m 为差分对管的跨导
$$g_m = \frac{i_{E1}}{U_T} = \frac{i_{C3}}{2U_T} \approx \frac{u_Y}{2R_E U_T} \tag{6.1.25}$$

将式（6.1.24）和式（6.1.25）代入式（6.1.23）得

$$u_0 = g_m R_C u_X = \frac{R_C}{2R_E U_T} u_X u_Y = K u_X u_Y \tag{6.1.26}$$

式中

$$K = \frac{R_C}{2R_E U_T} \tag{6.1.27}$$

当温度一定时 K 为常数，说明输出电压 u_0 与输入电压 u_X、u_Y 的乘积成正比，所以实现了乘法功能。由于该电路是将一个信号作为差分放大电路的输入信号，另一个信号通过控制电流源电流来改变放大管的跨导，从而实现相乘作用的，所以称为变跨导模拟乘法器。

该电路只有在 u_Y 为正时才能正常工作，故为二象限乘法器。此外，当 u_Y 小时，误差较大，而且 u_X 和 u_Y 也不能太大，否则晶体管不能工作于线性放大区，因此该乘法器的性能不够理想。

三、单片集成模拟乘法器

采用两个差分放大电路可构成较理想的模拟乘法器，称为双差分对模拟乘法器，也称为双平衡模拟乘法器。图 6.1.17 所示是根据双差分对模拟乘法器基本原理制成的单片集成模拟乘法器 MC1496 的内部电路。图中，V_1、V_2、V_5 和 V_3、V_4、V_6 分别组成两个基本模拟乘法器，V_7、V_8、V_9、R_5 等组成电流源电路。R_5、V_7、R_1 为电流源的基准电路，V_8、V_9 均提供恒值电流 $I_0/2$，改变外接电阻 R_5 的大小，可调节 $I_0/2$ 的大小。图中 2、3 两端，即 V_5、V_6 两管发射极上所跨接的电阻 R_Y，除可调节乘法器的增益外，其主要任务是用来产生负反馈，以扩大输入电压 u_Y 的线性动态范围。该乘法器输出电压 u_0 的表示式为

$$u_0 = \frac{R_C}{R_Y U_T} u_X u_Y \tag{6.1.28}$$

其增益系数为

$$K = \frac{R_C}{R_Y U_T} \tag{6.1.29}$$

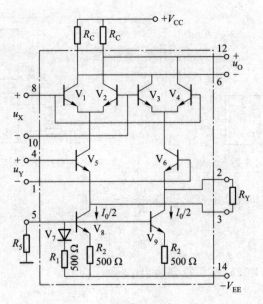

图 6.1.17 MC1496 型集成模拟乘法器

式(6.1.28)中,u_X 必须为小信号,其值应小于 $U_T(\approx 26\ \text{mV})$。因电路采用了负反馈电阻 R_Y,u_Y 的线性动态范围被扩大[①],它的线性动态范围为

$$-\frac{I_0}{2}R_Y \leqslant u_Y \leqslant \frac{I_0}{2}R_Y \tag{6.1.30}$$

也就是说,u_Y 的最大线性动态范围决定于电流源 $I_0/2$ 与负反馈电阻 R_Y 的乘积。

对 u_X 也可以采用线性动态范围扩展电路,使之线性动态范围大于 U_T。例如 MC1595 集成模拟乘法器就属于这种类型。

四、模拟乘法器构成的运算电路

模拟乘法器除了可实现乘法、乘方运算外,将它与集成运放相配合,还可实现除法和开方等运算。

1. 平方运算

将模拟乘法器的两个输入端输入相同的信号,如图 6.1.18 所示,就构成了平方运算电路,此时电路的输出电压为

$$u_O = Ku_X u_Y = Ku_1^2 \tag{6.1.31}$$

2. 除法运算

除法运算电路如图 6.1.19 所示。它由集成运放和模拟乘法器组成。由模拟乘法器可得

$$u'_O = Ku_O u_{12} \tag{6.1.32}$$

---

① 参阅胡宴如.高频电子线路.北京:高等教育出版社,1993:275–276.

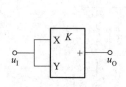

图 6.1.18 平方运算电路

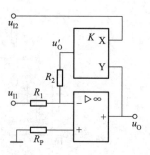

图 6.1.19 除法运算电路

根据深度负反馈时虚短和虚断的概念,可得 $\dfrac{u_{I1}}{R_1} = -\dfrac{u'_O}{R_2}$,即

$$u'_O = -\frac{R_2}{R_1}u_{I1} \tag{6.1.33}$$

将式(6.1.33)代入式(6.1.32),则可得到输出电压 u_O 为

$$u_O = \frac{u'_O}{Ku_{I2}} = -\frac{R_2}{KR_1}\frac{u_{I1}}{u_{I2}} \tag{6.1.34}$$

式(6.1.34)表明,输出电压 u_O 与两个输入电压 u_{I1}、u_{I2} 之商成比例,实现了除法运算。应当指出,图 6.1.19 中只有当 u_{I2} 为正极性时,才能保证电路处于负反馈工作状态,而 u_{I1} 可正可负。当 u_{I2} 为负极性时,可在反馈电路中引入一反相电路。

3. 平方根运算

图 6.1.20 所示为平方根运算电路,由图可知,$u'_O = -u_I$,而 $u'_O = Ku_O^2$,所以可得

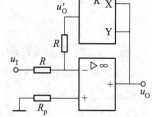

图 6.1.20 平方根运算电路

$$u_O = \sqrt{\frac{u'_O}{K}} = \sqrt{-\frac{u_I}{K}} \tag{6.1.35}$$

由式(6.1.35)可见,u_O 是 $-u_I$ 的平方根,所以输入电压必须为负值,才有可能实现平方根运算。

讨论题 6.1.3 集成运放构成的基本运算电路主要有哪些?这些电路中集成运放应工作在什么状态?

6.1.6 基本运算电路仿真

一、反相比例运算电路的仿真

在 Multisim 中构建仿真电路如图 6.1.21 所示,万用表设为直流电压挡。将输入电压分别设为 0、0.5 V、1 V,则输出电压的理论值分别为 0 V、-5 V、-10 V。运行仿真后测得的输出电压分别为 12.948 mV、

微视频 6.1:
基本运算电路仿真

−4.987 V、−9.986 V,与理论值相比略有误差,这是因为实际运放 741 存在失调,在精密运算时应加调零电路予以消除。

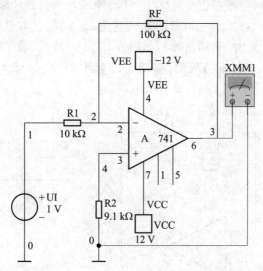

图 6.1.21   反相比例运算电路仿真电路

二、同相求和运算电路的仿真

构建仿真电路如图 6.1.22 所示,万用表设为直流电压挡。由于图中 $R_1 = R_3 = R_4 = R_F$,故可得 $U_0 = U_{I1} + U_{I2}$,所以输出电压理论值为 3 V。运行仿真后,万用表示数为 3.002 V,与理论值吻合。

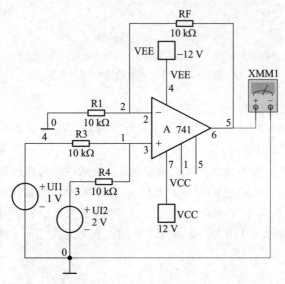

图 6.1.22   同相求和运算电路仿真电路

三、积分运算电路的仿真

构建仿真电路如图 6.1.23(a)所示,函数发生器产生频率 2.5 kHz 的方波信号,幅值设为 5 V 或 20 V,分别仿真后,波形如图 6.1.23(b)、(c)所示。当方波的幅值为 5 V 时,输出三角 波,移动示波器中的光标,可读出三角波的峰值约为 ±5 V,与例 6.1.3 中的理论分析结果相 同;当方波的幅值为 20 V 时,其输出波形如图 6.1.23(c)所示,成了被"削顶"的三角波,是 因受到集成运放最大输出电压的限制,移动示波器中的光标,可读出输出信号的峰值约 为 ±11.1 V。

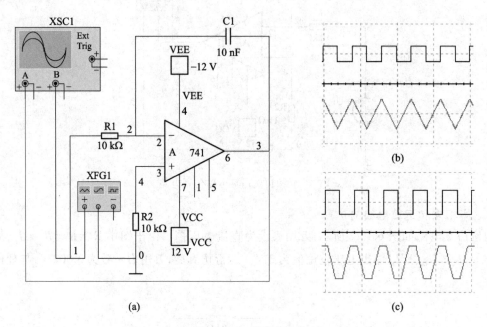

图 6.1.23 积分电路仿真

(a) 仿真电路 (b) 输入幅值 5 V 方波时的输入、输出波形

(c) 输入幅值 20 V 方波时的输入、输出波形

四、微分运算电路的仿真

构建仿真电路如图 6.1.24 所示,与图 6.1.9 所示的基本微分运算电路相比,添加了电阻 R_3,其作用参见本节的知识拓展。

设置函数发生器产生频率为 2.5 kHz、幅值为 2 V 的信号,选择波形为方波或正弦波,分 别仿真后,波形如图 6.1.25(a)、(b)所示。当输入电压为方波时,输出电压为尖顶脉冲波;当 输入电压为正弦波时,输出电压为负的余弦波,故得输出波形的相位比输入波形滞后 90°。 设置函数发生器产生频率为 100 Hz、幅值为 2 V 的三角波信号,则可得方波输出,仿真波形 如图 6.1.25(c)所示。

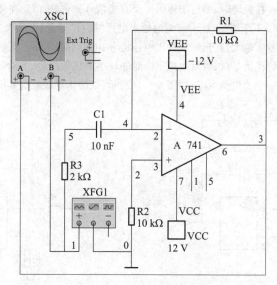

图 6.1.24　微分电路仿真电路

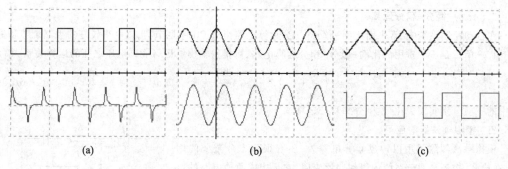

(a)　　　　　　　　　　　　(b)　　　　　　　　　　　　(c)

图 6.1.25　微分电路波形

（a）将方波变换为尖脉冲波　（b）对正弦波信号产生滞后 90°相移　（c）将三角波变换为方波

知 识 拓 展

一、微分与积分电路的改进

图 6.1.9 所示的基本微分运算电路,因对高频信号增益较大,故输出信号中的高频噪声较大;而且因电路中的阻容元件形成一个滞后移相环节,它与集成运放内部的滞后环节共同作用,容易产生自激振荡;此外,当输入端电压突变时,由于输入电流很大,可使集成运放因输入信号过大而出现"阻塞"现象,因此,实用中常作改进,如图 6.1.26 所示:在输入端与电容串接一个阻值较小的电阻以限制输入电流;在反馈电阻上并联一个电容量较小的电容以实现相位补偿;在反馈支路并接一对背靠背串接的稳压二极管以限制输出电压幅值,使运放内部晶体管不至于饱和或截止。一般取 $R_1C_1 \approx R_FC_F$，$R_1 \ll 1/(\omega C_1)$，$R_F \ll 1/(\omega C_F)$。

实际积分电路中,由于集成运放特性和积分电容特性的非理想,存在积分误差,误差严重时甚至不能正常工作。例如当集成运放存在失调时,相当于输入一个直流信号被积分,因此在外加输入信号为零时,输出电压会向一个方向(正或负)不断增长,产生所谓的输出电压"爬行"现象,也称为"积分漂移"。积分时间越长,爬行就越严重,积分误差就越大,甚至导致输出电压饱和,电路不能工作。实用中,应注意尽量选用失调小、低漂移、性能较为理想的优质运放,吸附效应①和漏电较小的优质电容,并合理选择积分时间常数的大小。通常与反馈电容并接一个大阻值电阻,如图 6.1.27 所示,以防止对低频信号增益过大。

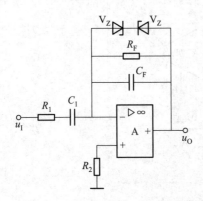

图 6.1.26　实用微分运算电路

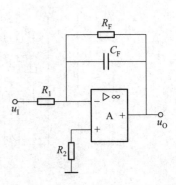

图 6.1.27　实用积分运算电路

二、比例-微分-积分运算

在自动控制系统中,常采用比例-微分-积分运算电路组成 PID② 调节器,以获得较好的控制调节功能。图 6.1.28 所示是一种常用的比例-微分-积分运算电路,可推得输出电压与输入电压之间的运算关系为

$$u_O = -\left(\frac{R_F}{R_1} + \frac{C_1}{C_F}\right) u_I - R_F C_1 \frac{du_I}{dt} - \frac{1}{R_1 C_F} \int u_I dt \qquad (6.1.36)$$

式中的三项分别实现了比例、微分和积分运算。

三、模拟乘法器的应用

模拟乘法器除了用以构成运算电路外,还有很多十分重要的用途,在检测、控制和通信系统中得到广泛应用,它是构成通信电路的核心单元之一,下面作简单介绍。

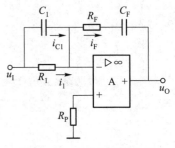

图 6.1.28　PID 调节器电路

1. 压控增益电路

由模拟乘法器的输出函数式 $u_O = K u_X u_Y$ 可知,当 u_X 为一直流控制电压 U_{XQ},u_Y 为输入电压时,得

$$u_O = (K U_{XQ}) u_Y \qquad (6.1.37)$$

可见 u_O 与 u_Y 成正比,比例系数为 $K U_{XQ}$,控制 U_{XQ} 的大小就可改变比例系数,因此构成了压控增益电路。

2. 频率变换电路

当两输入端均加余弦信号时,设 $u_X = U_{Xm} \cos \omega_X t$,$u_Y = U_{Ym} \cos \omega_Y t$,则

①　参阅童诗白.模拟电子技术基础[M].2 版.北京:高等教育出版社,1988:385.

②　PID 即英文 proportional-integral-differential 的缩写。

$$u_O = K u_X u_Y = K U_{Xm} U_{Ym} \cos(\omega_X t) \cos(\omega_Y t)$$

$$= \frac{1}{2} K U_{Xm} U_{Ym} [\cos(\omega_X + \omega_Y)t + \cos(\omega_X - \omega_Y)t] \qquad (6.1.38)$$

说明当输入角频率为 ω_X、ω_Y 的余弦信号时,输出的是角频率为 $(\omega_X + \omega_Y)$ 和 $(\omega_X - \omega_Y)$ 的和频与差频信号,所以模拟乘法器具有频率变换功能,这个功能非常有用,可用于构成倍频、混频、调幅、同步检波、鉴相等电路。

例如,当两输入端加同一个余弦信号时,设 $u_X = u_Y = u_I = U_{im} \cos \omega t$,则

$$u_O = K U_{im}^2 \cos^2 \omega t = \frac{1}{2} K U_{im}^2 (1 + \cos 2\omega t) \qquad (6.1.39)$$

将该信号经隔直耦合电容输出,就可滤除其中的直流项,而只输出其中的二次谐波项,从而实现二倍频功能。

小　结

微视频 6.2:
6.1 小结

随 堂 测 验

6.1.1　填空题

1. 图 6.1.1 所示反相比例运算电路的比例系数为_____,图 6.1.2 所示同相比例运算电路的比例系数为_____。

2. 图 6.1.29 所示电路中,图(a)、(b)的输出电压分别为_____V、_____V。

第 6.1 节
随堂测验答案

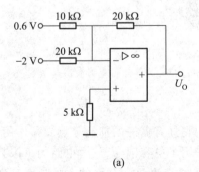

(a)

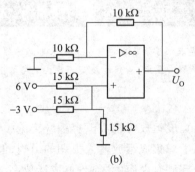

(b)

图 6.1.29

6.1.2 单选题

1. 要实现 $u_0 = -(3u_{I1} + 4u_{I2}) + u_{I3}$，可以采用_____电路进行设计。

A. 比例运算   B. 加法运算   C. 减法运算   D. 加减运算

2. 在图 6.1.1 所示反相比例运算电路里，用电容 C_1 代替电阻 R_1，可以得到_____电路。

A. 微分运算   B. 积分运算   C. 指数运算   D. 对数运算

3. 欲将方波电压转换成三角波电压，应选用图 6.1.30 中的_____电路。

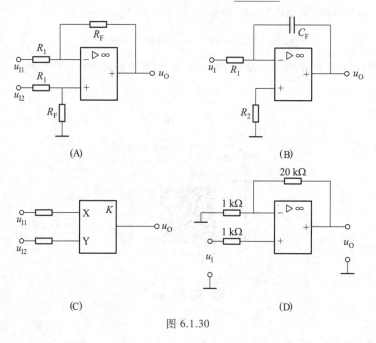

图 6.1.30

6.1.3 是非题(对打√;错打×)

1. 集成运放工作于线性状态，其两个输入端之间具有"虚短"和"虚断"的特点。（　　）

2. 基本运算电路中，输出电压的最大值不受运放最大输出电压 U_{OM} 的限制。（　　）

*6.2 集成运放构成的交流放大电路

基本要求 了解集成运放交流放大电路的组成和分析方法。

学习指导 **重点**：集成运放交流放大电路的上下限频率分析，单电源供电时集成运放交流放大电路的结构特点。

    采用集成运放可构成电容耦合交流放大电路，它具有良好的抑制零点漂移作用，所以使用中可不考虑集成运放输入失调的影响，但由于采用了电容耦合，放大电路的下限频率不再为零而受到耦合电容的影响；集成运放高频参数将对交流放大电路的上限频率起到限制作用。集成运放构成交流放大电路时可采用双电源供电,也可采用单电源供电,但必须保证集成运放两个输入端有提供偏置的直流通路。

6.2.1 反相交流放大电路

由集成运放构成的实用反相交流放大电路如图 6.2.1(a)所示。图中 C_1 为输入耦合电容,u_i 为交流信号源,因此 i_1、i_f 也都为交流电流。该电路采用双电源供电,要求正、负电源对称,静态(即 $u_i = 0$)时,运算放大器同相输入端和反相输入端以及输出端的静态电压都应为 0 V。

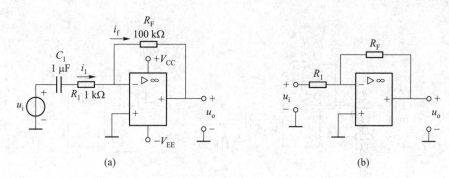

图 6.2.1 反相交流放大电路
(a) 电路 (b) 通带内交流通路

考虑到电抗元件的影响,放大电路的电压、电流和电压放大倍数均用复数表示,所以根据集成运放反相放大电路的运算关系得该电路的电压增益为

$$\dot{A}_u = \frac{\dot{U}_o}{\dot{U}_i} = -\frac{R_F}{R_1 + \frac{1}{j\omega C_1}}$$

$$= -\frac{R_F}{R_1} \frac{1}{1 + \frac{1}{j\omega C_1 R_1}} = \frac{-\frac{R_F}{R_1}}{1 - j\frac{1/(C_1 R_1)}{\omega}} \tag{6.2.1}$$

可见该电路具有高通特性,其下限频率为

$$f_L = \frac{\omega_L}{2\pi} = \frac{1}{2\pi R_1 C_1} \tag{6.2.2}$$

由于在通带内 C_1 可视为短路,故得交流通路如图 6.2.1(b)所示,所以通带增益就是反相比例运算电路的增益,为 $A_{uf} = -R_F/R_1$。

由于实际运放的单位增益带宽 BW_G 为有限值,所以实际电路存在上限频率,根据放大器带宽增益积为常数,可得上限频率 f_H 为

$$f_{\mathrm{H}} = \frac{BW_G}{|A_{uf}|} \tag{6.2.3}$$

由图 6.2.1(b)可得,在通带内,该放大电路的输入电阻等于 R_1,输出电阻趋于零。

实际应用中,也常常需要采用单电源供电的反相交流放大电路,如图 6.2.2(a)所示。为能对交流信号进行有效的放大而不产生失真,此时运放的两输入端和输出端的静态电位不能为 0 V,而必须大于 0 V,通常取电源电压 V_{cc} 的一半,因此图中采用两个阻值相同的电阻 R_2 和 R_3 对 V_{cc} 分压后加到同相输入端,这样集成运放同相输入端、反相输入端和输出端的静态电压均等于 $\frac{1}{2}V_{cc}$。

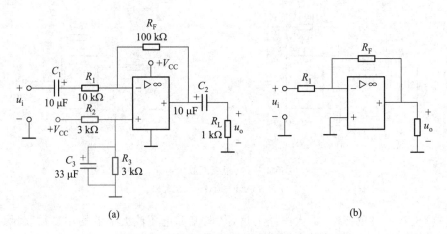

图 6.2.2 单电源供电的反相交流放大电路
(a) 电路 (b) 通带内交流通路

与双电源供电电路相比,图中还增加了电容 C_2 和 C_3。由于单电源供电时,运放输出级的互补对称电路需构成 OTL 电路,所以要接入 C_2。C_2 不能短路,否则有可能损坏集成运放。C_3 为滤波电容,用以滤除直流电源中的交流干扰信号。

在通带内,电容 C_1 和 C_2 对交流的容抗应近似为零,其容量应根据放大电路的下限频率 f_L 来确定。可画出通道内的交流通路如图 6.2.2(b)所示,其通带电压增益与双电源供电时相同,为 $A_{uf} = -R_F/R_1$。

【例 6.2.1】 图 6.2.2(a)电路中,集成运放采用 μA741,其单位增益带宽 $BW_G = 1$ MHz,试估算该放大电路的下限频率和上限频率。

解:由图 6.2.2(a)可见,电路中由 C_1、R_1 和 C_2、R_L 形成两个 RC 高通电路。由 $C_1 R_1$ 组成的高通电路可得转折频率 f_{L1} 为

$$f_{L1} = \frac{1}{2\pi R_1 C_1} = \frac{1}{2\pi \times 10 \times 10^3 \ \Omega \times 10 \times 10^{-6} \ \mathrm{F}} = 1.6 \ \mathrm{Hz}$$

由 $C_2 R_L$ 组成的高通电路可得转折频率 f_{L2} 为

$$f_{L2} = \frac{1}{2\pi R_L C_2} = \frac{1}{2\pi \times 10^3 \ \Omega \times 10 \times 10^{-6} \ F} = 16 \ Hz$$

由于 $f_{L2} \gg f_{L1}$，所以放大电路的下限频率 f_L 决定于 f_{L2}，即

$$f_L \approx f_{L2} = 16 \ Hz$$

由图 6.2.2(a)可得，通带增益为

$$A_{uf} = -\frac{R_F}{R_1} = -\frac{100 \ k\Omega}{10 \ k\Omega} = -10$$

故得上限频率 f_H 为

$$f_H = \frac{BW_G}{|A_{uf}|} = \frac{10^6 \ Hz}{10} = 100 \ kHz$$

讨论题 6.2.1 集成运放构成单电源供电交流放大电路时，应注意哪些问题？

6.2.2 同相交流放大电路

由集成运放构成的同相交流放大电路如图 6.2.3(a)所示，图中 C_1 为输入耦合电容，R_2 用以提供同相输入端直流通路。该电路的下限频率 f_L 决定于 C_1 及 R_2，即

$$f_L = \frac{1}{2\pi R_2 C_1}$$

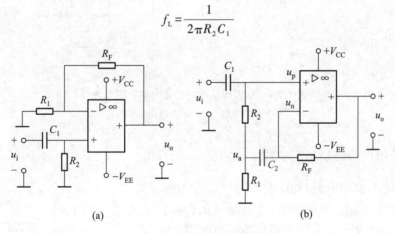

图 6.2.3 同相交流放大电路

(a) 一般电路 (b) 高输入电阻电路

其通带内交流通路为同相比例运算电路，所以通带增益为

$$A_{uf} = 1 + \frac{R_F}{R_1}$$

图 6.2.3(a)所示电路由于同相端接入电阻 R_2，故使该电路的输入电阻降低，其值近似等于 R_2。为了提高电路的输入电阻，可采用图 6.2.3(b)所示的电路，该电路 C_2 的容量取足够

大,对交流短路,这样输出电压 u_o 通过 R_F 在 R_1 上产生的反馈电压 $u_a = u_n$,故 $u_a \approx u_p$,使 R_2 中几乎没有交流电流通过,从而获得极高的输入电阻。这种电路常称为自举电路,C_2 称为自举电容。

如果上述同相放大器采用单电源供电,则电路中需加入静态偏置电阻,实用电路如图 6.2.4(a)所示。图中 R_2 和 R_3 为直流偏置电阻,使得 A 点电位为 $V_{CC}/2$,通过电阻 R_4,使得运放的反相输入端和同相输入端的静态电位也为 $V_{CC}/2$,因而集成运放输出端静态电位也为 $V_{CC}/2$。电容 C_3 为滤波电容,而 C_1 和 C_2 分别为输入和输出耦合电容。该放大器的通带内交流通路如图 6.2.4(b)所示,显然其通带电压增益与双电源供电电路的相同,也为

$$A_{uf} = 1 + \frac{R_F}{R_1}$$

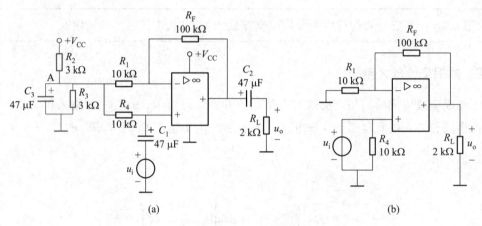

图 6.2.4　单电源供电同相放大器实用电路
(a) 实用电路　(b) 通带内交流通路

6.2.3　交流电压跟随器与汇集放大电路

实用的交流电压跟随器如图 6.2.5 所示。图中 R_1、R_2 为集成运放同相端提供直流通路,C_1 为输入耦合电容,C_2 为自举电容,要求 C_1、C_2 对交流的容抗近似为零,这样就可以使 $u_a = u_o \approx u_i$,R_1 中几乎没有交流电流通过,从而使 R_1 对跟随器输入电阻影响很小。

在信号传输中,有时希望将几个交流信号汇集起来,而又要求各个信号源之间不产生相互影响,同时还要求汇集后各个信号之间不能产生相互调制,以避免出现新频率的信号。由集成运放构成的有源汇集电路可满足上述要求,其优点是没有汇集衰减,还可有增益,且交调产

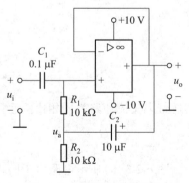

图 6.2.5　交流电压跟随器

物小,制造方便。

图 6.2.6(a)所示为一实用低频汇集电路,集成运放采用+15 V单电源供电。两路输入信号 u_{i1}、u_{i2} 各自经耦合电容和电阻加至集成运放的反相输入端,汇集放大后的信号经电容 C_4 耦合输出。R_3、R_4 为直流偏置电阻,C_3 为滤波电容,它们对+15 V电压进行分压,给同相输入端提供+7.5 V的静态电位。R_F 引入深度负反馈,使运放的两个输入端满足"虚短"和"虚断",因此使反相输入端及输出端的静态电位也为+7.5 V。可画出通带内的交流通路如图 6.2.6(b)所示,为反相求和放大电路,其输出电压为

$$u_o = -2(u_{i1} + u_{i2})$$

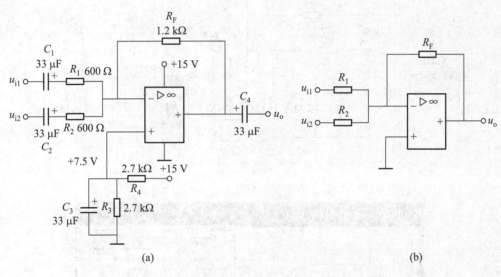

图 6.2.6 汇集放大电路
(a) 实用电路　(b) 交流通路

由于运放反相端"虚地",且各路信号间有电容隔直,因此各个信号源之间互不影响。

该电路可用作伴唱电路,将两路输入信号中的一路加来自话筒放大器的歌唱信号,另一路则加相应的伴音信号。

6.2.4 单电源反相放大电路仿真

在 Multisim 中构建电路如图 6.2.7(a)所示,设置函数发生器产生频率为 1 kHz、幅值为 0.5 V 的正弦信号。

1. 幅频特性的观测

仿真后电路的幅频特性如图 6.2.7(b)所示,移动光标读得其通带增益为 19.998 dB,下限频率约为 16 Hz,上限频率约为 90 kHz。(说明:由于上限频率与集成运放的单位增益带宽 BW_G 有关,因此选择不同模型的 741 时,仿真所得的上限频率有差异)。仔细观察幅频特性

曲线,会发现低频段的衰减速度明显快于高频段的衰减速度,这是因为低频段有两个转折点频率,而高频段只有一个。

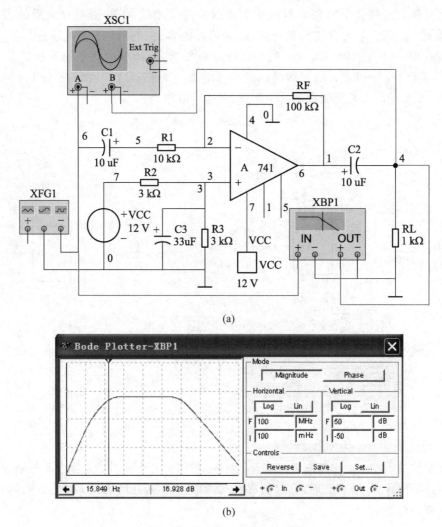

(a)

(b)

图 6.2.7 单电源反相放大电路仿真
(a) 仿真电路 (b) 幅频特性

2. 电压波形的观测

由示波器测得输入、输出的电压波形如图 6.2.8(a)所示,可见输入电压被不失真地反相放大。若将同相端的直流电源改为 0 V,输入信号的幅值改为 2 V,再次仿真,则波形如图 6.2.8(b)所示,因无合适的偏置电压,输入信号不能被正常放大。

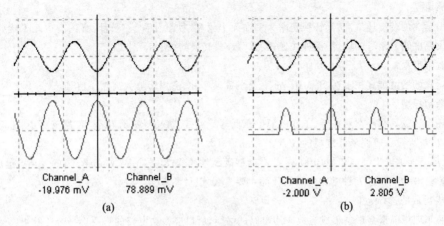

图 6.2.8 单电源反相放大电路
（a）正常工作时的波形 （b）运放输入端偏置电位为零时的波形

知识拓展——集成运放应用电路设计

学会采用集成运放来设计应用电路,是模拟电子技术课程最重要的学习任务之一。集成运放应用电路设计的一般方法是:首先根据电路的功能和指标要求,确定要采用的电路类别、级数、直流电源的供电方式、电路的具体形式和指标分配;然后选定运放等主要器件,设计外围元件参数并选择具体元件;最后对设计出来的电路进行仿真,必要时适当调整参数或电路,直至达到设计要求。下面首先简介集成运放的类型与选择方法,然后介绍运放外围元件和供电方式的选择,最后给出两级集成运放交流放大电路的设计实例。

一、集成运放应用电路中元器件及供电方式的选择

1. 集成运放的类型

集成运放的种类和型号很多,按制造工艺可将运放分为双极型、MOS 型和 BiCMOS 型等。双极型运放一般输入偏置电流及器件功耗较大,但由于采用各种改进技术,所以种类多、功能强;MOS 型运放输入阻抗高、功耗小,可在低电源电压下工作;BiCMOS 型运放采用双极型管与单极型管混合搭配的生产工艺,以场效应管作输入级,可使输入电阻高达 10^{12} Ω 以上。按功能和性能可将运放分为通用型和专用型。通用型集成运放制造工艺主要是双极型工艺,这类运放的特点是开环增益较高,参数比较均衡,适应范围较广。专用型运算放大器是某项性能特别优越的运放,它的该项性能指标往往比通用型运放高出几个数量级,但除此以外的某些性能指标可能不如通用型运放。专用型运放种类也很多,从功能上区分有仪用放大器、功率放大器、视频放大器、隔离放大器、跨导放大器、比较放大器等;从性能上区分有高阻抗、低漂移、高速、宽带、低功耗、高精度、低噪声等运放,下面加以简单介绍。

（1）高精度型

它具有低失调、低温漂、低噪声、高增益等特点,适用于对微弱信号的精密测量和运算,常用于高精度仪器设备。

（2）高阻型

这种类型的运放输入级多采用超 β 管或场效应管,输入电阻大于 10^9 Ω,主要用于测量放大电路、有源滤波电路、信号发生电路等。

（3）高速型

高速型运放的转换速率高，其转换速率大多在几十伏/微秒至几百伏/微秒，有的高达几千伏/微秒，适用于高速大幅度输入信号的场合，例如快速模/数、数/模转换器，锁相环路等。

（4）宽带型

这类运放的增益带宽积多在 10 MHz 左右，有的高达千兆，适用于放大高频小信号。

（5）低功耗型

低功耗型运放具有静态功耗低、工作电源电压低等特点，静态功耗只有几毫瓦，甚至更小，适用于便携设备或航空、航天设备等要求低能耗的场合。

此外，还有能够输出高电压如（100 V）的高压型运放，能够输出大功率（如几十瓦）的大功率运放等。

本书附录 B 中列出了几种常用集成运放的主要参数，以供参考。

2. 集成运放的选择

器件的非理想因素会影响集成运放应用电路的性能，所以应根据电路的需要选择合适的集成运放。在电路没有特殊要求的情况下，要尽量选用通用型器件，这样既可降低成本，又易保证货源。当系统中有多个运放时，则应选用双运放或四运放，这样有助于简化电路、降低成本、性能一致性好。不要盲目追求指标的先进性，但要注意合理选用专用运放，这样有时会使电路质量明显提高，如电压比较器、电压跟随器、仪用放大器等的选用。在具体选择时，一般考虑如下因素：

（1）输入信号幅度的大小、频率高低、变化速率以及等效信号源内阻的大小，输入信号中是否会有共模信号，共模信号的幅度及频带等。

（2）负载电阻的大小，对输出电压和输出电流的要求。

（3）对运算结果的精度要求，如增益误差、失真度、输入端和输出端阻抗匹配程度等。

（4）环境条件的影响，如环境温度的变化范围、环境干扰等。

例如，对于低频、输入幅度不是很小（例如 mV 级以上）、信号源内阻和负载电阻适中（例如几千欧）时，一般采用通用型运放；对于内阻很高的信号源，应选用高阻型运放；对于微弱信号的高精度测量（例如 μV 级），则应选用高精度型运放；若工作频率较高，就应选用宽带型运放；要求输出幅度大，变化速率高时，则应选用高速型运放等。

3. 集成运放外围元件的选择

（1）由于集成运放的最大输出电流有限，且集成运放的输出电流较大时，会使它的温度升高较多，导致漂移增大，因此，集成运放电路负反馈电阻 R_F 的阻值不宜太小，一般不低于 1 kΩ。然而，阻值太大的电阻精度下降、稳定性差、噪声大，所以 R_F 也不宜取太大的电阻，一般不大于 1 MΩ。

（2）运放应用电路中的电阻值还与应用电路的阻抗要求有关，例如在反相输入放大电路中，其输入电阻决定于 R_1，故 R_1 的选择应按系统对输入电阻的要求来确定。其次应尽量保证运放两输入端的外接直流电阻相等。同相输入放大电路中，因放大电路的输入电阻不决定于 R_1，具体选择有较大的灵活性，但 R_1 和 R_F 中的一个电阻可以选得小些，这样可有效地减小输入失调电流漂移对电路产生的影响。

（3）当要求运算关系误差很小时，则应用电路中决定运算关系的元件应取稳定度和精度都比较高的元件，如电阻可选用精密金属膜电阻，电容可采用云母、瓷介电容等。

（4）交流放大电路中的耦合电容的容量应按频率特性的要求确定。

4. 直流电源供电方式的选择

（1）放大和处理直流或缓慢变化的信号应采用双电源供电方式，正、负电源电压大小应相等。

（2）放大和处理交流信号，采用单电源供电方式是较为方便的。单电源供电与正、负双电源供电的区别仅是"电位"参考点不同。双电源的参考电位取总电源的中间值（当正负电源电压相等时，参考电位为零），而单电源供电时，参考点是负电源端（因为负电源端接地；若正电源端接地，参考点就是正电源端），这时对应的"零输入"和"零输出"是以电源电压的一半为参考点。为了获得对称的电源电压，输入端的两偏置电阻应大小相等，其值不宜过小，否则分压电阻上消耗的直流电源功率就较大，其值也不宜过大，其值过大，容易造成分压不对称。根据电源电压的大小，分压电阻可取几千欧到几十千欧。

（3）电源的去耦合问题。为了防止公共电源来的低频和高频干扰影响电路工作的稳定性，同时也防止本级电路交流信号通过公共电源影响其他电路，往往在集成运放的电源端子处对地加接旁路电容。旁路电容尽可能靠近集成运放，这样可将电源引线等效电感的影响减至最小。旁路电容通常采用一只容量较大的电容和一只容量较小的电容相并联的接法，其中容量较大的电容采用电解电容为几十微法至几百微法，对低频起滤波作用，而另一只采用 $0.001 \sim 0.1\ \mu\mathrm{F}$ 的电容，用以对高频起滤波作用（因为电解电容对高频滤波效果差）。

此外，运放的地连接也要注意，对小功率运放，地线连接无特殊要求，但对于较大功率的运放，则要求地线应粗而短并在同一点连接。还要注意将数字地与模拟地分开。

二、集成运放交流放大电路设计实例

【例 6.2.2】 已知负载电阻为 $2\ \mathrm{k\Omega}$，试设计一个集成运放交流放大电路，要求满足工作频率 $50\ \mathrm{Hz} \sim 5\ \mathrm{kHz}$，中频电压增益 $60\ \mathrm{dB}$，输入电阻 $20\ \mathrm{k\Omega}$，最大不失真输出电压幅值 $5\ \mathrm{V}$。

解：（1）确定放大电路的级数。由于集成运放同相放大器的放大倍数在 $1 \sim 100$ 之间，而反相放大器放大倍数在 $0.1 \sim 100$ 之间，本设计中要求电压增益 $60\ \mathrm{dB}$，即 $A_u = 1\ 000$，所以需要两级放大。

同相放大器输入电阻很高，反相放大器输入电阻决定于 R_1，其取值一般在 $1\ \mathrm{k\Omega} \sim 1\ \mathrm{M\Omega}$ 之间。由于本设计要求输入电阻 $R_i = 20\ \mathrm{k\Omega}$，较大，而且对噪声及共模信号的幅度等均无特殊要求，所以无须考虑阻抗变换和隔离。因此输入级无论采用同相放大或反相放大均能满足输入电阻的要求。

由于最大不失真输出电压幅值 $U_{omm} = 5\ \mathrm{V}$，$R_L = 2\ \mathrm{k\Omega}$，所以要求最大不失真电流幅值 $I_{omm} = 5\ \mathrm{V}/2\ \mathrm{k\Omega} = 2.5\ \mathrm{mA}$。因为一般运算放大器输出电流在几毫安到几十毫安之间，故输出端无须特殊处理。

综上所述，采用两级交流放大电路即可。

（2）选择电路形式与供电方式。根据上述分析，对电路形式无特别要求，故可选用一级同相放大电路与一级反相放大电路级联，并采用电容耦合、对称双电源供电；由于 $U_{omm} = 5\ \mathrm{V}$，考虑直流电源电压 V_{CC} 应大于 U_{omm} 且有足够裕量，并考虑到通用运放的供电电源一般允许在十几伏以内，所以确定采用 $\pm 10\ \mathrm{V}$ 电源供电，所设计电路如图 6.2.9 所示。

（3）指标分配。输入电阻 $20\ \mathrm{k\Omega}$ 由第一级电路确定；下限频率由三个耦合电容回路共同确定，上限频率通过选择运放确定。电压增益分配到各级，通常前级的小些，因此取 $A_{u1} = 10$，$A_{u2} = 100$。

（4）集成运放的选择。这里用到两个运放，所以宜选用双运放。由于本设计中对运放无特殊要求，所以可选用通用运放，只要高频参数满足上限频率和输出信号变化速率的要求即可。由于第二级不但增益为第一级的 10 倍，而且输出信号大，所以根据第二级要求来选择。要求单位增益带宽为

$$BW_G \geq A_{u2} f_H = 100 \times 5\ \mathrm{kHz} = 500\ \mathrm{kHz}$$

转换速率为

$$S_R \geq 2\pi f_H U_{omm} = 2\pi \times 5 \times 10^3\ \mathrm{Hz} \times 5\ \mathrm{V} = 157 \times 10^3\ \mathrm{V/s} = 0.157\ \mathrm{V/\mu s}$$

综上所述，可选择 μA747 通用型双运算放大器，其主要参数为：$S_R = 0.5\ \mathrm{V/\mu s}$，$BW_G = 1\ \mathrm{MHz}$，电源电压范围为 $\pm 22\ \mathrm{V}$ 以内，故满足要求。

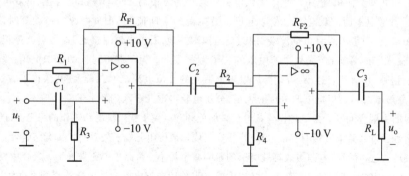

图 6.2.9　集成运放两级交流放大电路

（5）电阻电容元件的设计

根据输入电阻的要求,可取 $R_3 = R_i = 20$ kΩ。

根据 $R_1 /\!/ R_{F1} = R_3$ 及 $1 + R_{F1}/R_1 = 10$ 可求得

$$R_1 = 22 \text{ kΩ}, \qquad R_{F1} = 200 \text{ kΩ}$$

对于第二级,可先取 $R_2 = 10$ kΩ,则可得到

$$R_{F2} = A_{u2}R_2 = 100 \times 10 \text{ kΩ} = 1 \text{ MΩ}$$

耦合电容的数值可按最低工作频率 f_L 求得,它们分别等于

$$C_1 \geqslant \frac{3 \sim 10}{2\pi f_L R_3} = \frac{3 \sim 10}{2\pi \times 50 \text{ Hz} \times 20 \times 10^3 \text{ Ω}} = (0.48 \sim 1.6) \text{ μF}$$

$$C_2 \geqslant \frac{3 \sim 10}{2\pi f_L R_2} = \frac{3 \sim 10}{2\pi \times 50 \text{ Hz} \times 10 \times 10^3 \text{ Ω}} = (1 \sim 3.2) \text{ μF}$$

$$C_3 \geqslant \frac{3 \sim 10}{2\pi f_L R_L} = \frac{3 \sim 10}{2\pi \times 50 \text{ Hz} \times 2 \times 10^3 \text{ Ω}} = (4.8 \sim 16) \text{ μF}$$

因此可取 C_1、C_2 为 4.7 μF,C_3 为 22 μF 的电解电容。

（6）利用 Multisim 对所设计电路进行仿真,仿真结果为:通频带为 6 Hz ~ 10 kHz,中频电压增益为 60 dB,输入电阻为 20 kΩ,最大不失真输出电压幅值约为 9 V。所以指标满足设计要求。

小　　结

微视频 6.3:
6.2 小结

随 堂 测 验

6.2.1 填空题

1. 当集成运放交流放大电路采用单电源供电时,运放两个输入端的静态电位不能为_____;运放输出端必须接_____以构成_____电路。

2. 集成运放交流放大电路中,放大电路的下限频率将受耦合_____大小影响,上限频率由集成运放的_____和放大电路的_____增益共同决定。

6.2.2 单选题

1. 图 6.2.10(a)所示放大电路中,$R_F = 10 \text{ k}\Omega$,$R_1 = 1 \text{ k}\Omega$,$C_1 = 1 \text{ μF}$,则电路下限频率 f_L 等于_____。

A. 14.5 Hz   B. 80 Hz   C. 159 Hz   D. 1 000 Hz

2. 图 6.2.10(b)所示放大电路中,$R_F = 100 \text{ k}\Omega$,$R_1 = 10 \text{ k}\Omega$,$R_2 = 9.1 \text{ k}\Omega$,$C_1 = 1 \text{ μF}$,运放的单位增益带宽为 1 MHz,则电路上限频率等于_____。

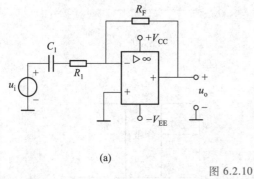 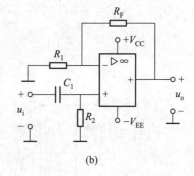

(a)   (b)

图 6.2.10

A. 91 Hz   B. 100 kHz   C. 17.5 Hz   D. 91 kHz

6.2.3 是非题(对打√;错打×)

1. 集成运放交流放大电路中,运放可双电源供电,也可单电源供电。(   )

2. 集成运放交流放大电路中,运放应工作于线性区,可用"虚短"和"虚断"概念进行电路分析。(   )

6.3 有源滤波电路

基本要求 了解滤波电路的作用与分类,了解典型有源滤波电路的组成、分析方法与特性。

学习指导 重点:滤波电路的作用和基本概念;有源低通滤波电路的组成与特性。提示:滤波器阶数越高,滤波特性越理想,而高阶滤波器可由一阶和二阶滤波器级联而成,且各种滤波器的设计都可以转化为低通滤波器的设计,所以一阶和二阶低通滤波电路是学习重点。在学会低通电路的基础上,根据对偶的思路容易得到高通滤波电路及其特性,将低通和高通适当组合,即可得到带通和带阻滤波电路。

滤波电路是一种能使有用频率信号通过,同时抑制无用频率成分的电路,常用于信号处理、数据传输和干扰抑制等场合。

按电路是否含有源器件,滤波电路有无源和有源之分。两者相比,有源滤波电路具有能放大信号且带负载能力强的优点,因此得到广泛应用。

按滤波作用不同,滤波电路有低通、高通、带通和带阻之分。低通滤波电路(简称LPF[①])指低频信号能通过而高频信号不能通过的电路,高通滤波电路(HPF)则与低通滤波电路相反,带通滤波电路(BPF)是指某一频段的信号能通过而该频段之外的信号不能通过的电路,带阻滤波电路(BEF)则与带通滤波电路相反。

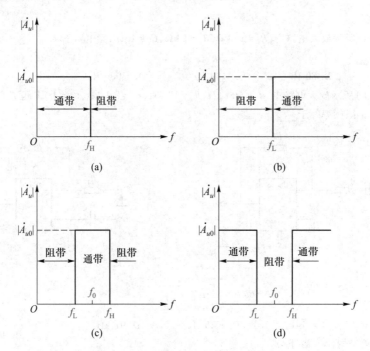

图 6.3.1 各种滤波器的理想幅频响应
(a) 低通 (b) 高通 (c) 带通 (d) 带阻

滤波特性常用电压增益的幅频特性来描述,如图 6.3.1 所示。图中,能够通过信号的频率范围称为通带,而受阻或衰减信号的频率范围称为阻带,通带和阻带的界限频率称为截止频率。低通滤波器在低频 $0 \sim f_H$ 之间为通带,频率高于 f_H 时为阻带,所以截止频率为上限频率 f_H;而高通滤波器的截止频率则为下限频率 f_L;带通和带阻有上限与下限两个截止频率,其通带中心处的频率 f_0 称为中心频率。

理想情况下,滤波器通带内的幅频特性曲线应该是平坦的,通带增益 $|\dot{A}_{u0}|$ 为常数;而阻带内增益为零,信号被完全衰减。实际滤波器在通带向阻带过渡的时候,不是陡直的,而

---

① LPF、HPF、BPF 和 BEF 分别为 lower pass *fliter*、high pass *fliter*、band pass *fliter*、band elimination *fliter* 的缩写。

有一定的衰减速度,衰减越快,滤波器特性越逼近理想。所以实际截止频率为比通带增益下降 3 dB 时所对应的频率。

有源滤波电路通常由集成运放和电阻、电容等元件组成,本节重点讨论一阶和二阶有源低通滤波电路,然后通过比较法介绍有源高通、带通和带阻滤波电路。

6.3.1 有源低通滤波电路

一、一阶有源低通滤波电路

用简单的 RC 低通电路与集成运放就可构成一阶有源低通滤波电路。图 6.3.2 所示为用简单 RC 低通电路与同相比例运算电路组成的有源低通滤波电路。由图可得其电压增益为

$$\dot{A}_u = \frac{\dot{U}_o}{\dot{U}_i} = \frac{\dot{U}_o}{\dot{U}_P} \cdot \frac{\dot{U}_P}{\dot{U}_i} = \left(1 + \frac{R_F}{R_1} \right) \frac{1}{1 + j\frac{f}{f_H}} = \frac{A_{uf}}{1 + j\frac{f}{f_H}} \qquad (6.3.1)$$

式(6.3.1)表明这是一阶低通滤波器,A_{uf} 为通带电压增益,它即为集成运放同相放大电路的增益,f_H 为上限截止频率,它们分别为

$$A_{uf} = 1 + R_F/R_1 \qquad (6.3.2)$$

$$f_H = \frac{1}{2\pi RC} \qquad (6.3.3)$$

由式(6.3.1)可写出归一化增益为

$$\frac{\dot{A}_u}{A_{uf}} = \frac{1}{1 + j\frac{f}{f_H}} \qquad (6.3.4)$$

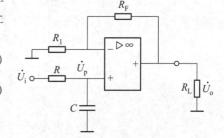

图 6.3.2 同相输入一阶有源低通滤波电路

式(6.3.4)与式(5.1.3)相同,所以一阶有源低通滤波电路的归一化幅频特性曲线和相频特性曲线与图 5.1.2 的相同。

由以上讨论可见,一阶有源低通滤波电路在通带内具有电压放大能力;而且由于经集成运放输出信号,所以当负载 R_L 变化时,几乎对滤波电路特性无影响。

二、二阶有源低通滤波电路

为使滤波电路的幅频特性在阻带内有更快的衰减速度,可采用高阶滤波电路。在一阶低通滤波电路的基础上再加一级 RC 低通电路,就可构成二阶有源低通滤波电路,如图 6.3.3(a)所示。但图中第一级 RC 低通电路中 C 的下端不接地而接到集成运放的输出端,这样可在特征频率附近引入正反馈,使其幅频特性得到改善。由于图中集成运放构成的同相放大电路是压控电压源,故常称该电路为二阶压控电压源低通滤波电路。

利用"虚短"和"虚断",可推得图 6.3.3(a)所示电路的电压增益为

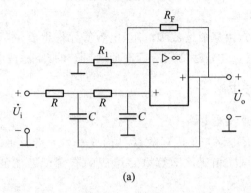

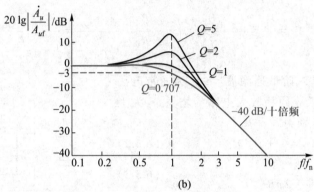

图 6.3.3　二阶压控电压源低通滤波电路

（a）电路　（b）幅频特性

$$\dot{A}_u = \frac{\dot{U}_o}{\dot{U}_i} = \frac{A_{uf}}{1 - \left(\dfrac{\omega}{\omega_n}\right)^2 + \mathrm{j}\,\dfrac{\omega}{Q\omega_n}} \tag{6.3.5}$$

式中，A_{uf} 为集成运放同相放大电路的增益，即

$$A_{uf} = 1 + \frac{R_F}{R_1} \tag{6.3.6}$$

ω_n 称为滤波电路的特征角频率，Q 称为等效品质因数，它们分别为

$$\omega_n = \frac{1}{RC}, \quad f_n = \frac{\omega_n}{2\pi} = \frac{1}{2\pi RC} \tag{6.3.7}$$

$$Q = \frac{1}{3 - A_{uf}} \tag{6.3.8}$$

由式（6.3.5）可写出归一化电压增益为

$$\frac{\dot{A}_u}{A_{uf}} = \frac{1}{1 - \left(\dfrac{f}{f_n}\right)^2 + j\dfrac{f}{Qf_n}} \tag{6.3.9}$$

其幅频特性为

$$\left|\frac{\dot{A}_u}{A_{uf}}\right| = \frac{1}{\sqrt{\left[1 - \left(\dfrac{f}{f_n}\right)^2\right]^2 + \left(\dfrac{f}{Qf_n}\right)^2}} \tag{6.3.10}$$

由式(6.3.10)可画出二阶低通滤波电路在不同 Q 值下的归一化幅频特性曲线,如图 6.3.3(b) 所示。由图可见:通带内归一化增益为 0 dB,说明通带增益即为同相放大电路的增益 A_{uf};Q 值的大小对滤波电路的幅频特性影响很大,当 $Q = 0.707$ 时幅频特性最平坦,当 $Q>0.707$ 时幅频特性会出现升峰现象,Q 值越大,峰值越高;在 $f=f_n$ 处,只有当 $Q = 0.707$ 时,归一化增益才为 −3 dB,说明只有在 $Q = 0.707$ 这一种情况下,滤波电路的上限频率 f_H 才等于特征频率 f_n;在 $f = 10f_n$ 处,归一化增益为 −40 dB,说明幅频特性约从 f_n 开始,以 −40 dB/十倍频的速率下降,而一阶滤波电路的下降速率为 −20 dB/十倍频,所以二阶电路的滤波效果比一阶电路的滤波效果好得多。

需指出,若 $A_{uf} = 3$,则 Q 值趋于无穷大,当 $f=f_n$ 时,$|\dot{A}_u|$ 也趋于无穷大,这说明电路会产生自激振荡,所以要求二阶电路中的 A_{uf} 必须小于 3。

【例 6.3.1】 图 6.3.3(a)电路中,$R=160 \text{ k}\Omega$,$C=0.01 \text{ μF}$,$R_1=171 \text{ k}\Omega$,$R_F=100 \text{ k}\Omega$,求该滤波器的截止频率 f_H、通带增益及 Q 值。

解:

$$A_{uf} = 1 + \frac{R_F}{R_1} = 1 + \frac{100}{171} = 1.585$$

$$Q = \frac{1}{3 - 1.585} \approx 0.707$$

因此

$$f_H = f_n = \frac{1}{2\pi RC} = \frac{1}{2\pi \times 160 \times 10^3 \times 0.01 \times 10^{-6}} \text{ Hz} = 99.5 \text{ Hz}$$

该电路的幅频特性如图 6.3.3(b)中 $Q = 0.707$ 时的曲线所示。

讨论题 6.3.1

(1)有源滤波电路与无源滤波电路相比有何特点?

(2)二阶有源低通滤波电路的幅频特性,与一阶有源低通滤波电路的相比有何特点?

6.3.2 有源高通滤波电路

高通滤波电路与低通滤波电路具有对偶关系,所以将低通滤波电路中滤波元件 R 和 C

的位置互换,即可得到高通滤波电路。现将图 6.3.3(a)电路中的 R 和 C 互换,便可得到二阶压控电压源高通滤波电路,如图 6.3.4(a)所示,其幅频特性与图 6.3.3(b)所示的也具有对偶关系,如图 6.3.4(b)所示。不难得到该电路的通带电压增益、特征频率和等效品质因数,分别为

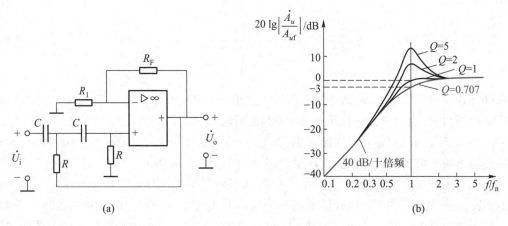

图 6.3.4 二阶压控电压源高通滤波电路

(a)电路图 (b)幅频特性

$$
\left.
\begin{aligned}
A_{uf} &= 1 + \frac{R_F}{R_1} \\
f_n &= \frac{1}{2\pi RC} \\
Q &= 1/(3 - A_{uf})
\end{aligned}
\right\}
\tag{6.3.11}
$$

同理,为了保证电路工作稳定,要求 A_{uf} 必须小于 3。当 $Q = 0.707$ 时,幅频特性最平坦,此时高通滤波电路的下限截止频率 $f_L = f_n$。

讨论题 6.3.2 试从电路结构和幅频特性,比较有源低通和有源高通滤波电路。

6.3.3 有源带通滤波电路

将低通和高通电路相级联,且使低通的截止频率高于高通截止频率,如图 6.3.5 所示,则在 $f_{L2} \sim f_{H1}$ 之间形成一个通带,其他频率范围为阻带,从而构成带通滤波电路。按此思路组成的二阶压控电压源带通滤波电路如图 6.3.6(a)所示。图 6.3.6(a)中,R、C 组成低通电路,C_1、R_3 组成高通电路,要求 $RC < R_3 C_1$(为计算方便,现取 $R_2 = R$,$R_3 = 2R$,$C_1 = C$),所以低通电路的截止频率 f_{H1} 大于高通电路的截止频率 f_{L2}。可推导得到其幅频特性如图 6.3.6(b)所示,

带通滤波器的中心频率f_0、品质因数Q以及通频带BW分别为[①]

$$f_0 = \frac{1}{2\pi RC}, \quad Q = 1/(3 - A_{uf}), \quad BW = f_0/Q \tag{6.3.12}$$

式中,$A_{uf} = 1 + R_F/R_1$,为同相放大电路的电压增益,同样要求$A_{uf} < 3$,电路才能稳定工作。当$f = f_0$时,带通滤波电路具有最大电压增益,称为通带电压增益,用A_{u0}表示,它等于

$$A_{u0} = A_{uf}/(3 - A_{uf}) \tag{6.3.13}$$

由图6.3.6(b)可见,Q值越大,曲线越尖锐,表明滤波器的选择性越好,但通频带将变窄。图6.3.6(a)所示滤波电路的优点是:改变R_F和R_1的比例,可改变带宽和通带增益而中心频率不变,且品质因数可以很高。

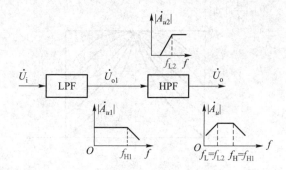

图6.3.5 带通滤波器的组成框图

【例6.3.2】 已知图6.3.6(a)电路中,$C = 0.01$ μF,$R = 7.96$ kΩ,$R_3 = 15.92$ kΩ,$R_1 = 24.3$ kΩ,$R_F = 46.2$ kΩ,试求该电路的中心频率f_0、带宽BW及通带电压增益A_{u0}。

解: 由图可得

$$A_{uf} = 1 + \frac{R_F}{R_1} = 1 + \frac{46.2}{24.3} = 2.9$$

$$f_0 = \frac{1}{2\pi RC} = \frac{1}{2\pi \times 7.96 \times 10^3 \times 0.01 \times 10^{-6}} \text{ Hz} = 2 \text{ kHz}$$

故

$$Q = 1/(3 - A_{uf}) = 1/(3 - 2.9) = 10$$

$$BW = f_0/Q = (2\,000/10) \text{ Hz} = 200 \text{ Hz}$$

$$A_{u0} = A_{uf}/(3 - A_{uf}) = 2.9/(3 - 2.9) = 29$$

讨论题6.3.3 对于二阶压控电压源滤波电路,为何要求放大器增益小于3?

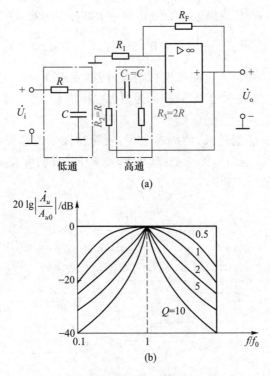

图 6.3.6 二阶压控电压源带通滤波电路

(a) 电路 (b) 幅频特性

6.3.4 有源带阻滤波电路

将低通和高通电路的输出电压进行求和运算,且使低通的截止频率低于高通的截止频率,如图 6.3.7 所示,则在 $f_{H1} \sim f_{L2}$ 之间形成一个阻带,其他频率范围都为通带,从而构成带阻滤波电路。这种电路也称为陷波电路,常用于滤除特定频率的强干扰信号。例如电子系统中经常会遭遇 50 Hz(或 100 Hz)的强工频干扰,就可采用 50 Hz(或 100 Hz)陷波器加以滤除。

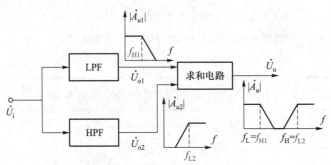

图 6.3.7 带阻滤波器的组成框图

常用的带阻滤波电路如图 6.3.8(a)所示,图中 R 和 C 组成双 T 形网络,所以称为双 T 形带阻滤波电路,其幅频特性如图 6.3.8(b)所示,其中心频率、品质因数及阻带带宽分别为[①]

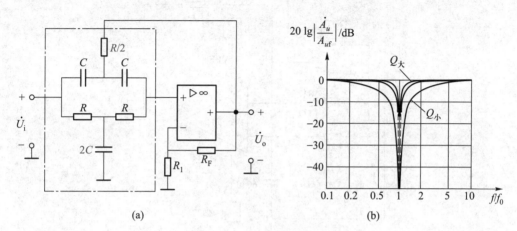

图 6.3.8 有源带阻滤波电路

(a)电路 (b)幅频特性

$$f_0 = \frac{1}{2\pi RC}, \quad Q = \frac{1}{2(2 - A_{uf})}, \quad BW = f_0/Q \qquad (6.3.14)$$

式中,$A_{uf} = 1 + \dfrac{R_F}{R_1}$ 为通带电压增益。

讨论题 6.3.4 对比有源带阻滤波电路与有源带通滤波电路的异同。

6.3.5 有源滤波电路仿真

一、一阶有源低通滤波电路的仿真

在 Multisim 中构建电路如图 6.3.9(a)所示,仿真后电路的幅频特性曲线如图 6.3.9(b)所示。移动光标,可读出其通带增益为 8.943 dB,截止频率约为 1 kHz,在 10.207 kHz 处衰减到 -11.326 dB,在 101.029 kHz 处则衰减到 -31.538 dB,可见每十倍频衰减了约 20 dB。

当在输出端(即节点 1)和地之间接入一个负载电阻并改变负载电阻值时,频率特性曲线几乎不变,说明有源滤波电路的频率特性基本不受负载影响。不过负载电阻不能过小,否则运放会因负载过重而不能正常输出。

---

① 参阅康华光.电子技术基础(模拟部分)[M].5 版.北京:高等教育出版社,2006:430-431.

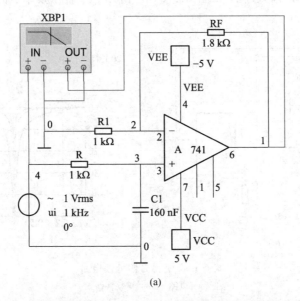

(a)

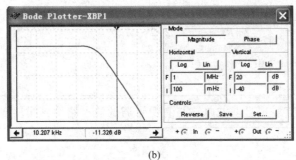

(b)

图 6.3.9 一阶有源低通滤波电路仿真
(a) 仿真电路 (b) 幅频特性

二、简单二阶有源低通滤波电路的仿真

在 Multisim 中构建电路如图 6.3.10(a) 所示,仿真后电路的幅频特性曲线如图 6.3.10(b) 所示。移动光标,可读出其通带增益为 8.943 dB,截止频率约 370 Hz;在 10.207 kHz 处衰减到 -31.788 dB,在 101.029 kHz 处则衰减到 -71.675 dB,可见每十倍频衰减了约 40 dB。与一阶低通滤波电路相比,在阻带衰减更快,但其通频带却变窄。

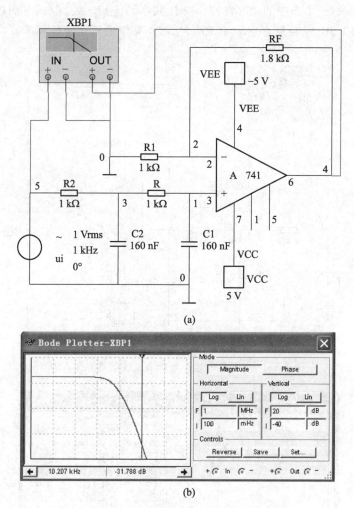

图 6.3.10 简单二阶有源低通滤波电路仿真

(a) 仿真电路 (b) 幅频特性

三、二阶压控电压源低通滤波电路的仿真

在 Multisim 中构建电路如图 6.3.11 所示,仿真后电路的幅频特性曲线如图 6.3.12(a)所示。移动光标,可读出其通带增益为 8.943 dB,特征频率约 1 kHz;在10.207 kHz 处衰减到 −31.525 dB。与简单二阶低通滤波电路相比,通频带展宽,但是在特征频率附近出现了升峰现象,计算可得此时电路的 Q 值为 5。若将 R_F 的值改为 1 kΩ,在通带增益下降的同时,Q 也减小为 1,再次仿真电路,幅频特性曲线如图 6.3.12(b)所示,特征频率附近的升峰变得平缓,移动光标可读出通带增益 6.02 dB。若将 R_F 的值改为 580 Ω,Q 将减小为约 0.707,仿真后幅频特性曲线如图 6.3.12(c)所示,升峰现象消失,移动光标可读出通带增益 3.973 dB。由

图 6.3.12 还可看到,三个图中的光标都位于特征频率约 1 kHz 处,但只有图(c)中特征频率处的增益下降约 3 dB,说明只有当 $Q = 0.707$ 时,截止频率才等于特征频率。

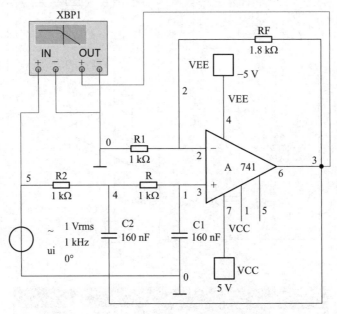

图 6.3.11 二阶压控电压源低通滤波电路仿真电路

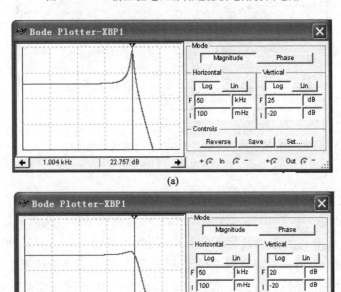

(b)

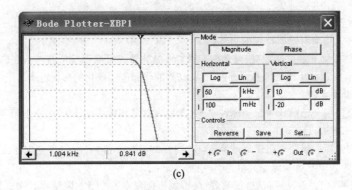

(c)

图 6.3.12 二阶压控电压源低通滤波电路的幅频特性

(a) $Q=5$　(b) $Q=1$　(c) $Q=0.707$

知识拓展——滤波电路设计

一、滤波电路的类型及其比较

滤波电路种类很多,前面已介绍了低通、高通、带通和带阻滤波器,下面就滤波器的类型及其特点做进一步介绍。

按照处理的信号与方式不同,通常有模拟滤波器和数字滤波器之分,前者利用模拟电路直接对模拟信号进行滤波,后者利用数字电路或计算机程序对数字信号进行滤波。近年又出现一种开关电容滤波器,对时间离散而幅度连续的信号进行滤波,也用以对模拟信号滤波。

按照是否含有源器件,有无源滤波器和有源滤波器之分。传统的无源滤波器主要由无源元件电阻、电容和电感组成,它没有放大能力且带负载能力差,但可用于高频、高电压、大电流场合。目前已有无源集中选频滤波器供选用,它们主要为晶体滤波器、陶瓷滤波器和声表面波滤波器,其选频性能优越,工作频率可以很高,但也没有放大能力,而且主要用以构成带通和带阻滤波器,中心频率固定。有源滤波器主要采用集成运放和电阻、电容等元件组成,它有放大能力且带负载能力强,因此得到广泛应用,但不能用于带高电压或大电流的负载,并由于运放带宽的限制,工作频率难以做高,目前最高工作频率约 1 MHz。

滤波器还有不同阶数之分。滤波器传递函数的一般形式为(令 $s=j\omega$,即得频率特性)

$$A(s) = \frac{b_0 s^m + b_1 s^{m-1} + \cdots + b_{m-1}s + b_m}{s^n + a_1 s^{n-1} + \cdots + a_{n-1}s + a_n} \tag{6.3.15}$$

式中,n、m 为正整数,且 $n \geqslant m$。分母 s 的最大指数为 n,一般即为 n 阶滤波器。滤波器的阶数越高,滤波特性越趋于理想。

式(6.3.15)中的系数取值不同,就得到不同的滤波特性。按照滤波函数逼近理想滤波特性的不同方式分,常用的有巴特沃思滤波器(Butterworth filter)、切比雪夫滤波器(Chebyshev filter)和贝塞尔滤波器(Bessel filter)等。巴特沃思滤波器具有最平坦的带内幅频特性,但阻带衰减较缓慢;切比雪夫滤波器带内有等起伏波动,但阻带衰减很快;贝塞尔滤波器相位失真小,但阻带衰减缓慢。

上述各种滤波器并不一定是不同的滤波器,而只是从不同的角度区别滤波器的特点而已。例如图 6.3.3(a)所示的滤波电路,它是模拟、二阶、有源、低通滤波器,当根据巴特沃思滤波器的要求设计其 R、C 值时,即可得巴特沃思滤波器,详见下面的设计实例。

二、滤波电路的设计方法

二阶以下的滤波器一般可根据电路参数和元器件参数的关系式算出所需元器件值,高阶滤波器的设计通常采用滤波器设计软件。目前已有不少优秀的滤波器设计软件,如 Filter Solutions 8.1、FilterLab、Filter

WiZ、Analog Devices 等,设计十分简便。只要将所需滤波器的类型、阶数、频率参数等设定,软件将自动设计出电路及其元器件值,并给出滤波特性的仿真结果。

高阶或多功能滤波器在硬件实现时,可采用专用集成滤波器或可编程模拟器件。这些器件不仅功能强、性能好、使用简便,有的还可用微处理器进行控制,在高智能化和高集成化的现代电子系统中得到广泛应用。

三、滤波电路设计实例

【例 6.3.3】 设计一个巴特沃思低通滤波电路,其输入信号幅度小于 1 V,要求上限频率 $f_H = 500$ Hz,阻带衰减速度不低于 -30 dB/十倍频。

解:(1)电路的选择。因要求阻带衰减速度不低于 -30 dB/十倍频,所以可确定滤波器阶数为 2,可选用图 6.3.3(a)所示的二阶低通有源滤波电路。

(2)确定 R、C 的数值。对巴特沃思滤波器,应按照特征频率 f_n 等于上限频率 f_H 来选择 R、C 数值,一般来讲,滤波电路中的电容器容量要小于 1 μF,但不宜过小(一般不小于几百皮法),电阻的值至少要千欧级(几十千欧 ~ 几百千欧)。

先选取一电容值,然后由 $f_H = f_n = \dfrac{1}{2\pi RC}$ 求得 R。现取 $C = 0.1$ μF,则得

$$R = \frac{1}{2\pi f_H C} = \frac{1}{2\pi \times 500 \times 0.1 \times 10^{-6}}\ \Omega = 3\ 185\ \Omega$$

可选用 3 kΩ 与 180 Ω 两个精密电阻串联。

(3)确定 R_1、R_F 的数值。通过查巴特沃思低通电路阶数与电压增益关系表[①]可知,通带电压增益 A_{uf} 应取为 1.586,则得

$$1 + \frac{R_F}{R_1} = A_{uf} = 1.586 \tag{6.3.16}$$

根据集成运放两个输入端的外接直流电阻相等,可得

$$R_F /\!/ R_1 = 2R = 6\ 370\ \Omega \tag{6.3.17}$$

联列求解式(6.3.16)和式(6.3.17)可得

$$R_F = 10.103\ \text{kΩ}(取 10\ \text{kΩ} 与 100\ \text{Ω} 串联)$$

$$R_1 = 17.24\ \text{kΩ}(取 16\ \text{kΩ} 与 1.2\ \text{kΩ} 串联)$$

(4)集成运放器件及电源电压的选择。由于通带频率较低,故可选用通用型集成运放 741。根据输出电压的幅度,可选用电源电压 $V_{CC} = V_{EE} = 10$ V。

(5)对所设计的滤波电路进行仿真。仿真结果为:通带增益约为 4.01 dB(即 1.587),上限频率为 500 Hz,阻带衰减速度为 -40 dB/十倍频,所以满足设计指标要求。

<h2 style="text-align:center">小　结</h2>

微视频 6.4:
6.3 小结

---

① 参阅康华光.电子技术基础(模拟部分)[M]. 5 版.北京:高等教育出版社,2006:422.

随 堂 测 验

6.3.1 填空题

1. 二阶滤波电路中对同相放大电路的增益要求是_____。

2. 将低通和高通电路相级联,并使低通电路的截止频率高于高通电路截止频率,可构成_____滤波电路。

6.3.2 单选题

1. 要求抑制 50 Hz 交流电源的干扰,应选用_____滤波电路。

A. 低通　　　　　　B. 高通　　　　　　C. 带通　　　　　　D. 带阻

2. 在二阶高通滤波电路中,幅频特性阻带衰减时的斜率是_____。

A. 20 dB/十倍频　　B. -20 dB/十倍频　　C. 40 dB/十倍频　　D. -40 dB/十倍频

6.3.3 是非题(对打√;错打×)

1. 二阶滤波电路的上限频率 f_H 就等于特征频率 f_n。(　　)

2. 将低通和高通电路的输出电压进行求和运算构成有源带阻滤波电路时,要使低通的截止频率高于高通的截止频率。(　　)

3. 一阶有源低通滤波电路可采用一阶 RC 低通电路和集成运放同相放大电路组成。(　　)

4. 一阶高通滤波电路归一化后的传递函数表达式是相同的。(　　)

第 6.3 节
随堂测验答案

*6.4 电子系统预处理放大电路

基本要求　了解仪用放大器、程控增益放大器、跨导型放大器、隔离放大器和电流反馈型集成运放等电路及其应用。

学习指导　重点:仪用放大器。提示:本节为选学内容。通过本节学习,旨在了解除通用运放以外的其他常用集成放大器件及其应用。

在实用电子系统中,往往需要对原始电信号进行放大、转换、隔离等预处理,以获得良好的系统性能。本节将介绍几种常用的集成放大电路。

6.4.1 仪用放大器

仪用放大器也称测量放大器、精密放大器、数据放大器等,在测量系统中得到广泛应用。它的作用是对微弱信号进行放大,一般要求具有高增益、高输入阻抗、高共模抑制比、高精度(失调、漂移等很小)等指标,有的还要求高速(频带宽、转换速率高)。

一、基本电路

仪用放大器的电路种类很多,但一般都是在图 6.4.1 所示电路的基础上构成。该电路的第一级由同相输入放大器 A_1、A_2 组成双端输入、双端输出的差分放大电路,然后通过 A_3 组成的第二级差分运算电路,将双端输入信号放大后转换为单端输出信号。

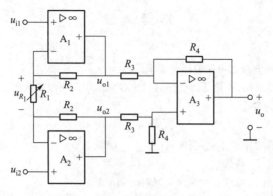

图 6.4.1 三运放构成的仪用放大器

由运放 A_1、A_2 的输入端分别虚短可得

$$u_{R_1} = u_{i1} - u_{i2}$$

根据运放 A_1、A_2 反相端虚断可知,流过电阻 R_1、R_2 的电流相等,因此

$$u_{o1} - u_{o2} = \frac{R_1 + 2R_2}{R_1} u_{R_1} = \left(1 + \frac{2R_2}{R_1} \right) (u_{i1} - u_{i2})$$

根据差分运算电路输出电压的计算公式可求得

$$u_o = \frac{R_4}{R_3} (u_{o2} - u_{o1}) = - \frac{R_4}{R_3} \left(1 + \frac{2R_2}{R_1} \right) (u_{i1} - u_{i2}) \tag{6.4.1}$$

因此该电路的差模电压增益为

$$A_u = \frac{u_o}{u_{i1} - u_{i2}} = - \frac{R_4}{R_3} \left(1 + \frac{2R_2}{R_1} \right) \tag{6.4.2}$$

调节 R_1 就可控制差模电压增益。

由于图 6.4.1 中的差模输入电压从集成运放的同相端输入,因此该电路的输入阻抗很高。由式(6.4.1)可知,当 $u_{i1} = u_{i2} = u_{ic}$ 时,$u_o = 0$,说明该电路具有很强的抑制共模信号的能力,而对差模信号可获得很高的可调的电压增益,所以共模抑制比很高。为了获得高精度,电路中的三个运放均需采用高精度运放,例如常采用 OP07。

二、集成仪用放大器

图 6.4.1 电路在实际应用时,电阻的误差及温漂会造成增益不准和共模抑制比降低,集成运放的失调会造成整个电路的失调和共模抑制比的降低,而集成仪用放大器可解决这些问题,因此,实用中通常选用集成仪用放大器。集成仪用放大器的型号很多,例如美国 BB 公司的 INA102,AD 公司的 AD522、AD624 等。下面以 INA102 为例进行介绍。

INA102 的典型参数为:直流电源电压范围±(3.5~18)V;输入电阻 10 000 MΩ;共模抑制比 100 dB;电压增益有 1、10、100、1 000 四种设定值;小信号带宽 300 kHz;输出电阻 0.1 Ω;当电源电压为±15 V 时,最大共模输入电压为±12.5 V。

图 6.4.2(a)所示为 INA102 的内部电路及主要引脚排列,由图可见,其结构与图 6.4.1 所示的基本电路类似。其中,输入级由运放 A_1、A_2 及有关电阻构成,电阻 R_4、R_5 和图 6.4.1 中的

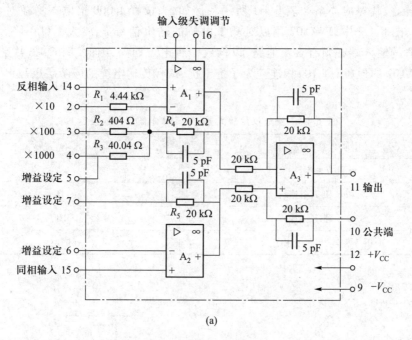

(a)

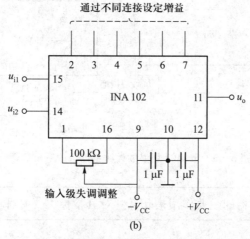

(b)

图 6.4.2　集成仪用放大器 INA102

(a) 内部电路及管脚排列　(b) 基本接法

R_2 对应;电阻 R_1、R_2、R_3 与图 6.4.1 中的 R_1 对应,通过引脚 2~5 对外的不同连接,可得不同的 R_1 值,从而可设定不同的输入级电压增益;图中的电容均为相位补偿电容。输出级则由运放 A_3 及有关电阻构成电压增益为 1 的放大电路。

图 6.4.2(b)所示为 INA102 的基本接法,引脚 1 和 16 之间的外接电路用以调整输入级的失调,两个 1 μF 电容为电源去耦电容。通过引脚 2~7 的不同连接,可对 INA102 设定不同的电压增益,其对应关系如表 6.4.1 所示。例如,当设置 1 000 倍电压增益时,接法如图 6.4.3 所示,图 6.4.3 中,INA102 用以对测量电桥的输出信号 u_{id} 放大 1 000 倍。由于集成仪用放大器的输入端必须有直流通路,以构成偏置电流回路,因此,图 6.4.3 中将电桥电路的地与 INA102 的地(引脚 10)相连。为了抗干扰,信号传输电缆的屏蔽层也与 INA102 的地相连。

表 6.4.1 集成仪用放大器 INA102 电压增益的设定

引脚连接方法	增益
6 和 7 相连	1
2 和 6 和 7 相连	10
3 和 6 和 7 相连	100
4 和 7 相连,5 和 6 相连	1 000

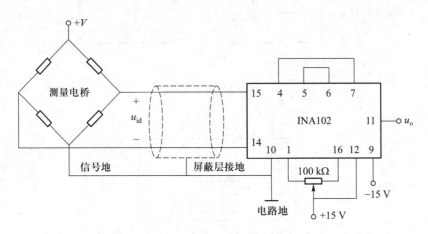

图 6.4.3 INA102 用以放大测量电桥的输出信号

讨论题 6.4.1 仪用放大器的主要作用是什么? 对其指标主要有哪些要求?

6.4.2 程控增益放大器

程控增益放大器也称为可编程数据放大器,简称为 PGA ,其增益大小受输入的数码信号控制,故称为程控增益放大器,它广泛应用于多通道测量、自动量程转换等电路中。例如在多通道测量电路中,各通道的信号大小可能相差很大,但都需要放大为模数转换器所需要的标准电压,因此要求电路能根据输入信号的大小,由计算机产生一组合适的数码去对通道增益进行控制,使各通道均能输出大小合适的信号,采用程控增益放大器就能完成这个任务。

一、基本工作原理

程控增益放大器的基本工作原理可用图 6.4.4 加以说明,图中,多路开关 S 所接通的反馈电阻受到数码信号 A_1A_0 的控制,因此电路的增益可编程。另外,利用数模转换器也可组成程控增益放大器。

二、集成程控放大器

为了获得较高的测量精度和工作速度,实用中多采用集成程控增益放大器,如选用 BB 公司的 PGA100、BB3606,AD 公司的 AD625 等。下面以 PGA100 为例加以介绍。

PGA100 内部含有多路开关和程控增益放大电路,其引脚排列如图 6.4.5(a) 所示,它有 8 个模拟通道输入端(IN0 ~ IN7),放大哪个通道的信号以及放大多少倍由输入的数码(即增益控制字 $A_5 \sim A_0$)控制,控制关系如表 6.4.2 所示,放大后的信号从 U_{OUT} 端输出。通过引脚 12,还可

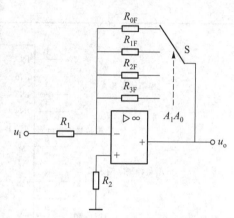

图 6.4.4 程控增益放大器的原理电路

外接外部增益调节电路扩大增益调节范围。PGA100 的使用方法如图 6.4.5(b) 所示,图中,当锁存脉冲的上升沿加至 18 脚时,通道增益控制字 $A_5 \sim A_0$ 信号 110000 被锁存到 PGA100 电路中,由表 6.4.2 可知,PGA100 将选中 IN0 端的输入信号,将其放大 64 倍后输出。电路中,模拟电源为+15 V 和−15 V,数字电源为+5 V,必须正确连接,1 μF 和 1 000 pF 的电容为电源去耦电容。为了抗干扰,模拟地(用"▽"表示)和数字地(用"⊥"表示)应分开接。

表 6.4.2 PGA100 通道增益字的含义

增益的选择		通道的选择	
$A_5 A_4 A_3$	增益	$A_2 A_1 A_0$	通道
000	1	000	IN0
001	2	001	IN1
010	4	010	IN2
011	8	011	IN3

续表

增益的选择		通道的选择	
$A_5\,A_4\,A_3$	增益	$A_2\,A_1\,A_0$	通道
100	16	**100**	IN4
101	32	**101**	IN5
110	64	**110**	IN6
111	128	**111**	IN7

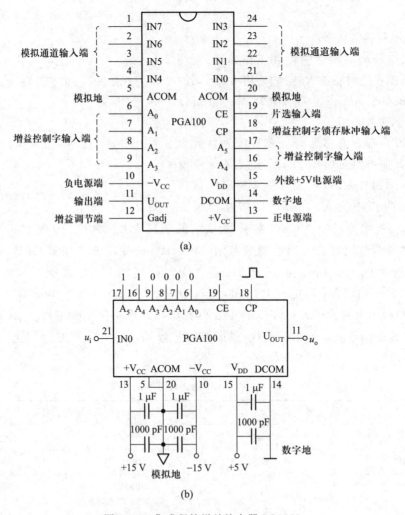

(a)

(b)

图 6.4.5 集成程控增益放大器 PGA100

（a）引脚排列 （b）对 IN0 通道信号放大 64 倍的应用电路

PGA100 的典型参数为:输入阻抗为 10^{11} Ω;电压增益有 1、2、4、8、16、32、64、128 等设定值;增益精度高于 0.002%;非线性失真小于 ±0.005%;通道间串扰为 ±0.003%;达到终值的 0.01% 所需的稳定时间为 5 μs。

讨论题 6.4.2 程控增益放大器的主要作用是什么?

6.4.3 跨导型放大器

工程测量中,常需要将传感器输出的微弱信号远距离传送给测量处理电路,对于微弱的电压信号而言,长线电阻的影响较大,外界的干扰也容易叠加在上面,因此会造成较大的测量误差。常用的对策是:在信号源附近先将弱信号进行电压放大,然后通过电压/电流转换电路将电压信号转换为与之成正比的电流源信号,再进行传送。由于电流源信号几乎与负载电阻值无关,而且也不容易受外界干扰信号的影响,因此可以提高传送精度。

电压/电流转换电路也称为跨导型放大器,其基本原理电路如图 6.4.6 所示。其中,图(a)电路适用于负载一端接地的情况,图(b)电路适用于负载浮地的情况。

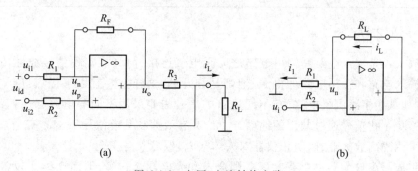

$$(a) \qquad\qquad\qquad\qquad (b)$$

图 6.4.6 电压/电流转换电路

(a) 适用于负载接地 (b) 适用于负载浮地

图 6.4.6(a)中,根据运放输入端虚短和虚断,可得

$$\frac{u_{i1} - u_p}{R_1} = \frac{u_p - u_o}{R_F}$$

故

$$u_o = u_p - \frac{R_F}{R_1}(u_{i1} - u_p) \qquad\qquad (6.4.3)$$

又由于

$$i_L = \frac{u_p}{R_L} = \frac{u_{i2} - u_p}{R_2} + \frac{u_o - u_p}{R_3}$$

得

$$u_p\left(\frac{1}{R_L} + \frac{1}{R_2} + \frac{1}{R_3}\right) = \frac{u_{i2}}{R_2} + \frac{u_o}{R_3} \qquad\qquad (6.4.4)$$

将式(6.4.3)代入式(6.4.4)中,当满足 $R_F R_2 = R_1 R_3$ 时可得

$$\frac{u_p}{R_L} = \frac{1}{R_2}(u_{i2} - u_{i1}) = -\frac{u_{id}}{R_2}$$

故输出电流为

$$i_L = \frac{u_p}{R_L} = -\frac{u_{id}}{R_2} \tag{6.4.5}$$

由式(6.4.5)可见,输出电流 i_L 与负载电阻值 R_L 无关,为电流源输出。

集成电压/电流转换器 XTR100 就是依据这种基本原理实现的,其典型参数为:电源电压范围为 11.6～40 V;非线性失真为 0.01%;失调电压为 25 μV;失调电压温漂 0.5 μV/℃;工作温度为 -40～+70℃。

对于图 6.4.6(b)所示电路,由运放输入端虚短和虚断可得

$$i_L = i_1 = \frac{u_n}{R_1} = \frac{u_i}{R_1}$$

可见 i_L 与 u_i 成正比,而与负载电阻 R_L 大小无关,从而将输入电压信号转换成电流源信号输出。

讨论题 6.4.3 跨导型放大器的主要作用是什么?

6.4.4 隔离放大器

隔离放大器是输入电路和输出电路之间无电气连接,而又能实现信号线性传输的放大电路。其输入电路和输出电路的电源、地都是分开的,这样主要有以下优点:(1)便于某些应用中,例如某些多路测量电路中,不同通路的信号需要采用不同的电源和地,否则无法工作。(2)避免干扰信号通过共用的地耦合。(3)有效抑制共模信号。(4)安全。例如医疗仪器中需采用隔离放大器,以防止仪器对人体漏电,保障人身安全。

目前集成隔离放大器主要有变压器耦合式和光电耦合式等,下面介绍比较常用的光电耦合式隔离放大器。

图 6.4.7 所示为 BB 公司生产的光电耦合放大器 ISO100 的内部电路和主要引脚排列,其光电耦合是通过一个发光二极管和两个特性完全一致的光电二极管实现的,其中光电二极管 V_1 的作用是从 LED 信号中引回负反馈信号,以使运放 A_1 线性工作;V_2 的作用是将 LED 信号隔离传送到输出电路中。电路中输入电路和输出电路的电源、地都是相互独立的,输入电路和输出电路的电源电压范围均为 ±(7～18) V。

ISO100 的基本接法如图 6.4.8 所示,由 ISO100 的内部运放 A_1 输入端虚短和虚断可得

$$\frac{u_i}{R_1} = I_{REF1} + i_1 \tag{6.4.6}$$

而由运放 A_2 输入端虚短和虚断可得

$$\frac{u_o}{R_F} = I_{REF2} + i_2 \tag{6.4.7}$$

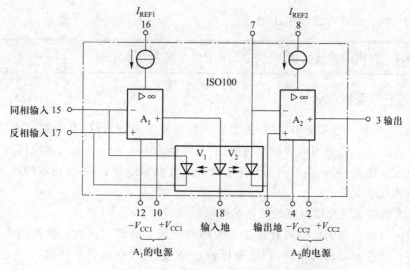

图 6.4.7 隔离放大器 ISO100 内部电路及引脚排列

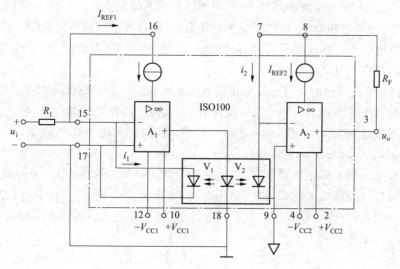

图 6.4.8 ISO100 的基本接法及其工作原理

由于光电二极管 V_1、V_2 的特性完全一致,因此 $i_1 = i_2$。当 $I_{REF1} = I_{REF2}$ 时,由式(6.4.6)和式(6.4.7)可得

$$u_o = \frac{R_F}{R_1} u_i \tag{6.4.8}$$

故电压增益为

$$A_u = \frac{R_F}{R_1} \tag{6.4.9}$$

可见该电路既实现了输入电路与输出电路之间的电气隔离,又实现了电压信号的线性放大。

调整 R_F 与 R_1 的比值,就可控制电压增益。

> **讨论题 6.4.4** 何谓隔离放大器?它主要用于什么场合?

6.4.5 电流反馈型集成运放

在通信、信号处理等系统中,往往需要采用高速宽带集成运放,其中的电流反馈型集成运放应用日益广泛。它采用电流模电路构成,其转换速率 $S_\mathrm{R}>1\ \mathrm{kV/\mu s}$,带宽可达 100 MHz~1 GHz;而且在一定条件下,具有与闭环增益无关的近似恒定带宽,不像传统的放大电路那样带宽和增益相互牵制。

一、电流模和电流反馈型集成运放的概念

电流模电路指对电流信号进行传送和处理的电路。而我们前面所涉及的电路,都是对电压信号进行传送和处理的电路,称为电压模电路,它主要存在以下问题:(1)由于输出电压幅值受到电源电压的限制,因而动态范围小、不便低电压使用。(2)由于晶体管输入伏安特性的非线性,要求放大电路小信号工作,否则就有较大的失真。(3)放大电路的带宽增益积为常数,带宽和增益相牵制,制约了频带的展宽;转换速率受到带宽的限制。

而电流模电路不存在这些问题,因此具有频带宽、速度快、失真小、动态范围大等优点,广泛应用于高速宽带电路中。

20 世纪 90 年代以前的集成运放主要是电压模电路,其输入、输出量均为电压,信号传输特性用开环差模电压增益来描述。它在使用时,无论构成何种形式的电路,最终都通过产生差模输入电压来进行放大处理,故称之电压反馈型运放,又称电压模运放,简称 VFA(即 voltage feedback operational amplifier)。

电流反馈型运放又称电流模运放,简称 CFA(即 current feedback operational amplifier),是对电流信号进行处理的电路,其输入量为电流,输出量为电压,信号传输特性用开环互阻增益来描述。使用时,无论构成何种形式的电路,最终都通过在同相输入端和反相输入端之间产生差值电流来进行放大处理。

顺便指出,电压反馈型运放和电流反馈型运放中所谓的"电压反馈"和"电流反馈"与反馈组态中的"电压反馈"和"电流反馈"不是同样的概念。

二、电流反馈型集成运放的组成与工作原理

电流反馈型集成运放的简化原理图如图 6.4.9(a)所示,输入级由 $V_1 \sim V_4$ 管组成推挽工作的互补射极跟随器,其输出端(即反相输入端)的电位将跟随同相输入端电位变化,因此,输入级可用单位增益缓冲器表示,如图 6.4.9(b)中所示。图中,R_o 为射极跟随器的输出电阻,也即反相端的输入阻抗,其值很小,为 $10 \sim 100\ \Omega$;而同相输入端由于是两级射极跟随器的输入端,且 V_1、V_2 管发射极所接的电流源交流电阻很大,所以输入阻抗很高,因此电流反馈型集成运放的两个输入端具有不同的阻抗。

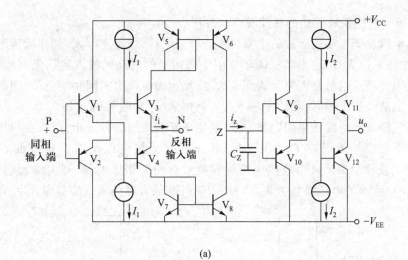

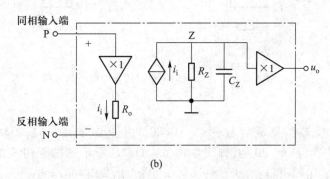

图 6.4.9 电流反馈型集成运放

（a）简化原理图 （b）等效电路

图 6.4.9(a) 中的 $V_5 \sim V_8$ 管分别组成两个镜像电流源,其输出电流 i_z 等于输入电流 i_i,因此起到了把反相端输入电流 i_i 传递到 Z 端恒流输出的作用,对 Z 端后面的输出电路而言,前端电路等效为一个电流控制电流源;输出级 $V_9 \sim V_{12}$ 管组成的电路与输入级结构相同,也构成单位增益级,具有高输入阻抗、低输出阻抗、放大电流信号而电压增益为 1 的特点,因此输出级电路可表示为图 6.4.9(b) 中所示,图中,等效电阻 R_z 是前级的输出电阻和输出级输入电阻的并联值,等效电容 C_z 主要取决于相位补偿电容,一般为 $1 \sim 5$ pF。

综上可见,电流反馈型集成运放通过将输入电流全部传递到输出回路,从而控制输出回路产生电压输出,因此其传输特性通常用开环互阻增益来描述,定义为输出电压与反相端输入电流之比,由图 6.4.9(b) 可得

$$\dot{A}_z = \frac{\dot{U}_o}{\dot{I}_i} = \frac{R_z}{1 + j\omega R_z C_z} \tag{6.4.10}$$

由式(6.4.10)可见,低频开环互阻增益为 R_z,开环增益 3 dB 带宽为 $BW = 1/(2\pi R_z C_z)$。

三、电流反馈型集成运放的性能特点与应用

理想的电流反馈型集成运放的主要特性为:开环互阻增益无穷大,同相端输入阻抗无穷大,反相端输入阻抗为零,输出阻抗为零。由于同相端的电流因输入阻抗无穷大而为零;反相端的电流因开环互阻增益无穷大故而也为零;反相端电位跟随同相端电位,因此理想电流反馈型集成运放线性工作时,其两个输入端之间也满足"虚断"和"虚短"。

对电流反馈型运放线性应用电路,也可利用虚断和虚短进行分析,所以在应用电路的通频带内(即可忽略等效电容 C_Z 作用)时,其分析方法与电压反馈型运放的相同。例如图 6.4.10 为电流反馈型集成运放接成的同相放大器和反相放大器,利用输入端的虚断、虚短,可得同相放大器的电压增益为 $A_u = 1 + R_F/R_1$,反相放大器的电压增益为 $A_u = -R_F/R_1$。

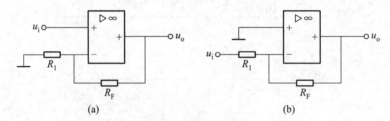

图 6.4.10 电流反馈型运放构成的电压放大器

(a) 同相放大器 (b) 反相放大器

常用的电流反馈型集成运放例如 AD8001,其单位增益带宽为 880 MHz、转换速率为 1 200 V/μs、失真为 -65 dB,引脚图如图 6.4.11(a) 所示。它所构成的同相放大电路如图 6.4.11(b) 所示,由图可得,放大倍数为 $A_u = 1 + R_F/R_1 = 1 + 806/806 = 2$。

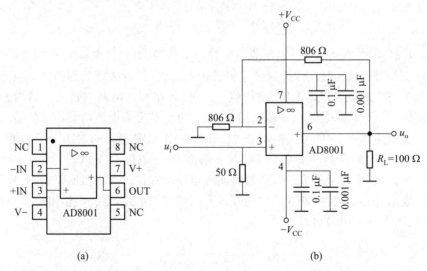

图 6.4.11 电流反馈型运放 AD8001 及其应用

(a) 引脚排列 (b) 应用举例

电流反馈型集成运放的缺点是共模抑制比较低,反相端输入电阻很小。实际应用中,应视具体情况确定选用电流模运放还是电压模运放。

> **讨论题 6.4.5**
>
> (1)何为电流模电路,何为电压模电路? 与电压模电路相比,电流模电路的主要优点有哪些?
>
> (2)电流反馈型集成运放与电压反馈型集成运放的性能特点有哪些异同?

小 结

微视频 6.5:
6.4 小结

随 堂 测 验

6.4.1 填空题

1. 电流模电路是指对_____信号进行传送和处理的电路,电压模电路则是对_____信号进行传送和处理的电路。

2. 电流模电路具有频带_____、速度_____、失真_____、动态范围_____等特点,广泛应用于_____放大电路中。

> 第 6.4 节
> 随堂测验答案

6.4.2 单选题

1. 欲放大微弱信号,且要求具有高增益、高输入阻抗、高共模抑制比、高精度,应选用_____。

A. 仪用放大器   B. 程控增益放大器

C. 隔离放大器   D. 跨导型放大器

2. 某多路测量系统中,不同通道需采用不同的电源和地,则这些通道的输出信号宜通过_____加至后端电路。

A. 测量放大器   B. 可编程数据放大器   C. 隔离放大器   D. 跨导型放大器

*6.5 集成功率放大器

基本要求 了解集成功率放大器的组成、主要参数和应用。

学习指导 重点:集成功率放大器的应用。

6.5.1 甲乙类集成功放及其应用

传统的集成功率放大器(简称集成功放)一般由集成运算放大器发展而来,其内部电路一般也由前置级、中间级、输出级及偏置电路等组成,因此通常有一定的电压增益。输出级一般采用甲乙类互补对称功放,输出功率大;为保证器件在大功率状态下安全可靠工作,通常还设有过流、过压、过热保护电路等。这类集成功放种类很多,下面介绍几种典型芯片及其主要参数和典型应用。

一、LM386 及其应用

LM386 是一种低频通用型小功率集成功放,广泛应用于录音机、收音机等电路中,尤其适宜需电池供电的小功率音频电路中,其典型参数为:直流电源电压范围为 4~12 V;常温下最大允许管耗为 660 mW;输出功率典型值为数百毫瓦,最大可达数瓦;静态电源电流为 4 mA;电压增益在 20 倍至 200 倍之间可调;带宽 300 kHz(引脚 1、8 之间开路时);输入阻抗 50 kΩ。

1. 电路组成及引脚排列

LM386 的电路组成及引脚排列如图 6.5.1 所示。由图 6.5.1(a)可见,LM386 内部电路由输入级、中间级和输出级等组成。

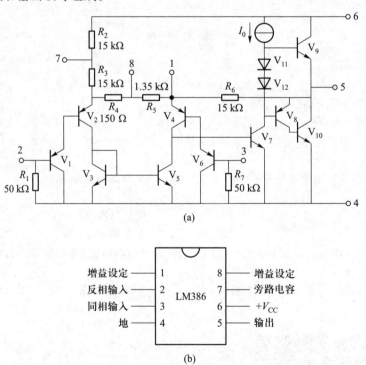

(a)

(b)

图 6.5.1 LM386 的内部电路与引脚排列

(a) 内部电路 (b) 引脚排列

输入级由 $V_1 \sim V_6$ 组成,其中,V_2、V_4 组成双端输入单端输出差分放大电路;V_3、V_5 构成电流源作为差放的有源负载,用以提高电压增益;V_1、V_6 是为了提高输入电阻而设置的输入端射极跟随器;R_1、R_7 为偏置电阻;R_5 是差分放大电路的发射极负反馈电阻,引脚 1、8 开路时,负反馈最强,整个电路的电压增益为 20 倍,若在 1、8 之间外接阻容串联电路,如图 6.5.2 所示的 R_P 和 C_2,调节 R_P 即可使集成功放电压增益在 20~200 之间变化;引脚 7 用于外接电解电容到地,如图 6.5.2 中的 C_5,这样 C_5 与 R_2 构成直流电源去耦电路。

中间级是该集成功放的主要增益级,它由 V_7 和其集电极电流源(I_0)负载构成共发射极放大电路。

输出级是由 V_8、V_9、V_{10} 组成的准互补对称功放电路,其中 V_8、V_{10} 复合等效为 PNP 管;二极管 V_{11}、V_{12} 为 V_8、V_9 提供静态偏置,以消除交越失真;R_6 是级间电压串联负反馈电阻。

2. 典型应用电路

LM386 的典型应用电路如图 6.5.2 所示,由于为单电源工作方式,故输出端(5 脚)通过大容量电容 C_3 输出,以构成 OTL 电路。输入信号 u_i 由 C_1 接入同相输入端 3 脚,反相输入端 2 脚接地,故构成单端输入方式。R_1、C_4 是频率补偿电路,用以抵消扬声器音圈电感在高频时产生的不良影响,改善功率放大电路的高频特性和防止高频自激。R_P 与隔直耦合电容 C_2 相串联,用以调节功放电路的增益。电容 C_6、C_5 为直流电源去耦电容。

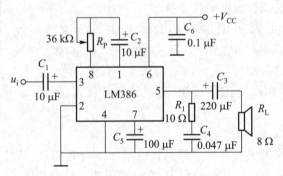

图 6.5.2　LM386 典型应用电路

【例 6.5.1】　图 6.5.2 所示功放电路中,设 R_P 值调为零,$V_{CC} = 5\ \text{V}$,试求最大不失真输出功率及其所需的激励电压幅值。

解:由于该电路工作在 OTL 方式,$V_{CC} = 5\ \text{V}$,$R_L = 8\ \Omega$,故可得

$$P_{om} \approx \frac{\left(\dfrac{V_{CC}}{2}\right)^2}{2R_L} = \frac{5^2}{8 \times 8}\text{W} \approx 391\ \text{mW}$$

当 $R_P = 0$ 时,1 脚与 8 脚间交流短路,因此 LM386 的电压增益为最大值 200,得最大不失真输出时所需的激励电压幅值为

$$U_{im} \approx \frac{\dfrac{V_{CC}}{2}}{A_u} = \frac{5}{2 \times 200} \text{ V} = 12.5 \text{ mV}$$

二、TDA2040 及其应用

TDA2040 集成功率放大器内部有独特的短路保护系统,可以自动限制功耗,从而保证输出级晶体管始终处于安全区域;此外,TDA2040 内部还设置了过热关机等保护电路,使集成电路具有较高可靠性。它的主要应用参数为:电源电压 ±2.5 ~ ±20 V,开环增益 80 dB,功率带宽 100 kHz,输入电阻 50 kΩ。负载为 4 Ω 时,输出功率可达 22 W,失真度仅为 0.5%。

TDA2040 的应用比较灵活,既可以采用双电源供电构成 OCL 电路,也可以采用单电源供电构成 OTL 电路。它采用单列 5 脚封装,其引脚排列如图 6.5.3 所示。

TDA2040 采用双电源供电的功率放大电路实例如图 6.5.4(a)所示。该电路在 ±16 V 电源电压,R_L 为 4 Ω 的情况下,输出功率大于 15 W,失真度小于 0.5%。R_3 和 R_2 构成负反馈,使电路的闭环增益为 30 dB。R_4、C_7 构成频率补偿电路,改善放大器的高频特性。$C_3 \sim C_6$ 为电源滤波电容,用以防止电源引线太长时造成放大器低频自激。

TDA2040 采用单电源供电的功率放大电路实例如图 6.5.4(b)所示。电源电压 V_{CC} 经 R_1 和 R_2 的分压,给集成电路 1 脚加上 $V_{CC}/2$ 的直流电压,此时输出端 4 脚的直流电压为 $V_{CC}/2$。R_4 和 R_5 构成交流负反馈,使电路闭环增益为 30 dB。C_7 为输出电容。

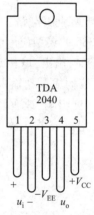

图 6.5.3　TDA2040 引脚排列

三、TDA1521 及其应用

TDA1521 是荷兰飞利浦公司生产的高性能双通道音频功放,其特点是:输出功率大,失真小,通道平衡度好,带有过热和短路保护,在电源通断时具有静噪功能,因此特别适合作为立体声音响设备左、右两个声道的功放。实际应用中,在组装双通道功放或 BTL[①] 功放时,通常首选双通道集成功放。

TDA1521 的典型参数为:直流电源 ±7.5 V ~ ±21 V;空载时静态电源电流 50 mA;输出功率典型值 12 W;电压增益 30 dB;输入阻抗 20 kΩ;通道分离度 70 dB。

---

① BTL 为 balanced transformer less 的缩写,称平衡式无变压器电路或桥式平衡电路,详见傅丰林.低频电子线路[M].北京:高等教育出版社,2003:177.

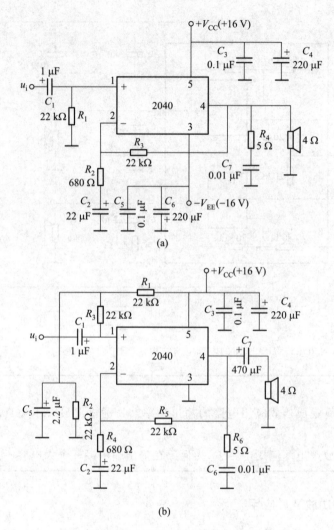

图 6.5.4　TDA2040 典型应用电路
（a）双电源供电　（b）单电源供电

　　TDA1521 的内部电路结构、引脚排列和典型应用电路如图 6.5.5 所示。图中，两个通道的功放均构成 OCL 电路，输入电压经 220 nF 的隔直耦合电容加到各通道输入端，输出端直接接至扬声器负载。输出端所接的电容 22 nF 与电阻 8.2 Ω 串联支路为相位补偿电路，用以防止自激；C_3、C_7、C_4 和 C_8 均为电源去耦电容。使用时，应给 TDA1521 外接散热器，并将散热器与负电源相连。

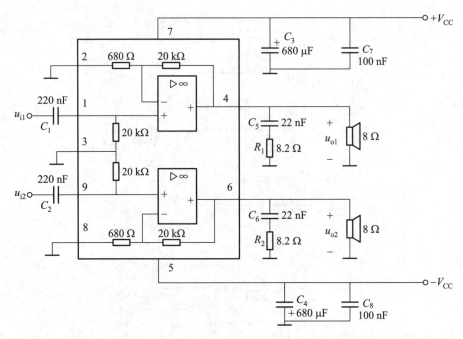

图 6.5.5 TDA1521 的内部电路结构、引脚排列与典型应用电路

讨论题 6.5.1

（1）如何估算集成功放应用电路的输出功率？为了输出最大不失真功率,对激励信号有何要求？

（2）集成功放单电源应用电路中,为何要在输出端串接一个大电容？

6.5.2 丁类集成功放及其应用

丁类(也称 D 类)放大器中,晶体管工作于开关状态,即交替工作于饱和与截止状态。由于饱和时 $u_{CE} \approx 0$,而截止时 $i_C \approx 0$,所以不论饱和还是截止状态,管耗均很小,从而可获得很高的效率。通常丁类音频功放的实用效率达 80% ~ 90%,而甲乙类音频功放的实际效率只达 60%。而且,丁类功放的散热要求也因管耗的大大下降而大大降低,可以不用散热器或大大减小散热器的尺寸,因此在手机等空间有限的便携式设备中得到广泛应用。

一、丁类音频功放的工作原理

丁类功放因晶体管工作于开关状态,若直接用以放大正弦信号,则必须接带通滤波器选频,才能取出不失真的正弦波,所以不便直接用以放大频率不同或具有一定带宽的音频信号。为此,一般采用脉宽调制(简称 PWM①)丁类功放,它由脉宽调制器、开关功放和低通滤波器构成,如图 6.5.6 所示。先用音频信号对高频脉冲的宽度进行调制,使其脉宽与音频信号的瞬时值成正比;而后由高速开关功放对 PWM 信号进行功率放大;再通过 LC 低通滤波器滤除高频信号,得到功率放大后的音频输出信号。

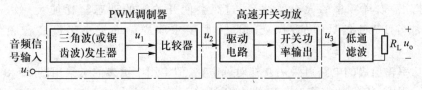

图 6.5.6 脉宽调制丁类功放的原理框图

图 6.5.7 所示为工作波形。图(a)中的 u_i 为音频输入信号,u_1 为三角波发生器的输出信号,两者一起加至比较器输入端,经比较后得脉冲信号 u_2,如图(b)所示。由图(b)可见,输出脉冲频率等于三角波频率(称为取样频率),输出脉冲宽度随音频信号瞬时值的增减而增减,从而实现了脉宽调制。该 PWM 信号经驱动电路,由开关功率输出级进行功率放大,得信号 u_3 如图(c)所示。由于 u_3 信号的平均分量为

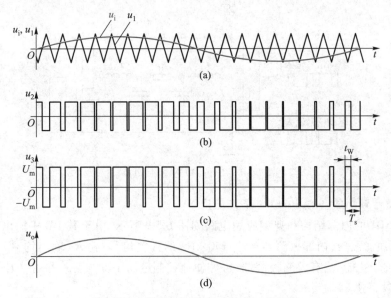

图 6.5.7 脉宽调制丁类功放的工作波形

(a)音频输入 u_i 和三角波输入 u_1 (b)比较器输出 (c)功放输出 (d)音频输出

① PWM 为 pulse width modulation 的缩写。

$$U_{3(\mathrm{AV})} = \frac{t_{\mathrm{W}} U_{\mathrm{m}} - (T_{\mathrm{s}} - t_{\mathrm{W}}) U_{\mathrm{m}}}{T_{\mathrm{s}}} = \frac{2t_{\mathrm{W}} - T_{\mathrm{s}}}{T_{\mathrm{s}}} U_{\mathrm{m}} \qquad (6.5.1)$$

式中,T_{s} 为取样周期,U_{m} 为脉冲振幅,t_{W} 为脉宽。由于 t_{W} 正比于 u_{i},所以 $U_{3(\mathrm{AV})}$ 为正比于 u_{i} 的低频信号,通过低通滤波器即可滤除高频分量,只输出低频的音频信号。

必须指出,取样频率的大小要适当,过高会使开关管的动态管耗加大,效率降低,太低则不易滤除 PWM 信号中的高频分量,一般要求取样频率不小于最高音频信号频率的 7 倍。

开关功率输出级的电路可采用互补对称电路,但实用中更多的是采用图 6.5.8 所示的 H 桥式电路。图中,MOS 功率管 $V_1 \sim V_4$ 构成 H 桥,L_1、C_1、L_2、C_2 构成低通滤波器,V_1、V_2 的驱动输入信号 1 与 V_3、V_4 的驱动输入信号 2 大小相等、极性相反。当输入 1 为低电平、输入 2 为高电平时,V_1、V_4 导通,V_2、V_3 截止,负载电阻 R_L 上的电压约为电源电压 V_{CC};而当输入 1 为高电平、输入 2 为低电平时,则 V_2、V_3 导通,V_1、V_4 截止,负载电阻 R_L 上的电压约为 $-V_{\mathrm{CC}}$,所以输出电压的峰-峰值为 $2V_{\mathrm{CC}}$,此值为相同电源电压下 OTL 输出电压的 2 倍,所以该电路的输出功率高。

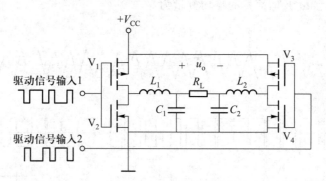

图 6.5.8 H 桥式开关功放电路

二、丁类音频功放 TPA2005D1 及其应用

TPA2005D1 的内部结构和典型应用电路如图 6.5.9 所示,由于其 PWM 输出级的优化设计,可省去低通滤波器;内部振荡器产生 250 kHz 的开关信号;输入、输出均采用差分电路,可有效提高抗干扰能力;有关断控制端,可方便地控制电路工作与否。在带 8 Ω 扬声器输出 400 mW 时,效率达 84%。

采用差分信号源输入时,只需外接 3 个外部元件,如图 6.5.9(a) 所示,其中两个电阻 R_1 用以调节输入级音频放大器的增益和输入电阻,一个电容 C_S 为电源去耦电容,低频去耦时可选 10 μF 左右的电解电容,高频去耦时一般选 1 μF 左右的陶瓷电容。采用单端输入时,应在两输入端分别串接两个特性完全相同的 1 μF 以上的隔直耦合电容,如图 6.5.9(b) 所示。

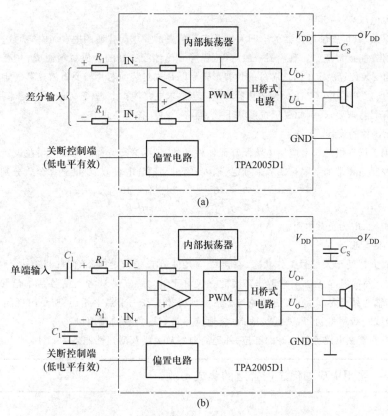

图 6.5.9 TPA2005D1 内部结构与典型应用电路

（a）差分输入 （b）单端输入

讨论题 6.5.2 试比较甲乙类集成功放和丁类集成功放的工作原理和效率。

知识拓展——集成功放应用电路设计

由于集成功放的输出功率有较大的选择范围,从几十毫瓦到几十瓦均有不少品种可选,而且可提供增益,有的内部还集成有多个性能一致的功放或数控接口电路,因而功能很强。此外,采用集成功放所构成的功放电路外围元件少,体积小,性能好,电路设计、调试和维护都简便,因此在设计功放电路时,通常优先考虑采用集成功放。在具体设计和使用时,主要考虑以下几点。

一、功放芯片的选择

（1）根据所需的输出功率和通道数。芯片输出功率通常应大于所需输出功率 10% ~ 15%。当要求通道特性一致性好时,应选用多通道功放。

（2）根据最高工作频率。实用中比较常用的是音频功放,如放大高频信号就需要采用高频功放。

（3）根据对电压增益大小的要求以及是否要求增益可调等。

（4）根据能够为芯片提供的电源电压的大小及供电方式（双电源或单电源）。芯片电源的极限电压应比电路中的电源电压高 3~5 V。

（5）根据对效率、可安装散热器的空间大小及安装位置的要求。普通的中、大功率功放，通常要按手册要求加装散热器方能正常工作。散热器一般由铜、铝等导热性能良好的金属材料制成，并有各种规格成品选用。散热器的安装位置决定了所选芯片的封装形式。贴片式封装的芯片需要将散热器固定在印制电路板（简称 PCB）上，所以需要在 PCB 上预留散热器位置。当要求电路体积小、效率高时，可考虑选用丁类功放。

（6）根据有无特殊要求，例如要求抗射频干扰、静音、数控、省电模式等。

二、外围元器件的设计

一般可采用手册提供的典型应用电路及其元器件参数，需要进行选择的通常为增益设定电阻和耦合电容。耦合电容按照通频带的下限频率 f_L 来确定，输入、输出端耦合电容 C_i、C_o 的选择公式分别为

$$C_i \geq \frac{3 \sim 10}{2\pi f_L R_i} \qquad C_o \geq \frac{3 \sim 10}{2\pi f_L R_L}$$

式中 R_i 为输入电阻，R_L 为负载电阻。

三、布线与装配设计

由于功率放大器处于大信号工作状态，在接线中元件分布排线走向不合理，极容易产生自激或放大器工作不稳定，严重时甚至无法正常工作。因此在设计 PCB 时，应尽量将大信号与小信号的走线分开；电源线、地线和输出线要尽量宽；大信号地与小信号地必须只在一个点上相连；避免出现闭环电源线和闭环地线；各接地线一般尽量粗短，就近接地；总接地点尽量靠近负载的接地点。

功率器件应安置在电路通风良好的部位，并远离前置放大级及耐热性能差的元件（如电解电容）

讨论题 6.5.3　实用中应如何选用合适的集成功放？

小　结

微视频 6.6：
6.5 小结

随堂测验

6.5.1　填空题

1. 传统集成功放应用电路中，若采用＿＿＿＿＿＿电源供电，则集成功放输出端构成 OCL 电路；若采用＿＿＿＿＿＿电源供电，则集成功放输出端需构成 OTL 电路，因此应在输出端串接大容量的＿＿＿＿＿。

2. 集成丁类音频功放由＿＿＿＿、＿＿＿＿和＿＿＿＿构成，具有效率＿＿＿＿、散热要求＿＿＿＿的优点。

第 6.5 节
随堂测验答案

本章知识结构图

集成放大器的应用

- 非线性应用（见第7章）
  - 电压比较器
  - 非正弦波发生电路

- 线性应用（第6章）
  - 基本运算电路
    - 比例
    - 加减
    - 微分与积分
    - 对数与指数
    } 电路、分析方法与运算表达式
    - 模拟乘法器在运算电路中的应用
      - 模拟乘法器电路及其工作原理
      - 乘法运算
      - 除法运算
      - 平方运算
      - 平方根运算
  - *交流放大电路
    - 反相放大电路
    - 同相放大电路
    } 通带增益、上下限频率的计算；电源供电方式，单电源供电时的电路与特点
    - 电压跟随器
    - 汇集放大电路
    } 电路与应用
  - 有源滤波电路
    - 滤波电路的概念与分类
    - 有源低通滤波电路
    - 有源高通滤波电路
    - 有源带通滤波电路
    - 有源带阻滤波电路
    } 电路组成，频率特性及其特点
  - *电子系统预处理放大电路
    - 仪用放大器
    - 程控增益放大器
    - 跨导型放大器
    - 隔离放大器
    } 作用、典型电路与应用
    - 电流反馈型集成运放
      - 电流模电路及其优点
      - 电流反馈型集成运放的组成、工作原理、性能特点与应用
  - *集成功率放大器
    - 甲乙类集成功放：典型电路、特点与应用
    - 丁类集成功放
      - 丁类音频功放的组成与工作原理
      - 典型电路及其应用

小 课 题

习 题

6.1 运算电路图 P6.1 所示,试分别求出各电路输出电压的大小。

6.2 写出图 P6.2 所示各电路的名称,分别计算它们的电压放大倍数和输入电阻。

6.3 运放应用电路如图 P6.3 所示,试分别求出各电路的输出电压 U_O 值。

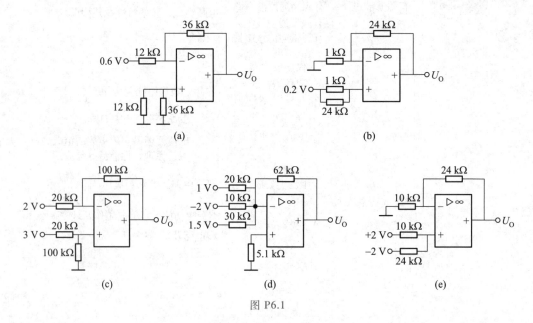

图 P6.1

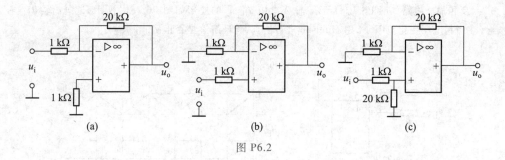

图 P6.2

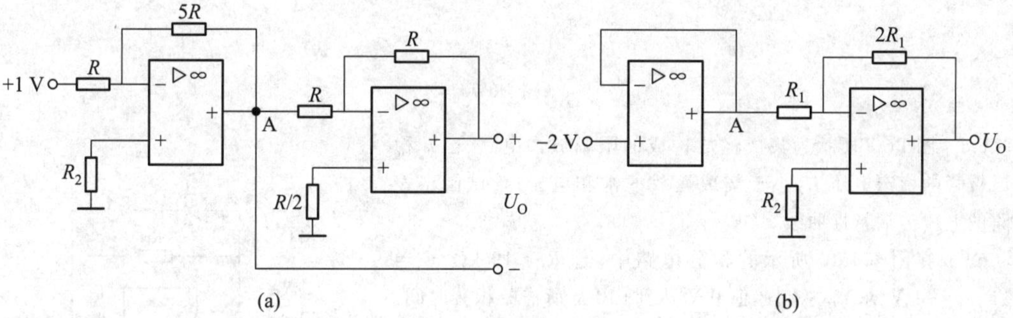

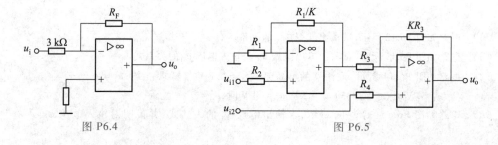

图 P6.3

6.4 图 P6.4 所示的电路中,当 $u_i = 1$ V 时,$u_o = -10$ V,试求电阻 R_F 的值。

6.5 图 P6.5 是利用集成运放构成的具有高输入电阻的差分放大电路,试求输出电压 u_o 与输入电压 u_{i1}、u_{i2} 之间的运算关系。

6.6 分别设计实现下列各运算关系的运算电路。(括号中的反馈电阻 R_F 为给定值,要求画出电路并求出元件值)。

(1) $u_o = -3u_i$ ($R_F = 39$ kΩ);

(2) $u_o = -(u_{i1} + 0.2u_{i2})$ ($R_F = 15$ kΩ);

(3) $u_o = 5u_i$ ($R_F = 20$ kΩ);

(4) $u_o = -u_{i1} + 0.2u_{i2}$ ($R_F = 10$ kΩ);

图 P6.4   图 P6.5

6.7 反相加法电路如图 P6.7(a)所示,输入电压 u_{I1}、u_{I2} 的波形如图 P6.7(b)所示,试画出输出电压 u_O 的波形(注明其电压变化范围)。用 Multisim 进行仿真,验证解答是否正确。

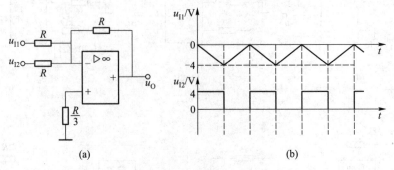

(a)   (b)

图 P6.7

6.8 图 P6.8 所示为集成运放构成的限幅放大电路,已知稳压二极管的稳定电压 U_Z 小于集成运放的饱和电压值,试画出该电路的电压传输特性曲线。

6.9 在图 6.1.10 所示的积分电路中,若 $R_1 = 10\ \text{k}\Omega$,$C_F = 1\ \mu\text{F}$,$u_1 = -1\ \text{V}$,求 u_0 从起始值 0 V 达到 +10 V 所需的积分时间。

6.10 图 P6.10(a)、(b)所示的积分电路与微分电路中,已知输入电压波形如图 P6.10(c)所示,且 $t = 0$ 时 $u_c = 0$,集成运放最大输出电压为 ±15 V,试分别画出各个电路的输出电压波形。

6.11 图 P6.11 所示电路中,当 $t = 0$ 时,$u_c = 0$,试写出 u_0 与 u_{I1}、u_{I2} 之间的关系式。

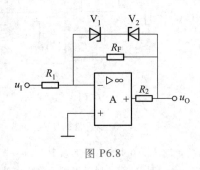

图 P6.8

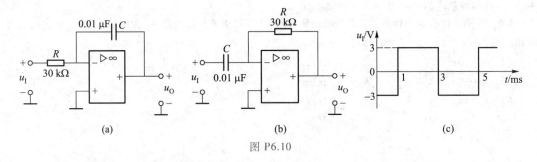

(a)   (b)   (c)

图 P6.10

6.12 电路如图 P6.12 所示,试求出 u_0 与 u_1 的关系。

6.13 电路如图 P6.13 所示,试写出输出电压 u_0 与输入电压 u_1 的关系式。

6.14 电路如图 P6.14 所示,乘法器的增益系数 $K = 0.1\ \text{V}^{-1}$,试求:(1) $u_1 = 2\ \text{V}$,$u_2 = 4\ \text{V}$ 时,$u_0 = ?$ (2) $u_1 = -2\ \text{V}$、$u_2 = 4\ \text{V}$ 时,$u_0 = ?$ (3) $u_1 = 2\ \text{V}$、$u_2 = -4\ \text{V}$ 时,$u_0 = ?$

6.15 电路如图 P6.15(a)、(b)所示,求输出电压 u_0 的表达式,并说明对输入电压 u_1、u_2 有什么要求?

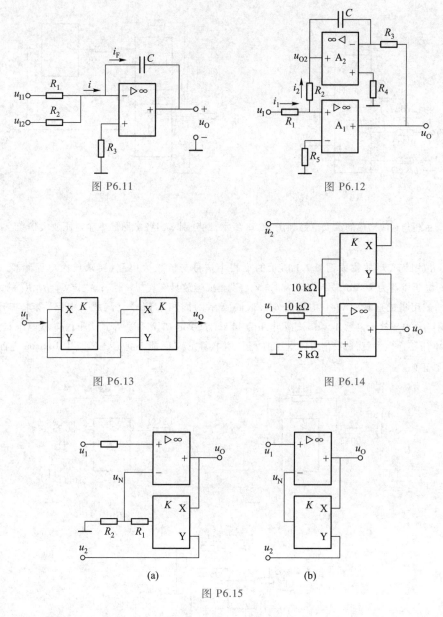

图 P6.11

图 P6.12

图 P6.13

图 P6.14

(a)

(b)

图 P6.15

6.16 电路如图 P6.16 所示,已知模拟乘法器的增益系数 $K=0.1 \text{ V}^{-1}$,当 $u_1=2 \text{ V}$ 时,求 $u_0=?$,当 $u_1=-2 \text{ V}$ 时,u_0 为多少?

6.17 正电压开方运算电路如图 P6.17 所示,试证明 $u_1>0$ 时输出电压等于

$$u_0 = \sqrt{\frac{R_2}{KR_1}u_1}$$

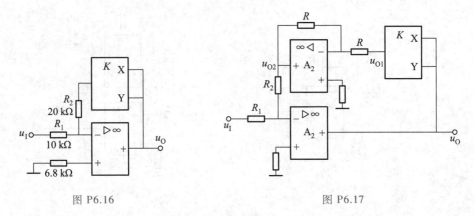

图 P6.16   图 P6.17

6.18 由理想运放构成的放大电路如图 P6.18 所示,试分别求出各电路的中频电压放大倍数及下限截止频率。

6.19 试用集成运放构成图 6.2.1 所示的反相小信号交流放大电路,要求放大电路最低工作频率为 300 Hz,电压增益为 20 dB,输入电阻为 1.2 kΩ,设集成运放具有理想特性,试决定 C_1、R_1、R_F 的大小。

6.20 试用集成运放 μA741 构成图 6.2.3(a) 所示的同相小信号交流放大电路,要求工作频带为 100 Hz~5 kHz,电压放大倍数 $A_{uf} = 15$,输入电阻为 10 kΩ,试决定 C_1、R_1、R_2、R_F 的大小;若输入电压 $U_{im} = 0.5$ V,为使输出电压不产生失真,试决定电源电压的大小,并核算 μA741 能否满足要求。用 Multisim 进行仿真,验证设计是否正确。

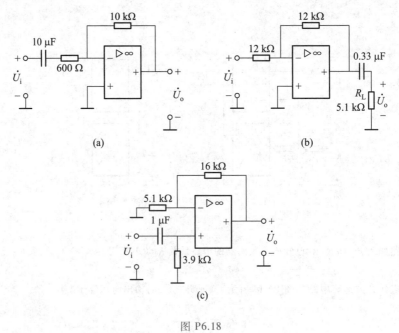

图 P6.18

6.21 由集成运放 CF741 构成的小信号交流放大电路如图 P6.21 所示,试分析电路中各主要元件的作用,求出 A_{uf} 及下限截止频率 f_L。

6.22 有源低通滤波器如图 P6.22 所示,已经 $R = 1\ \text{k}\Omega$、$C = 0.16\ \mu\text{F}$,试求出各电路的截止频率,并画出它们的幅频特性波特图。

6.23 电路如图 P6.23 所示,试写出电路的电压传输系数,说明是低通还是高通?求出截止频率及通带增益。

6.24 在图 6.3.3(a) 所示的二阶有源低通滤波器电路中,$R_1 = 10\ \text{k}\Omega$、$R_F = 5.86\ \text{k}\Omega$、$R = 1.85\ \text{k}\Omega$、$C = 0.043\ \mu\text{F}$,试计算截止频率、通带增益及 Q 值,并画出其幅频特性。

6.25 已知有源高通滤波电路如图 P6.25 所示,$R_1 = 10\ \text{k}\Omega$、$R_F = 16\ \text{k}\Omega$、$R = 6.2\ \text{k}\Omega$、$C = 0.01\ \mu\text{F}$,试求截止频率并画出其幅频特性波特图。利用 Multisim 进行仿真,验证解答是否正确。

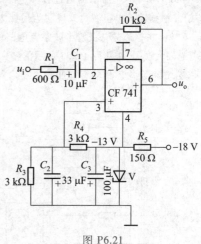

图 P6.21

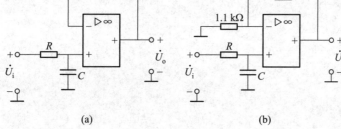

(a)   (b)

图 P6.22

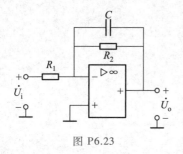

图 P6.23

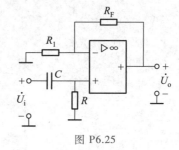

图 P6.25

6.26 设图 6.4.3 电路用以测量压力,已知测量电桥的输出信号 u_{id} 与压力 P(单位 kg)的函数关系为 $u_{id} = 0.2P(\text{mV})$,试求当压力 P 从 0 上升到 25 kg 时 u_o 的变化范围。

6.27 试利用集成程控增益放大器 PGA100 构成一个电压增益为 128 倍的放大电路。

6.28 试利用理想集成运放构成一个实现 $i_L = 0.1u_i(\text{mA})$ 的电压/电流转换电路。

6.29 试利用集成隔离放大器 ISO100 构成一个电压增益为 10 倍、输入电阻为 10 kΩ 的放大电路。

6.30 图 6.5.5 所示电路中,试估算正负电源电压均为 15 V 时,各个扬声器上的最大不失真功率,并计算输出最大不失真功率时需加的激励电压幅值。

6.31 图 P6.31 所示为通过自举电路提高输入电阻的反相放大电路,试推导输入电阻和电压增益的表达式,并根据输入电阻表达式说明为何能大大提高输入电阻?

6.32 在普通的二极管半波整流电路中,当输入电压小于 1 V 时,将因硅二极管存在 0.5 V 的死区电压而引起较大误差,采用图 P6.32 所示的精密半波整流电路,即可消除这种误差。设输入电压为幅值为 U_{im} 的正弦波,试画出电压传输特性曲线以及输入、输出电压波形。

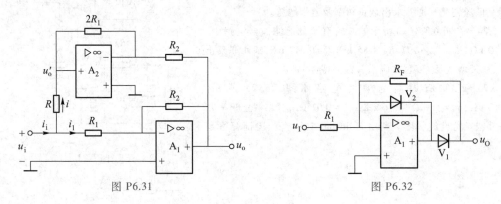

图 P6.31   图 P6.32

第7章 信号发生电路

引言 信号发生电路是一种不需要外接输入信号就能产生具有一定频率、一定幅度和一定波形的信号输出的电路,这类电路通常也称为振荡电路。它广泛应用于测量、控制、通信和电视等系统中。

按振荡输出信号波形的不同,可分为正弦波振荡电路和非正弦波振荡电路;其中正弦波振荡电路按电路形式可分为 RC 振荡电路、LC 振荡电路和石英晶体振荡电路等;非正弦波振荡电路按信号波形可分为方波、三角波和锯齿波振荡电路等。

目前,信号发生电路广泛采用集成电路来构成。信号发生电路集成芯片品种也很多,性能可靠,使用十分方便。但在高频电路中,晶体管 LC 振荡电路仍广为应用。

信号发生电路的主要性能指标有两个方面:一是振荡频率及频率稳定度;二是输出信号的幅度及幅度稳定度。另外,还要求输出波形失真小。

本章重点讨论常用的正弦波振荡电路和非正弦波振荡电路,同时也对应用广泛的电压比较器、锁相环路(PLL)、锁相频率合成电路、直接数字频率合成器(DDS)进行介绍。

7.1 正弦波振荡电路

基本要求 (1)掌握正弦波振荡电路的组成、工作原理和振荡条件;(2)掌握 RC 桥式正弦波振荡电路的组成、工作原理、分析与设计方法;(3)了解 LC 正弦波振荡电路和石英晶体正弦波振荡电路的组成、工作原理、分析方法和性能特点。

学习指导 **重点**:正弦波振荡电路的组成、振荡与否的判断和振荡频率的计算。**难点**:正弦波振荡电路相位条件的判断。**提示**:学习本节首先应搞清楚正弦波振荡电路的组成和振荡条件,然后以 RC 振荡电路为切入点,理解正弦波振荡电路的构成方法、工作原理和分析计算,熟悉正弦波振荡电路的基本形式,掌握用瞬时极性法判断电路是否满足相位条件。

正弦波振荡器根据选用的选频网络不同有 RC、LC 和石英晶体振荡电路之分,但它们的基本工作原理是相同的,所以本节先对正弦波振荡电路的基本工作原理进行分析,然后讨论常用的 RC、LC 和石英晶体振荡电路。

7.1.1 正弦波振荡电路的工作原理

一、振荡产生的基本原理

正弦波振荡电路由放大器和正反馈网络等组成,其电路原理框图如图 7.1.1 所示。假如开关 S 处在位置 1,即在放大器的输入端外加输入信号 $\dot{U}_i$ 为一定频率和幅度的正弦波,此信号经放大器放大后产生输出信号 $\dot{U}_o$,而 $\dot{U}_o$ 又作为反馈网络的输入信号,在反馈网络输出端产生反馈信号 $\dot{U}_f$。如果 $\dot{U}_f$ 和原来的输入信号 $\dot{U}_i$ 大小相等且相位相同,这时将开关 S 接至 2 端,由放大器和反馈网络组成一闭环系统,在没有外加输入信号的情况下,输出端可维持一定频率和幅度的信号 $\dot{U}_o$ 输出,从而产生了自激振荡。

为使振荡电路的输出为一个固定频率的正弦波,要求自激振荡只能在某一频率上产生,而在其他频率上不能产生。因此图 7.1.1 所示的闭环系统内,必须含有选频网络,使只有在选频网络中心频率上的信号才满足 $\dot{U}_f$ 和 $\dot{U}_i$ 相同的条件而产生自激振荡,其他频率的信号不满足条件而不能产生振荡。选频网络可以包含在放大器内,也可在反馈网络内。

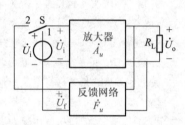

图 7.1.1　反馈振荡电路原理框图

如上所述,反馈振荡电路是一个将反馈信号作为输入信号来维持一定输出电压的闭环正反馈系统,实际上它是不需外加输入信号的。当振荡环路内存在微弱的电扰动时,如接通电源的瞬间在电路中产生很窄的脉冲、放大器内部的热噪声等,都可作为放大器的初始输入信号。由于很窄的脉冲内具有十分丰富的频率分量,经选频网络选频,使得只有某一频率的信号能反馈到放大器的输入端,而其他频率的信号被抑制,这一频率分量的信号经放大后,又通过反馈网络回送到输入端,且信号幅度比前一瞬时更大。经过数次的放大、反馈后,回送到输入端的信号幅度进一步增大,最后将使放大器进入非线性工作区,放大器的增益下降。振荡电路输出幅度越大,增益下降也越多,最后当整个环路的增益为 1 时,振荡幅度不再增大从而进入平衡状态。

二、振荡的平衡条件和起振条件

1. 振荡的平衡条件

整个环路的增益为 1,振荡幅度不再发生变化,这就是振荡的平衡条件,即

$$\dot{A}_u \dot{F}_u = 1 \tag{7.1.1}$$

根据图 7.1.1 可知其中

$$\dot{A}_u = \frac{\dot{U}_o}{\dot{U}_i} \tag{7.1.2}$$

$$\dot{F}_u = \frac{\dot{U}_f}{\dot{U}_o} \tag{7.1.3}$$

需要强调的是,$\dot{A}_u$ 和 $\dot{F}_u$ 都是复数,所以振荡的平衡条件应当包括振幅平衡条件和相位平衡条件两个方面。将式(7.1.1)写成模和相角的形式可得

（1）振幅平衡条件

$$|\dot{A}_u\dot{F}_u| = 1 \tag{7.1.4}$$

（2）相位平衡条件

$$\varphi_a + \varphi_f = 2n\pi\ (\ n = 0,1,2,\cdots\ ) \tag{7.1.5}$$

式中,$|\dot{A}_u|$、φ_a 为放大倍数 $\dot{A}_u$ 的模和相角;$|\dot{F}_u|$、φ_f 为反馈系数 $\dot{F}_u$ 的模和相角。

式(7.1.4)说明,放大器与反馈网络组成的闭合环路中,环路增益等于1,使反馈电压与输入电压大小相等。

式(7.1.5)说明,放大器和反馈网络的总相移必须等于 2π 的整数倍,使反馈电压与输入电压相位相同,以保证环路构成正反馈。

作为一个稳态振荡电路,相位平衡条件和幅度平衡条件必须同时得到满足。利用振幅平衡条件可以确定振荡电路的输出信号幅度;利用相位条件可以确定振荡信号的频率。

2. 振荡的起振条件

式(7.1.1)是维持振荡的平衡条件,是指振荡电路已进入稳态振荡而言的。为使振荡电路在接通直流电源后能够自动起振,在相位上要求反馈电压与输入电压同相,在幅度上要求 $U_f > U_i$,因此振荡的起振条件也包括相位条件和幅度条件两个方面,即

振幅起振条件

$$|\dot{A}_u\dot{F}_u| > 1 \tag{7.1.6}$$

相位起振条件

$$\varphi_a + \varphi_f = 2n\pi\ (\ n = 0,1,2,\cdots\ ) \tag{7.1.7}$$

综上所述,振荡电路既要满足起振条件,又要满足平衡条件,其中相位起振条件与相位平衡条件是一致的,相位条件是构成正弦波振荡电路的关键,即振荡闭合环路必须是正反馈。另外,要使振荡电路能够起振,在开始振荡时,必须满足 $|\dot{A}_u\dot{F}_u| > 1$。起振后,振荡幅度迅速增大,使放大器工作到非线性区,以至放大倍数 $|\dot{A}_u|$ 下降,直到 $|\dot{A}_u\dot{F}_u| = 1$,振荡幅度不再增大,进入稳定状态。

这里需指出,式(7.1.4)与式(7.1.6)中的 $\dot{A}_u$ 对于同一振荡电路其数值是不同的,起振时由于信号较小,振荡电路处于小信号状态,故电路的放大倍数较大,可满足 $|\dot{A}_u\dot{F}_u| > 1$;而在平衡状态,振荡电路处于大信号工作状态,电路的放大倍数下降,其值较小。也就是说,振荡电路中应

有稳幅环节,能使得 $|\dot{A}_u\dot{F}_u|$ 从大于 1 逐步减小到等于 1。振荡电路的稳幅可以利用放大器工作于非线性区来实现,通常把这种稳幅方法称为内稳幅;也可以保持放大器工作于线性区,而通过另外接入非线性环节进行稳幅,称为外稳幅。

三、正弦波振荡的分析方法

(1)观察电路的组成,是否含有放大器、正反馈网络、选频网络及稳幅环节等组成部分,并分析其中放大器能否正常工作(如静态工作点设置是否合适等)。

(2)用瞬时极性法判断电路是否满足振荡的相位平衡条件。

(3)判断是否满足振幅的起振条件。

(4)根据选频网络参数,估算振荡频率。

讨论题 7.1.1

(1)振荡电路的初始信号来自何处? 振荡电路稳定输出时,能量来自何处?

(2)正弦波振荡电路由哪几部分组成? 各组成部分的作用是什么? 产生正弦波振荡的条件是什么?

7.1.2　RC 振荡电路

采用 RC 选频网络构成的振荡电路,称为 RC 振荡电路,它适用于低频振荡,一般用于产生 1 Hz~1 MHz 的低频信号。实用的 RC 正弦波振荡电路有多种,这里仅介绍最常用的 RC 串并联选频网络构成的 RC 桥式振荡电路。

一、RC 串并联选频网络

由相同的 R、C 组成的串并联选频网络如图 7.1.2 所示,图中,Z_1 为 RC 串联电路,Z_2 为 RC 并联电路。其电压传输系数 $\dot{F}_u$ 为

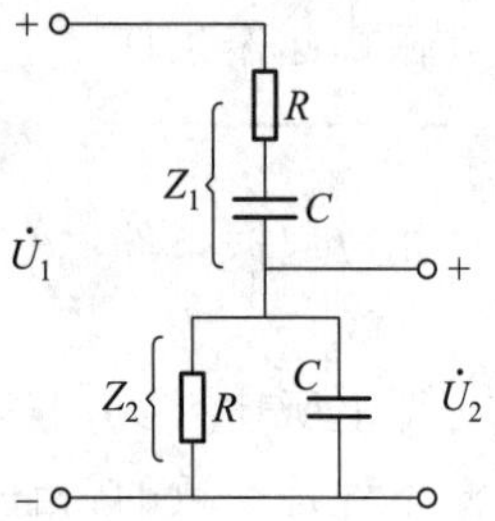

$$\dot{F}_u = \frac{\dot{U}_2}{\dot{U}_1} = \frac{R /\!/ \dfrac{1}{\mathrm{j}\omega C}}{R + \dfrac{1}{\mathrm{j}\omega C} + R /\!/ \dfrac{1}{\mathrm{j}\omega C}}$$

$$= \frac{1}{3 + \mathrm{j}\left(\omega RC - \dfrac{1}{\omega RC}\right)} = \frac{1}{3 + \mathrm{j}\left(\dfrac{\omega}{\omega_0} - \dfrac{\omega_0}{\omega}\right)} \qquad (7.1.8)$$

图 7.1.2　RC 串并联
选频网络

式中
$$\omega_0 = \frac{1}{RC} \qquad (7.1.9)$$

根据式(7.1.8)可得到 RC 串并联选频网络的幅频特性和相频特性分别为

$$\left. \begin{aligned} |\dot{F}_u| &= \frac{1}{\sqrt{3^2 + \left(\dfrac{\omega}{\omega_0} - \dfrac{\omega_0}{\omega}\right)^2}} \\[2mm] \varphi_f &= -\arctan \frac{\dfrac{\omega}{\omega_0} - \dfrac{\omega_0}{\omega}}{3} \end{aligned} \right\} \tag{7.1.10}$$

作出幅频特性和相频特性曲线,如图 7.1.3 所示。由图所见,当 $\omega = \omega_0$ 时,$|\dot{F}_u|$ 达到最大值并等于 1/3,相位 φ_f 为 0°,输出电压与输入电压同相,所以 RC 串并联网络具有选频作用。

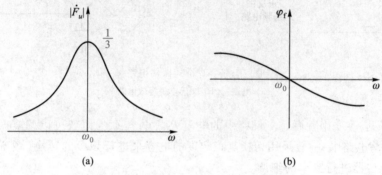

图 7.1.3 RC 串并联网络幅频特性和相频特性
(a) 幅频特性 (b) 相频特性

二、RC 桥式振荡电路

将 RC 串并联选频网络和放大器结合起来即可构成 RC 振荡电路。图 7.1.4(a)所示为由集成运放构成的 RC 桥式振荡电路,图中 RC 串并联选频网络接在运算放大器的输出端和同相输入端之间,对 $\omega = \omega_0 = \dfrac{1}{RC}$ 的信号构成正反馈;R_F、R_1 接在运放的输出端和反相输入端之间,构成负反馈。正反馈电路与负反馈电路构成文氏电桥电路,如图 7.1.4(b)所示,运放的输入端和输出端分别跨接在电桥的对角线上,所以,把这种振荡电路称为 RC 文氏电桥振荡电路,简称 RC 桥式振荡电路。

由图 7.1.4(a)可见,振荡信号由同相端输入,故构成同相放大器,输出电压 $\dot{U}_o$ 与输入电压 $\dot{U}_i$ 同相,其闭环电压放大倍数等于 $\dot{A}_u = \dot{U}_o / \dot{U}_i = 1 + (R_F/R_1)$。而 RC 串并联选频网络在 $\omega = \omega_0 = 1/RC$ 时,$\dot{F}_u = 1/3$,$\varphi_f = 0°$,所以,只要 $\dot{A}_u = \dot{U}_o / \dot{U}_i = 1 + (R_F/R_1) > 3$,即 $R_F > 2R_1$,振荡电路就能满足自激振荡的振幅和相位起振条件,产生自激振荡,振荡频率 f_0 为

$$f_0 = \frac{1}{2\pi RC} \tag{7.1.11}$$

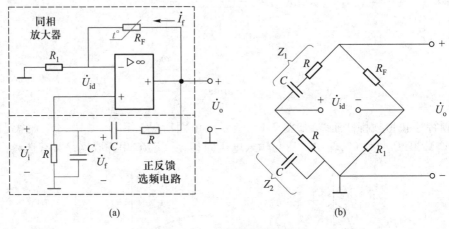

图 7.1.4 RC 桥式振荡电路

（a）电路 （b）文氏电桥等效电路

由上式可见,改变串并联选频网络中的电阻 R 或电容 C 的值就可以调节振荡频率。在常用的 RC 振荡电路中,一般采用切换高稳定度的电容来进行频段的转换(频率粗调),再采用双联可变电位器进行频率的细调。

图 7.1.4(a)中 R_F 采用了具有负温度系数的热敏电阻,用以改善振荡波形,稳定振荡幅度。若 R_F 用固定电阻,放大器的增益 $|\dot A_u|$ 为常数,为保证起振,则要求 $|\dot A_u|$ 必须大于 3,这样随着振荡幅度的不断增大,只有当运放进入非线性工作区才能使增益下降,然后达到 $|\dot A_u \dot F_u| = 1$ 的振幅平衡条件,这样振荡波形会产生严重失真。当 R_F 采用负温度系数热敏电阻起振时,由于 $\dot U_o = 0$,流过 R_F 的电流 $\dot I_f = 0$,热敏电阻 R_F 处于冷态,阻值比较大,放大器的负反馈较弱,$|\dot A_u|$ 很大,振荡很快建立。随着振荡幅度的增大,流过 R_F 的电流 $\dot I_f$ 增大,使 R_F 的温度升高,其阻值减小,负反馈加深,$|\dot A_u|$ 自动变小,在运放还未进入非线性工作区时,振荡电路即可达到平衡条件 $|\dot A_u \dot F_u| = 1$,$\dot U_o$ 停止增长,因此这时振荡波形为失真很小的正弦波。同理,当振荡建立后,由于某种原因使得输出电压幅度发生变化,可通过 R_F 电阻的变化,自动稳定输出电压幅度。如某种原因使 $\dot U_o$ 减小,那么流过 R_F 的电流 $\dot I_f$ 也将减小,则 R_F 会增大,负反馈减弱,$|\dot A_u|$ 将变大,迫使 $\dot U_o$ 恢复到原来的大小,反之亦然。由上分析可见,负反馈支路中采用热敏电阻后不但使 RC 桥式振荡电路的起振容易,振幅波形改善,同时还具有很好的稳幅特性,所以,实用 RC 桥式振荡电路中热敏电阻的选择是很重要的。

【例 7.1.1】　图 7.1.5 所示为实用 RC 桥式振荡电路。试:(1) 求振荡频率 f_0;(2) 说明二极管 V_1、V_2 的作用;(3) 说明 R_P 如何调节。

解:(1) 由式(7.1.11)可求得振荡频率为

$$f_0 = \frac{1}{2\pi \times 8.2 \times 10^3 \times 0.01 \times 10^{-6}} \text{ Hz}$$
$$= 1.94 \text{ kHz}$$

(2) 图中二极管 V_1、V_2 用以改善输出电压波形,稳定输出幅度。起振时,由于 $\dot{U}_o$ 很小,V_1、V_2 接近于开路,R_3、V_1、V_2 并联电路的等效电阻近似等于 R_3,$\dot{A}_u = 1 + (R_2 + R_3)/R_1 > 3$,电路产生振荡。随着 $\dot{U}_o$ 的增大,V_1、V_2 导通,V_1、V_2、R_3 并联电路的等效电阻减小,$\dot{A}_u$ 随之减小,当 $\dot{A}_u = 3$ 时,$\dot{U}_o$ 幅度趋于稳定。

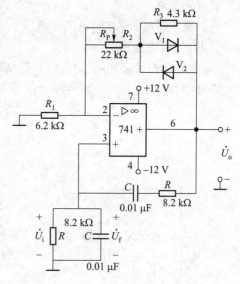

图 7.1.5　实用 RC 桥式振荡电路

(3) R_P 可用来调节输出电压的波形和幅度。为保证起振,由 $R_2 + R_3 > 2R_1$,可得到 R_2 的值必须满足 $R_2 > 2R_1 - R_3$,也就是说 R_2 过小,电路有可能停振。调节 R_P 使 R_2 略大于 $(2R_1 - R_3)$,起振后的振荡幅度较小,但输出波形比较好。调节 R_P 使 R_2 增大,输出电压的幅度增大,但输出电压波形失真也增大,当 R_2 增大到 $R_2 > 2R_1$,使得无论二极管 V_1、V_2 导通与否,电路均满足 $|\dot{A}_u| > 3$,此时振荡电路将会产生严重的限幅失真。所以为了使输出电压波形不产生严重的失真,要求 R_2 值必须小于 $2R_1$。由此可见,为了使电路容易起振,又不产生严重的波形失真,应调节 R_P 使 R_2 满足 $2R_1 > R_2 > (2R_1 - R_3)$。

利用 RC 高通或低通电路作选频网络,则可以构成移相式正弦波振荡电路,其电路可参见本章习题图 P7.1(e)。

讨论题 7.1.2

(1) 图 7.1.4(a)所示 RC 桥式振荡电路中,R_F 采用具有正温度系数的热敏电阻会有什么现象? 若 R_F 用一固定电阻、R_1 采用正温度系数的热敏电阻会有什么现象?

(2) 图 7.1.5 所示 RC 振荡电路中,调节 R_P 使之阻值为最大和最小,输出电压波形会有何变化?

7.1.3　LC 振荡电路

采用 LC 谐振回路作为选频网络的振荡电路称为 LC 振荡电路,主要用来产生高频正弦振荡信号,一般在 1 MHz 以上。根据反馈形式的不同,LC 振荡电路可分为变压器反馈式和三点式振荡电路。

一、变压器反馈式 *LC* 振荡电路

1. *LC* 并联谐振回路

LC 并联谐振回路如图 7.1.6(a)所示,图中 *r* 表示线圈 *L* 的等效损耗电阻。由于电容的损耗很小,可略去。由图可得并联谐振回路的等效阻抗为

$$Z = \frac{(r + j\omega L)\dfrac{1}{j\omega C}}{r + j\omega L + \dfrac{1}{j\omega C}}$$

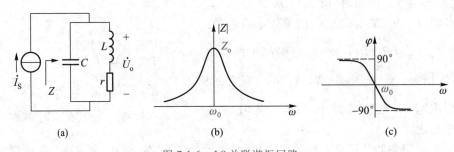

图 7.1.6 *LC* 并联谐振回路

(a)电路 (b)幅频特性 (c)相频特性

一般情况下有 $\omega L \gg r$,所以

$$Z \approx \frac{\dfrac{L}{C}}{r + j\left(\omega L - \dfrac{1}{\omega C}\right)} = \frac{\dfrac{L}{Cr}}{1 + jQ\left(\dfrac{\omega}{\omega_0} - \dfrac{\omega_0}{\omega}\right)} \tag{7.1.12}$$

其中

$$\omega_0 = \frac{1}{\sqrt{LC}} \tag{7.1.13}$$

$$Q = \frac{\sqrt{L/C}}{r} \tag{7.1.14}$$

式中,ω_0 为并联谐振角频率,Q 为并联谐振回路的品质因数,用来评价回路损耗的大小,一般在几十到几百之间。

由式(7.1.12)可得并联谐振回路阻抗的幅频特性和相频特性分别为

$$|Z| = \frac{\dfrac{L}{Cr}}{\sqrt{1 + Q^2\left(\dfrac{\omega}{\omega_0} - \dfrac{\omega_0}{\omega}\right)^2}} \tag{7.1.15}$$

$$\varphi = -\arctan Q\left(\frac{\omega}{\omega_0} - \frac{\omega_0}{\omega}\right) \tag{7.1.16}$$

作出幅频特性和相频特性曲线,如图 7.1.6(b)、(c)所示。由图可见,当 $\omega = \omega_0$ 时,回路产生谐振,$\dot{I}_s$ 与 $\dot{U}_o$ 同相,$\varphi = 0$,回路阻抗 $Z = Z_0 = L/Cr$ 为最大,且为纯电阻,故将 Z_0 称为谐振电阻。当维持电流源 $\dot{I}_s$ 幅度不变时,在谐振频率附近改变其频率,输出电压 $|\dot{U}_o|$ 的变化规律与回路阻抗频率特性相似,显然并联谐振回路具有很好的选频作用,且 Q 值越大,选频作用越好。

2. 变压器反馈式振荡电路

变压器反馈式振荡电路如图 7.1.7 所示,它由晶体管、LC 并联谐振回路构成选频放大器,变压器构成反馈网络。图中,R_{B1}、R_{B2}、R_E 为放大器的直流偏置电阻,C_B 为耦合电容,C_E 为发射极旁路电容。对于振荡频率,C_B、C_E 的容抗很小,可看成短路。

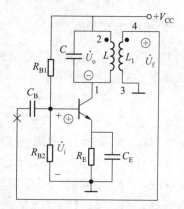

图 7.1.7 变压器反馈式振荡电路

在基极断开反馈环路,并加入频率 f 与 LC 谐振回路谐振频率 f_0 相同的输入电压 $\dot{U}_i$,经过晶体管的放大,由于负载 LC 回路谐振等效为一纯电阻,其值最大,则放大器输出电压 $\dot{U}_o$ 为最大且与 $\dot{U}_i$ 反相;当 $\dot{U}_i$ 的频率大于或小于 f_0 时,回路阻抗将迅速下降,$\dot{U}_o$ 幅值也随之下降并产生附加相移。所以,放大器具有与 LC 谐振回路阻抗特性相似的幅频特性,即放大器具有选频特性,故该放大器称为选频放大器,也称为 LC 调谐放大器。放大器输出电压经变压器的耦合反馈到放大器的输入端,所以 $\dot{U}_f$ 为反馈电压,它正比于放大器输出电压 $\dot{U}_o$。采用瞬时极性法判断电路构成正反馈,各点瞬时极性如图中所标注。$\dot{U}_f$ 与 $\dot{U}_i$ 同相,满足了振荡的相位条件。

由于 LC 回路的选频作用,电路中只有等于谐振频率的信号才能得到足够的放大,只要变压器一、二次间有足够的耦合度,就能满足振荡的幅度条件而产生正弦波振荡,其振荡频率 f_0 决定于 LC 回路的谐振频率,即

$$f_0 \approx \frac{1}{2\pi\sqrt{LC}} \tag{7.1.17}$$

在变压器反馈式振荡电路中,由于采用变压器耦合,容易满足阻抗匹配要求,输出信号大,且起振容易。若 C 采用可变电容器,则频率可连续调节,但由于变压器的分布电容及漏感的影响,限制了振荡频率的提高,所以它只适用于工作频率不太高的场合。

二、三点式 *LC* 振荡电路

三点式振荡电路是另一种常用的 *LC* 振荡电路,其特点是电路中 *LC* 并联谐振回路的三个端子分别与放大器的三个端子相连,故称为三点式振荡电路。

1. 电感三点式振荡电路

电感三点式振荡电路又称为哈特莱振荡器(Hartley oscillator),其原理电路如图 7.1.8 所示。图中晶体管 V 构成共发射极放大电路,电感 L_1、L_2 和电容 C 构成正反馈选频网络。谐振回路的三个端点 1、2、3 分别与晶体管的三个电极相接,反馈信号 $\dot{U}_f$ 取自电感线圈 L_2 两端电压,故称为电感三点式振荡电路,也称为电感反馈式振荡电路。

由图 7.1.8 可见,当回路谐振时,相对于地电位参考点,输出电压 $\dot{U}_o$ 和输入电压 $\dot{U}_i$ 反相,而 $\dot{U}_f$ 与 $\dot{U}_o$ 反相,所以 $\dot{U}_f$ 与 $\dot{U}_i$ 同相,电路在回路谐振频率上构成正反馈,从而满足了振荡的相位平衡条件。由此可得到振荡频率为

$$f_0 \approx \frac{1}{2\pi\sqrt{LC}} = \frac{1}{2\pi\sqrt{(L_1 + L_2 + 2M)C}} \quad (7.1.18)$$

式中,M 为两部分线圈之间的互感系数。

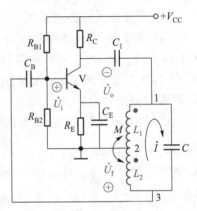

图 7.1.8　电感三点式振荡电路

电感三点式振荡电路的优点是容易起振,这是因为 L_1 和 L_2 之间耦合很紧,正反馈较强的缘故。此外,改变振荡回路的电容,就可很方便地调节振荡信号频率。但由于反馈信号取自电感 L_2 两端,而 L_2 对高次谐波呈现高阻抗,故不能抑制高次谐波的反馈,因此振荡电路输出信号中的高次谐波成分较多,信号波形较差,常用于波形要求不高的场合。

2. 电容三点式振荡电路

电容三点式振荡电路也称为科皮兹振荡器(Colpittts oscillator),其原理电路如图 7.1.9 所示。可见,电路构成与电感三点式振荡电路基本相同,不过正反馈选频网络由电容 C_1、C_2 和电感 L 构成,反馈信号 $\dot{U}_f$ 取自电容 C_2 两端,故称为电容三点式振荡电路,也称为电容反馈式振荡电路。由图 7.1.9 不难判断,在回路谐振频率上,反馈信号 $\dot{U}_f$ 与输入电压 $\dot{U}_i$ 同相,满足振荡的相位平衡条件。电路的振荡频率近似等于谐振回路的谐振频率,即

$$f_0 \approx \frac{1}{2\pi\sqrt{LC}} = \frac{1}{2\pi\sqrt{L\dfrac{C_1 C_2}{C_1 + C_2}}} \quad (7.1.19)$$

电容三点式振荡电路的反馈信号取自电容 C_2 两端,因为 C_2 对高次谐波呈现较小的容抗,反馈信号中高次谐波的分量小,故振荡电路的输出信号波形较好。但当通过改变 C_1 或 C_2 来调节振荡频率时,同时会改变正反馈量的大小,因而会使输出信号幅度发生变化,甚至

可能会使振荡电路停振。所以这种电路振荡频率的调节很不方便,常用于产生固定频率的正弦波信号。

图 7.1.10 所示的改进型电容三点式振荡电路又称克拉泼电路(Clapp oscillator),它与图 7.1.9 相比较,仅在电感支路中串入了一个容量很小的微调电容 C_3,由图可知,谐振回路的总电容为

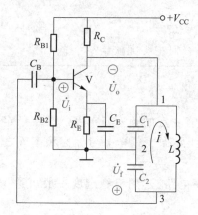

图 7.1.9 电容三点式振荡电路

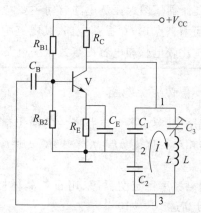

图 7.1.10 改进型电容三点式振荡电路

$$C = \frac{1}{\dfrac{1}{C_1} + \dfrac{1}{C_2} + \dfrac{1}{C_3}}$$

当 $C_3 \ll C_1$、$C_3 \ll C_2$ 时,$C \approx C_3$。所以,这种电路的振荡频率为

$$f_0 \approx \frac{1}{2\pi\sqrt{LC}} \approx \frac{1}{2\pi\sqrt{LC_3}} \tag{7.1.20}$$

这说明,在克拉泼振荡电路中,当 C_3 比 C_1、C_2 小得很多时,振荡频率仅由 C_3 和 L 来决定,与 C_1、C_2 基本无关,C_1、C_2 仅构成正反馈,它们的容量相对可以取得较大,从而减小与之相并联的晶体管输入电容、输出电容的影响,提高了频率的稳定度,同时频率调节也较方便。需要指出,为了满足相位平衡条件,L、C_3 串联支路应呈感性,所以实际振荡频率必略高于 L、C_3 支路的串联谐振频率。

3. 三点式振荡电路的组成原则

由上述讨论可以得到三点式振荡电路的基本结构形式,如图 7.1.11 所示(它是略去直流电源和偏置电路,以对振荡频率信号的交流通路形式表示)。图中,用 X_1、X_2、X_3 分别表示组成谐振回路的三个电抗元件,X_1 与 X_2 为同性质的电抗元件,以使电路满足相位平衡条件;X_3 与 X_1、X_2 为异性质电抗元件,以保证 X_1、X_2、X_3 组成谐振回路。简单地说,与发射极相连的为同性质电抗,不与发射极相连的为异性质电抗。

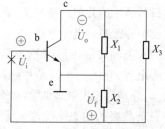

图 7.1.11 三点式 LC 振荡电路基本结构

符合这种结构的振荡电路如满足振幅平衡条件,就可以产生正弦波振荡,振荡频率近似等于谐振回路的谐振频率,可由 $X_1 + X_2 + X_3 = 0$ 求得。

讨论题 7.1.3

(1) 如何判断变压器反馈式 LC 振荡电路相位条件?

(2) 变压器反馈式振荡电路有何主要特点?

(3) 何谓三点式 LC 振荡电路,其电路构成有何特点?

(4) 试比较电感和电容三点式振荡电路,它们各有何主要优缺点?

7.1.4 石英晶体振荡电路

实际应用中,要求振荡电路产生的输出信号应具有一定的频率稳定度。频率稳定度一般用频率的相对变化量 $\Delta f / f_0$ 来表示,$\Delta f = f - f_0$,是实际振荡频率 f 与标称频率 f_0 之间的偏差。

为了提高频率稳定度,可采用石英晶体构成振荡电路,其频率稳定度一般可达 $10^{-6} \sim 10^{-8}$,有的可高达 $10^{-9} \sim 10^{-11}$。

一、石英晶体谐振器的阻抗特性

石英是一种各向异性的结晶体,其化学成分为二氧化硅。从一块晶体上按一定的方位角切下的薄片称为晶片,其形状可以是正方形、矩形或圆形等,然后在晶片的两个面上镀上银层作为电极,再用金属或玻璃外壳封装并引出电极,就成了石英晶体谐振器,通常简称为石英晶体。

石英晶体之所以能作为谐振器,是因为它具有压电效应。所谓压电效应,即当机械力作用于石英晶体使其发生机械变形时,晶片的对应面上会产生正、负电荷形成电场;反之,在晶片对应面上加一电场时,石英晶片会发生机械变形。当给石英晶片外加交变电压时,石英晶片将按交变电压的频率发生机械振动,同时机械振动又会在两个电极上产生交变电荷,结果在外电路形成交变电流。当外加交变电压的频率等于石英晶片的固有机械振动频率时,晶片发生共振,此时机械振动幅度最大,晶片两面的电荷量和电路中的交变电流也最大,产生了类似于回路谐振的现象。因此将这种现象称为压电谐振。晶片的固有机械振动频率称为谐振频率,它只与晶片的几何尺寸有关,具有很高的稳定性,而且可以做得很精确,所以用石英晶体可以构成十分理想的谐振系统。

石英晶体的图形符号如图 7.1.12(a)所示,其等效电路如图 7.1.12(b)所示,图中 C_0 称为静态电容,它的大小与晶片的几何尺寸和电极面积有关,一般在几个皮法到几十皮法之间,L_q、C_q 分别为晶片振动时的动态电感和动态电容,r_q 为晶片振动时的等效摩擦损耗电阻。由于石英晶振的动态电感非常大,而动态电容非常小,所以它具有很高的品质因数,可以高达 10^5,远远超过了一般元件所能达到的数值。又由于石英晶体的机械性能十分稳定,所以用石英谐振电路代替一般的回路构成振荡电路,可以具有很高的频率稳定度。

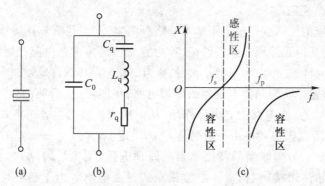

图 7.1.12　石英晶体谐振器的电路符号、等效电路及阻抗特性
（a）图形符号　（b）等效电路　（c）电抗频率特性

　　假如忽略石英晶体等效电路中的损耗电阻 r_q 的影响，就可很方便地定性画出石英晶体的电抗频率特性曲线，如图 7.1.12(c) 所示。当信号频率很低时，由动态电容 C_q 起主要作用，晶体呈容性；随着频率逐渐升高，C_q 的容抗逐渐减小，而 L_q 的感抗逐渐增大，当信号频率 $f=f_s$ 时，C_q 和 L_q 发生串联谐振，此时晶体的电抗为零；随着频率进一步升高，由动态电感 L_q 起主要作用，晶体呈现感性，等效为一个很大的电感；当频率升高到 $f=f_p$ 时，等效电感和 C_0 发生并联谐振，电抗为无穷大；当 $f > f_p$ 时，由 C_0 起主要作用，此时电抗再次呈现容性。由此可见，石英谐振器具有两个谐振频率，一个是 C_q、L_q、r_q 支路的串联谐振频率 f_s，另一个是由 C_q、L_q、C_0 构成的并联回路的并联谐振频率 f_p，它们分别为

$$f_s = \frac{1}{2\pi\sqrt{L_q C_q}} \tag{7.1.21}$$

$$f_p = \frac{1}{2\pi\sqrt{L_q \dfrac{C_0 C_q}{C_0 + C_q}}} = f_s\sqrt{1 + \frac{C_q}{C_0}} \tag{7.1.22}$$

因为 C_0 远大于 C_q，所以石英谐振器的串联谐振频率 f_s 和并联谐振频率 f_p 相差很小。

　　由图 7.1.12(c) 可见，石英晶体 f_p 与 f_s 之间等效电感的电抗曲线非常陡峭，实用中，石英晶体就工作在这一频率范围很窄的感性区内，因为只有在这一区域，晶体才等效为一个很大的电感，具有很高的 Q 值，从而具有很强的稳频作用。石英晶体使用时必须注意以下几点：

　　（1）石英晶体都规定要接一定的负载电容 C_L，用来补偿生产过程中晶片的频率误差，以达到标称频率。使用时应按产品说明书上的规定选定负载电容 C_L。为了便于调整，C_L 通常采用微调电容。

　　（2）石英晶体工作时，必须要有合适的激励电平。假如激励电平过大，频率稳定度会显著变坏，甚至可能将晶体振坏；假如激励电平过小，则噪声影响大，振荡输出幅度减小，甚至

可能停振。

二、石英晶体振荡电路

用石英晶体构成的正弦波振荡电路基本电路有两类,一类是石英晶体作为一个高 Q 值电感元件,和回路中的其他元件形成并联谐振,称为并联型晶体振荡电路;另一类是石英晶体作为一个正反馈电路元件,工作在串联谐振状态,称为串联型晶体振荡电路。

图 7.1.13 所示为并联型晶体振荡器的原理电路,由图可见,石英晶体工作在 f_p 和 f_s 之间并接近于并联谐振状态,在电路中起电感作用,从而构成改进型电容三点式 LC 振荡电路,由于 $C_3 \ll C_1$,$C_3 \ll C_2$,所以振荡频率由石英晶体与 C_3 决定。

图 7.1.14(a) 所示为串联型晶体振荡器的原理电路,图 7.1.14(b) 是它的交流通路,由图可见,若将石英晶体短接,就构成了电容三点式振荡电路。由于石英晶体串接在正反馈电路内,只有石英晶体呈纯阻性(即发生串联谐振时),电路才满足振荡的相位平衡条件。因此,该振荡电路的振荡频率取决于石英晶体,但要求 L 和 C_1、C_2 组成的并联回路调谐在石英晶体的串联谐振频率 f_s 上,这样可减小回路对振荡频率的影响。

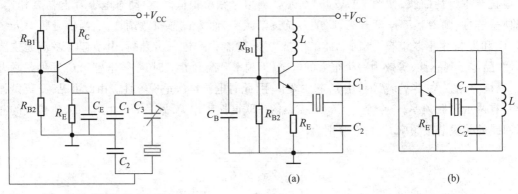

图 7.1.13　并联型晶体振荡电路

图 7.1.14　串联型晶体振荡电路
（a）原理电路　（b）交流通路

讨论题 7.1.4

　　(1) 石英晶体谐振器的阻抗特性有何特点? 石英晶体振荡电路的主要优点是什么?

　　(2) 为什么在并联型晶体振荡电路中,石英晶体作为一个电感元件使用? 能否作为电容元件使用,为什么?

7.1.5　*RC* 正弦波振荡电路仿真

在 Multisim 中构建电路如图 7.1.15 所示,通过按键"A"改变电位器接入电路的阻值。

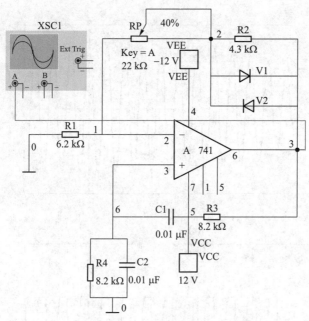

图 7.1.15 *RC* 振荡电路仿真电路

1. 输出波形的观测

通过按键"A"或"Shift+'A'"改变电位器符号中的百分数为 40%、50% 或 80%，使得电位器的值分别为 $R_P = 22×40\%$ kΩ、$R_P = 22×50\%$ kΩ、$R_P = 22×80\%$ kΩ，仿真后示波器中波形如图 7.1.16(a)、(b)、(c)所示。

在满足 $2R_1 > R_P > (2R_1 - R_2)$ 时，电路可以振荡输出正弦波。比较图 7.1.16(a)、(b)可知，R_P 越大，输出信号的振幅越大，从起振到稳定的时间越短。

当 $R_P > 2R_1$ 时，电路也可以振荡，但输出波形失真，如图 7.1.16(c)所示。

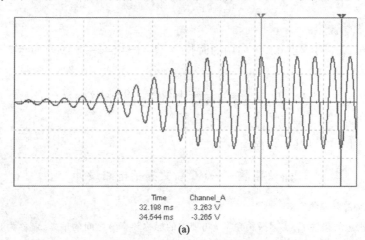

(a)

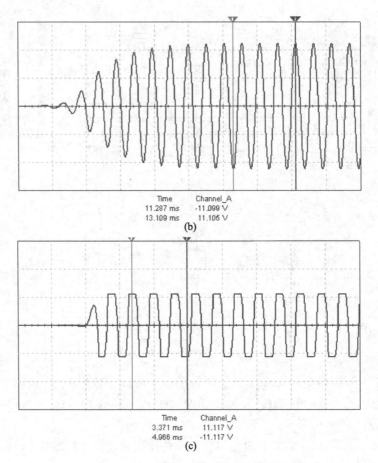

图 7.1.16 *RC* 振荡电路输出波形

(a) $R_P = 22 \times 40\%$ kΩ (b) $R_P = 22 \times 50\%$ kΩ (c) $R_P = 22 \times 80\%$ kΩ

2. 振荡频率的测量

从图 7.1.16(a) 中可读出 4.5 个周期的时长，$4.5T = (34.544 - 32.198)$ ms = 2.346 ms，所以振荡频率

$$f_0 = \frac{1}{T} = \frac{1}{\dfrac{2.346}{4.5}} \text{ kHz} \approx 1.92 \text{ kHz}$$

与例 7.1.1 计算结果基本相同。

知识拓展——*RC* 桥式振荡电路设计

一、振荡电路的频率稳定度

振荡电路在规定的条件下，实际振荡频率 f 与要求的标称频率 f_0 之间的偏差 Δf 称为频率的绝对误差，

即 $\Delta f = f - f_0$，Δf 也称为绝对频率准确度。振荡电路的频率稳定度表示为

$$\frac{\Delta f}{f_0} = \frac{f - f_0}{f_0}$$

通常频率准确度要在一段时间内进行多次测量，因而 Δf 应采用多次测量结果的最大值，Δf 越小，频率稳定度就越高。根据所规定时间长短不同，频率稳定度有长期、短期和瞬时之分。通常所讲的频率稳定度一般指短期频率稳定度，它是指一天以内振荡频率的相对变化量。

导致振荡频率不稳定的因素很多，外界因素主要有温度、电源电压以及负载变化等。由于 LC 振荡电路振荡频率主要决定于谐振回路的参数，因此为了提高频率稳定度，首先应选用高质量的回路电感器和电容器，尽量提高谐振回路的品质因数 Q 值，其次，减小负载对谐振回路的影响，提高直流电源电压的稳定度等。

二、集成运放 RC 桥式振荡电路设计的一般方法

1. 集成运放的选择

要求运放的输入电阻高、输出电阻低，最主要的是其单位增益带宽应满足 $BW_G > 3f_0$。当振荡输出幅度比较大时，集成运放工作在大信号状态，因此要求转换速率 $S_R \geqslant \omega_0 U_{om}$。

2. 选频网络元件值的确定

应按照振荡频率 $f_0 = \dfrac{1}{2\pi RC}$ 来选择 RC 的大小。为了减小集成运放输入阻抗对振荡频率的影响，应选择较小的 R；但为了减小集成运放输出阻抗对振荡频率的影响，又希望 R 大些。通常集成运放的输入电阻均比较大，所以 R 可取大些，一般可取几千欧至几十千欧的电阻。电容 C 一般应大于几百皮法，以减小电路寄生电容对振荡频率的影响，但电容值过大以至需采用电解电容是不合适的。因此，C 可在几百皮法至 $1~\mu F$ 之间选择。为了提高振荡频率的稳定度，一般选用稳定性较好、精度较高的电阻和介质损耗较小的电容。

3. 负反馈电路元件值的确定

负反馈电路元件参数的大小将决定闭环后的增益。闭环增益大，起振容易，输出幅度大，但振荡波形易产生失真；闭环增益小，输出波形好，但幅值小且容易停振。用图 7.1.5 所示电路时，选用稳幅二极管应注意：（1）从振幅的温度稳定性考虑，宜选用硅二极管。（2）为了保证正、负振幅对称，V_1、V_2 的特性应一致。其次，电阻 R_3 越大，负反馈自动调节作用越灵敏，稳幅效果越好；R_3 减小，波形失真可减小，但稳幅效果会变差。因此 R_3 选择时应两者兼顾。实践证明，R_3 取几千欧即可（也可通过调试决定）。

R_1 的阻值过大，则流过负反馈电路的电流不足，会使二极管的非线性电阻特性不明显；但 R_1 的阻值过小，又会使集成运放输出电流过大。一般 R_1 的阻值应在数百欧到几千欧之间选取。

当 R_1、R_3 阻值确定后，可按 $2R_1 > R_2 > (2R_1 - R_3)$ 来确定 R_P 的大小并留有一定的裕量。

三、正弦波振荡电路调整的基本方法

振荡电路合上直流电源后，就有可能产生振荡，可采用示波器观察输出端电压波形，若此时将正反馈电路断开，输出波形消失，则说明示波器所显示波形不是干扰或寄生振荡波形。若示波器中没有波形，则说明电路没有起振，这时应先检查电路直流工作状态是否合适，正反馈电路有没有接通，反馈极性是否正确，集成运放增益带宽积是否满足要求等。然后视需要做如下调整：（1）改变正反馈系数，提高正反馈量；（2）减小负反馈量，增加放大倍数；（3）由晶体管构成的振荡电路可通过提高静态工作点、增加集电极负载电阻、增大 LC 振荡回路的品质因数等来增加放大倍数。

振荡电路输出波形用示波器观察应为不失真的正弦波,当观察到的波形产生严重失真时,首先要减小正反馈量,提高负反馈量,使振荡电路的环路增益下降,然后再检查晶体管的静态工作点、LC 谐振回路的品质因数以及集成运算放大器的转换速率等是否符合要求。若输出电压幅值不满足要求,则采用上述方法同样可以使输出幅值增大或减小。有时在振荡波形上叠加有高频振荡信号或杂散干扰信号,说明振荡电路中产生了高频寄生振荡,这时可通过适当改变电路布线、缩短过长的接线,在反馈电路内适当增加小的衰减电阻,增加去耦电路等方法加以抑制。

小　结

微视频 7.2:
7.1 小结

随堂测验

7.1.1　填空题

1. 正弦波振荡电路主要由_____、_____、_____、_____四部分组成。

第 7.1 节
随堂测验答案

2. 设放大电路的放大倍数为 $\dot{A}_u$,反馈网络的反馈系数为 $\dot{F}_u$,则正弦波振荡电路的振幅平衡条件是____,相位平衡条件是_____。

3. RC 桥式振荡电路输出电压为正弦波时,其反馈系数 $\dot{F}_u =$ _____,放大电路的电压放大倍数 $\dot{A}_u =$ _____;若 RC 串并联网络中的电阻均为 R,电容均为 C,则振荡频率 $f_0 =$ _____。

4. RC 桥式正弦波振荡电路中,负反馈电路宜采用_____元件构成,其主要目的是为了_____。

5. 用晶体管构成的三点式 LC 振荡电路中,谐振回路应由_____种性质的电抗元件组成,在交流通路中接于发射极的两个电抗元件必须_____性质,不与发射极相接的电抗元件必须与之_____性质,方能满足振荡的相位条件。

6. 石英晶体在并联型晶体振荡电路中起_____元件作用,在串联型晶体振荡器中起_____元件作用,石英晶体振荡器的主要优点是_____。

7.1.2　单选题

1. 信号发生电路的作用是在_____情况下,产生一定频率和幅度的正弦或非正弦信号。

A. 外加输入信号　　　　　　　　　B. 没有输入信号

C. 没有直流电源电压　　　　　　　D. 没有反馈信号

2. 正弦波振荡电路的振幅起振条件是_____。

A. $|\dot{A}_u \dot{F}_u| < 1$ 　　　　　　　　B. $|\dot{A}_u \dot{F}_u| = 0$

C. $|\dot{A}_u \dot{F}_u| = 1$ 　　　　　　　　D. $|\dot{A}_u \dot{F}_u| > 1$

3. 正弦波振荡电路中振荡频率主要由_____决定。

A. 放大倍数　　　　　　　　　B. 反馈网络参数

C. 稳幅电路参数　　　　　　　D. 选频网络参数

4. RC 桥式振荡电路中，RC 串并联网络的作用是_____。

A. 选频　　　　　B. 引入正反馈　　　　C. 稳幅　　　　　　D. A 与 B

5. 常用正弦波振荡电路中，频率稳定度最高的是_____振荡电路。

A. RC 桥式　　　　　　　　　B. 电感三点式

C. 改进型电容三点式　　　　　D. 石英晶体

7.1.3　是非题(对打√；错打×)

1. 信号发生电路是用来产生正弦波信号的。(　　　)

2. 电路中存在有正反馈，且满足 $|\dot{A}_u \dot{F}_u| > 1$，就会产生正弦波振荡。(　　　)

3. RC 桥式振荡电路中，通过选频网络构成正反馈。(　　　)

4. 选频网络采用 LC 回路的振荡电路，称为 LC 振荡电路。(　　　)

5. 三点式 LC 振荡电路交流通路中 LC 回路必须有三个端点，分别与放大电路的三个端点相连，故 LC 回路只可用三个电抗元件构成。(　　　)

6. 采用石英晶体振荡电路的目的是为了提高电路工作的稳定性。(　　　)

7.2　非正弦波发生电路

基本要求　(1) 理解典型电压比较器的电路组成、工作原理和性能特点；(2) 理解非正弦波振荡电路的组成、工作原理、波形分析和主要参数；(3) 了解压控振荡电路的工作原理。

学习指导　重点：电压比较器的工作原理和传输特性；方波发生电路的组成与工作原理。难点：迟滞比较器的工作原理和传输特性；振荡波形的分析。提示：以方波发生器为切入点，理解非正弦波发生器的组成和工作原理。方波发生器由迟滞比较器与 RC 积分电路组成，只要抓住 RC 积分电路的充、放电和迟滞比较器的状态翻转条件，就易于理解方波发生器的工作原理。

非正弦波发生电路用来产生方波、三角波、锯齿波等非正弦信号，通常由比较器、积分电路和反馈电路等组成，只要反馈信号能使比较器状态发生周期性变化，即能产生振荡。本节先介绍比较器的基本结构和工作原理，再详细讨论由迟滞比较器构成的方波、三角波和锯齿波发生电路。

7.2.1　电压比较器

电压比较器的基本功能是对两个输入电压的大小进行比较，并根据比较结果输出高电平或低电平电压。作为一种常用的基本单元电路,它不但是组成各种非正弦波发生电路的核心,也广泛应用于信号处理和检测电路等方面。实用中,电压比较器可采用集成运放构成,也可采用专用的集成电压比较器。

一、单限电压比较器

最简单的电压比较器如图 7.2.1(a)所示,图中 u_I 为待比较的输入电压,同相端电压为零,即参考电压 $U_{REF} = 0$。由于集成运放工作在开环状态,具有很高的开环电压增益,因此,当 $u_I > 0$ 时,运算放大器输出为负的最大值,即低电平电压 $U_{OL} = -U_{OM}$;当 $u_I < 0$ 时,运放输出为正的最大值,即高电平电压 $U_{OH} = U_{OM}$。其传输特性如图 7.2.1(b)所示。因为运放的状态在 u_I 过零时翻转,所以图 7.2.1(a)称为过零电压比较器。

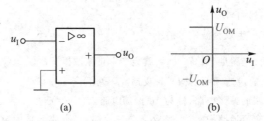

图 7.2.1 过零电压比较器

(a) 电路 (b) 传输特性

如果将参考电压 U_{REF} 接在运放的反相端,待比较的输入电压 u_I 接到同相端,如图 7.2.2(a)所示,即构成同相输入单限电压比较器。图中输出端所接稳压管用以限定输出高低电平的幅度,R 为稳压二极管限流电阻。当 $u_I > U_{REF}$ 时,输出为高电平 $U_{OH} = U_Z$,当 $u_I < U_{REF}$ 时,输出为低电平 $U_{OL} = -U_Z$,其传输特性如图 7.2.2(b)所示。

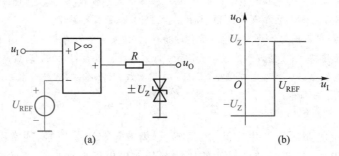

图 7.2.2 同相输入单限电压比较器

(a) 电路 (b) 传输特性

通常把比较器输出电平发生跳变时的输入电压值称为门限电压 U_T。可见,图 7.2.2(a)电路的 $U_T = U_{REF}$,由于 u_I 从同相端输入且只有一个门限,故称为同相输入单限电压比较器。反之,当 u_I 由反相端输入,U_{REF} 改接到同相端,则称为反相输入单限电压比较器。

二、迟滞比较器

上面所介绍的电压比较器,如果输入电压在门限附近有微小的干扰,就会导致状态翻转使比较器输出电压不稳定而出现错误阶跃。为了克服这一缺点,常将比较器的输出电压通过反馈网络加到同相输入端,形成正反馈,将待比较电压 u_I 加到反相输入端,参考电压 U_{REF} 通过 R_2 接到运放的同相端,如图 7.2.3(a)所示,就构成了反相输入迟滞比较器。若将 u_I 和 U_{REF} 位置互换,则构成的就是同相输入迟滞比较器。迟滞比较器也称为施密特触发器。

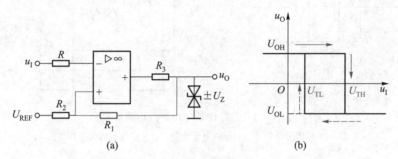

图 7.2.3 反相输入迟滞比较器
(a)电路 (b)传输特性

当 u_I 足够小时,比较器输出高电平,$U_{OH} = +U_Z$,此时同相端电压用 U_{TH} 表示,利用叠加定理可求得

$$U_{TH} = \frac{R_1 U_{REF}}{R_1 + R_2} + \frac{R_2 U_{OH}}{R_1 + R_2} \tag{7.2.1}$$

随着 u_I 的不断增大,当 $u_I > U_{TH}$ 时,比较器输出由高电平变为低电平,$U_{OL} = -U_Z$,此时的同相端电压用 U_{TL} 表示,其大小变为

$$U_{TL} = \frac{R_1 U_{REF}}{R_1 + R_2} + \frac{R_2 U_{OL}}{R_1 + R_2} \tag{7.2.2}$$

显然,$U_{TL} < U_{TH}$,因此,当 u_I 再增大时,比较器将维持输出低电平 U_{OL}。

反之,当 u_I 由大变小时,比较器先输出低电平 U_{OL},运放同相端电压为 U_{TL},只有当 u_I 减小到 $u_I < U_{TL}$ 时,比较器的输出由低电平 U_{OL} 跳变到高电平 U_{OH},此时运放同相端电压变为 U_{TH}。u_I 继续减小,比较器维持输出高电平 U_{OH}。所以,可得迟滞比较器的传输特性,如图 7.2.3(b)所示。可见,它有两个门限电压 U_{TH} 和 U_{TL},分别称为上门限电压和下门限电压,两者的差称为门限宽度或回差电压

$$\Delta U = U_{TH} - U_{TL} = \frac{R_2}{R_1 + R_2}(U_{OH} - U_{OL}) \tag{7.2.3}$$

调节 R_1 和 R_2 可改变 ΔU。ΔU 越大,比较器抗干扰的能力越强,但分辨度越差。

【例 7.2.1】 图 7.2.3(a)所示反相输入迟滞比较器中,已知 $R_1 = 40$ kΩ,$R_2 = 10$ kΩ,

$R = 8$ kΩ，$U_Z = 6$ V，$U_{REF} = 3$ V，试画出其传输特性；当输入电压 u_I 的波形如图 7.2.4(b) 所示时，试画出输出电压 u_0 的波形。

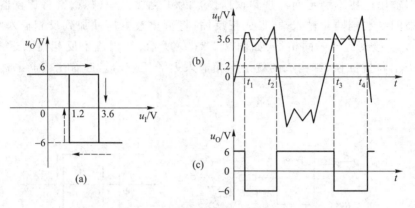

图 7.2.4　迟滞比较器用于波形整形
(a) 电压传输特性　(b) 输入电压波形　(c) 整形后的输出波形

解: 由式(7.2.1)和式(7.2.2)求得迟滞比较器的两个门限电压分别为

$$U_{TH} = \frac{40 \times 3 \text{ V}}{40 + 10} + \frac{10 \times 6 \text{ V}}{40 + 10} = 3.6 \text{ V}$$

$$U_{TL} = \frac{40 \times 3 \text{ V}}{40 + 10} - \frac{10 \times 6 \text{ V}}{40 + 10} = 1.2 \text{ V}$$

因此，可以作出电压传输特性，如图 7.2.4(a) 所示。

根据图 7.2.4(a) 和(b)可画出输出电压 u_0 的波形，如图 7.2.4(c) 所示。当 $t = 0$ 时，$u_I <$ $U_{TL}(1.2$ V$)$，所以 $u_0 = 6$ V，$U_P = U_{TH} = 3.6$ V，此后当 u_I 在 1.2～3.6 V 范围内变化，输出电压 u_0 就保持 6 V 不变；当 t 刚过 t_1 时，$u_I > 3.6$ V，u_0 由 6 V 下跳到 -6 V，此时 U_P 由 $U_{TH}(3.6$ V$)$ 变为 $U_{TL}(1.2$ V$)$，此后，只要 $u_I > 1.2$ V，u_0 就始终保持为 -6 V 不变；当 t 刚过 t_2 时，$u_I < 1.2$ V，u_0 又由 -6 V 上跳到 6 V，U_P 由 U_{TL} 变为 U_{TH}，此后只要 $u_I < 3.6$ V，u_0 就始终保持 6 V 不变。其余依此类推。由图 7.2.4(c) 可见，输入电压 u_I 经迟滞比较器后被整形为矩形波。

三、窗口比较器

窗口比较器因其传输特性曲线形似窗口而得名，它也有两个门限电压，与迟滞比较器的区别是：当输入电压向单一方向变化时，迟滞比较器的输出只跃变一次，而窗口比较器的输出跃变两次。窗口比较器常用于工业控制系统，当被测量(如温度、压力等)超出设定范围时，便可发出指示信号。

典型的窗口比较器电路如图 7.2.5(a) 所示，它由两个集成运放组成，外加参考电压 $U_{RH} > U_{RL}$，分别接于运放 A_1 的反相输入端和 A_2 的同相输入端。两运放输出端各通过一个二极管后并联在一起，然后经稳压二极管限幅电路输出，以限定输出高电平幅度，即 $U_{OH} = U_Z$。

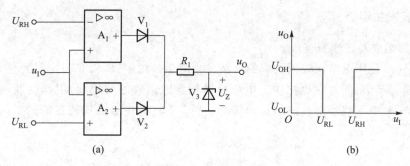

图 7.2.5　窗口比较器

（a）电路　（b）传输特性

当输入电压 $u_1 < U_{RL}$ 时，此时 u_1 必小于 U_{RH}，所以运放 A_1 输出低电平，A_2 输出高电平，因此，二极管 V_1 截止，V_2 导通，输出端稳压二极管 V_3 反向击穿，输出电压 u_0 为高电平，且 $U_{OH} = U_Z$。

当 $U_{RL} < u_1 < U_{RH}$ 时，运放 A_1、A_2 的同相端电压低于反相端电压，它们都输出低电平，所以二极管 V_1、V_2 均截止，输出电压 u_0 为低电平，$U_{OL} = 0$。

当 $u_1 > U_{RH}$ 时，此时 u_1 必大于 U_{RL}，所以运放 A_1 输出高电平，A_2 输出低电平，因此，二极管 V_1 导通、V_2 截止，输出端稳压管 V_3 反向击穿，输出电压 u_0 为高电平，且 $U_{OH} = U_Z$。

可见，U_{RH}、U_{RL} 分别为比较器的两个门限电压，设 U_{RH}、U_{RL} 均大于零，则可画出该窗口比较器的传输特性，如图 7.2.5（b）所示。

四、集成电压比较器

集成运放可以用作电压比较器，但其工作速度慢，带宽窄且输出与其他电路的兼容性差，因而实用中常采用集成电压比较器。集成电压比较器实质上是一个高增益的宽带放大器，其品种很多，有通用型、高速型、低功耗型、低电压型和高精度型等，请参阅有关资料。

讨论题 7.2.1

（1）试说明集成运算放大器作为电压比较器和运算电路使用时，它们的工作状态有什么区别？

（2）对于图 7.2.2（a）所示电路，如果将 U_{REF} 改接到同相端，u_1 由反相端输入，其传输特性与图 7.2.2（b）有何不同？

（3）对图 7.2.3（a）所示电路，如果 u_1 与 U_{REF} 互换，其传输特性与图 7.2.3（b）有何不同？

（4）如果一个迟滞比较器的两个门限电压和一个窗口比较器的两门限电压相同，当它们的输入电压相同时，输出电压波形是否也相同，为什么？

7.2.2 方波发生电路

一、电路组成及工作原理

图 7.2.6(a)是用迟滞比较器构成的方波发生电路。图中,R 和 C 为定时元件,构成积分电路,用作延迟环节;同时它也把输出电压反馈到集成运放的反相端,用作反馈网络。通过 RC 电路的充、放电实现输出状态的自动转换。图 7.2.6(a)中迟滞比较器的两个门限电压分别为

$$\left.\begin{array}{l} U_{\text{TH}} = \dfrac{R_2}{R_1 + R_2} U_{\text{OH}} = \dfrac{R_2}{R_1 + R_2} U_Z \\[3mm] U_{\text{TL}} = \dfrac{R_2}{R_1 + R_2} U_{\text{OL}} = \dfrac{-R_2}{R_1 + R_2} U_Z \end{array}\right\} \tag{7.2.4}$$

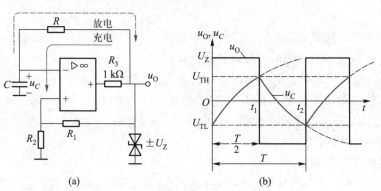

图 7.2.6 方波发生电路
(a) 电路及 C 充、放电回路 (b) u_O 与 u_C 的波形

当电路的振荡达到稳定后,电容 C 就交替充电和放电。当 $u_O = U_{\text{OH}} = U_Z$ 时,电容 C 充电,电流流向如图 7.2.6(a)实线所示,电容两端电压 u_C 不断上升,而此时运放同相端电压为上门限电压 U_{TH}。当 u_C 上升到略大于 U_{TH},输出电压变为低电平,即 $u_O = U_{\text{OL}} = -U_Z$,运放同相端电压变为下门限电压 U_{TL};随后电容 C 开始反向放电,电流流向如图 7.2.6(a)虚线所示,电容上的电压不断下降,当 u_C 下降到略低于 U_{TL} 时,u_O 又变为高电平 U_{OH},电容又开始充电,上述过程周而复始,输出端电压正、负交替变化。输出电压 u_O 波形如图 7.2.6(b)所示,图中也画出了电容两端电压的波形。由于电容充电和放电时间常数均为 RC,充电和放电的总幅值也相等,因此在一个周期内 $u_O = +U_Z$ 和 $u_O = -U_Z$ 的时间相等,故 u_O 为对称的方波。

二、振荡频率

由上面分析可见,方波发生电路的振荡频率与电容 C 的充放电规律有关。利用一阶 RC 电路的过渡过程表达式可得电容两端电压的变化规律为

$$u_C(t) = u_C(\infty) - [u_C(\infty) - u_C(0)]\mathrm{e}^{-\frac{t}{RC}} \tag{7.2.5}$$

式中，$u_C(\infty)$ 是 $t\to\infty$ 时，电容器上电压的最终趋向值，$u_C(0)$ 为选定时间起点 $t=0$ 时电容器上的电压值。由图 7.2.6(b)可知

$$\left.\begin{array}{l} u_C(0) = U_{\mathrm{TL}} = -\dfrac{R_2}{R_1 + R_2}U_\mathrm{Z} \\[3mm] u_C(\infty) = +U_\mathrm{Z} \end{array}\right\} \tag{7.2.6}$$

当 $t=t_1$ 时，相当于经过 $T/2$ 时

$$u_C(t_1) = u_C(T/2) = U_{\mathrm{TH}} = \frac{R_2}{R_1 + R_2}U_\mathrm{Z} \tag{7.2.7}$$

将式(7.2.6)和式(7.2.7)代入式(7.2.5)可得

$$\frac{R_2}{R_1 + R_2}U_\mathrm{Z} = U_\mathrm{Z} - \left[U_\mathrm{Z} + \frac{R_2}{R_1 + R_2}U_\mathrm{Z}\right]\mathrm{e}^{-\frac{T}{2RC}} \tag{7.2.8}$$

解此方程可得方波发生器的振荡频率为

$$f_0 = \frac{1}{T} = \frac{1}{2RC\ln\left(1 + \dfrac{2R_2}{R_1}\right)} \tag{7.2.9}$$

由式(7.2.9)可见，振荡频率与电路的时间常数 RC 及 R_2/R_1 有关，而与输出电压的幅值无关。在实际应用中，常用改变 R 及 C 来调节振荡频率，调整 U_Z 来改变输出电压的幅值。

图 7.2.6(a)所示电路用来产生固定的低频频率的方波信号，是一种较好的振荡电路，但是输出方波的前后沿陡度取决于集成运放的转换速率 S_R，所以当振荡频率较高时，为了获得较陡的前后沿方波，必须选用 S_R 较大的集成运放。

如欲获得矩形波发生电路(又称多谐振荡器)，只需将电容器 C 的充电和放电回路分开，使充电和放电的时间常数不相等即可实现，如图 7.2.12(a)所示。通过改变充电和放电的时间常数，可调整矩形波信号的占空比(矩形波的高电平持续时间与振荡周期之比称为占空比。方波是占空比为 50% 的矩形波)。

讨论题 7.2.2 方波发生电路的组成及工作原理与正弦波振荡电路有何区别？

7.2.3 三角波和锯齿波发生电路

一、三角波发生电路

如果用线性积分电路来代替方波发生器电路中的 RC 积分电路，则电容器两端就可获得理想的三角波电压输出。图 7.2.7(a)就是由一个同相输入迟滞比较器(A_1)和反相输入积分器

（A₂）构成的三角波发生器。由于迟滞比较器输出电压 $u_{O1} = \pm U_Z$，它的输入电压是积分器的输出电压 u_O，根据叠加定理，集成运放 A₁ 同相输入端的电位 u_{P1} 为

$$u_{P1} = \frac{R_2}{R_1 + R_2} u_{O1} + \frac{R_1}{R_1 + R_2} u_O$$

$$= \frac{R_2}{R_1 + R_2} (\pm U_Z) + \frac{R_1}{R_1 + R_2} u_O$$

在 u_{P1} 过 0 时，A₁ 的输出电压发生跳变。令 $u_{P1} = 0$，在 u_{O1} 取 $-U_Z$ 或 $+U_Z$ 时，由上式可得不同的 u_O 值，此值即为迟滞比较器的门限电压

$$U_{TH} = \frac{R_2}{R_1} U_Z \qquad U_{TL} = -\frac{R_2}{R_1} U_Z \qquad\qquad (7.2.10)$$

在接通电源的瞬间，电容 C 两端电压为 0，假定 $u_{O1} = +U_Z$，则 A₂ 积分器的电容 C 被恒流充电，电流流向如图 7.2.7(a) 实线所示，其输出电压 u_O 线性下降，当 u_O 下降到略小于 U_{TL} 时，A₁ 的输出电压 u_{O1} 由高电平（$+U_Z$）跳变为低电平（$-U_Z$），使得迟滞比较器的门限电压变为 U_{TH}，此时积分器的积分电容 C 恒流放电，输出电压 u_O 线性上升，当 u_O 上升到略高于 U_{TH} 时，u_{O1} 又由低电平（$-U_Z$）跳变为高电平（$+U_Z$），如此周而复始，产生振荡。可见，A₁ 输出电压 u_{O1} 为方波信号，A₂ 输出电压 u_O 为三角波信号，其波形如图 7.2.7(b) 所示。

由图 7.2.7(b) 还可以看出，U_{TH}、U_{TL} 即为三角波的正、负峰值。

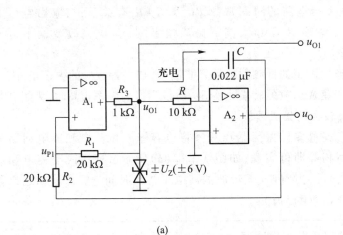
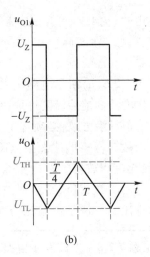

(a)

(b)

图 7.2.7　三角波发生电路
(a) 电路　(b) u_{O1} 与 u_O 的波形

三角波发生电路的振荡频率可通过积分器的输入输出关系来求得，由图 7.2.7(b) 可见三角波从零下降到 U_{TL} 时所需时间为 $T/4$，此时，$u_{O1} = U_Z$，所以

$$U_{TL} = -\frac{1}{RC}\int_0^{T/4} u_{O1}\,dt = \frac{-TU_Z}{4RC} \qquad (7.2.11)$$

将式(7.2.10)代入,则得振荡频率为

$$f_0 = \frac{1}{T} = \frac{R_1}{4R_2RC} \qquad (7.2.12)$$

由式(7.2.12)可见,改变 R、C 或 R_1/R_2 的比值都可改变振荡频率,然而改变 R_1/R_2 的比值将会改变三角波的幅值,所以通常改变电容 C 为频率粗调,改变电阻 R 为频率细调。

二、锯齿波发生电路

锯齿波实际上是不对称的三角波,其波形上升时的斜率和下降时的斜率不相等。在三角波发生电路的基础上,对其积分电阻支路稍加改动,使积分电容的充电和放电时间常数不相等,就可获得锯齿波信号输出。

【**例 7.2.2**】 锯齿波发生电路如图 7.2.8(a)所示,试画出 u_O、u_{O1} 的波形。

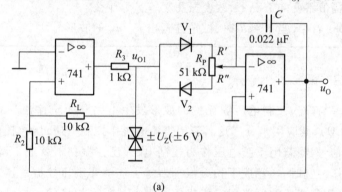

(a)

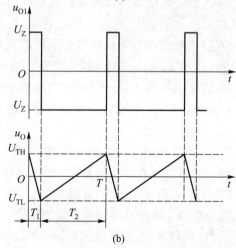

(b)

图 7.2.8 锯齿波发生电路

(a) 电路 (b) u_{O1} 与 u_O 的波形

解:设 $R' \ll R''$,根据三角波发生电路工作原理,当 u_{O1} 输出高电平($+U_Z$)时,二极管 V_1 导通、V_2 截止,u_{O1} 通过 V_1、R' 对 C 充电,由于 R' 很小,故充电时间常数很小,u_O 随时间很快线性下降;当 u_{O1} 输出低电平($-U_Z$)时,V_1 截止,V_2 导通,C 通过 V_2、R'' 放电,由于 R'' 很大,故放电时间常数比较大,u_O 随时间很慢地线性上升,因此可作出 u_O、u_{O1} 的波形,如图 7.2.8(b)所示,u_O 为锯齿波,u_{O1} 为矩形波。调节电位器 R_P 滑动端的位置,就可以改变锯齿波的上升和下降的斜率,同时矩形波 u_{O1} 的占空比 T_1/T 也会跟随改变。

忽略二极管的正向电阻,用求三角波周期的方法同样可得锯齿波周期

$$T = T_1 + T_2 = 2\frac{R_2}{R_1}R'C + 2\frac{R_2}{R_1}R''C = \frac{2R_2(R' + R'')C}{R_1} \tag{7.2.13}$$

讨论题 7.2.3

(1)试问图 7.2.7(a)所示电路的振荡频率及方波、三角波的幅值为多少?能否在保持方波、三角波幅值不变的情况下,改变振荡频率?为什么?

(2)图 7.2.8(a)中,当 $R'' \ll R'$ 时,试定性画出 u_O、u_{O1} 的波形。

7.2.4 集成压控振荡器

输出信号频率与输入控制电压成比例的波形发生电路称为压控振荡器(voltage control oscillator,简称 VCO),其应用十分广泛。若用直流电压作控制电压,压控振荡器可制成频率调节十分方便的信号源;若用正弦电压作为控制电压,压控振荡器就成了调频波振荡器;当振荡受锯齿波电压控制时,它就成了扫频振荡器等。能够实现压控振荡器功能的电路种类很多,目前广泛采用集成压控振荡器。集成压控振荡器具有较好的压控线性和很宽的频率控制范围,且频率稳定度比较高。

图 7.2.9(a)所示为积分-施密特触发器型集成压控振荡电路原理框图,它由电流源、积分器和施密特触发器组成,电流源的电流 I_0 由控制电压 u_d 控制。当 u_O 为低电平时,V_3 截止,I_0 通过 V_5 对外接电容 C 充电,电容上的电压 u_C 线性上升,当达到施密特触发器的上门限电压 U_{TH} 时,触发器状态翻转,u_O 变为高电平,V_3 由截止变为导通,此时,I_0 经 V_4、V_1、V_3 流通,而电容 C 则通过 V_2、V_3 放电。

由于 V_1、V_2 构成镜像电流源,所以通过 V_1、V_2 的电流相等,均为 I_0,所以电容以与充电相同的速率放电,直到 u_C 下降到下门限电压 U_{TL} 时,触发器状态再次翻转,V_3 又变为截止,C 重新开始充电,重复上述过程,结果得到 u_C 和 u_O 的波形,如图 7.2.9(b)所示。由于充、放电电流相等,所以输出方波的占空比为 50%,其振荡频率正比于控制电压 u_d,而与 C 的容量成反比。由于充、放电电流为常数,所以 u_C 为三角波波形。

LM566 是通用型集成压控振荡器,其内部结构及引脚排列如图 7.2.10(a)、(b)所示。3 脚输出方波,4 脚输出三角波,它们的输出电阻均为 50 Ω,其振荡频率为

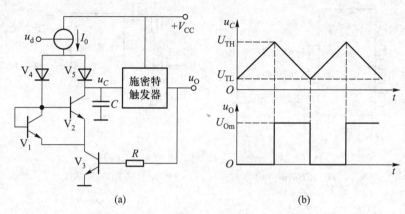

图 7.2.9 积分-施密特触发器型压控振荡电路

(a) 原理框图 (b) 输出信号波形

$$f_0 = \frac{2.4}{RC}\left(1 - \frac{U_5}{V_{CC}}\right) \tag{7.2.14}$$

式中,R、C 为外接定时电阻、电容,要求:$2\ k\Omega < R < 20\ k\Omega$;$U_5$ 为与 5 脚外接的直流控制电压,要求:$0.75V_{CC} < U_5 < V_{CC}$。

图 7.2.10(c)所示为用 LM566 构成的实用压控振荡器,其振荡频率约为120 kHz,三角波输出的峰-峰值为 1.8 V,当 5 脚输入低频交流电压 u_i 时,可获得调频方波和调频三角波的输出。

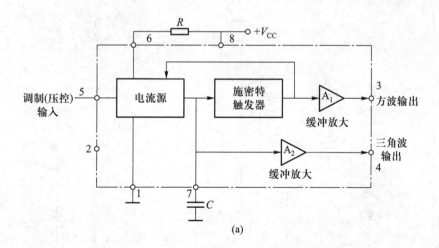

(a)

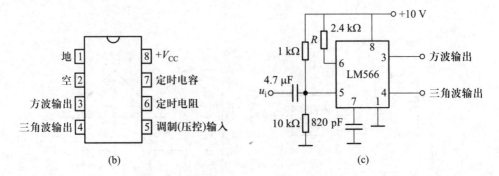

图 7.2.10 LM566 内部结构、引脚排列及应用

（a）内部结构 （b）引脚排列 （c）LM566 构成压控振荡器

7.2.5 非正弦波发生电路仿真

一、迟滞比较器的仿真

在 Multisim 中构建电路如图 7.2.11（a）所示。

该电路是同相输入迟滞比较器，设置函数发生器产生频率 10 Hz、幅值 6 V 的三角波信号。仿真后传输特性曲线如图 7.2.11（b）所示，移动光标可读出其门限电压 $U_{\text{TH}} = 1.891$ V，$U_{\text{TL}} = -1.891$ V；输入、输出波形如图 7.2.11（c）所示，当输入信号从负值增大到上门

微视频 7.3：
非正弦波发生电路
仿真

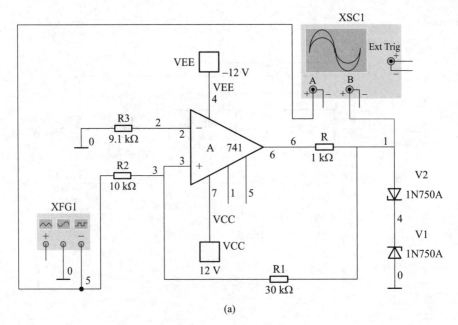

（a）

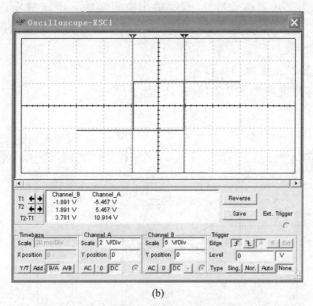

(b)

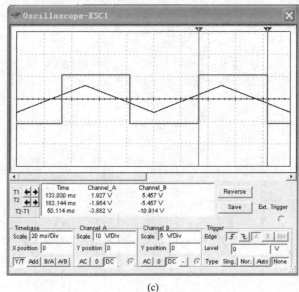

(c)

图 7.2.11　电压比较器仿真

(a) 仿真电路　(b) 传输特性　(c) 输入、输出波形

限电压时,比较器输出发生跳变,由低电平变为高电平;当输入信号从正值减小到下门限电压时,比较器输出再次发生跳变,由高电平变为低电平。从图中还可以看出,当输入电压向单一方向变化时(只增大或只减小),其输出只跃变一次。

需要说明的是,为了仿真传输特性,观察输出电压随输入电压的变化,在示波器面板的"Timebase"区,选择"B/A"。其意义是将通道 A 的输入信号作为 X 轴扫描信号,将通道 B 的信号加在 Y 轴上。

二、方波、矩形波发生电路的仿真

在 Multisim 中构建电路如图 7.2.12(a)所示。

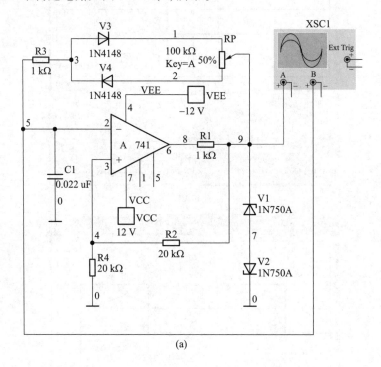

(a)

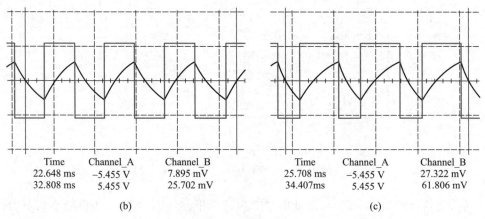

Time	Channel_A	Channel_B
22.648 ms	−5.455 V	7.895 mV
32.808 ms	5.455 V	25.702 mV

(b)

Time	Channel_A	Channel_B
25.708 ms	−5.455 V	27.322 mV
34.407ms	5.455 V	61.806 mV

(c)

图 7.2.12 方波、矩形波发生电路仿真

(a) 仿真电路 (b) 方波 (c) 矩形波

1. 输出波形的观测

通过按键"A"或"Shift+'A'"改变电位器符号中的百分数为 50% 或 65%，仿真后示波器中波形如图 7.2.12(b)、(c)所示。当取 50% 时，充、放电时间相同，所以输出的是方波；当取 65% 时，充、放电时间不同，所以输出是矩形波。从图中可读出输出电压的幅值是 ±5.455 V。

2. 振荡频率的测量

从理论上分析，方波和矩形波的频率是一样的。

从图 7.2.12(b)中可读出 3.5 个周期的时长，$3.5T = (32.808 - 22.648)$ ms $= 10.16$ ms，所以振荡频率

$$f_0 = \frac{1}{T} = \frac{1}{\dfrac{10.16}{3.5}} \text{ kHz} \approx 344 \text{ Hz}$$

从图 7.2.12(c)中可读出 3 个周期的时长，$3T = (34.407 - 25.706)$ ms $= 8.701$ ms，所以振荡频率

$$f_0 = \frac{1}{T} = \frac{1}{\dfrac{8.701}{3}} \text{ kHz} \approx 344 \text{ Hz}$$

3. 改变 C_1 值后的仿真

将 C_1 改为 0.1 μF 后再次仿真图 7.2.12(a)所示电路，波形如图 7.2.13 所示，重新测量频率得 $f_0 \approx$ 78 Hz。

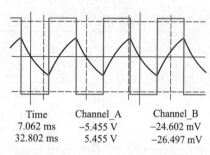

Time	Channel_A	Channel_B
7.062 ms	−5.455 V	−24.602 mV
32.802 ms	5.455 V	−26.497 mV

图 7.2.13 $C_1 = 0.1$ μF 时的波形

三、三角波、锯齿波发生电路的仿真

在 Multisim 中构建电路如图 7.2.14(a)所示。

1. 输出波形的观测

通过按键"A"或"Shift+'A'"改变电位器符号中的百分数为 50% 或 30%，仿真后示波器中波形如图7.2.14(b)、(c)所示。当取 50% 时，对电容的充、放电时间相同，所以输出的是三角波，移动光标至三角波的峰值处，可读出示数为 5.448 V。

当取 30% 时，因为对电容充、放电时间不同，所以输出是锯齿波。

2. 振荡频率的测量

按图 7.2.14(b)所示，读出 1.5 个周期内的时长后，可计算得频率约为 44 Hz。

3. 三角波频率的调节

(1) 将图 7.2.14(a)中电容 C_1 的值改为 0.1 μF 后仿真，频率变为约 88 Hz，输出信号的幅度不变。

(2) 保持电容 C_1 的值为 0.2 μF 不变，将图 7.2.14(a)中 R_1 的电阻值改为 5 kΩ 后仿真，在频率变为约 22 Hz 的同时，三角波的幅值也增加到约 10.9 V。

因此，调节信号频率时，通常采用调节 C_1，而不要采用调节 R_1 或 R_2。

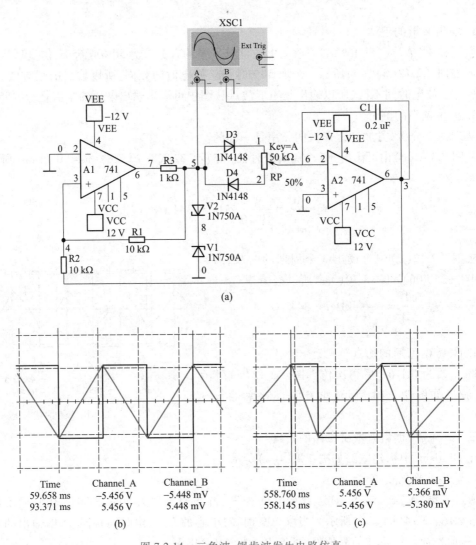

(a)

Time | Channel_A | Channel_B
59.658 ms | −5.456 V | −5.448 mV
93.371 ms | 5.456 V | 5.448 mV

(b)

Time | Channel_A | Channel_B
558.760 ms | 5.456 V | 5.366 mV
558.145 ms | −5.456 V | −5.380 mV

(c)

图 7.2.14　三角波、锯齿波发生电路仿真

（a）仿真电路　（b）三角波电路工作波形　（c）锯齿波电路工作波形

小　　结

微视频 7.4：
7.2 小结

随 堂 测 验

7.2.1　填空题

1. 电压比较器中的集成运放当同相端电压大于反相端电压时,输出_____电平,反相端电压大于同相端电压时,输出_____电平。

2. 电压比较器输出电平发生跳变时的_____,称为门限电压,只有一个门限电压的比较器称为_____电压比较器,过零电压比较器的门限电压是_____V。

3. 迟滞比较器中引入了_____反馈,它有_____门限电压。

4. 某迟滞电压比较器,当输入信号增大到 4 V 时,输出信号发生负跳变;当输入信号减小到 -2 V 时发生正跳变,则该迟滞比较器的上门限电压是_____V,下门限电压是_____V,回差电压是_____V。

5. 矩形波的_____与_____的比值,称为占空比,方波的占空比为_____。改变方波发生器积分电路结构,使其充、放电时间常数_____,就可以得到矩形波输出。

6. 用_____比较器和_____电路可构成三角波产生电路。

7. 输出信号频率与输入控制电压成比例的波形发生电路,称为_____振荡器。

7.2.2　单选题

1. 由集成运放构成的电压比较器,其集成运放工作在_____状态。

A. 开环　　　　　　　B. 正反馈　　　　　　C. 放大　　　　　　　D. A 或 B

2. 若希望在输入电压 $u_1 < 2$ V 时,输出电压 u_0 为低电平,输入电压 $u_1 > 2$ V 时,输出电压 u_0 为高电平,可用_____电压比较器。

A. 过零　　　　　　　B. 单限　　　　　　　C. 迟滞　　　　　　　D. 窗口

3. 输入电压单方向变化时,输出电压会跳变二次的电压比较器是_____。

A. 过零比较器　　　　B. 单限比较器　　　　C. 迟滞比较器　　　　D. 窗口比较器

7.2.3　是非题(对打√;错打×)

1. 电压比较器输出只有高电平和低电平两种状态,输入高电平时,输出为高电平;输入低电平时,输出为低电平。(　　　)

2. 窗口电压比较器与迟滞电压比较器都有两个门限电压。(　　　)

3. 非正弦波发生电路只要反馈信号能使电压比较器的状态发生周期性跳变,即能产生周期性的振荡。(　　　)

4. 三角波与锯齿波发生电路没有本质的区别,只要改变三角波发生电路中的积分电路结构,使其充、放电时间常数不相等,就可以获得锯齿波输出。(　　　)

*7.3　频率合成电路

基本要求　了解锁相环路和锁相频率合成电路的组成、基本工作原理。了解直接数字频率合成器。

学习指导　重点:锁相环路的组成,应用锁相环路构成基本的频率合成电路。提示:由于集成锁相环在自动控制、频率综合、信号检测等领域应用越来越广泛,因此适当了解这方面知识很有必要。

在现代通信设备及测量系统中,不但要求电路产生准确和稳定度高的信号频率,而且要求方便地改换频率。石英晶体振荡器虽有很高的频率准确度和稳定度,但其频率只能在很窄的范围内进行微调。采用锁相环路和石英晶体振荡电路构成的锁相频率合成电路就可以实现上述要求,不过频率的变换是离散的。

7.3.1 锁相环路

一、锁相环路的基本工作原理

锁相环路简称 PLL(phase locked loop)是一种相位自动控制电路,它是利用相位的调节去消除频率的误差,实现无误差频率跟踪的负反馈系统。

锁相环路的基本组成框图如图 7.3.1 所示,它由鉴相器(PD)、环路滤波器(LF)和压控振荡器(VCO)组成闭合环路。

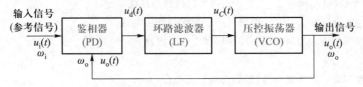

图 7.3.1 锁相环路基本组成框图

鉴相器是相位比较部件,它能够鉴别出两个输入信号之间的相位误差,其输出电压 $u_d(t)$ 与两输入信号之间的相位误差成比例。

环路滤波器具有低通特性,用来消除鉴相器输出信号中的高频分量和噪声,改善压控振荡器控制电压的频谱纯度,提高系统的稳定性。通常环路滤波器是由 R、C 元件构成的无源或有源滤波器。

压控振荡器是一个电压-频率(相位)变换电路,当 $u_C(t) = 0$ 时,它有一个固有振荡角频率,用 ω_{oo} 表示,在环路滤波器的输出电压 $u_C(t)$ 的作用下,其振荡角频率 ω_o 在 ω_{oo} 上下发生变化,因此压控振荡器的振荡频率和相位是受 $u_C(t)$ 控制的。

若锁相环路中压控振荡器的输出信号角频率 ω_o 或输入信号角频率 ω_i 发生变化,则输入到鉴相器的电压 $u_i(t)$ 和 $u_o(t)$ 之间必定会产生相应的相位变化,鉴相器输出一个与相位误差成比例的误差电压 $u_d(t)$,经过环路滤波器取出其中缓慢变化的直流电压 $u_C(t)$,控制压控振荡器输出信号的频率和相位,使得 $u_i(t)$ 和 $u_o(t)$ 之间的频率和相位差减小,直到两信号之间的相位差等于常数,压控振荡器输出信号的频率和输入信号频率相等时为止,此时称锁相环路处在锁定状态。假如环路的输出信号和输入信号频率不等,则称锁相环路处在失锁状态。

若锁相环路已处于锁定状态,当输入信号频率发生变化,环路通过自身的调节,始终维持锁定的过程称为环路跟踪过程。通常用同步带来反映锁相环路跟踪特性,环路能够自动维持跟踪的最大固有频差称为同步带。若锁相环路原先是失锁的,由于环路自身的调节作用,环路由失锁进入锁定的过程称为环路的捕捉过程。环路能够从失锁进入锁定的最大固有频差称为捕捉带,捕捉带的大小反映了环路捕捉的性能。

二、集成锁相环路

随着集成电路技术的发展,通用单片集成锁相环路以及各种专用集成锁相环路不断出现,锁相环路已成为一种成本低、使用简便的多功能器件。目前生产的集成锁相环路按其结构不同有模拟和数字两大类。模拟锁相环路以模拟电路为主,大多是双极型的。数字锁相环路是指环路全部由数字电路组成。这里仅介绍 CMOS 数字集成锁相环路 CD4046 及其应用。

CD4046 是低频多功能单片集成锁相环路,它具有电源电压范围宽、功耗低和输入阻抗高等特点,最高工作频率为 1 MHz。CD4046 的内部组成框图和引脚功能如图 7.3.2 所示。

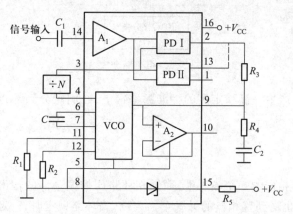

图 7.3.2 CD4046 内部组成框图和引脚功能

由图可见,CD4046 内含有两个鉴相器、整形放大电路 A_1、缓冲放大器 A_2、压控振荡器 VCO 以及内部稳压电路等,可根据实际需要选择其中一个鉴相器作为锁相环路的鉴相器,PD I 要求输入信号均为占空比是 50% 的方波。外接电容 C 和电阻 R_1、R_2 决定压控振荡器的振荡频率范围,R_1 控制最高振荡频率,R_2 控制最低振荡频率,当 $R_2 \to \infty$ 时,最低振荡频率为 0。R_3、R_4 和 C_2 组成环路滤波器,引脚 5 具有"禁止端"功能。当引脚 5 接高电平时,VCO 的电源被切断,VCO 停振;当引脚 5 接低电平时,VCO 正常工作。引脚 1 输出为锁定指示,输出高电平表示环路锁定。R_5 为内部稳压电路所需的限流电阻。为了保证锁相环路正常工作,要求引脚 14 的输入信号幅度应大于0.1 V。

讨论题 7.3.1

（1）锁相环路有何功能？它由哪几部分组成？各组成部分有何作用。

（2）何谓锁相环路的"失锁""锁定"？何谓锁相环路的捕捉和跟踪？

7.3.2 锁相频率合成电路

锁相频率合成电路由基准频率发生器、锁相环路和可编程序分频器三部分构成,其原理框图如图 7.3.3 所示。

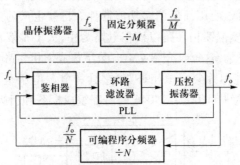

图 7.3.3 锁相频率合成电路

由石英晶体振荡产生一高稳定度的标准频率源 f_s,经固定分频器进行 M 分频后得到参考频率 f_r,显然有

$$f_r = \frac{f_s}{M} \tag{7.3.1}$$

它被送到锁相环路鉴相器的一个输入端,而锁相环路压控振荡器的输出频率为 f_o,经可编程序分频器 N 分频后,也送到鉴相器的另一个输入端,当环路锁定时,一定有

$$f_r = \frac{f_o}{N} \tag{7.3.2}$$

因此,压控振荡器的输出信号频率为

$$f_o = \frac{N}{M}f_s = Nf_r \tag{7.3.3}$$

亦即输出信号频率 f_o 为输入参考信号频率 f_r 的 N 倍,改变分频系数 N 就可得到不同频率的信号输出,f_r 也是各输出信号频率之间的频率间隔,称为频率合成电路的频率分辨率。由此可见,锁相频率合成电路可以产生大量的与基准参考频率源有相同精度和稳定度的离散频率信号。

讨论题 7.3.2 频率合成电路有何作用? 如何用锁相环路构成频率合成电路?

7.3.3 直接数字频率合成器

直接数字频率合成器简称 DDS,它采用全数字技术,是将先进的数字处理理论和方法引入信号合成的一项新技术。随着微电子集成技术的发展,DDS 集成电路器件发展非常迅速,它与传统的频率合成器相比,具有极宽的工作频率范围、极高的频率分辨率、极快的频率切换速度而且频率切换时相位连续、任意波形的输出能力和数字调制性能等优点,目前已广泛用于通信,雷达、导航和仪器仪表等领域。

直接数字频率合成技术是根据奈奎斯特取样定理,从连续信号的相位出发,对一个正弦信号取样、量化、编码,形成一个正弦函数表,储存在只读存储器中,合成时通过改变相位累加器的频率控制字,改变相位增量,相位增量的不同导致一周期内的取样点不同,从而使得输出频率不同。正弦函数表中存储的数据具有相位−幅值的对应关系,所以在取样频率不变的情况下,通过改变相位累加器的频率控制字,将变化的相位−幅值量化的数字信号送到数模变换电路和低通滤波器,即可得到所需频率的模拟信号。改变只读存储器中的数据值,可以得到不同的波形,如正弦波、三角波、方波、锯齿波等。

DDS 基本结构和各点波形如图 7.3.4 所示。它主要由参考时钟、相位累加器、只读存储器、数模转换器和低通滤波器组成。参考时钟是一个高稳定度的晶体振荡器,用以同步 DDS 各部分的工作,因此 DDS 输出的合成信号频率的稳定度和晶体振荡器是一样的。相位累加器由一个 N 位数字全加器和一个 N 位相位寄存器组成,每来一个时钟 f_c,相位累加器对频率控制字 K 进行线性累加,输出的相位序列 $\varphi(n)$ 对波形存储器(只读存储器)寻址。波形存储器主要完成信号的相位序列 $\varphi(n)$ 到幅度序列 $f(n)$ 之间的转换,它由只读存储器来完成。由只读存储器输出的幅度码经过数模转换器得到对应的阶梯波,再经低通滤波器,就可得到连续变化的所需频率的模拟信号。

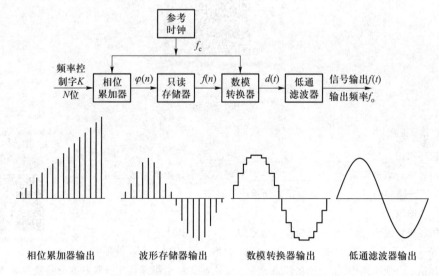

图 7.3.4 DDS 原理框图及各点信号波形

当频率控制字为 K,相位累加器为 N 位时,DDS 的输出频率为

$$f_o = \frac{K}{2^N} f_c \tag{7.3.4}$$

当 $K=1$ 时,输出频率为最低,即

$$f_{o \min} = \frac{f_c}{2^N} \qquad (7.3.5)$$

式(7.3.5)也是 DDS 的频率分辨率。

DDS 系统的另一特点是它的输出信号上没有叠加任何电流脉冲,输出变化是一个平稳的过渡过程,而且保持相位连续变化,这是其他频率合成技术所不具备的。

DDS 和 PLL 是两种频率合成技术,其频率合成的方式是不同的。DDS 是一种全数字开环系统,而 PLL 是一种模拟闭环系统,由于合成方式不同,各有其独有的特点。DDS 并不能取代传统的频率合成技术,它的出现只是为现代频率合成技术提供了又一种新的手段。若将 DDS 和 PLL 两种技术相结合,可达到单一技术难以达到的结果。

> **讨论题 7.3.3** DDS 和 PLL 频率合成电路有何不同?

小　结

微视频 7.5:
7.3 小结

随 堂 测 验

7.3.1　填空题

1. 锁相环路由_____、_____和_____组成。

2. 锁相频率合成电路由_____、_____和可编程序分频器组成,通过改变可编程序分频器的_____,就能很方便地改换频率。

第 7.3 节
随堂测验答案

7.3.2　单选题

1. 锁相环路锁定时,其输出信号与输入信号的_____相同。

A. 频率　　　　　　B. 相位　　　　　　C. 幅值　　　　　　D. 波形

2. 锁相频率合成电路中,输入锁相环路的参考信号频率为 f_r,可编程序分频器的分频系数为 N,当环路锁定时,锁相频率合成电路输出信号频率 f_o 与 f_r 的关系为_____。

A. $f_o = f_r/N$　　　B. $f_o = f_r$　　　C. $f_o = Nf_r$　　　D. $f_o = (N+1)f_r$

7.3.3　是非题(对打√;错打×)

1. 锁相环路锁定时,其输出信号与输入信号相同。(　　　)

2. 锁相环路锁定时,输出信号的频率能在一定范围内跟随输入信号频率变化,并保持相等。(　　　)

本章知识结构图

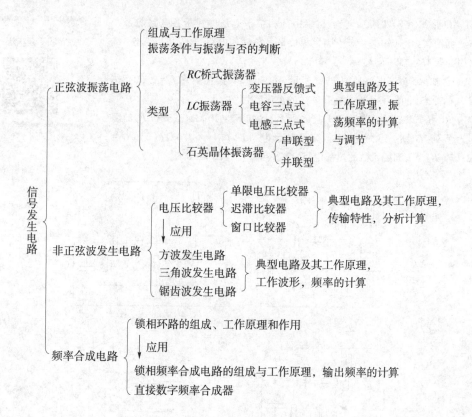

小 课 题

微视频 7.6：
第 7 章小课题

习　题

7.1　电路如图 P7.1 所示,(1) 试用振荡相位平衡条件判断各电路能否产生正弦波振荡,为什么? (2) 对于满足相位平衡条件的电路,假设可以起振,试问电路中是否有稳幅环节?

7.2　已知 RC 振荡电路如图 P7.2 所示,试求:(1) 振荡频率 $f_0 = ?$ (2) 热敏电阻 R_t 的冷态阻值;(3) R_t 应具有怎样的温度特性?

7.3　RC 桥式振荡电路如图 7.1.4(a) 所示,已知 $R_1 = 10$ kΩ,试分析 R_F 的阻值分别为下列三种情况,输出电压波形的形状。(1) $R_F = 10$ kΩ;(2) $R_F = 100$ kΩ;(3) R_F 为负温度系数的热敏电阻,冷态阻值大于 20 kΩ。

第 7 章
部分习题答案

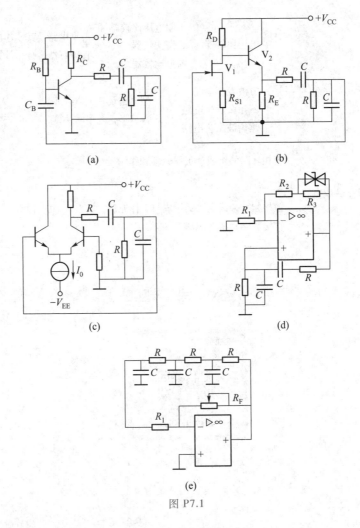

(a)

(b)

(c)

(d)

(e)

图 P7.1

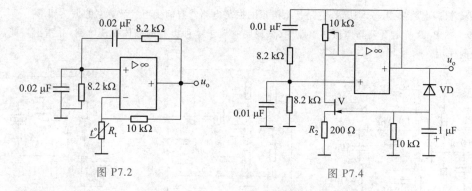

图 P7.2   图 P7.4

7.4 *RC* 桥式振荡电路中,也常用 JFET 作为稳幅元件,控制放大器的增益。在 Multisim 中构建图 P7.4 所示电路,并进行仿真,分析其稳幅原理。

7.5 图 7.1.5 所示 *RC* 桥式振荡电路中,$R_2 = 10\ \text{k}\Omega$,电路已产生稳幅正弦波振荡,当输出电压达到正弦波峰值时,二极管的正向压降约为 0.6 V,试粗略估算输出正弦波电压的幅值 U_{om}。

7.6 分析图 P7.6 所示电路,标明二次线圈的同名端,使之满足相位平衡条件,并求出振荡频率。

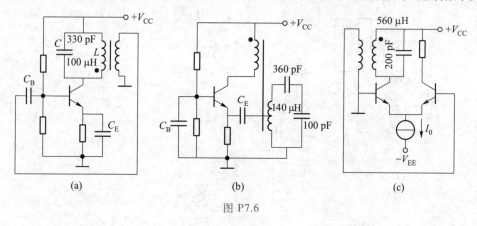

(a)   (b)   (c)

图 P7.6

7.7 根据自激振荡的相位条件,判断图 P7.7 所示电路能否产生振荡,在能振荡的电路中求出振荡频率的大小。

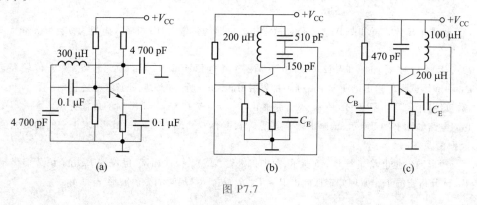

(a)   (b)   (c)

图 P7.7

7.8 振荡电路如图 P7.8 所示,它是什么类型的振荡电路? 有何优点? 计算它的振荡频率。

7.9 图 P7.9 所示石英晶体振荡电路中,试说明它属于哪种类型的晶体振荡电路,并指出石英晶体在电路中的作用。

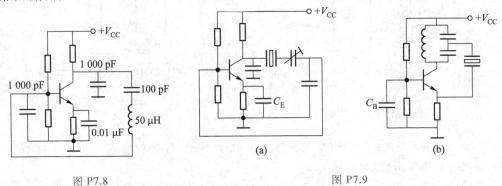

图 P7.8   图 P7.9

7.10 试画出图 P7.10 所示各电压比较器的传输特性。

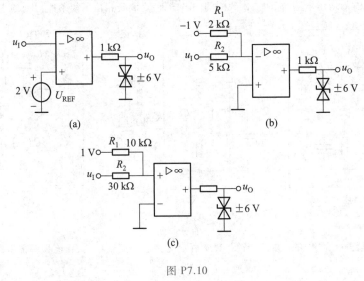

图 P7.10

7.11 迟滞电压比较器如图 P7.11 所示,试画出该电路的传输特性;当输入电压为 $u_1 = 4\sin \omega t$ V 时,试画出输出电压 u_0 的波形。

7.12 迟滞比较器如图 P7.12 所示,试计算门限电压 U_{TH}、U_{TL} 和回差电压,画出传输特性;当 $u_1 = 6\sin \omega t$ V 时,试画出输出电压 u_0 的波形,并利用 Multisim 进行仿真,验证解答是否正确。

7.13 迟滞比较器如图 P7.13 所示,试分别画出 $U_{REF} = 0$ V 和 $U_{REF} = 2$ V 时的传输特性。

7.14 电路如图 P7.14 所示,试画出输出电压 u_0 和电容 C 两端电压 u_C 的波形,求出它们的最大值和最小值以及振荡频率。

7.15 矩形波发生电路如图 P7.15 所示,图中二极管 V_1、V_2 特性相同,电位器 R_P 用来调节输出矩形波的占空比,试分析它的工作原理并定性画出 $R' = R''$, $R' > R''$, $R' < R''$ 时的振荡波形 u_0 和 u_C。

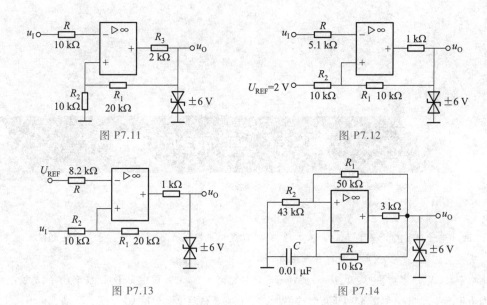

图 P7.11　　　　　　　　　　　　　　图 P7.12

图 P7.13　　　　　　　　　　　　　　图 P7.14

7.16　三角波发生电路如图 P7.16 所示,试画出 u_{O1}、u_O 的波形,求出其振荡频率,并利用 Multisim 进行仿真,验证解答是否正确。

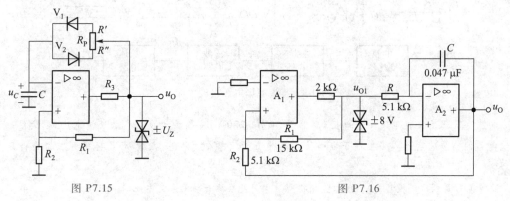

图 P7.15　　　　　　　　　　　　　　图 P7.16

7.17　设计一个低通滤波器用以取出图 P7.16 输出信号的基波成分,对该滤波器的截止频率有何要求?将该滤波器级联于图 P7.16,在 Multisim 中构建电路并运行仿真,能否输出不失真的正弦波?

7.18　频率合成器框图如图 P7.18 所示,要求输出信号频率为 440 kHz,频率间隔为 2 kHz,试求各分频比 M 及 N。

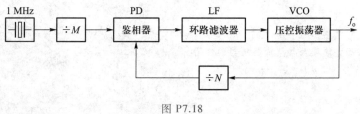

图 P7.18

第8章　直流稳压电源

引言　电子电路都需要稳定的直流电源供电,以提供电路工作所需要的能量。在有电网的地方,一般都采用将交流电变为直流电的直流稳压电源。

小功率直流稳压电源因功率比较小,通常采用单相交流供电,它一般由变压器、整流电路、滤波电路和稳压电路等四部分组成,如图 8.0.1 所示。各组成部分的电压波形也示于图中。

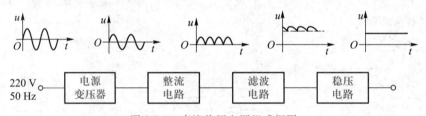

图 8.0.1　直流稳压电源组成框图

电源变压器用来将市电交流电压(通常为 50 Hz、220 V)变换为大小合适的交流电压,以满足后续整流电路的需要。由于大多数电子电路使用的电压都不高,所以,一般情况下电源变压器为降压变压器。

整流电路是利用二极管的单向导电性,将交流电压变换为脉动的直流电压。

滤波电路是用电容、电感等储能元件构成,用来滤除整流后脉动电压中的交流成分,使之成为平滑的直流电压。

稳压电路是利用自动调整原理构成的电子电路,用来当输入交流电压波动、负载和温度变化时,维持输出直流电压的稳定。目前广泛采用集成稳压器。集成稳压器种类很多,主要可分为线性稳压和开关稳压两大类。

本章先讨论单相整流滤波电路,然后重点讨论线性稳压电路工作原理、三端集成稳压器及其应用,最后介绍开关稳压电路工作原理及其集成稳压器的应用。

8.1 单相整流滤波电路

基本要求 （1）掌握单相整流电路的工作原理；（2）理解电容滤波电路的特点。（3）掌握单相桥式整流电容滤波电路的分析与设计。

学习指导 重点：单相桥式整流电容滤波电路的估算。难点：电容滤波电路的工作原理。

8.1.1 单相整流电路

利用二极管的单向导电作用，可将交流电变为直流电。常用的二极管整流电路有单相半波整流电路和桥式整流电路等。

一、单相半波整流电路

单相半波整流电路如图 8.1.1(a)所示，图中 Tr 为电源变压器，用来将市电 220 V 交流电压变换为整流电路所要求的交流低电压，同时保证直流电源与市电电源有良好的隔离。设变压器二次电压为 $u_2 = \sqrt{2}\,U_2 \sin \omega t$。V 为整流二极管，设它为理想二极管。$R_L$ 为要求直流供电的负载等效电阻。

当 u_2 为正半周($0 \leqslant \omega t \leqslant \pi$)时，由图 8.1.1(a)可见，二极管 V 因正偏而导通，流过二极管的电流 i_D 同时流过负载电阻 R_L，即 $i_0 = i_D$，负载电阻上的电压 $u_0 \approx u_2$。当 u_2 为负半周($\pi \leqslant \omega t \leqslant 2\pi$)时，二极管因反偏而截止，$i_0 \approx 0$，因此，输出电压 $u_0 \approx 0$，此时 u_2 全部加在二极管两端，即二极管承受反向电压 $u_D \approx u_2$。

u_2、u_0、i_0、u_D 波形示于图 8.1.1(b)中，由图可见，负载上得到单方向的脉动电压。由于该电路中在 u_2 的正半周有输出，所以称为半波整流电路。

半波整流电路输出电压的平均值 $U_{O(AV)}$ 为

$$U_{O(AV)} = \frac{1}{2\pi} \int_0^{2\pi} u_0 \mathrm{d}(\omega t)$$

$$= \frac{1}{2\pi} \int_0^{\pi} \sqrt{2}\,U_2 \sin(\omega t)\, \mathrm{d}(\omega t)$$

$$= \frac{\sqrt{2}}{\pi} U_2 = 0.45 U_2 \qquad (8.1.1)$$

流过二极管的平均电流 $I_{D(AV)}$ 为

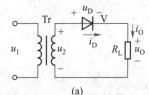

(a)

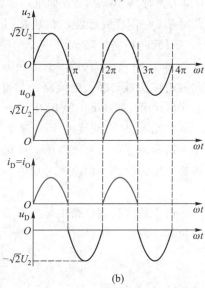

(b)

图 8.1.1 半波整流电路及其波形

(a) 电路 (b) 波形

$$I_{D(AV)} = I_{O(AV)} = \frac{U_{O(AV)}}{R_L} = 0.45\frac{U_2}{R_L} \qquad (8.1.2)$$

二极管承受的反向峰值电压 U_{RM} 为

$$U_{RM} = \sqrt{2}U_2 \qquad (8.1.3)$$

半波整流电路结构简单,使用元件少,但整流效率低,输出电压脉动大,因此,它只适用于要求不高的场合。

二、桥式整流电路

为了克服半波整流的缺点,常采用桥式整流电路,如图 8.1.2(a) 所示。图中,$V_1 \sim V_4$ 四个整流二极管接成电桥形式,故称为桥式整流,其简化电路如图 8.1.2(b) 所示。

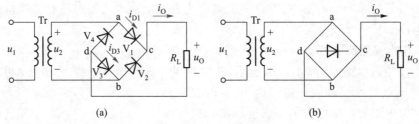

图 8.1.2　桥式整流电路

(a) 电路　(b) 简化电路

设变压器二次电压 $u_2 = \sqrt{2}U_2\sin\omega t$,波形如图 8.1.3(a) 所示。在 u_2 的正半周,即 a 点为正,b 点为负时,V_1、V_3 承受正向电压而导通,此时有电流流过 R_L,电流路径为 $a \rightarrow V_1 \rightarrow R_L \rightarrow V_3 \rightarrow b$,此时 V_2、V_4 因反偏而截止,负载 R_L 上得到一个半波电压,如图 8.1.3(b) 中的 $0 \sim \pi$ 段所示。若略去二极管的正向压降,则 $u_0 \approx u_2$。

在 u_2 的负半周,即 a 点为负 b 点为正时,V_1、V_3 因反偏而截止,V_2、V_4 因正偏而导通,此时有电流流过 R_L,电流路径为 $b \rightarrow V_2 \rightarrow R_L \rightarrow V_4 \rightarrow a$。这时 R_L 上得到一个与 $0 \sim \pi$ 段相同的半波电压,如图 8.1.3(b) 中的 $\pi \sim 2\pi$ 段所示。若略去二极管的正向压降,$u_0 \approx -u_2$。

由此可见,在交流电压 u_2 整个周期始终有同方向的电流流过负载电阻 R_L,故 R_L 上得到单方向全波脉动的直流电压。可见,桥式整流输出电压为半波整流电路输出电压的两倍,所以桥式整流电路输出电压平均值为

$$U_{O(AV)} = 2 \times 0.45U_2 = 0.9U_2 \qquad (8.1.4)$$

由于桥式整流电路中每两只二极管只导通半个周期,故流过每个二极管的平均电流仅为负载电流的一半,即

$$I_{D(AV)} = \frac{1}{2}I_{O(AV)} = \frac{1}{2}\frac{U_{O(AV)}}{R_L} = 0.45\frac{U_2}{R_L} \qquad (8.1.5)$$

在 u_2 的正半周 V_1、V_3 导通时,可将它们看成短路,这样 V_2、V_4 就并联在 u_2 上,其峰值电压为

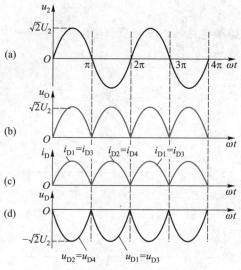

图 8.1.3 桥式整流电路电压、电流波形

$$U_{RM} = \sqrt{2}\,U_2 \tag{8.1.6}$$

同理,V_2、V_4 导通时,V_1、V_3 截止,其承受的反向峰值电压也为 $U_{RM} = \sqrt{2}\,U_2$。二极管承受电压的波形如图 8.1.3(d)所示。

由以上分析可知,桥式整流电路与半波整流电路相比较,其输出电压 $U_{O(AV)}$ 提高,脉动成分减小了,电源变压器利用率高。

目前,已将桥式整流的 4 个二极管制作在一起封装好成为一个器件,称为整流桥,其外形如图 8.1.4 所示。a、b 接交流输入电压,c、d 为直流输出端,c 为正极性端,d 为负极性端。

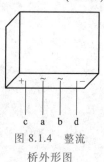

图 8.1.4 整流桥外形图

讨论题 8.1.1

(1)整流电路有何作用? 桥式整流电路如何实现整流的? 它的输出电压平均值为多大?

(2)与半波整流电路相比较,桥式整流电路有何优点?

(3)桥式整流电路如图 8.1.2(a)所示,在电路中出现下列故障,会出现什么现象?

(a)R_L 短路;(b)V_1 击穿短路;(c)V_1 开路;(d)V_1 极性接反;(e)4 个二极管极性都接反。

8.1.2 滤波电路

整流电路将交流电变为脉动直流电,但其成分中含有大量的交流成分(称为纹波电压)。为了获得平滑的直流电压,应在整流电路的后面加接滤波电路,以滤去交流成分。

一、电容滤波电路

图 8.1.5(a)是在桥式整流电路输出端与负载电阻 R_L 并联一个较大的电容 C,成为电容滤波电路。

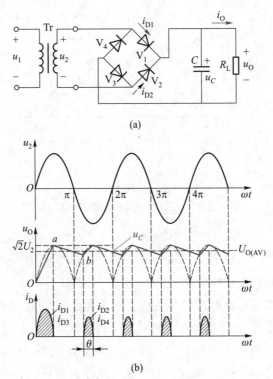

图 8.1.5 桥式整流电容滤波电路及其波形
(a) 电路 (b) 电压、电流波形

设电容两端初始电压为零,并假定在 $t=0$ 时接通电路,u_2 为正半周,当 u_2 由零上升时,V_1、V_3 导通,C 被充电,同时电流经 V_1、V_3 向负载电阻供电。如果忽略二极管正向电阻和变压器内阻,电容充电时间常数近似为零,因此,$u_0=u_c\approx u_2$,在 u_2 达到最大值时,u_c 也达到最大值,见图 8.1.5(b)中 a 点,然后 u_2 下降,此时 $u_c>u_2$,V_1、V_3 截止,电容 C 向负载电阻 R_L 放电,由于放电时间常数 $\tau=R_LC$,一般较大,电容电压 u_c 按指数规律缓慢下降。当 $u_0(u_c)$ 下降到图 8.1.5(b)中 b 点后,$|u_2|>u_c$,V_2、V_4 导通,电容 C 再次被充电,输出电压增大。以后反复上述充、放电过程,便可得到图 8.1.5(b)所示的输出电压波形,它近似为一锯齿波直流电压。

由图 8.1.5(b)可见,整流电路接入滤波电容后,不仅使输出电压变得平滑、纹波显著减小,同时输出电压的平均值也增大了。输出电压的平均值 $U_{O(AV)}$ 的大小与滤波电容 C 及负载电阻 R_L 的大小有关,C 的容量一定时,R_L 越大,C 的放电时间常数就越大,其放电速度越慢,输出电压就越平滑,$U_{O(AV)}$就越大。当R_L开路时,$U_{O(AV)} \approx \sqrt{2}\,U_2$。为了获得良好的滤波效果,一般取

$$R_L C \geqslant (3 \sim 5) \frac{T}{2} \tag{8.1.7}$$

式中,T为输入交流电压的周期。此时输出电压的平均值近似为

$$U_{O(AV)} \approx 1.2 U_2 \tag{8.1.8}$$

由于电容滤波电路简单,输出电压较大,纹波电压较小,故应用很广泛。但是整流电路采用电容滤波后,只有当$|u_2| > u_C$时二极管才导通,故二极管的导通时间缩短,一个周期的导通角$\theta < \pi$,如图8.1.5(b)所示。由于电容C充电的瞬时电流很大,容易损坏二极管,故在选择二极管时,必须留有足够的电流裕量。一般可按$I_F \geqslant (2 \sim 3) I_{D(AV)}$来选择二极管。

其次,电容滤波电路输出电压平均值$U_{O(AV)}$会随负载电流的增加(即负载电阻R_L减小)而减小,纹波电压也会跟随增大。$U_{O(AV)}$随$I_{O(AV)}$变化的规律如图8.1.6所示,称为输出特性或外特性。由于电容滤波电路输出电压平均值及纹波电压受负载变化的影响较大,所以电容滤波电路只适用于负载电流比较小或负载电流基本不变的场合。

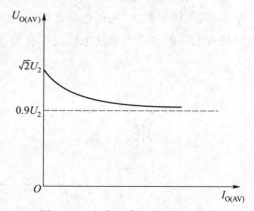

图 8.1.6　电容滤波电路的输出特性

【例 8.1.1】　单相桥式整流电容滤波电路如图8.1.5(a)所示,交流电源频率$f = 50$ Hz,负载电阻$R_L = 40$ Ω,要求输出电压$U_{O(AV)} = 20$ V。试求变压器二次电压有效值U_2,并选择二极管和滤波电容器。

解:由式(8.1.8)可得

$$U_2 = \frac{U_{O(AV)}}{1.2} = \frac{20}{1.2} \text{ V} = 17 \text{ V}$$

通过二极管的电流平均值为

$$I_{D(AV)} = \frac{I_{O(AV)}}{2} = \frac{1}{2} \frac{U_{O(AV)}}{R_L}$$

$$= \frac{1}{2} \times \frac{20}{40} \text{ A} = 0.25 \text{ A}$$

二极管承受最高反向电压为

$$U_{RM} = \sqrt{2}\,U_2 = \sqrt{2} \times 17 \text{ V} = 24 \text{ V}$$

因此应选择$I_F \geqslant (2 \sim 3) I_{D(AV)} = (0.5 \sim 0.75)$ A、$U_{RM} > 24$ V的二极管,查手册可选 4 只

2CZ55C 二极管(参数: $I_F = 1$ A, $U_{RM} = 100$ V)或选用 1 A、100 V 的整流桥。

根据式(8.1.7),取 $R_L C = 4 \times \dfrac{T}{2}$,因 $T = \dfrac{1}{f}$,则 $T = \dfrac{1}{50}$ s $= 0.02$ s 所以

$$C = \frac{4 \times \dfrac{T}{2}}{R_L} = \frac{4 \times 0.02 \text{ s}}{2 \times 40 \text{ }\Omega} = 1\ 000 \text{ }\mu\text{F}$$

可选取 1 000 μF 耐压为 50 V 的电解电容器。

二、其他形式的滤波电路

1. 电感滤波电路

在大电流负载情况下,由于负载电阻 R_L 很小,若采用电容滤波电路,则电容的容量势必很大,且整流二极管的冲击电流也非常大。这时可采用电感滤波电路,如图 8.1.7(a)所示。当二极管导通,通过电感线圈的电流增大时,电感线圈产生的自感电动势将阻止电流的增加;当二极管截止,通过电感线圈的电流减小时,自感电动势将阻止电流减小。因此,电感滤波电路的输出电流及电压波形变得平滑,纹波减小,同时还使整流二极管的导通角增大。

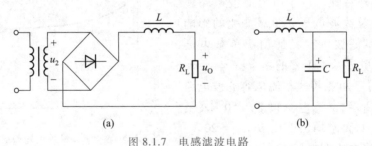

图 8.1.7 电感滤波电路

(a)桥式整流电感滤波电路 (b) LC 滤波电路

从整流电路输出的电压中,直流分量由于电感线圈近似于短路而全部加到负载 R_L 两端,所以电感滤波电路输出电压的平均值 $U_{O(AV)} \approx 0.9 U_2$。交流分量由于 L 的感抗远大于负载电阻 R_L 而大部分降在电感线圈上,负载 R_L 上只有很小的交流电压。可见, R_L 越小,输出的交流电压也就越小。电感线圈后面还可再接上一个电容,如图 8.1.7(b)所示,可进一步减小交流电压。一般电感滤波适用于低电压、大电流的场合。

2. π 形滤波电路

为了进一步减小负载电压中的纹波,可采用图 8.1.8(a)所示的 π 形 LC 滤波电路。由于电容 C_1、C_2 对交流的容抗很小,而电感 L 对交流的阻抗很大,因此,负载 R_L 上的纹波电压很小。若负载电流较小,也可用电阻代替电感组成 π 形 RC 滤波电路,如图 8.1.8(b)所示。由于电阻要消耗功率,所以,此时电源的损耗功率较大,电源效率降低。

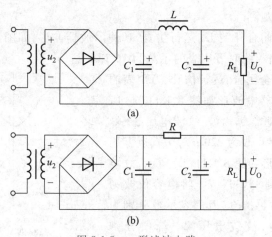

图 8.1.8 π 形滤波电路

（a）$LC\pi$ 形滤波电路 （b）$RC\pi$ 形滤波电路

讨论题 8.1.2

（1）直流稳压电源电路中,采用滤波电路的主要目的是什么?

（2）桥式整流电容滤波电路输出电压的平均值如何估算? 滤波电容如何选择?

（3）试说明电容滤波与电感滤波电路各有什么特点? 各应用于何种场合?

8.1.3 桥式整流电容滤波电路仿真

在 Multisim 中构建电路如图 8.1.9 所示,万用表设在直流电压挡,交流电压的有效值为 20 V。

微视频 8.1:
桥式整流电容
滤波电路仿真

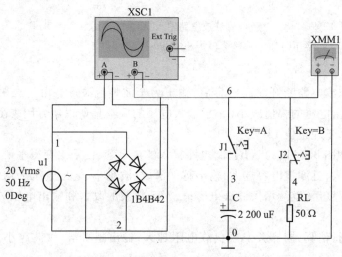

图 8.1.9 桥式整流电容滤波电路仿真电路

1. 输入、输出波形观测

（1）断开开关 J1，闭合开关 J2，运行仿真，观测示波器波形，如图 8.1.10 所示，输入的交流电压被全波整流输出。此时万用表的示数为 16.135 V。

（2）开关 J1 和 J2 全闭合，运行仿真，万用表的示数为 24.999 V，示波器中波形如图 8.1.11（a）所示，输出中的纹波电压近似锯齿波，纹波电压峰-峰值为 1.76 V。若将电容 C 改为 220 μF，仿真后万用表示数为 20.889 V，波形如图 8.1.11（b）所示，纹波电压较大，峰-峰值达到 11.334 V。将电容值改为 4 400 μF、8 800 μF 后，再仿真，万用表示数分别为 25.232 V 和 25.301 V，纹波电压峰-峰值分别约 0.94 V 和 0.5 V。

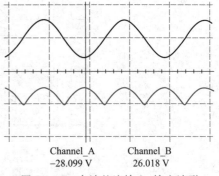

Channel_A   Channel_B
−28.099 V   26.018 V

图 8.1.10　全波整流输入、输出波形

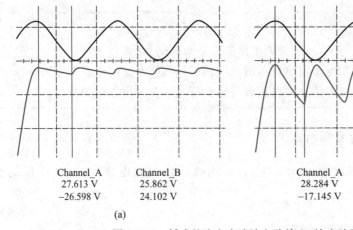

Channel_A   Channel_B
27.613 V   25.862 V
−26.598 V   24.102 V

（a）

Channel_A   Channel_B
28.284 V   26.176 V
−17.145 V   14.842 V

（b）

图 8.1.11　桥式整流电容滤波电路输入、输出波形图
（a）$C=2\ 200$ μF 时的电压波形　（b）$C=220$ μF 时的电压波形

2. 仿真结果说明

（1）桥式整流电容滤波电路断开滤波电容后，输出为全波整流波形。由于二极管正向导通产生正向压降，使输出电压的幅值减小（小于输入电压的振幅），所以用万用表测得全波整流输出电压的平均值小于理论值 18 V。

（2）比较图 8.1.10 和图 8.1.11（a）、（b）知，电路接入滤波电容，使输出变得平滑、纹波减小，输出电压的平均值增大，且滤波电容越大，输出越平滑、纹波越小、输出电压平均值越大；但滤波电容增大到一定程度后，继续增大滤波电容值，对于纹波的改善和输出电压的提高已不明显。

若改变负载电阻，运行仿真，同样会发现负载电阻越大，输出越平滑、纹波越小、输出电压平均值越大。

小 结

微视频 8.2：
8.1 小结

随 堂 测 验

8.1.1 填空题

1. 小功率直流稳压电源通常由_____、_____、_____和_____四部分电路组成。

2. 直流电源中的滤波电路用来滤除整流后脉动电压中的_____成分,使之成为平滑的_____电压。

3. 电源变压器二次电压的有效值为 U_2,若桥式整流电容滤波电路参数选择合适,则该整流滤波电路输出电压 $U_{O(AV)}$ 约为_____,当负载电阻开路时 $U_{O(AV)}$ 约为_____,当滤波电容开路时,$U_{O(AV)}$ 约为_____。

4. 电容滤波电路输出电压平均值 $U_{O(AV)}$ 会随负载电流的增加而_____,其纹波电压会跟随_____。

第 8.1 节
随堂测验答案

8.1.2 单选题

1. 直流稳压电源中整流电路的作用是_____。

A. 将直流电压变换为交流电压　　　　　B. 将交流电压变换为脉动直流电压

C. 将高频电压变换为低频电压　　　　　D. 将正弦波电压变换为方波电压

2. 桥式整流电容滤波电路,输入交流电压的有效值 $U_2 = 10$ V,用万用表直流电压挡测得输出电压为 9 V,则说明电路中_____。

A. 滤波电容开路　　　B. 滤波电容短路　　　C. 负载开路　　　D. 负载短路

3. 已知变压器二次电压为 $u_2 = \sqrt{2}U_2 \sin \omega t$(V),负载电阻为 R_L,则桥式整流电路流过每只二极管的平均电流 $I_{D(AV)}$ 为_____。

A. $0.45U_2/R_L$　　　　B. $0.9U_2/R_L$　　　　C. U_2/R_L　　　　D. $\sqrt{2}U_2/R_L$

4. 桥式整流电路中,若有一个二极管断开,则整流电路输出电压_____。

A. 不变　　　　B. 减半　　　　C. 增大　　　　D. 为零

8.1.3 是非题(对打√;错打×)

1. 直流稳压电源是一种能量转换电路,它将交流能量转换为直流能量。(　　)

2. 直流稳压电源中,电容滤波适用于小负载电流情况,电感滤波适用于电压低、大负载电流的情况。(　　)

3. 电容滤波电路输出电压中纹波电压会随负载电阻的增大而增大。(　　)

4. 电容滤波电路输出电压平均值,与负载大小无关。(　　)

8.2 线性稳压电路

基本要求 （1）理解稳压电路的主要技术指标；（2）理解串联型稳压电路的组成及工作原理；（3）掌握集成稳压器的应用。

学习指导 重点：串联稳压电路的工作原理，集成三端稳压器的型号与典型应用。

当交流电网电压波动或环境温度变化时，将导致整流滤波电路输出直流电压的变化。另外，由于整流滤波电路存在一定的内阻，当负载变化时，其输出直流电压也将随之发生变化。为了获得稳定的直流电压输出，必须在整流滤波电路之后接入稳压电路。采用稳压二极管可以构成简单的稳压电路，由于其性能较差，不能满足很多场合下的应用。利用晶体管可构成性能良好的晶体管串联型稳压电路，这种电路中用晶体管做调整管并工作在线性放大状态，所以称为线性稳压电路。由于三端式线性集成稳压器只有三个引出端子，应用时外接元件少，使用方便，而且性能稳定、价格低廉，因而得到广泛的应用。

三端式稳压器有两种，一种输出电压固定的称为固定输出三端稳压器，另一种用于输出电压可调的，称为可调输出三端稳压器。它们的基本组成及工作原理都相同，均采用晶体管串联型稳压电路，所以本节先介绍稳压电路的主要技术指标、晶体管串联型稳压电路的基本工作原理，然后再讨论三端集成稳压器及其应用。

8.2.1 稳压电路的主要技术指标

稳压电路的技术指标分为两种：一种是特性指标，另一种是质量指标，它们分别为：

一、特性指标

（1）输入电压及其变化范围。

（2）输出电压及其调节范围。

（3）额定输出电流（它指电源正常工作时的最大输出电流）以及过流保护电流值。

二、质量指标

1. 稳压系数 S_r

负载电流 I_0 及温度 T 不变，输入电压 U_I 变化时，输出电压 U_0 的相对变化量 $\Delta U_0 / U_0$ 与输入电压的相对变化量 $\Delta U_I / U_I$ 之比，称为稳压系数 S_r，即

$$S_r = \frac{\Delta U_0 / U_0}{\Delta U_I / U_I} \bigg|_{\substack{\Delta I_0 = 0 \\ \Delta T = 0}} \tag{8.2.1}$$

显然，$S_r \ll 1$，其值越小，稳压性能越好。

2. 电压调整率 S_U

负载电流 I_0 及温度 T 不变，输入电压 U_I 变化时，输出电压 U_0 的相对变化量 $\Delta U_0 / U_0$

与输入电压的变化量 ΔU_I 之比值,称为电压调整率 S_U,即

$$S_U = \frac{\Delta U_\text{O}/U_\text{O}}{\Delta U_\text{I}} \times 100\% \bigg|_{\substack{\Delta I_\text{O}=0 \\ \Delta T=0}}$$ (8.2.2)

S_U 越小,稳压性能越好。电压调整率也可定义为:在负载电流和温度不变时,输入电压变化 10% 时,输出电压的变化量 ΔU_O,单位为 mV。

3. 电流调整率 S_I

当输入电压及温度不变时,输出电流 I_O 从零变到最大时,输出电压的相对变化量称为电流调整率 S_I,即

$$S_I = (\Delta U_\text{O}/U_\text{O}) \times 100\% \bigg|_{\substack{\Delta U_\text{I}=0 \\ \Delta T=0}}$$ (8.2.3)

有时也定义为恒温条件下,负载电流变化 10% 时引起输出电压的变化量 ΔU_O,单位为 mV。S_I 或 ΔU_O 越小,输出电压受负载电流的影响就越小。

4. 输出电阻 R_o

当输入电压和温度不变时,输出电压的变化量 ΔU_O 与负载电流的变化量 ΔI_O 之比值称为输出电阻 R_o,即

$$R_\text{o} = \frac{\Delta U_\text{O}}{\Delta I_\text{O}} \bigg|_{\substack{\Delta U_\text{I}=0 \\ \Delta T=0}}$$ (8.2.4)

其单位为 Ω。R_o 的大小反映直流电源带负载能力的大小,其值越小,带负载能力越强,一般 $R_\text{o} < 1\ \Omega$。

5. 温度系数 S_T

输入电压 U_I 和负载电流 I_O 不变时,温度变化所引起的输出电压相对变化量 $\Delta U_\text{O}/U_\text{O}$ 与温度变化量 ΔT 之比,称为温度系数 S_T,即

$$S_T = \frac{\Delta U_\text{O}/U_\text{O}}{\Delta T} \times 100\% \bigg|_{\substack{\Delta I_\text{O}=0 \\ \Delta U_\text{I}=0}}$$ (8.2.5)

其单位为 %/℃。S_T 越小,稳压电路的热稳定性越好。

6. 纹波电压及纹波抑制比 S_rip

纹波电压是指叠加在直流输出电压 U_O 上的交流电压,通常用有效值或峰-峰值表示。在电容滤波电路中,负载电流越大,纹波电压也越大,因此,纹波电压应在额定输出电流情况下测出。

纹波抑制比 S_rip 定义为稳压电路输入纹波电压峰-峰值 U_iPP 与输出纹波电压峰-峰值 U_oPP 之比,并用对数表示,即

$$S_\text{rip} = 20\lg \frac{U_\text{iPP}}{U_\text{oPP}} (\text{dB})$$ (8.2.6)

S_rip 表示稳压器对其输入端引入的交流纹波电压的抑制能力。

讨论题 8.2.1

（1）交流电经整流滤波后已变成了平滑的直流电,为什么还要在整流滤波电路后加接稳压电路? 何谓线性稳压电路?

（2）稳压电路的质量指标主要有哪些? 说明其含义。

8.2.2 串联型稳压电路的工作原理

串联型稳压电路组成框图如图 8.2.1（a）所示,它由调整管、取样电路、基准电压源和比较放大电路等部分组成。由于调整管与负载串联,故称为串联型稳压电路。图 8.2.1（b）所示为串联型稳压电路的原理电路,图中,V_1 为调整管,它工作在线性放大区,故又称为线性稳压电路。R_3 和稳压二极管 V_2 组成基准电压源,为集成运放 A 同相输入端提供基准电压。R_1、R_2 和 R_P 组成取样电路,它将稳压电路的输出电压分压后送到集成运放 A 的反相输入端。集成运放 A 称为比较放大电路,用来对取样电压与基准电压的差值进行放大。当输入电压 U_I 增大（或负载电流 I_o 减小）引起输出电压 U_O 增加时,取样电压 U_F 随之增大,U_Z 与 U_F 的差值减小,经 A 放大后使调整管的基极电压 U_{B1} 减小,集电极电流 I_{C1} 减小,管压降 U_{CE} 增大,输出电压 U_O 减小,从而使得稳压电路的输出电压上升趋势受到抑制,稳定了输出电压。同理,当输入电压 U_I 减小或负载电流 I_o 增大引起 U_O 减小时,电路将产生与上述相反的稳压过程,亦将维持输出电压基本不变。

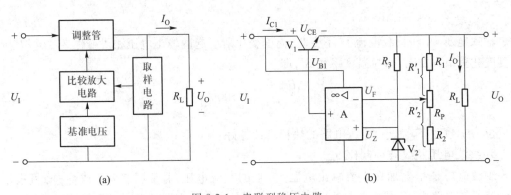

图 8.2.1 串联型稳压电路

（a）方框图 （b）原理电路

由图 8.2.1（b）可得

$$U_F = \frac{R_2'}{R_1 + R_2 + R_P} U_O$$

由于 $U_F \approx U_Z$,所以稳压电路输出电压 U_O 为

$$U_{\mathrm{O}} = \frac{R_1 + R_2 + R_{\mathrm{P}}}{R_2'} U_{\mathrm{Z}} \tag{8.2.7}$$

由此可见,通过调节电位器 R_{P} 的动端,即可调节输出电压 U_{O} 的大小。

讨论题 8.2.2

（1）串联型稳压电路由哪几部分组成？各组成部分的作用如何？

（2）图 8.2.1(b)所示电路中,已知 $R_1' = 3\ \mathrm{k\Omega}$,$R_2' = 2\ \mathrm{k\Omega}$,$U_{\mathrm{Z}} = 6\ \mathrm{V}$,试问输出电压 U_{O} 等于多大？对输入电压 U_{I} 的大小有何要求？

8.2.3 三端固定输出集成稳压器

一、型号与内部电路组成

三端固定输出集成稳压器通用产品有 CW7800 系列（正电源）和 CW7900 系列（负电源）。输出电压由具体型号中的后两个数字代表,有 5 V、6 V、9 V、12 V、15 V、18 V、24 V 等。其额定输出电流以 78 或(79)后面所加字母来区分。L 表示 0.1 A,M 表示 0.5 A,无字母表示 1.5 A。例如 CW78M12 表示输出电压为+12 V,额定输出电流为 0.5 A。

图 8.2.2 为 CW7800 和 CW7900 系列塑料封装和金属封装三端集成稳压器的外形及引脚排列。

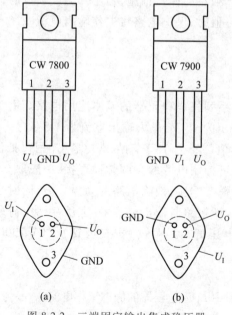

图 8.2.2 三端固定输出集成稳压器

(a) CW7800 系列 (b) CW7900 系列

图 8.2.3 为 CW7800 系列集成稳压器的内部组成框图。可见,除增加了一级启动电路外,其余部分与上面所述串联稳压电路完全一样,其基准电压源的稳定性更高,保护电路更完善。

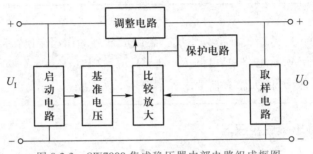

图 8.2.3 CW7800 集成稳压器内部电路组成框图

启动电路是集成稳压器中的一个特殊环节,它的作用是在 U_1 加入后,帮助稳压器快速建立输出电压 U_0。调整电路由复合管构成。取样电路由内部电阻分压器构成,分压比为固定的,所以输出电压是固定的。CW7800 系列稳压器中设有比较完善的保护电路,主要用来保护调整管。它具有过流、过压和过热保护功能。当输出过流或短路,过流保护电路动作以限制调整管电流的增加。当输入、输出压差较大,即调整管 C、E 之间的压降超过一定值后,过压保护电路动作,自动降低调整管的电流,以限制调整管的功耗,使之处于安全工作区内。过热保护电路是集成稳压器独特的保护措施,当芯片温度较低时,过热保护电路不起作用;当芯片温度上升到最大允许值时,保护电路将迫使输出电流减小,芯片功耗随之减少,从而可避免稳压器过热而损坏。

二、应用电路

1. 基本应用电路

图 8.2.4 所示为 7800 系列集成稳压器的基本应用电路。由于输出电压决定于集成稳压器,所以图 8.2.4 输出电压为 12 V,最大输出电流为 1.5 A。为使电路正常工作,要求输入电压 U_1 应至少大于 U_0 值(2.5~3)V。输入端电容 C_1 用以抵消输入端较长接线的电感效应,以防止自激振荡,还可抑制电源的高频脉冲干扰,一般取 0.1~1 μF 电容。输出端电容 C_2、C_3 用以改善负载的瞬态响应,消除电路的高频噪声,同时也具有消振作用。V 是保护二极管,用来防止在输入端短路时输出电容 C_3 上所存储电荷通过稳压器放电而损坏器件(当 C_3 容量小,或输出电压低,可不接保护二极管)。CW7900 系列接线与 CW7800 系列基本相同。

2. 提高输出电压电路

电路如图 8.2.5 所示,图中 I_Q 为稳压器的静态工作电流,一般为 5 mA,最大可达 8 mA;U_{xx} 为稳压器的标称输出电压,要求 $I_1 = \dfrac{U_{xx}}{R_1} \geqslant 5I_Q$。整个稳压器的输出电压 U_0 由图可得

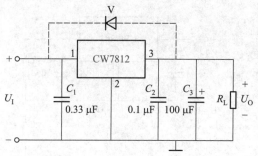

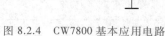

图 8.2.4 CW7800 基本应用电路

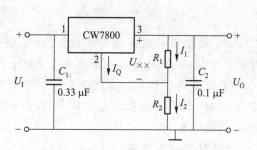

图 8.2.5 提高输出电压的电路

$$U_O = U_{\times\times} + (I_1 + I_Q) R_2 = U_{\times\times} + \left(\frac{U_{\times\times}}{R_1} + I_Q \right) R_2$$

$$= \left(1 + \frac{R_2}{R_1} \right) U_{\times\times} + I_Q R_2 \tag{8.2.8}$$

若忽略 I_Q 的影响,则

$$U_O \approx \left(1 + \frac{R_2}{R_1} \right) U_{\times\times} \tag{8.2.9}$$

由此可见,提高 R_2 与 R_1 的比值,可提高 U_O。这种接法的缺点是当输入电压变化时,I_Q 也变化,将降低稳压器的精度。

3. 输出正、负电压的电路

图 8.2.6 所示为采用 CW7815 和 CW7915 三端稳压器各一块组成的具有同时输出 +15 V、−15 V 电压的稳压电路。

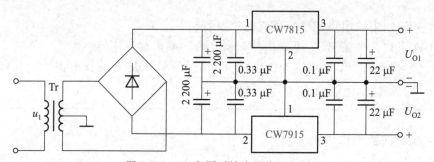

图 8.2.6 正、负同时输出的稳压电源

4. 电流源电路

集成稳压器输出端串入阻值合适的电阻,就可以构成输出恒定电流的电源,如图 8.2.7 所示。图中,R_L 为输出负载电阻,电源输入电压 $U_I = 10$ V,CW7805 为金属封装,输出电压 $U_{23} = 5$ V,因此由图 8.2.7 可求得向 R_L 输出的电流 I_O 为

$$I_O = \frac{U_{23}}{R} + I_Q \qquad (8.2.10)$$

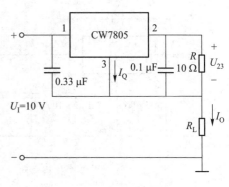

式中,I_Q 是稳压器的静态工作电流,由于它受 U_1 及温度变化的影响,所以只有当 $U_{23}/R \gg I_Q$ 时,输出电流 I_O 才比较稳定。由图 8.2.7 可知,$U_{23}/R = 5\text{ V}/10\ \Omega = 0.5\text{ A}$,显然比 I_Q 大得多,故 $I_O \approx 0.5\text{ A}$,受 I_Q 的影响很小。

图 8.2.7 电流源电路

三、使用注意事项

为了使稳压电路安全可靠地工作,并有良好的稳压效果,稳压器使用中应注意以下一些问题:

(1) 稳压器的三个端子不能接错,特别是输入端和输出端不能接反,否则器件就会损坏。

(2) 稳压器的输入电压 U_1 不能过小,要求 U_1 比输出电压 U_O 至少大 $(2.5 \sim 3)$ V。但压差过大会使稳压器功耗增大,注意不能使器件功耗超过规定值(塑料封装管加散热器最大功耗为 10 W,金属壳封装管加散热器最大功耗为 20 W)。一般可取输入、输出压差为 $(3 \sim 7)$ V。

(3) 稳压器输出端接有大容量负载电容时,应在稳压器输入端与输出端之间加接保护二极管,如图 8.2.4 所示。

(4) 稳压器 GND 端不能开路,一旦 GND 开路,稳压器输出电压就会接近于输入电压,即 $U_O \approx U_1$,可能损坏负载电路中的元器件。

讨论题 8.2.3

(1) 三端固定输出集成稳压器有何主要特点?

(2) 在下列几种情况下,可选用什么型号的三端集成稳压器?

(a) $U_O = +15$ V,R_L 最小值为 20 Ω;(b) $U_O = +5$ V,最大负载电流 $I_{O\max} = 350$ mA;(c) $U_O = -12$ V,输出电流 I_O 范围为 $10 \sim 80$ mA。

8.2.4 三端可调输出集成稳压器

一、型号与内部电路组成

三端可调输出集成稳压器是在三端固定输出集成稳压器的基础上发展起来的,集成片的输入电流几乎全部流到输出端,流到公共端的电流非常小,因此可以用少量的外部元件方便地组成精密可调的稳压电路,应用更为灵活。典型产品 CW117/CW217/CW317 系列为正电压输出,CW137/CW237/CW337 系列为负电压输出。同一系列内部电路和工作原理基本相同,只是工作温度不同,如 CW117/CW217/CW317 的工作温度分别为 $-55 \sim 150$ ℃ 、$-25 \sim$ 150 ℃ ,$0 \sim 125$ ℃ 。根据输出电流的大小,每个系列又分为 L 型系列($I_0 \leqslant 0.1$ A)、M 型系列($I_0 \leqslant 0.5$ A)。如果不标 M 或 L,则表示该器件 $I_0 \leqslant 1.5$ A。CW117 及 CW137 系列塑料直插式封装引脚排列如图 8.2.8 所示。

CW117 系列的原理框图如图 8.2.9 所示。基准电路有专门引出端子 ADJ,称为电压调整端。因所有放大器和偏置电路的静态工作点电流都流到稳压器的输出端,所以没有单独引出接地端。当输入电压在 $2 \sim 40$ V 范围内变化时,电路均能正常工作,输出端与调整端之间的电压等于基准电压 1.25 V。基准电源的工作电流 I_{REF} 很小,约为 50 μA,由一恒流特性很好的电流源提供,所以它的大小不受供电电压的影响,非常稳定。可以看出,如果将电压调整端直接接地,在电路正常工作时,输出电压就等于基准电压 1.25 V。

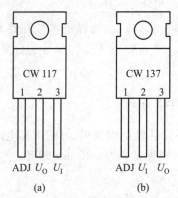

图 8.2.8 三端可调输出集成稳压器
(a) CW117 系列 (b) CW137 系列

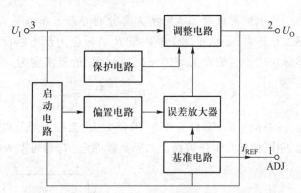

图 8.2.9 CW117 系列集成稳压器内部电路组成框图

二、应用电路

图 8.2.10 为三端可调输出集成稳压器的基本应用电路,V_1 用于防止输入短路时 C_4 上存储的电荷产生很大的电流反向流入稳压器使之损坏。V_2 用于防止输出短路时 C_2 通过调整端放电而损坏稳压器。R_1、R_P 构成取样电路,这样,实质上电路构成串联型稳压电路,调节 R_P 可改变取样比,即可调节输出电压 U_0 的大小。该电路的输出电压 U_0 为

$$U_0 = \frac{U_{REF}}{R_1}(R_1 + R_2) + I_{REF}R_2$$

由于 $I_{REF} \approx 50$ μA,可以略去,又 $U_{REF} = 1.25$ V,所以

$$U_0 \approx 1.25 \times \left(1 + \frac{R_2}{R_1}\right) \tag{8.2.11}$$

可见,当 $R_2 = 0$ 时,$U_0 = 1.25$ V,当 $R_2 = 2.2$ kΩ 时,$U_0 \approx 24$ V。

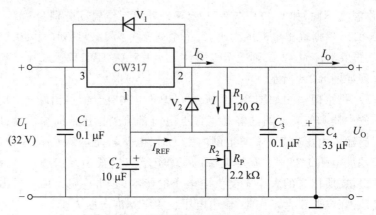

图 8.2.10 三端可调稳压器基本应用电路

考虑到器件内部电路绝大部分的静态工作电流 I_Q 由输出端流出,为保证负载开路时电路工作正常,必须正确选择电阻 R_1。根据内部电路设计 $I_Q = 5$ mA,由于器件参数的分散性,实际应用中可假设 $I_Q = 10$ mA,这样 R_1 的阻值定为

$$R_1 = \frac{U_{REF}}{I_Q} = \frac{1.25}{10 \times 10^{-3}} \ \Omega = 125 \ \Omega$$

取标称值 120 Ω。若 R_1 取值太大,会有一部分电流不能从输出端流出,影响内部电路正常工作,使输出电压偏高。如果负载固定,R_1 也可取大些,只要保证 $I + I_0 \geqslant 10$ mA 即可。

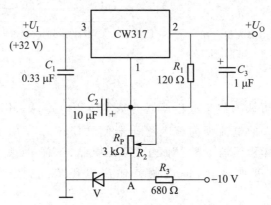

图 8.2.11 0~30 V 连续可调稳压电路

图 8.2.11 所示为由 CW317 组成的输出电压 0~30 V 连续可调的稳压电路。图中 R_3、V 组成稳压电路,使 A 点电位为 -1.25 V,这样当 $R_2 = 0$ 时,U_A 电位与 U_{REF} 相抵消,便可使 $U_0 = 0$ V。

讨论题 8.2.4 CW117L 与 CW137 是何种集成器件?它们特性上有哪些不同?

知识拓展——直流稳压电源设计

目前小功率直流稳压电源大多采用线性集成稳压器组成,因此直流稳压电源的质量指标主要由集成稳压器的性能所决定,通常都能满足要求。所以直流稳压电源设计的主要任务是选择合适的集成稳压器及电源变压器、整流滤波电路参数,保证电源长期可靠安全运行。下面举例说明直流稳压电源的设计过程。

【例 8.2.1】 设计一由 220 V、50 Hz 市电供电的直流稳压电源,要求输出电压为 15 V,输出电流 300 mA。

解:(1)直流稳压电源的组成及集成稳压器选择

由于设计要求输出电压固定为 15 V,输出电流为 300 mA,因而可选用 LM78M15 集成稳压器构成图 8.2.12 所示直流稳压电源。图中,Tr 为电源变压器,QL 为硅整流桥,C_1 为滤波电容。

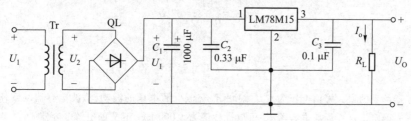

图 8.2.12 直流稳压电源设计电路

(2)电源变压器参数选择

先确定集成稳压器的输入电压 U_I,为了保证集成稳压器正常工作,要求 U_I 最低必须保证输入、输出电压差大于(2.5~3)V,现取 3 V,则得

$$U_{Imin} = (15+3)\ V = 18\ V$$

考虑到市电电压有±10%的波动,即市电电压下降 10% 时,仍能保证压差≥3 V,则可确定 U_I 值为

$$U_I \geqslant U_{Imin}(1+0.1) = 18 \times 1.1\ V = 19.8\ V$$

虽然集成稳压器最高输入可达 35 V,但由于 U_I 越大,集成稳压器所承受输入、输出电压差就越大,其承受的功耗越大,电源的效率就越低。因此,实际应用中,为了降低功耗,U_I 值不易过大,只要能满足稳压器正常工作,U_I 取值越小越好,由此可选择

$$U_I = 20\ V$$

电源变压器二次电压 U_2 及匝比的确定。由于桥式整流电容滤波电路有 $U_I = 1.2U_2$,因此可得

$$U_2 = \frac{U_I}{1.2} = \frac{20\ V}{1.2} = 16.7\ V$$

则得电源变压器的匝比为

$$n = \frac{N_1}{N_2} = \frac{U_1}{U_2} = \frac{220}{16.7} = 13$$

电源变压器容量的确定。整流电路采用电容滤波后,二次电流变为导通角小于 π 的脉冲电流,其有效值按 $I_2 = (1.5 \sim 2)I_0$ 来确定,现按 $I_2 = 1.5 I_0$ 来选择,则得

$$I_2 = 1.5 \times 0.3\ A = 0.45\ A$$

因此变压器二次容量为

$$P_2 = U_2 I_2 = 16.7 \times 0.45 \text{ V} \cdot \text{A} = 7.5 \text{ V} \cdot \text{A}$$

考虑到小功率电源变压器效率约为 70%,可选用容量为 12 V·A 的变压器。

(3) 整流滤波电路参数选择

整流二极管承受的最高反向电压为

$$U_{RM} = \sqrt{2} U_2 = \sqrt{2} \times 16.7 \text{ V} = 23.6 \text{ V}$$

最大整流电流 I_F 为

$$I_F = (2 \sim 3) I_0 / 2 = (2 \sim 3) \times 0.15 \text{ A} = (0.3 \sim 0.45) \text{ A}$$

因此,可选用电压为 100 V、电流为 1 A 硅整流桥。

为了使输出纹波电压达到要求,滤波电容 C_1 可按 $RC_1 \geqslant (3 \sim 5) T/2$ 来选择。T 为交流输入电压的周期 $T = 1/50 = 0.02$ s;R 为整流滤波电路的等效负载电阻,它等于

$$R = \frac{U_1}{I_0} = \frac{20}{0.3} \ \Omega = 67 \ \Omega$$

由此可得

$$C_1 \geqslant \frac{5 \times 0.02}{2 \times 67} \text{ F} = 0.000 \ 75 \text{ F} = 750 \ \mu\text{F}$$

滤波电容器承受的最大峰值电压为 $\sqrt{2} U_2$,考虑到交流电源电压的波动,滤波电容器的耐压可按 $2U_2 = 2 \times 16.7 = 33$ V 来确定。这样滤波电容器 C_1 可取标称值为 1 000 μF/50 V 的电解电容器。

(4) 集成稳压器功耗及 C_2、C_3 参数选择

当输入交流电压增加 10% 时,集成稳压器将承受最大功耗,其值为

$$P_C = (U_{1max} - U_0) I_0 = (20 \times 1.1 - 15) \times 0.3 \text{ W} = 2.1 \text{ W}$$

为了使 LM78M15 的结温不超过规定值,必须按手册要求安装散热器。

电容器 C_2、C_3 用以防止自激振荡,抗干扰,根据经验一般取 $C_2 = 0.33$ μF、$C_3 = 0.1$ μF,耐压大于 40 V 的电容。

小　结

微视频 8.3:
8.2 小结

随 堂 测 验

8.2.1　填空题

1. 串联型晶体管线性稳压电路主要由_____、_____、_____和_____以及保护电路等组成。

2. 串联型晶体管线性稳压电路中,调整管与负载_____且工作在_____区。

3. 线性集成稳压器 CW7818 的输出电压为_____,额定输出电流为_____;CW79M09 的输出电压

为_____,额定输出电流为_____。

8.2.2 单选题

1. 下列型号中是线性正电源可调输出集成稳压器是_____。

A. CW7812　　　　B. CW7905　　　　C. CW317　　　　D. CW137

2. 下列型号中可带 1 A 负载电流的线性负电源固定输出集成稳压器是_____。

A. CW7824　　　　B. CW7918　　　　C. CW79L15　　　　D. CW137

3. 串联型晶体管稳压电路中,输出电压的大小由_____决定。

A. 调整管　　　　B. 取样电路　　　　C. 基准电压　　　　D. 答案 B 和 C

8.2.3 是非题(对打√;错打×)

1. 串联型晶体管线性稳压电路中,调整管工作在放大状态,而比较放大器工作在饱和和截止状态。( )

2. 试用三端集成稳压器设计一线性直流稳压电源,要求得到−12 V 的输出电压和 1.2 A 的输出电流,则可选用三端集成稳压器 CW7912。( )

第 8.2 节
随堂测验答案

8.3 开关稳压电路

基本要求　(1) 理解开关稳压电路的特点;(2) 了解开关稳压电路的基本组成及其工作原理。

学习指导　重点:开关稳压电路的组成、工作原理及集成开关稳压器的应用。难点:开关稳压电路的工作原理。提示:开关稳压电路虽然电路比较复杂、纹波较大,但由于其突出的优点,随着电子技术的发展,应用日趋广泛。因此,了解开关稳压电路的基本组成及工作原理是十分有用的。

8.3.1 开关稳压电路的特点与分类

一、开关稳压电路的特点

前述线性集成稳压器具有稳定性好、纹波小、结构简单、可靠等优点,使用十分广泛。但由于调整管必须工作在线性放大区,管压降比较大,同时要通过全部负载电流,所以管耗大,电源效率低,一般效率不超过 50%。特别在输入电压升高、负载电流很大时,管耗会更大,不但电源效率很低,同时使调整管的工作可靠性降低,有时还需加装庞大的散热装置。

为了克服上述缺点而采用开关稳压电路,开关稳压电路中的调整管工作在开关状态,依靠调节调整管导通时间来实现稳压。由于调整管主要工作在截止和饱和两种状态,管耗很小,故使稳压电路的效率明显提高,可达 80% ~ 90%,而且这一效率几乎不受输入电压大小的影响,即开关稳压电路有很宽的稳压范围。因调整管功耗小,其散热装置也随之减小,而且多数开关稳压电源不采用工频电源变压器,以及采用体积小的滤波元件,所以开关稳压电源的体积小、重量轻。开关稳压电路的主要缺点是输出电压中含有较大的纹波,对电子设备的干扰较大,其次是电路比较复杂,对元器件要求较高。但由于开关稳压电路优点突出,故发展非常迅速,使用也越来越广泛。

二、开关稳压电路的分类

开关稳压电路的种类较多,可以按不同的方式来分类:

按调整管与负载连接方式可分为串联型和并联型。串联型电路中,调整管与负载串联,输出电压总是小于输入电压,故为降压型稳压电路;并联型电路中,调整管与负载并联,具有升压功能,故称为升压型稳压电路。

按稳压的控制方式可分为脉冲宽度调制型(PWM)、脉冲频率调制型(PFM)和混合调制,即脉宽-频率调制型,目前大多采用脉冲宽度调制型。

按调整管是否参与振荡可分为自激式和他激式。

按所使用开关管的类型可分为双极晶体管、MOS 场效应管和晶闸管等。

讨论题 8.3.1 何谓开关稳压电路? 开关稳压电路有哪些优点? 为什么它的效率比线性稳压电路高?

8.3.2 开关稳压电路的工作原理

一、串联型开关稳压电路

图 8.3.1 所示为开关稳压电路的基本组成框图。图中,V_1 为开关调整管,它与负载 R_L 串联;V_2 为续流二极管,L、C 构成滤波器;R_1 和 R_2 组成取样电路,A 为误差放大器,C 为电压比较器,它们与基准电压源、三角波发生器组成开关调整管的控制电路。误差放大器用以对来自输出端的取样电压 u_F 与基准电压 U_{REF} 的差值进行放大,其输出电压 u_A 送到电压比较器 C 的同相输入端。三角波发生器产生一频率固定的三角波电压 u_T,它决定了电源的开关频率。u_T 送至电压比较器 C 的反相输入端与 u_A 进行比较,当 $u_A > u_T$ 时,电压比较器 C 输出电压 u_B 为高电平;当 $u_A < u_T$ 时,电压比较器 C 输出电压 u_B 为低电平。u_B 控制开关调整管 V_1 的导通和截止。u_A、u_T、u_B 波形如图 8.3.2(a)、(b)所示。

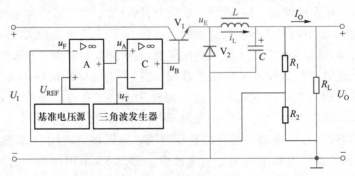

图 8.3.1 串联型开关稳压电路组成框图

电压比较器 C 输出电压 u_B 为高电平时,调整管 V_1 饱和导通,若忽略饱和压降,则 $u_E \approx U_I$,二极管 V_2 承受反向电压而截止,u_E 通过电感 L 向 R_L 提供负载电流。由于电感自感电动势的作用,电感中的电流 i_L 随时间线性增长,L 同时存储能量,当 $i_L > I_0$ 后继续上升,电容 C 即开始被充电,u_0 略有增大。电压比较器 C 输出电压 u_B 为低电平时,调整管截止,$u_E \approx 0$。因电感 L 产生相反的自感电动势,使二极管 V_2 导通,于是电感中储存的能量通过 V_2 向负载释放,使负载 R_L 中继续有电流通过,所以将 V_2 称为续流二极管,这时 i_L 随时间线性下降,当 $i_L < I_0$ 后,C 开始放电,u_0 略有下降。u_E、i_L、u_0 波形如图 8.3.2(c)、(d)、(e)所示,图中,I_0、U_0 为稳压电路输出电流、电压的平均值。由此可见,虽然调整管工作在开关状态,但由于二极管 V_2 的续流作用和 L、C 的滤波作用,仍可获得平稳的直流电压输出。

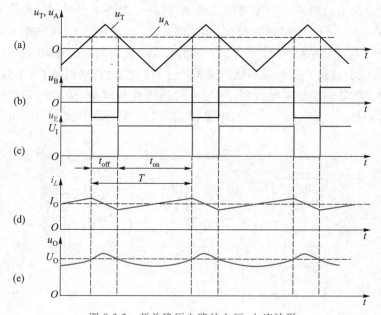

图 8.3.2　开关稳压电路的电压、电流波形

(a) u_A、u_T 波形　(b) u_B 波形　(c) u_E 波形　(d) i_L 波形　(e) u_0 波形

开关调整管的导通时间为 t_{on},截止时间为 t_{off},开关的转换周期为 T,$T = t_{on} + t_{off}$,它决定于三角波电压 u_T 的频率。显然,忽略滤波器电感的直流压降、开关调整管的饱和压降以及二极管的导通压降,输出电压的平均值为

$$U_0 \approx \frac{U_I}{T} t_{on} = D U_I \tag{8.3.1}$$

式中,$D = t_{on}/T$ 称为脉冲波形的占空比。式(8.3.1)表明,U_0 正比于脉冲占空比 D,调节 D 就可以改变输出电压的大小,因此,将图 8.3.1 所示电路称为脉宽调制(PWM)型开关稳压电路。由于 U_0 恒小于 U_I,所以这种串联开关稳压电路属于降压型开关稳压电路。

根据以上分析,在闭环情况下,电路能根据输出电压的大小自动调节调整管的导通和关断时间,维持输出电压的稳定。当输出电压 U_O 升高时,取样电压 u_F 增大,误差放大器的输出电压 u_A 下降,调整管的导通时间 t_{on} 减小,占空比 D 减小,使输出电压减小,恢复到原大小。反之,U_O 下降,u_F 下降,u_A 上升,调整管的导通时间 t_{on} 增大,占空比 D 增大,使输出电压增大,恢复到原大小,从而实现了稳压的目的。当 $u_F = U_{REF}$ 时,$u_A = 0$,脉冲占空比 $D = 50\%$,此时稳压电路的输出电压 U_O 等于预定的标称值。所以,稳压电源取样电路的分压比可根据 $u_F = U_{REF}$ 求得。

二、并联型开关稳压电路

并联型开关稳压原理电路如图 8.3.3(a)所示,图中,V_1 为开关调整管,它与负载 R_L 并联,V_2 为续流二极管,L 为滤波电感,C 为滤波电容,R_1、R_2 为取样电路,控制电路的组成与串联开关稳压电路相同。当控制电路输出电压 u_B 为高电平时,V_1 管饱和导通,其集电极电位近似为零,使 V_2 管反偏而截止,输入电压 U_I 通过电流 i_L 向电感 L 储能,同时电容 C 对负载放电供给负载电流,如图 8.3.3(b)所示。当控制电路输出电压 u_B 为低电平时,V_1 管截止,由于电感 L 中电流不能突变而产生反极性的自感电动势,导致 V_2 管导通,电流 i_L 通过 V_2 管向电容 C 充电,以补充放电时所消耗的能量,同时向负载供电,电流方向如图 8.3.3(c)所示。此后 u_B 再为高电平、低电平,V_1 管再次导通、截止,重复上述过程。

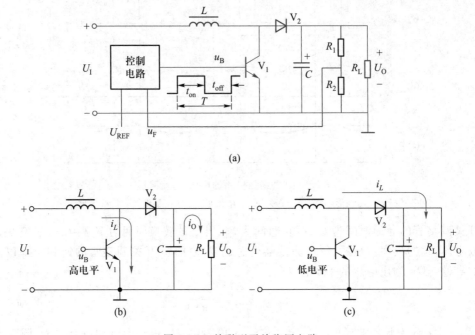

图 8.3.3 并联型开关稳压电路
(a)电路 (b)V_1 导通 (c)V_1 截止

因此,在输出端获得平稳的直流电压输出,改变开关调整管 V_1 的导通和截止时间,即可调整输出电压的大小。当 V_1 导通时间越长,电感 L 储能越多,因此,V_1 截止时,L 向负载释放的能量越多,输出电压就越大。可以证明,并联型开关稳压电路输出电压的平均值为

$$U_0 \approx \frac{T}{t_{\mathrm{off}}} U_1 = \frac{1}{1-D} U_1 \qquad (8.3.2)$$

式中,$T = t_{\mathrm{on}} + t_{\mathrm{off}}$ 为 V_1 开关转换周期,t_{on} 为导通时间,t_{off} 为截止时间,$D = t_{\mathrm{on}}/T$ 为脉冲波形的占空比。

由式(8.3.2)可见,并联型开关稳压电路的输出电压 U_0 大于输入电压 U_1,故具有升压功能。从物理概念来说,由于并联型开关稳压电路的调整管与负载并联,通过电感 L 的储能作用,将感生电动势与输入电压叠加后加于负载,从而使输出电压大于输入电压。

讨论题 8.3.2

（1）开关稳压电路主要由哪几部分组成？各组成部分的作用是什么？

（2）试说明串联型开关稳压电路与并联型开关稳压电路的特点。

8.3.3　集成开关稳压器及其应用

目前生产的集成开关稳压器种类很多,现介绍几种集成度高、使用方便的集成开关稳压器及其应用。

一、CW4960/4962

CW4960/4962 已将开关功率管集成在芯片内部,所以构成电路时,只需少量外围元件。最大输入电压为 50 V,输出电压范围为 5.1~40 V 连续可调,变换效率为 90%。脉冲占空比也可以在 0~100% 内调整。该器件具有慢启动、过流、过热保护功能。工作频率高达 100 kHz。CW4960 额定输出电流为 2.5 A,过流保护电流为 3~4.5 A,用很小的散热片,它采用单列 7 脚封装形式,如图 8.3.4(a)所示。CW4962 额定输出电流 1.5 A,过流保护电流为 2.5~3.5 A,不用散热片,它采用双列直插式 16 脚封装,如图 8.3.4(b)所示。

CW4960/4962 内部电路相同,主要由基准电压源、误差放大器、脉冲宽度调制器、功率开关管以及软启动电路、输出过流限制电路、芯片过热保护电路等组成。CW4962/4960 的典型应用电路如图 8.3.5 所示(有括号的为 CW4960 的引脚标号),它为串联型开关稳压电路。输入端所接电容 C_1 可以减小输出电压的纹波,R_1、R_2 为取样电阻,输出电压为

$$U_0 = 5.1 \frac{R_1 + R_2}{R_2} \qquad (8.3.3)$$

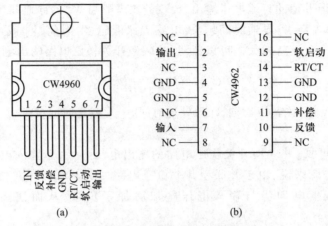

图 8.3.4　CW4960/4962 引脚图

（a）CW4960　（b）CW4962

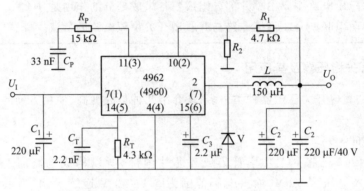

图 8.3.5　CW4960/4962 典型应用电路

R_1、R_2 的取值范围 500 Ω ~ 10 kΩ。

R_T、C_T 用以决定开关电源的工作频率，一般 R_T 为 1 ~ 27 kΩ，C_T 为 1 ~ 3.3 nF。R_P、C_P 为频率补偿电路，用以防止产生寄生振荡，V 为续流二极管，采用 4 A/50 V 的肖特基或快恢复二极管，C_3 为软启动电容，一般 C_3 为 1 ~ 4.7 μF。

二、CW2575/2576 和 CW2577

CW2575/2576 是串联型开关稳压器，CW2577 是并联型开关稳压器，它们内部结构基本相同，内含调整管、比较放大电路、取样电路（输出可调者除外）、启动电路、脉冲源、输入欠压锁定控制和保护电路等。内部振荡器的频率固定在 52 kHz，占空比 D 可达 98%，转换效率可达 75% ~ 88%，且一般不需要散热器。塑料封装的单列直插式的外形及引脚排列如图 8.3.6 所示。由于只有五个引脚，故把它称为五端集成开关稳压器。

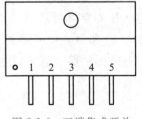

图 8.3.6　五端集成开关稳压器外形

1. CW2575/2576 串联型开关稳压器

CW2575/2576 输出电压分为固定 3.3 V、5 V、12 V、15 V 和可调五种,由型号和后缀两位数字标称。CW2575 的额定输出电流为 1 A,CW2576 的额定输出电流为 3 A,但两芯片的引脚含义相同,即:1 脚为输入端;2 脚为输出端;3 脚为接地端;4 脚称为反馈端,它一般与应用电路的输出相连接,在可调输出时与取样电路相连接,此引脚提供参考电压 $U_{REF} = 1.23$ V;5 脚在稳压器正常工作时应接地,它可由 TTL 高电平关闭而处于低功耗备用状态。芯片工作时要求输出电压值不得超越输入电压。

CW2575/2576 应用电路相同,图 8.3.7(a)所示为 CW2575 固定输出应用电路,由集成稳压器型号可知,$U_O = 5$ V。

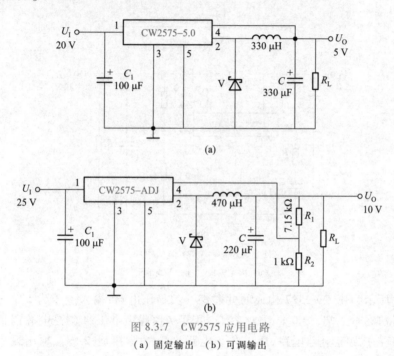

图 8.3.7 CW2575 应用电路
(a) 固定输出 (b) 可调输出

图 8.3.7(b)所示为 CW2575 可调输出应用电路,其输出电压决定于取样电路及参考电压 U_{REF},即

$$U_O = \left(1 + \frac{R_1}{R_2} \right) U_{REF} = (1 + 7.15) \times 1.23 \text{ V} = 10 \text{ V}$$

因集成稳压器的工作频率较高,上述两电路中的续流二极管最好选用肖特基二极管。另外,为了保证直流电源工作稳定性,电路的输入端必须加一个至少 100 μF 的旁路电解电容 C_1。

2. CW2577 并联型开关稳压器

CW2577 开关稳压器输出电流可达 3 A,输出电压有固定 12 V、15 V 和可调三种,使用时要求输出电压高于输入电压。其引脚排列与 CW2575/2576 相同,但两者的含义不同,使用时应加注意。其具体使用如图 8.3.8 所示。

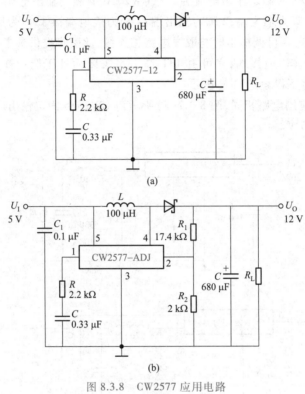

图 8.3.8　CW2577 应用电路

(a) 固定输出　(b) 可调输出

图 8.3.8 所示为用 CW2577 构成的并联型开关稳压电路,输入电压为 5 V,输出电压为 12 V。图中,5 脚是输入端,接 0.1 μF 电容 C_1,用于旁路噪声电压;4 脚是电源调整管的输出;1 脚所接 R、C 构成频率补偿电路,用以防止电路自激;3 脚接地;2 脚接输出或接取样电路。图 8.3.8(a)为固定输出,输出电压为 12 V;图 8.3.8(b)为可调输出,由于基准电压 U_{REF} = 1.23 V,所以输出电压 U_O 为

$$U_O = \left(1 + \frac{R_1}{R_2}\right) U_{REF} = \left(1 + \frac{17.4}{2}\right) \times 1.23 \text{ V} = 12 \text{ V}$$

三、交流 220 V 输入小功率开关稳压电源

前述单片开关稳压器一般把它们称为 DC/DC 变换器。DC/DC 变换器的输入电压可以是来自蓄电池或来自辅助电源的直流,也可由市电直接整流滤波后得到的脉动直流电压供给。但由于直接由市电整流滤波后的脉动直流电压较高,因而需要采用高压和高频开关调整管。

TOP Switch-Ⅱ单片集成开关稳压器,适用于 150 W 以下中小功率开关稳压电源,它广泛用于仪器仪表、计算机、电视机以及电池充电器等设备中。它采用脉宽调制(PWM)方式,并将 MOSFET 开关调整管与控制电路集成在同一芯片内,如图 8.3.9(a)所示。集成芯片中控制电路由控制电压源与基准电压源、误差放大器、振荡器、脉冲宽度调制比较器、输出级以及过流过热保护电路等组成。振荡频率为 100 kHz,由芯片内的振荡电容决定。各种保护作用均通过关断调整管来实现,器件还具有自动重启动功能。

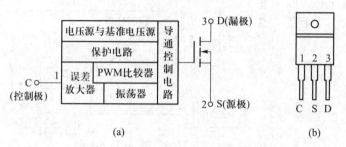

图 8.3.9 TOP Switch-Ⅱ内部组成及封装引脚排列
(a)内部组成 (b)TO-220 封装引脚排列

TOP Switch-Ⅱ芯片 TO-220 封装引脚排列如图 8.3.9(b)所示,C 为控制端,其控制电压典型值为 5.7 V(正常工作 4.7~5.7 V,极限值为 9 V),控制电流最大为 100 mA;S 为源极,它在内部与小散热片接通,为使芯片结温不超过规定值,可在小散热片上外加散热器;D 为漏极,各种型号极限电流各不相同,当漏极电流 I_D 大于极限电流时,过流保护电路动作,关断开关调整管,对于 TOP221 芯片漏极电流极限值为 0.25 mA。

图 8.3.10 所示为交流 220 V 输入小功率开关稳压电源实例原理电路。交流 220 V 电压经电源噪声滤波器加到桥式整流、电容滤波电路,变成脉动直流电压 U_1,U_1 经 TOP221P 控制变为脉冲电压,通过高频变压器 Tr 耦合到二次侧。接于高频变压器一次线圈 N_1 上的 R_1、C_2 和 V_{D1} 组成尖峰脉冲吸收电路,用以防止在开关调整管断开瞬间高频变压器一次线圈 N_1 两端反极性自感电动势过大而损坏 TOP221P 中开关调整管。高频变压器二次线圈 N_2 上的高频输出电压经 V_{D2} 整流,C_4,C_5、L、C_6 组成的 π 形滤波器滤波变为+5 V 直流电压 U_0 输出。高频变压器二次线圈 N_3 上感应的交流电压经 V_{D3} 整流、C_7 的滤波,获得+12 V 直流电压,作为光电耦合器 PC817A 中光电三极管集电极电源电压。输出直流电压 U_0 由取样电阻 R_3、R_4 的分压,取 R_4 上的压降加到并联可调精密稳压器 TL431[①] 的 1 端,与其内部基准电压进行比较放大,以控制 3 端电位的变化。TL431 两端所并联的电容 C_8 为其滤波电容。当输出电压 U_0 升高时,1 端电位上升,3 端电位下降,流过 PC817A 光电耦合器发光二极管的电流增大(与发光二极管相串联的电阻 R_2 为其限流电阻),经光电耦合,光电三极管发射极

---

① TL431 为并联可调基准稳压源,外形与小功率晶体管相似,用作提供基准电压,其输出电压(2.5~36)V 连续可调,电流(0.4~100)mA。

电流增大,使流向 TOP221P 控制端的电流 I_C 增大,开关调整管导通、截止占空比 D 下降,迫使输出电压下降;反之,U_0 下降,1 端电位下降,3 端电位升高,I_C 减小,占空比 D 上升,迫使 U_0 上升,从而维持了输出电压 U_0 的稳定。

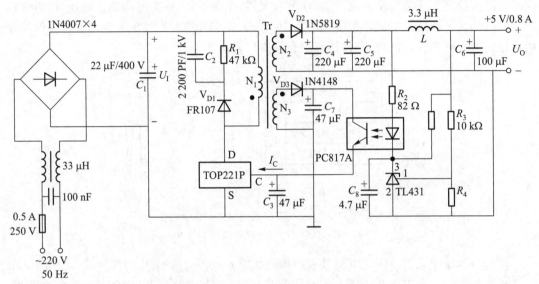

图 8.3.10 交流 220 V 输入小功率开关稳压电源实例原理电路

TOP221P 控制端所接旁路电容 C_3 用作对控制环路进行补偿并设定自动重新启动频率,当电路出现故障关断开关调整管时,每隔一周期检测一次调节失控的故障是否排除,若确认已被排除,就自动重新启动开关电源恢复正常工作。

小 结

微视频 8.4:
8.3 小结

随 堂 测 验

8.3.1 填空题

1. 开关稳压电路中调整管工作在_____状态,而线性稳压电路中调整管工作在_____状态,所以前者的_____高。

2. 串联型开关稳压电路具有_____功能,并联型开关稳压电路具有_____功能。

8.3.2 单选题

1. 开关稳压电源比线性稳压电源效率高的主要原因是_____。

A. 输出端有 LC 滤波器　　　　　B. 可以不用电源变压器

C. 调整管工作在截止和饱和两种状态　D. 调整管工作在放大状态

2. 开关稳压电路的主要缺点是_____。

A. 功率损耗大　　　　　　　　　B. 稳压范围小

C. 体积大　　　　　　　　　　　D. 输出电压纹波较大

8.3.3 是非题(对打√;错打×)

1. 开关稳压电路是通过控制调整管的开闭时间来实现稳压的。(　　)

2. 开关稳压电源的效率与输入电压的大小无关,对交流电网的要求不高,稳压范围很宽。(　　)

3. 开关稳压电源在高输入电压、低输出电压、大电流应用中比线性稳压电源效率更高。(　　)

本章知识结构图

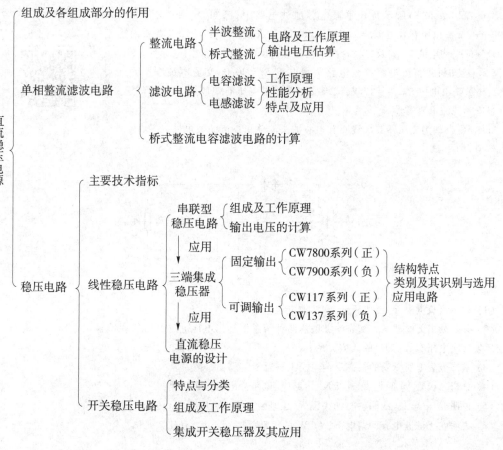

小 课 题

微视频 8.5：
第 8 章小课题

习 题

8.1　图 8.1.5(a)所示桥式整流电容滤波电路中,已知 $R_L = 50\ \Omega$, $C = 2\ 200\ \mu F$,交流电压有效值 $U_2 = 20\ V$, $f = 50\ Hz$,试求输出电压 $U_{O(AV)}$,并求通过二极管的平均电流 $I_{D(AV)}$ 及二极管所承受的最高反向电压 U_{RM}。

8.2　已知桥式整流电容滤波电路负载电阻 $R_L = 20\ \Omega$,交流电源频率为 50 Hz,要求输出电压 $U_{O(AV)} = 12\ V$,试求变压器二次电压有效值 U_2,并选择整流二极管和滤波电容器。

8.3　图 P8.3 为变压器二次线圈有中心抽头的单相整流滤波电路,二次电压有效值为 U_2,试:

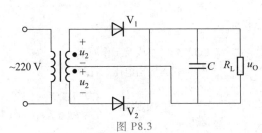

图 P8.3

(1) 标出负载电阻 R_L 上电压 u_O 和滤波电容 C 的极性。

(2) 分别画出无滤波电容和有滤波电容两种情况下输出电压 u_O 的波形,说明输出电压平均值 $U_{O(AV)}$ 与变压器二次电压有效值 U_2 的数值关系。

(3) 求二极管上所承受的最高反向电压 U_{RM} 为多少?

(4) 分析二极管 V_2 脱焊、极性接反、短路时,电路会出现什么问题?

(5) 说明变压器二次线圈中心抽头脱焊,这时会有输出电压吗?

(6) 说明在无滤波电容的情况下, V_1、V_2 的极性都接反, u_O 会有什么变化?

8.4 整流稳压电路如图 P8.4 所示,试改正图中的错误,使其能正常输出正极性直流电压 U_O。

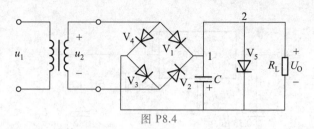

图 P8.4

8.5 图 P8.5 所示为二倍压整流电路,变压器二次电压 $u_2 = \sqrt{2}\,U_2\sin \omega t$,设二极管具有理想特性,试分析该电路的工作原理,求出 C_1、C_2 电容上的电压,并标出电容极性。

8.6 电路如图 P8.6 所示,变压器二次电压 $u_2 = \sqrt{2}\,U_2\sin \omega t$,设二极管具有理想特性,试分析该电路的工作原理,求出 C_1、C_2、C_3 电容上的电压。

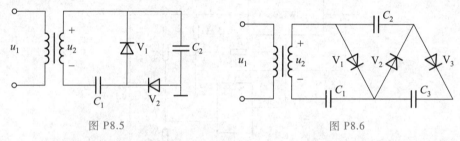

图 P8.5   图 P8.6

8.7 晶体管串联型稳压电路如图 8.2.1(b) 所示。已知,$R_1 = 1\ \mathrm{k\Omega}$,$R_2 = 2\ \mathrm{k\Omega}$,$R_P = 1\ \mathrm{k\Omega}$,$R_L = 100\ \Omega$,$U_Z = 6\ \mathrm{V}$,$U_I = 15\ \mathrm{V}$,试求输出电压的调节范围及输出电压为最小时调整管所承受的功耗。

8.8 电路如图 P8.8 所示,试说明各元器件的作用,并指出电路在正常工作时的输出电压值。

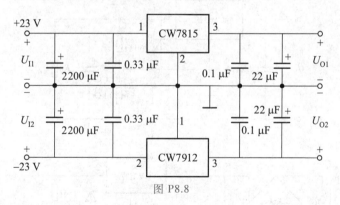

图 P8.8

8.9 电路如图 P8.9 所示,已知电流 $I_Q = 5\ \mathrm{mA}$,试求输出电压 $U_O = ?$

8.10 直流稳压电路如图 P8.10 所示,试求输出电压 U_O 的大小。

8.11 电路如图 P8.11 所示,试求输出电压 U_O 的调节范围,并求输入电压 U_I 的最小值。

8.12 直流稳压电源电路如图 P8.12 所示,说明电路由哪几部分组成?当变压器二次电压的有效

值 $U_2 = 15$ V,负载电阻$R_L = 100$ Ω,试求 $U_O = 10$ V 时,电位器 R_P 的阻值,并估算此时三端集成稳压器所承受的功耗。

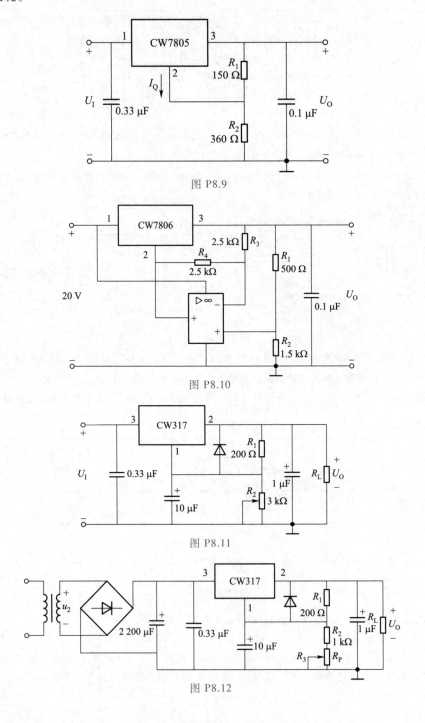

图 P8.9

图 P8.10

图 P8.11

图 P8.12

8.13 输出电压连续可调的正、负输出稳压电路如图 P8.13 所示。试分析该电路的组成,并求出输出电压的调节范围。

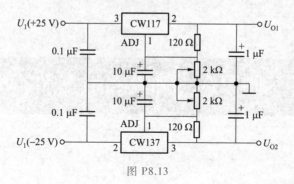

图 P8.13

附录A　Multisim 软件简介

附录 A.1
文档 A.1

附录 A.2
文档 A.2

附录 A.3
文档 A.3

附录 A.4
微视频 A.1

附录 A.5
微视频 A.2

附录B　常用器件参数选录

附录 B

参考文献

［1］FLOYD　T　L. Analog Fundamentalas：A System Approach［M］. Pearson Education，Inc.，2013.

［2］SCHERZP，MONK S. Practical Electronics for Invetors［M］.4th ed. New York：McGraw Hill，2016.

［3］SERGIO F. Analog Circuit Design：Discrete ＆Integrated［M］. New York：McGraw Hill，2015.

［4］华成英.童诗白,模拟电子技术基础［M］.4 版.北京:高等教育出版社,2007.

［5］华成英.帮你学模拟电子技术基础 释疑、解题、考试［M］.北京:高等教育出版社,2004.

［6］华成英.模拟电子技术基本教程［M］.北京:清华大学出版社,2006.

［7］华成英,童诗白.模拟电子技术基础［M］.5 版.北京:高等教育出版社,2015.

［8］康华光.电子技术基础模拟部分［M］.6 版.北京:高等教育出版社,2014.

［9］张林、陈大钦. 模拟电子技术基础［M］.3 版.北京:高等教育出版社,2014.

［10］王成华.电子线路基础［M］. 北京:清华大学出版社,2008.

［11］孙肖子等.电子设计指南［M］.北京:高等教育出版社,2006.

［12］谢嘉奎.电子线路(线性部分)［M］.4 版.北京:高等教育出版社,1999.

［13］谢嘉奎.电子线路(非线性部分)［M］.4 版.北京:高等教育出版社,2000.

［14］谢沅清,邓刚.电子技术基础［M］.2 版.北京:电子工业出版社,2006.

［15］杨素行.模拟电子技术基础简明教程［M］.3 版.北京:高等教育出版社,2006.

［16］杨拴科,赵进全.模拟电子技术基础［M］.2 版.北京:高等教育出版社,2010.

［17］郑家龙等.集成电子技术基础教程［M］.2 版.北京:高等教育出版社,2008.

［18］刘波粒,刘彩霞. 模拟电子技术基础［M］.2 版.北京:高等教育出版社,2016.

［19］刘颖.电子技术(模拟部分)［M］.2 版.北京:北京邮电大学出版社,2018.

［20］黄丽亚等. 模拟电子技术基础［M］.3 版.北京:机械工业出版社,2016.

［21］王连英.Multisim12 电子线路设计与实验［M］.北京:高等教育出版社,2015.

［22］章彬宏.模拟电子技术［M］.北京:北京理工大学出版社,2008.

［23］孙景琪.模拟电子技术基础[M].北京:高等教育出版社,2016.

［24］高文焕,李冬梅.电子线路基础[M].2 版.北京:高等教育出版社,2005.

［25］蔡惟铮.集成电子技术[M].北京:高等教育出版社,2004.

［26］蔡惟铮.基础电子技术[M].北京:高等教育出版社,2004.

［27］傅丰林.低频电子线路[M].北京:高等教育出版社,2003.

［28］劳五一.模拟电子电路分析、设计与仿真[M].北京:清华大学出版社,2007.

［29］谢自美.电子线路设计·实验·测试 [M].2 版.武汉:华中科技大学出版社,2000.

［30］胡宴如,耿苏燕.模拟电子技术基础[M].北京:高等教育出版社,2004.

［31］耿苏燕.模拟电子技术学习指导[M].北京:高等教育出版社,2006.